THE MATHEMATICS OF SECRETS

CRYPTOGRAPHY FROM CAESAR CIPHERS TO DIGITAL ENCRYPTION

暗号の数学

シーザー暗号・公開鍵・量子暗号…

ジョシュア・ホールデン
Josua Holden

松浦俊輔 訳

青土社

暗号の数学　目次

暗号の数学

シーザー暗号・公開鍵・量子暗号…

愛情と支援をくれたラナとリチャードに

まえがき

この本は、秘密の通信についての現代科学（つまり暗号法）を支える数理を語る。現代暗号法は科学であり、他の現代科学と同じく数学に依拠している。数学なしでは暗号法の理解はあまり進まない。私は読者にもっと先へ進めるようになってほしい。暗号法について知っておくべきだと思うからだけでなく、暗号学者がとくに使う数学は実におもしろく、それを紹介したいからでもある。

スティーヴン・ホーキングは『ホーキング、宇宙を語る』に、本に数式が一つ増えるごとに売上げは半分になると誰かから言われたことがあると書いたが、[1] この本にはそれが当てはまらないことを願う。ここには式がたくさん出てくるからだ。しかしその数学は必ずしも難しくはないと思う。以前、高校の代数が前提になるという暗号法の授業をしたことがある。必要なのは高校の代数と、それについて本当によく考える意思だと言った方が、おそらく適切だっただろう。ここには三角関数も、微積分も、微分方程式もない。代数の授業にはふつう出てこない考え方もいくつかあるので、それについては説明を加える。この本の考え方を本当に理解したいなら、大学レベルの数学を知らなくてもできる——ただ、じっくり考えなければならないかもしれない（「補足」に入れた部分の数学には少し難しいものもあるが、そこは飛ばしても他の部分の理解には差し支えない）。

暗号法に関係するのは数学だけではない。暗号法は、多くの科学とは違い、秘密を暴露しよう、それを阻止しようと活発に争う、敵対する諜報活動の話でもある。イアン・カッセルズは、ケンブリッジ大学の優れた数学者であると同時に、第二次世界大戦の際はイギリスの暗号解読要員だったので、この点についてはよく見通せている。そのカッセルズが、「暗号法は数学と雑然とした現実が混じったもので、その雑然とした部分がなければ、数学を使っても意図に反することがある」と言った。[2] 本書では、数学に焦点を当てるために、「雑然」の部分は一部省略した。また、できるかぎり安全な方式を示そうともしていない。そのためプロの暗号学者の中には、それを問題にされる方々もおられるかもしれない。これに対しては、本書は暗号法の中の特定の一部、つまり数学的基礎を学ぶことに関心がある人々向けのものだと応じるしかない。巻末に「参考図書案内」や参考文献表をつけて、多くの本を紹介している。すべてに通じたプロになりたくなったら、そういうものを読めばよい。

私が個人的に設定したラインは次のようになる。本書では、簡単にするという名目で間違ったことを言うくらいなら何も言わないことにする。暗号方式を安全に使う方法については詳細を省き、私が語ろうとする数学の話には出番がないと思ういくつかの方式も省いた。可能な場合には、現実の秘密を保護するために実際に使われたことがある方式を紹介することに努めた。しかし、要点を解説しやすいと思う場合には、私や他の学者が考えた学術的な方式も含めた。

コンピュータ技術は暗号学者が相手にするデータと実行可能な手法の両方を変えてきた。私が取り上げるデータ保護の方式の中には、かつては通用しても、今日の世界ではもう使えない、あるいは安全ではないものがある。同様に、そうした暗号を破るための手法にも、ここで紹介した形では有効ではないものもある。それでも私は、本書で取り上げた話によって、現代の暗号法にとってはやはり重要で的を射た問題が明らかになると思っている。私が示そうとしたのは、その方式が実際には使われていなくても、今なお使われているその原理の部分だ。各章末には「展望」という一節をつけて、読み終えた章がその先の章や、今後ありうる、あるいはありそうな展開にどうつながるかを述べる。

多くの章が、そのテーマの歴史的展開をたどっている。そういう展開は、私が解説しようとする考え方を経て論理的に進んだものである場合が多いからだ。話を語るには歴史も良い道筋なので、しかるべきところではそれを使いたい。暗号法の歴史には他にも多くのことがあるので、さらに知りたい読者は、やはり「参考図書案内」の部分を確かめていただきたい。

私は学生に、自分が数学の先生になったのは数学が好きで話すのが好きだからだと言っている。この本は、私が本当に好きな数学の特定の使い道について語る私の分身だ。本書を読み終えるときには、読者にもその数学の使い方が好きになっていただければと願っている。

第1章　暗号入門と換字

1・1　アリスとボブ、カールとジュリアス——用語とシーザー暗号

人は書かれたメッセージ内容の秘匿を、書くという行為が始まったのとほぼ同じ頃から試みていて、その方法をいくつも編み出してきたし、メッセージを隠そうとするようになったのとほぼ同時に、学者がこの方法を分類して解説しようとするようになった。そのため、あいにくなことに、用語の塊を読者に対してストレートにぶつけなければならない。さらに悪いことに、日常会話では区別なく用いられている言葉が、この分野の専門家にとっては特定の意味を持つというものが多い。もっとも、どれが何かをつかむのは実際には難しくない。

その最初の例として、秘密のメッセージの研究者は、「符号（コード）」と「暗号（サイファー）」を別の意味の用語として用いることが多い。たぶん暗号法史の決定版と言えるものを書いたデーヴィッド・カーンは、そのことを誰にも増してうまく述べている。「コードは平文（プレーンテキスト）の成分に置き換わる符号語（コードワード）あるいは符号数字（コードナンバー）による何万という語句、文字、音節で構成され……他方、サイファーでは、基本単位は文字、場合に

よっては文字対で、文字によるもっと大きな集団であることはまずない」[1]。秘密のメッセージを送る第三の方法、「文隠蔽（ステガノグラフィ）」は、メッセージの存在そのものを隠すことを言う。たとえば、見えないインクを使うなどのことだ。本書では、一般に数学的に最も興味深いサイファーに集中する（以下、「暗号」と表記）。ただ場合によっては、他の方法の例も登場することがある。

話を始める前に、もう少し用語を見ておくと役に立つだろう。符号や暗号によって秘密のメッセージを送る方法の研究を「暗号法（クリプトグラフィ）」と呼び、そのような秘密のメッセージを許可なく読もうとする研究を「暗号解読法（クリプタナリシス）」、あるいは「暗号破り（コードブレーキング）」と呼ぶ。この二つの分野を合わせて「暗号学（クリプトロジー）」という分野が構成される（この二つの分野を合わせたものを表すためにもクリプトグラフィという言葉が使われることがあるが、本書では別の用語として扱うようにする）。

暗号学を語る場合、習慣として、アリスがボブにメッセージを送ろうとするというふうに語る。しかしまず、ジュリアスの話をしよう。つまりジュリアス・シーザー（ユリウス・カエサル）で、ローマの終身執政官となっただけでなく、軍事の天才にして著述家であり、暗号法家でもあった。

今日「シーザー暗号」と呼ばれるものを最初に考えたのはおそらくシーザーではないが[2]、それを広く知らしめたのは確かにこの人だった。ローマ時代の史家スエトニウスは、この暗号について次のように記している。

シーザーの手紙にはキケロに宛てたものもあれば、個人的なことについて近親者に宛てたものもあり、後者に秘密の内容がある場合、シーザーは暗号で書いた。これはアルファベット順を変え、単語がわからないようにすることだった。これを解読して意味を知ろうとすれば、アルファベットの数えて四つ目の文字に置き換えなければならない。すなわちAをDに置き換え、他の文字も同様に置き換える。(3)

つまりアリスがメッセージを送りたければ、まず「平文」、つまり通常の言語で書かれたメッセージの原本を書き出さなければならない。このメッセージを「暗号化する（エンサイファー）」。つまり暗号を用いて秘密の形に置き換える。その結果が元のメッセージの「暗号文（サイファーテキスト）」となる。それを符号に置き換えるなら符号化（エンコード）で、どちらについても「エンクリプト」という言葉が使える。アリスは、平文にあるaすべてについて、暗号文ではその代わりにDを使い、bについてはEに置き換え、以下同様のことをする。各文字がアルファベットで3字後〔数えて四字目〕の文字にずらされる。どこから見ても単純な話だ。アリスがアルファベットの末尾に達して文字がなくなると、興味深いことが起こる。文字wはZになる。では次の文字xはどうなるかと言うと、「一周して先頭に戻り（ラップアラウンド）」、Aになる。(4) yはBになり、zはCになる。たとえば、「and you too, Brutus(5)〔ブルータス、おまえもか〕」は次のようになる。

平文	a	n	d	y	o	u	t	o	o	b	r	u	t	u	s
暗号文	D	Q	G	B	R	X	W	R	R	E	U	X	W	X	V

これがアリスのボブへ送るメッセージとなる。

実は、この「一周して先頭に戻る」方式は、誰でも子どもの頃から日常的に使っている。1時の3時間後は4時だ。2時の3時間後は5時。では10時の3時間後は? 1時となる。一周して戻っている。

西暦一八〇〇年頃、カール・フリードリヒ・ガウスがこの先頭に戻るという考え方を、形式を整えて明文化した[6]。これは今では「合同算術（モジュラー・アリスメティック）」と呼ばれ、先頭に戻るまでの数は「法（モジュラス）」と呼ばれる。数学者なら、先頭に戻る時計の例を、こんなふうに書くだろう。

$$10 + 3 \equiv 1 \pmod{12}$$

読み方は、「10足す3は12を法として1と合同である」などとなる。

しかしシーザー暗号の場合はどうなるだろう。文字を数字に置き換えれば、この暗号を合同算術を使って表すことができる[7]。aを1とし、bを2とし、以下同様とする。この文字から数字への変換の部分が本当の暗号をなすのではない。デジタル時代の私たちにはこの変換はあたりまえで、アリスもそれを秘匿できるとは期待しないはずだ。秘密と考えられるのは、数字に対する演算の方だ。

ここでの法は26で、シーザー暗号はこんな形になる。

平文	数字	+3	暗号文
a	1	4	D
b	2	5	E

x	24	1	A
Y	25	2	B
z	26	3	C

「+3」は26を打ち止めにして一周して戻ることを忘れないように。

ボブはこのメッセージを「解読する（デサイファー）」するために、つまり暗号文を平文にするために[8]、文字を逆方向に、つまりアルファベットで逆方向に3文字ずらす。この場合には、aを過ぎると、あるいは数で言えば1を過ぎると、先頭に戻らなければならない。0は26に戻り、-1は25になるなどのことだ。先に使った形式で言えば、次のような形になる。

暗号文	数字	−3	平文
A	1	24	x
B	2	25	y
C	3	26	z
：	：	：	：
Y	25	22	v
Z	26	23	w

1・2　問題の鍵――シーザー暗号の一般化

シーザーは、当時の視点からは非常に安全な暗号を手にしていた[9]。要は、シーザーが送ったメッセージを横取りしたとしても、たいていの人には読めないし、ましてや暗号解読法もない。しかし現代暗号学の視点からすると、これには重大な欠陥がある――それがシーザー暗号であるということが、この方式のすべてなのだ。暗号をばらつかせる追加の情報、つまり「鍵（キー）」はない。これは非常にまずいことと考えられる。

その点を少し考えてみよう。肝心なことは何か。暗号方式が秘匿されているかそうでないか、いずれかだ。それがシーザーの時代の見方で、その後何世紀かの間もそうだった。しかし一八八三年、アウグステ・ケルクホフスが画期的な論文を書いて、こう述べた。「当該方式は秘匿を必要としてはならず、敵に盗まれても困らないので構わない[10]」。すばらしい。どうすれば自分の方式を盗まれても困らなくてすむのだろう。

ケルクホフスは、盗聴者（イーブスドロッパー）であるイブが、アリスとボブの使っている方式が何かを突き止めるのはあまりにも易しいことを指摘した。ケルクホフスの時代には、シーザーの時代と同様、暗号法を用いるのはたいてい軍人か政府で、ケルクホフスは敵が賄賂を使うかアリスあるいはボブ側の誰かをそそのかして情報を奪うことを考えていた[11]。今日でもそれがもっともな心配となる状況は多く、さらにイブが電話を盗聴したり、コンピュータにスパイウェアを仕込んだり、まったくのまぐれで当てたりという可能性を加えることができる。

他方、アリスとボブが、暗号化と解読に鍵が必要な方式を使っていれば、事態はイブにとって悪くなる。一般的方式として何が使われているかがイブにわかったとしても、どんなメッセージも簡単には読めない。(12) 鍵なしでメッセージを読もうとしたり、メッセージに使われている鍵を判定したりすることは、メッセージあるいは暗号を解読する、あるいは口語的な言い方では暗号を破ると言われる。そしてイブがアリスとボブの鍵を知ることができたとしても、それでお手上げというわけではない。アリスとボブがちゃんとしていれば、定期的に鍵を変更するだろう。基本方式は同じなので、それはさほど難しくはないし、イブがメッセージの一部についての鍵を入手したとしても、すべてが読めるわけではない。

そこでシーザー暗号に、何らかの鍵の値によって決まるわずかな変更を加える方法が必要となる。当然の出発点は、アリスが平文をずらそうとしている3字について、他の数ではない理由は何かと問うことだろう。とくに理由はない。たぶんシーザーは3が好きだっただけのことだろう。シーザーの後継者、アウグストゥスも同様の方式を使ったが、各文字を1字右へずらしただけだった。(13)「ROT13」暗号（「ROT」は回転（ローテーション）を表す）は、各文字を13字進め、末尾に達したら一周して戻る。この暗号はインターネットで、不快に思う人もいそうな冗談や話の落ちを伏せるために用いられることが多い。k字ずらす（シフト）（あるいは26を法としてkを足す）という考え方一般は、鍵kによる「シフト暗号」あるいは「加算暗号」と呼ばれる。(14) たとえば、鍵を21とするシフト暗号を考えてみよう。するとシーザーのメッセージはこうなる。

平文	a	n	d	y	o	u	t	o	o	b	r	u	t	u	s
数字	1	14	4	25	15	21	20	15	15	2	18	21	20	21	19
+21	22	9	25	20	10	16	15	10	10	23	13	16	15	16	14
暗号文	V	I	Y	T	J	P	O	J	J	W	M	P	O	P	N

鍵は何通りあるだろう。0字ずらすというのはおそらくいい考えではないだろうが、そうすることもできる。26字ずらすのは0字ずらすのと同じことになる——つまり、26は26を法として0と合同である。27字ずらすのは1字ずらすのと同じで、以下同様となる。つまり、実際に異なる結果が得られるずらし方は26通りあって、鍵も26通りということになる。ここには0、つまりメッセージに対して何もしない「ばかげた鍵」も含まれていることに注意しよう。暗号が実際には何もしない場合、専門用語では「自明な（トリビアル）暗号」という。アリスがボブにシフト暗号を使ってメッセージを送り、イブがそれを傍受するとしよう。イブが何らかの方法でアリスとボブがシフト暗号を使っていることを知ったとしても、メッセージを解読するには26通りの鍵を試さなければならない。それほど大きな数ではないが、シーザー暗号よりはましだ。

鍵を増やすことはできるだろうか。文字をアルファベットの右ではなく左へずらすのはどうだろう。残念ながら、これはあまり役に立たない。平文を1字左にずらし、反対方向に一周するとしてみよう。

平文	a	n	d	y	o	u	t	o	o	b	r	u	t	u	s
数字	1	14	4	25	15	21	20	15	15	2	18	21	20	21	19
-1	0	13	3	24	14	20	19	14	14	1	17	20	19	20	18
暗号文	Z	M	C	X	N	T	S	N	N	A	Q	T	S	T	R

念を押すと、０は26を法として26と合同なので、０にも26にも文字「Z」が割り当てられる。つまり、左に1文字ずらすとは、右に25字ずらすということなのだ。あるいは合同算術の言い方をすれば、左シフトは負と考えて、-1は26を法として25と合同ということで、左へずらしても効果はない。

1・3　乗算暗号

タイプが違う暗号を見て、何がわかるか調べてみよう。今度の暗号の組み方は「デシメーション法」と呼ばれ、鍵を決める必要があるので3としよう。まず平文のアルファベットを書き出す。

平文　a b c d e f g h i j k l m n o p q r s t u v w x y z

それから順に1、2、3、1、2、3……と数えて三つめの文字を斜線を引いて除外して（これがデシメート）、この文字を暗号文用のアルファベットとして並べる。

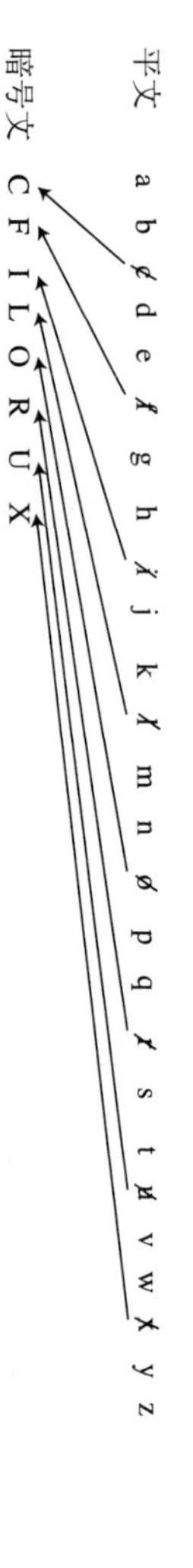

末尾に達したら、「先頭に戻る」。この場合、元のアルファベットから「a」を除外して続ける。

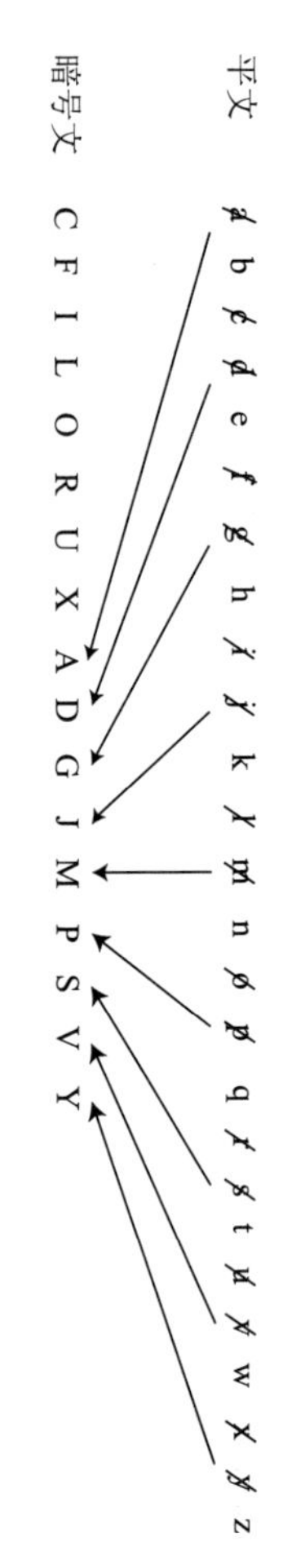

最後に「b」に戻ってできあがり。

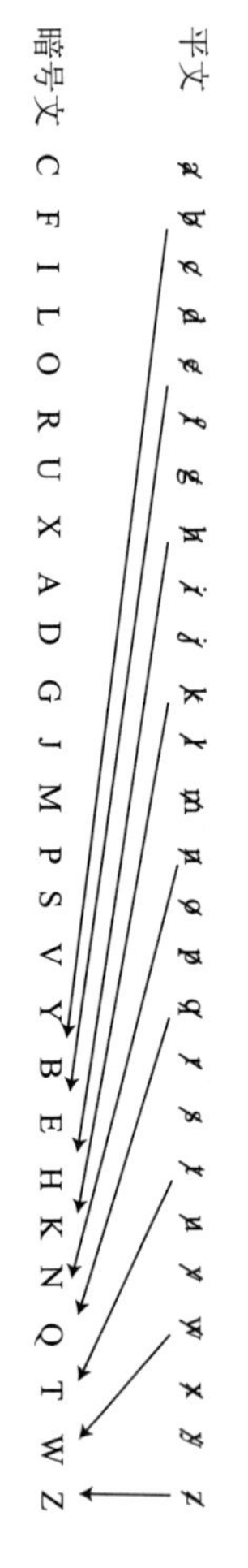

つまり、最終的な平文から暗号文への移し替えはこうなる。

平文	a	b	c	d	e	f	g	h	i	j	k	l	m
暗号文	C	F	I	L	O	R	U	X	A	D	G	J	M
平文	n	o	p	q	r	s	t	u	v	w	x	y	z
暗号文	P	S	V	Y	B	E	H	K	N	Q	T	W	Z

これでよし。そこでこれを数学者のように見ようとしてみよう。このデシメーション法を合同算術を用いて記述することはできるだろうか。それならもちろん、文字を数で表すのがよい。

平文	a	b	c	d	e	f	g	h	i	j	…	y	z
数字	1	2	3	4	5	6	7	8	9	10	…	25	26
何らかの演算？	3	6	9	12	15	18	21	24	1	4	…	23	26
暗号文	C	F	I	L	O	R	U	X	A	D	…	W	Z

実におもしろい。最初の8字については、平文に対応する数字に3（鍵）をかけるだけで暗号文の文字が得られる。文字iについてはこれは成り立たない。9×3は27だからだ——しかし27は26を法として1と合同なので、これはまさしく暗号文のAに対応している。

どうやら先の加算暗号の加算の部分に特別なところがあるわけではなかったらしい。平文に3を足すのではなく、3をかけて、26に達したら先頭に戻ることができる。これはいわゆる「時計算術」的な見方をしても意味をなす。深夜0時から始める。3時間の3倍後は9時。4時間の3倍後は12時。

5時間の3倍後は3時などとなる。この鍵を3とする「乗算暗号[15]」はこんな感じになる。

平文	数字	×3	暗号文
a	1	3	C
b	2	6	F
⋮	⋮	⋮	⋮
y	25	23	W
z	26	26	Z

「be fruitful and multiply」〔「産めよ、増えよ」＝「創世記」に出てくる言葉〕というメッセージを暗号化したければ、このようになる。

平文	b	e	f	r	u	i	t	f	u	l	a	n	d
数字	2	5	6	18	21	9	20	6	21	12	1	14	4
×3	6	15	18	2	11	1	8	18	11	10	3	16	12
暗号文	F	O	R	B	K	A	H	R	K	J	C	P	L

平文	m	u	l	t	i	p	l	y
数字	13	21	12	20	9	16	12	25
×3	13	11	10	8	1	22	10	23
暗号文	M	K	J	H	A	V	J	W

ついでに言うと、「先頭に戻る」を、何度も26を引くより速く処理できれば便利なことが多い。幸い、その方法はご存じのこと——小学校で習った余りのある割り算だ。ここでは、当該の数の中に26が何個あるかがわかったら、その何個かの26は捨ててしまい、余りだけを保持する。たとえば、先の例文の最後の文字を暗号にするために、25に3をかけて75を得た。それから75を26で割る。

$$\begin{array}{r} 2 \\ 26\overline{)\ 75} \\ -52 \\ \hline 23 \end{array}$$

商は2だがこれは捨ててよく、余りが23となり、これが暗号文用に必要な数となる。余りのある割り算は75 = 2 × 26 + 3であることを示しているという考え方もできる。つまり、75は26が二つと余り23ということだ。しかし26は26を法として0と合同なので、75は26を法として2 × 0 + 23 = 23と合同になる。

乗算暗号には鍵は何通りあるだろう。一見するとやはり一つの「ばかげた鍵」を含め26種ではないかと思われるかもしれない。しかしちょっと待て——26を法として26をかけるというのは0をかけるのと同じことだ。その0をかけるというのはまずい。ただばかげているのではなく、だめなのだ。鍵を0とした乗算暗号はこういうことになる。

平文	数字	×0	暗号文
a	1	0	Z
b	2	0	Z
⋮	⋮	⋮	⋮
y	25	0	Z
z	26	0	Z

つまり、何かのメッセージをこの暗号で暗号化すると、できるのは

平文	a	r	e	a	l	l	y	b	a	d	k	e	y	〔実にだめな鍵〕
数字	1	18	5	1	12	12	25	2	1	4	11	5	25	
×0	0	0	0	0	0	0	0	0	0	0	0	0	0	
暗号文	Z	Z	Z	Z	Z	Z	Z	Z	Z	Z	Z	Z	Z	

となって、これを解読する方法はない。したがって、この鍵は使えない。

使えない鍵は他にあるだろうか。2をかけることを考えてみよう――どんな数でも2をかけると偶数になることはわかっている。2を鍵とする乗算暗号はこんなふうになる。

平文	数字	×2	暗号文
a	1	2	B
b	2	4	D
⋮	⋮	⋮	⋮
l	12	24	X
m	13	26	Z
n	14	2	B
o	15	4	D
⋮	⋮	⋮	⋮
y	25	24	X
z	26	26	Z

0をかけるよりはましだが、やはり解読には問題がある。暗号文のBは平文ではaかもしれないし、nかもしれない。同様に、暗号文ではアルファベットで一つおきに選ばれる文字それぞれに、二つの平文文字が対応する。同じことは偶数の鍵すべてについて生じるので、これまでのところだめな鍵（バッド・キー）が13できて、残るは13となる。だめな鍵はもう一つある——ちょっと考えて見つけてみよう。つまり、実際には乗算暗号には、良い鍵は12種だけで、そこには1をかけるというばかげた鍵も入っている。

ここまで乗算暗号でメッセージを暗号化することを述べてきたが、解読については実のところ何も言っていない。メッセージを解読するには暗号化とは逆のことをする必要があった。シーザー暗号を解読するなら、文字を右ではなく左へ3つずらす。シフト暗号を解読するには、左へk字ずらす(16)。乗算暗号ではどうなるだろう。もちろん、対応表を書き出して、それを逆向きに読むだけでも可能で、実際には、たいていそうすることになるだろう。しかしごく短いメッセージについてまで、いちいち表全体を書きたくはないだろう。どうすればかけ算を逆転できるだろう。

日常的には割り算ということになる。「3をかける」の逆は「3で割る」だ。先の3を鍵とする乗算暗号には、それでうまく行く文字もある。暗号文のCは3で、これを3で割れば1で、これは平文のaとなる。暗号文のFは6で、3で割れば2、これはbだ。しかし暗号文のAはどうか。Aは1で、これを3で割れば1/3となり、これでは文字にはならない。答えは「先頭に戻る」にある。1は26を法として27と合同なので、Aは27だと言ってもよく、これを3で割れば9、つまりiとなる。同様に、Bは2だけでなく、28や54とも合同で、54を3で割れば18、つまりBはrに対応する。

暗号文	数字	÷3	平文
B	2	$\frac{2}{3}$	(非文字)
B	28	$9\frac{1}{3}$	(非文字)
B	54	18	r

この種の試行錯誤は使えるが、表を書き出すよりずっと効率的というわけではない。たとえば仮に

鍵を３ではなく15にしてみよう。暗号文のＢはどの平文文字に対応するだろう。26を法とするとＢは２、28、54、80、106、132、158、184、210、……のいずれとも合同である。

暗号文	数字	÷15	平文
B	2	$\frac{2}{15}$	（非文字）
B	28	$1\frac{13}{15}$	（非文字）
B	54	$3\frac{9}{15}$	（非文字）
B	80	$5\frac{5}{15}$	（非文字）
B	106	$7\frac{1}{15}$	（非文字）
B	132	$8\frac{12}{15}$	（非文字）
B	158	$10\frac{8}{15}$	（非文字）
B	184	$12\frac{4}{15}$	（非文字）
B	210	14	n

15で割りきれる数を求めるのに９回試している。他にもっと手間がかかる文字がないとも限らない。26を法として、通常の数の1/3のように機能する整数があれば、実際に使えるものになるだろう。この数を$\bar{3}$と呼んでもよいだろう。[17] こうすると、26を法として$\bar{3}$をかけることは、26を法として1/3をかけることと同じになり、26を法として３で割ることと同じになる。

なぜそんな$\bar{3}$が存在すると考えてよいのだろう。先の３を鍵とする乗算暗号の例を振り返ってみれば、解読対応表は次のようになるだろう。

暗号文	数字	÷3(mod 3)	平文
A	1	9	i
B	2	18	r
C	3	1	a
D	4	10	j
⋮	⋮	⋮	⋮
Y	25	17	q
Z	26	26	z

見たところ、26を法として3で割るのは26を法として9をかけるのと同じかもしれない。もしそうなら、別の文字、たとえばEを解読すると、次のように計算できることになる。

暗号文	数字	$\times\bar{3}=\times 9$	平文
E	5	19	s

$\bar{3}$が何かわかってしまえば、試行錯誤したり暗号化表を探し回ったりしなくても計算できる。

kが乗算暗号の鍵の場合、確実に$\bar{k}$は存在すると言えるだろうか。言えるとして、それをどうやって求めるのだろう。この問いに答えるには少し回り道が必要で、それは奇妙なことだが、先の乗算暗号の「だめな鍵」に戻って始めることになる。

そのだめな鍵は2、4、6、8、10、12、14、16、18、20、22、24、26ともう一つ、ここでそれを明らかにすると13だった（13が実にだめなことを確かめておいていただきたい）。以上の数に共通のことは、どれも2か13か両方の倍数ということだ。また、2×13＝26なのはたまたまではない。もしジュリアス・シーザー時代の21字のアルファベットを使うなら（つまり21を法とするなら）、だめな鍵は3か7（か両方）の倍数ということになる。21＝3×7だからだ。ルーマニア語には28字あり、28＝2×2×7なので、だめな鍵は2か7か両方かの倍数になる。デンマーク語、ノルウェー語、スウェーデン語には29字あるので、だめな鍵は29だけとなるだろう。

こうした文字数（26、21、28、29）についてしたことは、それぞれの数を、最小のそれ以上約せない成分、つまり「素数」に分解するということだ。この処理は「（素）因数分解」と呼ばれ、必ずできるが、その形は一通りだけである。このことは、少なくとも、ユークリッド〔エウクレイデス〕が『原論』にそのことを書いた紀元前4世紀には知られていた。ここで知りたいのは、鍵と法に「公約数」、つまり両者が割り切れる数があるかということだ。どちらも必ず1という数で割り切れるが、これは自明と考えられ、ここでの目的では勘定に入らない。ユークリッドの『原論』は、「最大公約数」、あるいはGCDという、言われているとおりの数を求めることによって非常に効率的に公約数を求める方法を教えてくれる。GCDを計算する方法は「ユークリッドのアルゴリズム」と呼ばれるが〔日本では「（ユークリッドの）互除法」〕、それを考案したのはユークリッドなのか、他の誰かが考えたことを借りたのかは、実際にはわからない。「アルゴリズム」とは、明確に定められ、入力に対して特定の答えを必ず出す、何かをするための方法のことで、コンピュータのプログラムのようなものだ。

以下が実際のユークリッドのアルゴリズムの例で、756と210のGCDを計算している。

756 = 3 × 210 + 126

210 = 1 × 126 + 84

126 = 1 × 84 + 42

 84 = 2 × 42 + 0

それぞれの段階で、先に行なったような整数の商と余りが得られる。最終的な結果は、756と210の最大公約数が、最後の0でない余り42であることを言っている。

このアルゴリズムを使えば、26と6のGCDを計算することによって、6が26を法とする鍵としてだめかどうかがわかる。

26 = 6 × 4 + 2

 4 = 2 × 2 + 0

6も26も2で割り切れるので、2はだめな鍵であることがわかる。3のような良い鍵が得られた場合はどうなるだろう。

$$26 = 3 \times 8 + 2$$

$$3 = 2 \times 1 + 1$$

$$2 = 1 \times 2 + 0$$

3と26の両方が割り切れる最大の整数は1なので、これは勘定に入らず、3は良い鍵である。

単純に因数分解をして共通の素因数を探すのではなく、わざわざ互除法をとるのはなぜかと思われているかもしれない。この問いには二つの答えがある。一つは、大きな数については結局、互除法の方が因数分解より速いからだ。もう一つは、互除法を行なうと、ちょっとしたきれいな仕掛けで3が得られるからだ。

今度の目標は、1を「3×何か」の部分と「26×何か」の部分で書くことだ。互除法の等式を3と26を右辺に移して書き、右辺に3も26もない部分があれば、前の段を使って、それを3や26で置き換える。

$26 = 3 \times 8 + 2$：

$$2 = \boxed{26} - (\boxed{3} \times 8)$$　26の部分と3の部分なのでOK。

$$= (\boxed{26} \times 1) - (\boxed{3} \times 8)$$　どちらの部分の形も同じようにする

$3 = 2 \times 1 + 1$：

$1 = \boxed{3} - (2 \times 1)$　　最後の部分には26がないので不可

前段の2に等しい部分を使って、

$= \boxed{3} - \left(\left(\boxed{26} - \left(\boxed{3} \times 8\right)\right) \times 1\right)$

$= \left(\boxed{3} \times 1\right) + \left(\boxed{3} \times 8\right) - \left(\boxed{26} \times 1\right)$　　3の部分と26の部分になった

$= \left(\boxed{3} \times 9\right) - \left(\boxed{26} \times 1\right)$　　3と26をまとめる

これで1を3の部分と26の部分で書けた。なぜこんなことをしようというのだろう。つまりは、26を法として話を進めたいからだ。そして26は26を法として0に等しいので、

$1 = (3 \times 9) - (26 \times 1)$

とは、

$1 \equiv (3 \times 9) - (0 \times 1) \pmod{26}$

つまり、

$$1 \equiv 3 \times 9 \pmod{26}$$

となり、つまり、

$$\frac{1}{3} \equiv 9 \pmod{26}$$

これで9が数$\bar{3}$であることが確かめられた。この数は26を法として1/3のようにふるまう。ここでも試行錯誤の方がこれよりも速く求められたのではないかと思われるかもしれない。しかし大きな数については、実際にはこちらの方がずっと速い。

暗号文	数	×9	平文
A	1	9	i
⋮	⋮	⋮	⋮
E	5	19	s
⋮	⋮	⋮	⋮

ついでながら、$\bar{3}$のような数は、専門用語で26を法とする3の「乗法逆元」という。逆元の一般的な概念は、数学の多くの部門でとてつもなく重要だ。加法逆元——つまり負の数——は見たし、乗法逆元も見た。この先では他の例も見る。合同算術での逆元について注目すべきは、通常の演算とは違

い、数とその逆元の間にはたいてい、見た目での違いがまったくないということだ。つまり通常の演算では2は正の数で、-2は負の数だが、26を法とすると、$-2 \equiv 24$である。つまり2と24は互いに逆元だが、どちらもとくに「負」になるわけではない。同様に、通常の演算では3は整数で1/3は分数だが、26を法とすると3と9は乗法に関する逆元どうしだが、どちらかが「分数」になるわけではない。これは、相異なると考えられる数が有限個のみという状況の特徴である。この状況では順方向も逆方向も区別がないとも言える。同様に、こうした演算を用いる暗号については、任意の暗号化と任意の解読の間にも数学的に違いはない——逆元がわかってしまえば、「前に進んで後戻りしている」ことができる。このことは後の節でも重要なので、先へ進む前にしっかり押さえておくとよい。

1・4 アフィン暗号

良い鍵が26あってそのうち一つがばかげた鍵となるシフト暗号と、良い鍵が12あって、そのうち一つがばかげた鍵となる乗算暗号が得られた。イブはどちらについても、「総あたり」、つまり正しい鍵が得られるまで、ありうる鍵をすべて試すだけで、容易に攻撃できる。アリスとボブがどちらの暗号でも選べるとしても、試すべき選択肢は38しかない。しかしアリスとボブが同時に複数の暗号を使えるとしたらどうなるだろう。

少々ごちゃごちゃしそうなので、もう少し数学的な表記を導入しよう。Pは平文文字を表し、1と26の間の数とし、Cは暗号文文字を表す数とする。また、鍵はkで表す。鍵kによるシフト暗号を

使った暗号化は、

$C \equiv P + k \pmod{26}$

と書けて、鍵 k による乗算暗号はこう書ける。

$C \equiv kP \pmod{26}$

シフト暗号を解読する場合も

$P \equiv C - k \pmod{26}$

のようになり、乗算暗号の場合はこうなる。

$P \equiv \overline{k}C \pmod{26}$

アリスとボブが、異なる二つのシフト暗号の鍵 k と m を使って暗号化を試みるとしたらどうなるだろう（k の次は l（エル）だが、これは1（いち）に見えてしまうので、暗号学で別の暗号鍵を表すのには、m が使われることがある）。安全性は2倍になるだろうか。この場合はこんなふうになる。

$C \equiv P + k + m \pmod{26}$

アリスとボブにとってはあいにくなことに、イブから見れば、これは $k + m$ という一つの鍵を使って暗号化しているのと同じことなので、イブは総あたり攻撃を試みれば前と同程度に簡単に暗号を破れる。アリスが二つの異なる鍵で乗算暗号を使ってもおなじことになる。しかしそれぞれを一度ずつ使ったらどうなるだろう。アリスはまず平文にkをかけ、さらにmを足して暗号文にするとしよう。

$$C \equiv kP + m \pmod{26}$$

ボブは、まずmを引き、それから$\bar{k}$をかけて解読する。

$$P \equiv \bar{k}(C - m) \pmod{26}$$

ボブは逆の演算をするだけでなく、順番も逆にしなければならないことに注意しよう。このことがすんなり腑に落ちないなら、服を着るのと脱ぐのとを考えよう。身に着けるときは、靴下を履いてから靴を履く。脱ぐときはどちらも脱ぐのだが、順番は逆になる。そうしないとまずいことになる。

この組合せで新手の暗号ができ、専門的には「アフィン暗号」と呼ばれるが、私はただ$kP + m$暗号と呼びたくなることがある。kの選択肢が12でmの選択肢が26なので、$12 \times 26 = 312$通りの鍵ができる。これでイブの総あたり攻撃は、コンピュータを使えばそれほど難しくはないが、少しは難しくなる。

二つの暗号を組み合わせて「合成暗号（プロダクト）」にするという考え方はごくあたりまえに出てくることで、歴史的にもけっこう昔にさかのぼる。何らかのデシメーション法（1・3節の乗算暗号）を、シフト暗号（1・2節の加算暗号）と組み合わせるという考え方は、少なくとも一九三〇年代にまでさかのぼる。

$kP+m$ 暗号のもっと古い一形式に触れておくのもいいだろう。これは「アトバッシュ暗号」[18]と呼ばれ、少なくとも旧約聖書の「エレミア書」の頃までさかのぼる。[19] これはデシメーション法と同様、まず平文アルファベットを書き出す。その下に並べる暗号文アルファベットは、同じアルファベットを逆向きに書いたものとする。ここではヘブライ語のアルファベットではなく、現代英語のアルファベットを用いる。

平文	a	b	c	d	e	f	g	h	i	j	k	l	m
暗号文	Z	Y	X	W	V	U	T	S	R	Q	P	O	N

平文	n	o	p	q	r	s	t	u	v	w	x	y	z
暗号文	M	L	K	J	I	H	G	F	E	D	C	B	A

これが $kP+m$ 暗号の一形態というのはなぜだろう。文字を数字に置き換えると次のようになる。

平文	a	b	c	d	e	f	g	h	i	j	…	y	z
数字	1	2	3	4	5	6	7	8	9	10	…	25	26
何らかの演算？	26	25	24	23	22	21	20	19	18	17	…	2	1
暗号文	Z	Y	X	W	V	U	T	S	R	Q	…	B	A

すべての暗号文文字が次の規則に従っていることがわかる

$$C \equiv 27 - P \pmod{26}$$

もちろん、これを

$$C \equiv (-1)P + 27 \pmod{26}$$

と書くこともでき、26を法とするなら、これは次と同じである。

$$C \equiv 25P + 1 \pmod{26}$$

つまりこれは、$k = 25$、$m = 1$ の $kP + m$ 暗号ということになる。

1・5 攻撃——単純換字暗号の解読法

この26を法とする演算をさらに複雑にする方向に進み続ければ、いずれ、平文文字一つ一つすべてがどこへ移るかを特定する方法を明らかにできるだろう。ａは26ある暗号文文字のどれにでも移れる。するとｂはａに相当する暗号文字以外のどの文字にも移れるので、25通りの選択肢がある。ｃには24通り、ｄには23通りとなり、以下同様にすると、ｚに残っている文字は一つだけとなる。この種の暗号は、「単一アルファベット単一字換字暗号」と呼ばれる。「単一字（モノグラフィック）」とは、一字ずつ他の文字に置き換えるということで、「単一アルファベット」とは、換字の規則がメッセージのすべての文字について同じということを意味する。不格好な名前でも、ごくありふれた暗号で、時間節約のために、これを単純「換字暗号」と呼ぶことにする。結局、この種の暗号の作り方は、合わせて$26 \times 25 \times 24 \times \cdots \times 3 \times 2 \times 1 = 403{,}291{,}461{,}126{,}605{,}635{,}584{,}000{,}000$通りあり、そこにはこれまでに解説した3種類の暗号すべても、新聞によくある暗号文パズルもこれに含まれる。これなら鍵が多すぎて、総あたり攻撃では解けないが、アリスとボブにとってあいにくなことに、イブは総あたりよりもずっと優れた攻撃法が使える。

単純換字暗号を破る非常に効果的な方法に、「文字頻度分析」と呼ばれるものがある。この手法は少なくとも九世紀アラビアの学者、アブー・ユスフ・ヤアクーブ・イブン・イスハーク・アッサバーフ・アル＝キンディーにまでさかのぼる。[20] 要は単純な話で、英語でもアラビア語でもその他どんな言語でも、よく用いられる文字とそうでない文字があるということだ。たとえば、ふつうの英語の文章では文字eが約13％現れ、他の文字を圧倒している。イブは、たとえば文字Rが他の文字よりも頻度が高く、13％現れるような暗号文を一通得たとすれば、R（$C = 18$）がe（$P = 5$）を表す可能性が高いことになる。この暗号が加算暗号なら、イブには

$$5 + k \equiv 18 \pmod{26}$$

であることがわかるので、$k = 13$である可能性が高い。

イブが得ているのが、別種の、たとえばアフィン暗号だったら、これだけでは十分な情報とは言えないかもしれない。その場合は別の文字、たとえば英語では8％の出現率のt、7％の出現率のaの

ような別の文字を推測する必要があるかもしれない。たとえば、イブの見当がRはｅ、Ｆはａを表すということなら、次のことがわかる。

$5k + m \equiv 18 \pmod{26}$

$1k + m \equiv 6 \pmod{26}$

これでイブは二つの未知数による二つの方程式が得られた。両辺を引くと、

$4k \equiv 12 \pmod{26}$

数４に26を法とする逆元があれば、イブは両辺にその逆元をかけて4を打ち消し、kを求めることができる。あいにく、４と26のＧＣＤは2なので、４には逆元がない。それはつまり、この方程式には解がないか、複数の解があるということを意味する。解がないとすれば、おそらくイブの文字頻度による見当がまずかったのだろうということで、別の見当をつけるのがよいだろう。しかしこの例の場合、解は$k = 3$と$k = 16$の二つあり、いずれの場合でも$m = 6 - 1k \pmod{26}$でなければならない。つまり、可能性は$k = 3, m = 3$か、$k = 16, m = 16$となる。イブはそこで、それぞれの組合せを使って解読を試み、読める文が得られるかどうかを確かめる。ａ、ｔなどいくつかの文字が似たような頻度なので、どちらも正しくないこともありえるので、その場合は、イブは振り出しに戻って、ｅとａをあらためて推測してみなければならない。何度かやり直さなければならないかもしれないが、結局イブ

は、総あたりで行なうよりずっと早く正しい鍵を判定できるはずだ。

この技には一つ大きな但書きがある。この手を使うための暗号文を十分に手に入れる必要がある。ここで述べた頻度は平均にすぎないので、短いメッセージだと、文字頻度がまったく異なることは大いにありうる。「Zola is taking zebras to the zoo」〔ゾラはシマウマを動物園に連れて行っているところ〕というメッセージを解読しようとしていることを考えればよい。この先でもっと複雑な換字暗号を解読するときには、この問題がどれだけややこしくなるかもわかるだろう。

１・６　手間をかける――多字換字暗号

文字の出現頻度による解読が使えないような暗号法を立てるわかりやすい方法が二つある――メッセージの場所ごとに換字規則を変えるか（「多アルファベット換字（ポリアルファベティック）」）か、換字を一文字単位ではなく、複数文字単位に行なうか（「多字換字（ポリグラフィック）」）。どちらも現代の暗号法に一定の地位を占めているが、ここでは多字換字暗号に目を向けることにする。

多字換字暗号で決める必要がある第一のことは、「ブロックサイズ」である。ブロックサイズが2の暗号は「二字換字（ダイグラフィック）」、3の場合は「三字換字（トライグラフィック）」というふうになる。二字換字暗号は一六世紀には唱えられていたが、初めて実用になったのは一九世紀になってからだった。一九二九年、レスター・S・ヒルは、ヒル暗号を考えた。(21) これはブロックサイズが何字でも使えるが、ここではブロックサイズを2として解説する。平文を2字ずつのブロックに分ける。最後のブロックに埋まらない空白があれば、それは何らかのランダムな文字で埋める——これはヌル文字、あるいは埋め草（パディング）と呼ばれる。

ja ck ya nd ji ll ya nd ev ex 〔ジャッキーとジリーとイブx〕

平文ブロックそれぞれのうち、第1字をP_1、第2字をP_2とする。それから次の式を使って2字の暗号文文字を計算する。

$$C_1 \equiv k_1P_1 + k_2P_2 \pmod{26}$$

$$C_2 \equiv k_3P_1 + k_4P_2 \pmod{26}$$

ただし、k_1, k_2, k_3, k_4は1から26までのいずれかの数で、四つひとそろいで鍵を構成する。たとえば、鍵が3、5、6、1なら、先の式はこうなる。

$$C_1 \equiv 3P_1 + 5P_2 \pmod{26}$$

$$C_2 \equiv 6P_1 + 1P_2 \pmod{26}$$

平文が

平文	ja	ck	ya	nd	ji	ll	ya	nd	ev	ex
数字	10, 1	3, 11	25, 1	14, 4	10, 9	12, 12	25, 1	14, 4	5, 22	5, 24

であれば、暗号文の最初の2文字は次のようになる。

$$C_1 \equiv 3 \times 10 + 5 \times 1 \equiv 9 \pmod{26}$$

$$C_2 \equiv 6 \times 10 + 1 \times 1 \equiv 9 \pmod{26}$$

なお、平文の最後にあるxはヌル文字。

メッセージの残りの部分については、次のようになる。

平文	ja	ck	ya	nd	ji	ll	ya	nd	ev	ex
数字	10, 1	3, 11	25, 1	14, 4	10, 9	12, 12	25, 1	14, 4	5, 22	5, 24
ヒルの公式	9, 9	12, 3	2, 21	10, 10	23, 17	18, 6	2, 21	10, 10	21, 0	5, 2
暗号文	II	LC	BU	JJ	WQ	RF	BU	JJ	UZ	EB

jackyのjはIに移っているが、jillyのjはWに移っている。同様に、jillの二つのlは別の文字に移っているが、jackyのjとaは同じIになっている。これはもちろん、文字が対としてではなく、個別に暗号化されているからだ。二か所のyandはいずれもBUJJになっていることにも注目しよう。

ボブのメッセージ解読には、次のような未知数2個、方程式2本の連立方程式を解く必要がある。

$$C_1 \equiv k_1P_1 + k_2P_2 \pmod{26}$$

$$C_2 \equiv k_3P_1 + k_4P_2 \pmod{26}$$

これを解くための方法はいくつもある。一つは上の式にk_4をかけ、下の式にk_2をかけて引き算をする。

たとえば、先の例の最後のブロックを解読するには、

$$5 \equiv 3P_1 + 5P_2 \pmod{26}$$

$$2 \equiv 6P_1 + 1P_2 \pmod{26}$$

となり、これは

$$1 \times 5 \equiv (1 \times 3)P_1 + (1 \times 5)P_2 \pmod{26}$$

$$5 \times 2 \equiv (5 \times 6)P_1 + (5 \times 1)P_2 \pmod{26}$$

となって、引くとこうなる。

$$1 \times 5 - 5 \times 2 \equiv (1 \times 3 - 5 \times 6)P_1 \pmod{26}$$

同様に、上の方程式にk_3をかけ、下の方程式にはk_1をかけることもでき、そうするとこうなる。

$$6 \times 5 \equiv (6 \times 3)P_1 + (6 \times 5)P_2 \pmod{26}$$

$$3 \times 2 \equiv (3 \times 6)P_1 + (3 \times 1)P_2 \pmod{26}$$

今度は下から上を引くと、

$$3 \times 2 - 6 \times 5 \equiv (3 \times 1 - 6 \times 5)P_2 \pmod{26}$$

どちらの場合も右辺には−27という数が出てくるが、これは$k_1 k_4 - k_2 k_3$に相当する。この数は連立方程式の「〔係数行列の〕行列式」と呼ばれる。この場合の行列式と26の最大公約数が1なら、行列式には乗法についての逆元があり、ボブは方程式の両辺にその逆元をかければP_1とP_2が求められる。これは通常の演算による場合と似ている。未知数2個、方程式が2本の連立方程式は、その係数行列の行列式がゼロでなければ必ず解ける。

ここでの例では行列式は−27で、これは26を法とすると25に等しい。ボブが互除法を行なえば、

$$\overline{25} \equiv 25 \pmod{26}$$

となるので、

$$P_1 \equiv ((1 \times 5) - (5 \times 2)) \times 25 \pmod{26}$$

$$P_2 \equiv ((3 \times 2) - (6 \times 5)) \times 25 \pmod{26}$$

となり、最後には次のようになる。

$$P_1 \equiv 5 \pmod{26} \qquad P_2 \equiv 24 \pmod{26}$$

これはexのことだ。

一般には、$k_1k_4-k_2k_3$ に逆元があるなら、

$$C_1 \equiv k_1P_1 + k_2P_2 \pmod{26}$$

$$C_2 \equiv k_3P_1 + k_4P_2 \pmod{26}$$

の解は、次のようになる。

$$P_1 \equiv \overline{(k_1k_4 - k_2k_3)}(k_4C_1 - k_2C_2) \pmod{26}$$

$$P_2 \equiv \overline{(k_1k_4 - k_2k_3)}(-k_3C_1 + k_1C_2) \pmod{26}$$

複数の未知数、同じ数の方程式による連立方程式を解くこの方法の一般的な形式は、ガブリエル・クラメルの名をとって、「クラメルの法則」と呼ばれることが多い。クラメルは一八世紀スイスの数学者で、連立方程式とそれが表す曲線について多大な研究を行なった。同じ法則は、スコットランドのコリン・マクローリンがもう少し早く発表したらしい。クラメルの法則は大規模な連立方程式を解くには最速の方法ではないが、ヒル暗号で用いられることが多いブロックサイズについてはたしかに十分使える。

次のように、数に新しい名をつけてみよう。

$$m_1 = \overline{(k_1k_4 - k_2k_3)}(k_4)$$

$$m_2 = \overline{(k_1k_4 - k_2k_3)}(-k_2)$$

$$m_3 = \overline{(k_1k_4 - k_2k_3)}(-k_3)$$

$$m_4 = \overline{(k_1k_4 - k_2k_3)}(k_1)$$

すると次のように書けることがわかる。

$$P_1 \equiv m_1C_1 + m_2C_2 \pmod{26}$$

$$P_2 \equiv m_3C_1 + m_4C_2 \pmod{26}$$

この連立方程式を、元の連立方程式の逆元と考えることができ、m_1、m_2、m_3、m_4について、元の暗号化鍵k_1、k_2、k_3、k_4に対する、一種の「逆鍵」と考えることもできる。この例では、この逆鍵は26を法として、25 × 1, 25 × -5, 25 × -6, 25 × 3、つまり25、5、6、23となる。ボブがこれを計算してしまえば、解読処理は暗号化と同じく正確に行なわれる。これもまた１・３節で述べた、前に進んで後戻りしているという考え方の例だ。

ヒル暗号に良い鍵（つまり行列式に逆元がある場合）がいくつあるかを正確に計算するのは少々やっかいだが、ブロックサイズ２については約４万５０００、ブロックサイズ３については約520億で、総あたり法はかなり難しくなっていく。また、ボブはメッセージの末尾にはヌル文字があるかもしれないことを承知している必要がある点にも注意すること。承知していれば、読めばそれとわかるはずだ。

一九三一年、ヒルは元の暗号法にいくつかの拡張を加えて開発を進めた。最も重要な拡張は、元のヒル暗号を加算部分と組み合わせているため、乗算暗号と加算暗号を組み合わせてアフィン暗号にしたのと同じように、今では「アフィン・ヒル暗号」と呼ばれている。[22] あらためてブロックサイズを2にすると、新しい式は、

$$C_1 \equiv k_1P_1 + k_2P_2 + m_1 \pmod{26}$$

$$C_2 \equiv k_3P_1 + k_4P_2 + m_2 \pmod{26}$$

となる。ただし、今回の鍵は、$k_1, k_2, k_3, k_4, m_1, m_2$ の六つあり、すべて1から26までのいずれかである。ここでも行列式 $k_1 k_4 - k_2 k_3$ と26の最大公約数が1であれば良い鍵となる（新しい鍵 m_1, m_2 は何でもよい）。ボブが解読するときには、C_1からm_1を引き、C_2からm_2を引いて、先のような連立方程式を解くだけでよい。

文字の出現率による解読は、多字換字暗号では使えない。例からわかるように、平文の同じ文字が暗号文の同じ文字に移るわけではないからだ。したがって、どの文字がeに対応するかという見当は成り立たない。他方、平文ブロックが同じなら、暗号文ブロックも同じになり、ブロックサイズが2か3なら、そこにつけこむことは可能だ。たとえば、いちばんよくある二字組（ダイグラフ）は「th」で、ある調査

によれば、出現率はおよそ2.5%となる。[23] 最もありふれた三字組(トライグラフ)は「the」で、これは同じ調査によると、1%未満となっている。[24] イブはこうした事実を用いてダイグラフあるいはトライグラフ頻度解読を行ない、ひょっとすると二字換字暗号や三字換字暗号を解読するかもしれない。しかし、ブロックサイズがもっと大きくなると非常に難しくなる。ありうるブロックが多くなり、頻度の差があまり大きくなくなるからだ。一九二九年の頃でさえ、ヒルは歯車を組み合わせて、ブロックサイズ6で文章を機械的に暗号化し、出現率解読では基本的に破れない装置を組み立てることができた。[25] ヒルにとってあいにくなことに、この装置が人々の目に留まることはなかった。

ヒル暗号はあまり使われなかった――手作業で使うにはややこしく、機械式暗号法は、多アルファベット換字暗号の方に向かった。[26] 連立方程式を使うというヒルのアイデアは、暗号法にデジタル計算機が登場するとともに再び重要になったが[27]、現代の観点からすると、この暗号は単独で使ったのでは、ある種の攻撃にはひどく弱いという問題がある。この攻撃は、これまで述べてきたものとはずいぶん違っている。

1・7　既知平文攻撃

これまでは、取り上げた暗号解読法による攻撃はすべて暗号文単独攻撃で、イブが知っているのは、アリスとボブの間を行き来するのを傍受して得た暗号文のメッセージだった。しかしイブが何らかの形で、何らかのメッセージ（あるいはその一部）の、平文と暗号文の両方を得たとする。この場合、イブは既知平文攻撃を試みることができる。既知の平文と暗号文から鍵を得るのが目標である。鍵が手に入れば、得ているメッセージだけでなく、同じ鍵で送られた他のメッセージ、あるいは手に入れたメッセージの他の部分を求めることができる。

ブロックサイズ２の当初のヒル暗号の場合なら、イブは平文のうち４字P_1、P_2、P_3、P_4と、それに対応する暗号文の４字C_1、C_2、C_3、C_4を復元するとしよう。すると次がわかる。

$$C_1 \equiv k_1P_1 + k_2P_2 \pmod{26}$$
$$C_2 \equiv k_3P_1 + k_4P_2 \pmod{26}$$
$$C_3 \equiv k_1P_3 + k_2P_4 \pmod{26}$$
$$C_4 \equiv k_3P_3 + k_4P_4 \pmod{26}$$

イブの視点からは鍵の数字だけが未知なので、未知数４個による４本の方程式があり、この連立方程式を解けば鍵は得られる。

先の例で言えば、イブは平文の最後の二つのブロックを何とか復元したら、次のことがわかる。

$$21 \equiv k_1 5 + k_2 22 \pmod{26}$$
$$0 \equiv k_3 5 + k_4 22 \pmod{26}$$

$$5 \equiv k_1 5 + k_2 24 \pmod{26}$$

$$2 \equiv k_3 5 + k_4 24 \pmod{26}$$

これは実際には二組の方程式だ。

$$21 \equiv k_1 5 + k_2 22 \pmod{26}$$

$$5 \equiv k_1 5 + k_2 24 \pmod{26}$$

と

$$0 \equiv k_3 5 + k_4 22 \pmod{26}$$

$$2 \equiv k_3 5 + k_4 24 \pmod{26}$$

そこでイブは、前節でボブが方程式を解いたのと同じように、クラメルの法則を使ってそれぞれを解くことができる。最初の組については、クラメルの法則から

$$k_1 \equiv \overline{(5 \times 24 - 22 \times 5)}(24 \times 21 - 22 \times 5) \pmod{26}$$

$$k_2 \equiv \overline{(5 \times 24 - 22 \times 5)}(-5 \times 21 + 5 \times 5) \pmod{26}$$

で、これを計算すると次がわかる。

$$k_1 \equiv 3 \pmod{26} \qquad k_2 \equiv 5 \pmod{26}$$

同様に第二の組から次がわかる。

$$k_3 \equiv \overline{(5 \times 24 - 22 \times 5)}(24 \times 0 - 22 \times 2) \pmod{26}$$

$$k_4 \equiv \overline{(5 \times 24 - 22 \times 5)}(-5 \times 0 + 5 \times 2) \pmod{26}$$

これによってイブは残り二つの鍵の数字を得る。

$$k_3 \equiv 6 \pmod{26} \qquad k_4 \equiv 1 \pmod{26}$$

一般に、イブは一つのブロックにある文字と同じブロック数の平文を復元するだけでよい。つまり、既知平文を使えば、ヒル暗号を破るのは、そのメッセージを解読するのと同じくらい易しい[28]。これは受け入れがたいことなので、ヒル暗号が元の形で用いられることはない。それでも、多字換字暗号に連立方程式を使うというアイデアは、多くの現代暗号の一部をなしている。

1・8　展望

「まえがき」で注意したように、本書で取り上げる暗号の中には、今日の世界では旧式と考えられているものもあり、本章と次の二つの章に出てくるものはすべて、ある程度それにあてはまる。一つには、それはすべてアルファベットの文字に基づいていて、現代世界では、数、画像、音など、他のいろいろな種類のものも暗号化したいという点がある。それは実際には大した問題ではない。この種の情報を数で表す方法はわかっていて、すでに得られている暗号は文字ではなく数を使うように容易に調整できるからだ。加算暗号と乗算暗号は鍵の数が十分でないために総あたりに弱く、暗号破りにコンピュータが使えるようになると、アフィン暗号も十分な鍵にならない。たぶんもっと重要なことに、すべての単一アルファベット単一字換字暗号は、文字頻度攻撃に弱い。単一アルファベット換字暗号は、とくに第2章で述べる多アルファベット換字暗号の土台であるため、現代では重要になっている。第2章を理解するには、まずこの暗号法を理解する必要がある。多アルファベット換字暗号は、安全性の点で最先端にあるとはもう考えられていないが、それでも第2章末ではそれを見る。

多字換字暗号のブロックサイズが十分に大きければ、頻度分析に対しては強い。実際、現代暗号法の主要な2種類のうちの一方であるブロック暗号（第5章で明らかにする）は、0と1だけのアルファベットに作用する多字換字暗号の一種と考えられることもある。これまでに見た例、ヒル暗号とアフィン・ヒル暗号は、今しがた示したように、既知平文攻撃に弱い。つまりこうした特定の多字換字暗号は安全とは考えられない。しかしこれまた触れたように、この二つの暗号は、現代ブロック暗号の部品として用いられる。現行の米政府によるブロック暗号の標準もそうで、それについては第4章で述べる。というわけで、現代ブロック暗号はヒル暗号なしには理解できないし、加算、乗算、アフィン各暗号なしにはそのことを適切に理解することはできない。

本章で取り上げた暗号解読法による技は最先端のものではないとはいえ、現代暗号解読法の技を理解するうえでは非常に重要であることを言っておくべきだろう。文字頻度は現代ブロック暗号には効かないが、頻度攻撃は確かに有効だ。たとえば第4章で見る差分攻撃は、文字頻度攻撃と同種の統計学的頻度計算に依拠しているが、暗号文そのものよりも暗号文どうしの違いに適用される。同様に、第4章で触れる線形攻撃は、ヒル暗号に対して示した既知平文攻撃の手の込んだ形のものだ。現代暗号はヒル暗号やアフィン・ヒル暗号のような方程式のみで構成されるものではないが、そうした式によって近似できることもある。線形暗号解読法はそのことを利用している。

最後に、合同算術の概念と表記は本当に必要かとか、本章の暗号を説明するのにもっと簡単な方法はないのかと思っておられるかもしれない。加算、乗算、アフィン各暗号は、確かに合同算術で記述することを誰かが思いつくよりずっと前から用いられ、解読されている。それに対して、ヒル暗号、アフィン暗号は合同算術を念頭に置いて考えられたもので、そうした概念がないと扱いにくい。さらに重要なことに、合同算術は第6章、第7章、第8章で取り上げる累乗暗号、公開鍵暗号を理解するための要になっている。

第2章　多アルファベット換字暗号

2・1　ホモフォニック暗号

多字換字暗号は一度に複数の文字に作用し、単純な文字頻度分析に強い暗号を作る方法の一つだった。すでに見たように、これを手計算で行なうのは、ブロックサイズが3字でも困難、あるいは不可能で、機械で行なっても少々扱いにくい。これに対して多アルファベット暗号は、単一アルファベット暗号と同じく一度に一文字に作用しても、換字規則がそのたびに変わる。簡単に言うと、暗号を作る側のアリスに平文文字の一部あるいは全部について複数の暗号文の選択肢を与え、それを勝手に選べることになる。そういう暗号はホモフォニック暗号と呼ばれる——言語学で言うホモフォンは、二つの文字あるいは二つの文字群が、綴りは違っても発音が同じになることを言う。暗号法でのホモフォンとは、文字あるいは文字群が、暗号文では別でも解読すると同じになることを言う。

暗号法の他の多くの面でそうだったように、ホモフォニック暗号の背後にある考え方は、最初はアラブ人によって研究されたらしい。[1]しかし、知られている中で初めて、中心をなす手法として明示的にホモフォンを使った暗号が登場したのはイタリアでのことで、一四〇一年、マントヴァ公国の書記官が調えた。[2] この暗号はアトバッシュ暗号に12種の追加の記号を加えた変種らしい。a、e、o、u用にそれぞれ三つの記号を使う。いずれも一五世紀のイタリア語では頻度がきわめて高い文字だ。この考え方を現代英語の文字とキーボードにある記号に置き換えて表すと次のようになる。

平文	a	b	c	d	e	f	g	h	i	j	k	l	m
暗号文	Z	Y	X	W	V	U	T	S	R	Q	P	O	N
	!				@								
	%				&								
	)				-								

平文	n	o	p	q	r	s	t	u	v	w	x	y	z
暗号文	M	L	K	J	I	H	G	F	E	D	C	B	A
		#						$					
		*						(					
		=						+					

こんな単純な暗号では秘匿性はあまり改善されないのではないかと思われるだろうが、考え方はまっとうだ。高頻度の平文文字に対応する暗号文文字が複数の選択肢にランダムに分散し、単純な文字頻度分析が難しくなる。この方式を適切に使えば、eに対応する暗号文字について予想される13%

に近い頻度の文字が現れない暗号文ができる。その代わり、４％強の頻度で出現する記号が四つできる（V, @, &, -）。４％の頻度の文字は他にもいろいろあるので、暗号解読法にとっては大した手がかりにはならない。ただしこれは、アリスが本当に四つからランダムに選んでいる場合にのみ成り立つ。よくある落とし穴は、手抜きの暗号作成をして、選択肢のうちの一つだけ（キーボードで打ちやすいVとか）を主に使い、他の記号はたまにしか使わないことだ——するとホモフォンの有効な部分がほとんど台なしになる。

当時のヨーロッパで文字頻度分析についてどれだけわかっていたかは明らかではない。マントヴァの暗号が母音字という頻度の高い文字だけにホモフォンを与えていたという事実は、この問題についてある程度は知っていたのではないかと思わせる。暗号法がほとんど学術的な研究だったアラブ世界とは違い、ルネサンス時代のヨーロッパでは、暗号は外交の死活的に重要な部分であり、その秘密は厳重に保護された。頻度分析にかかわる記述がヨーロッパで活字になるのは一四六六年あるいは一四六七年のこと、レオン・バッティスタ・アルベルティによる。この人物にはすぐ後でまたお目にかかる。そして、母音だけでなく子音についてもホモフォンを使った最初の暗号が登場するのはたぶん外交官の型にはまった保守性のせいで次の一六世紀の半ばになってからだった[3]。

2・2　偶然の一致かはかりごとか

これまではイブの立場に立つときには、あまり深く考えないでケルクホフスの原理を前提にしてきた。しかしイブがその仕組みについてうまく見当をつけるには、方式を盗む必要さえないことも多い。たとえばホモフォニック方式が使われているとイブが推測するとしたらどうするだろう。もちろん、一般に26字を超える文字があることになるだろう。しかしひょっとすると英語以外の言語のメッセージかもしれないし、ありうるすべての暗号文文字が実際にすべて出ているわけではないかもしれない。実際がどういうことになっているか、わかるだろうか。

暗号文に現れるそれぞれの文字の頻度表を作るのが適切な第一段階だろう。イブが次のような暗号文を傍受したとする。

QBVDL WXTEQ GXOKT NGZJQ GKXST RQLYR
XJYGJ NALRX OTQLS LRKJQ FJYGJ NGXLK
QLYUZ GJSXQ GXSLQ XNQXL VXKOJ DVJNN
BTKJZ BKPXU LYUNZ XLQXU JYQGX NTYQG
XKXQJ KXULK QJNQN LQBYL OLKKX SJTQG
XNGLU XRSBN XOFUL YDSXU GJNSX DNVTY
RGXUG JNLEE SXLYU ESLYY XUQGX NSLTD
GQXKB AVBKX JYYBR XYQNQ GXKXZ LNYBS
LRPBA VLQXK JLSOB FNGLE EXYXU LSBYD
XWXKF SJQQS XZGJS XQGXF RLVXQ BMXXK
OTQKX VLJYX UQBZG JQXZL NG

アリスは平文からスペースを除き、5字ずつに分け、よくある短い単語を隠すことで、イブに読まれにくくする。イブはまず、それぞれの文字がどれだけの頻度で現れるかを数え、全部で322文字あるうち、どれだけの比率を占めるかを計算する（表2・1）。

暗号文には23種類の文字しかない。それは、イブが相手にしている言語には26字もないか、アリスがすべての文字を必要としない類の多字換字方式を使っているか、単純に平文にいくつか登場しない文字があるかといったことだろう。

イブの表と、英語の文章に予想される頻度とを見比べるとどうなるだろう。表2・2を見てみよう。自分が手にしているのは、平文に頻度の低い文字がいくつか現れていないだけの単純換字暗号であると言ってもおかしくはなさそうに見える。ホモフォンが使われているなら、頻度が低い文字がもっと多く、頻度が高いものがあったとしてももっと少ないと予想される。[4] とはいえ、この観察をもっと定量的にすることができたらいいだろう。

そのためのツールは「一致指数」と呼ばれ、ウィリアム・フリードマン[5]によって考案された。二〇世紀初期の暗号学では重要度の高いツールの一つである。フリードマンはもともと暗号学者ではなかった。大学や大学院では遺伝学を勉強し、リバーバンク研究所遺伝学部に入るよう誘われた。イリノイ州の変人富豪が創立・経営する団体だった。フリードマンが暗号学にかかわるようになったのは、シェイクスピアの作品に隠された暗号を見つけようとする研究グループのために写真撮影を手伝うよう頼まれたときだった。フリードマンはその後、そのような暗号は存在しないという結論に達したが、

表２・１
暗号文例の文字頻度

文字	出現回数	出現頻度 (%)
A	3	0.9
B	14	4.3
D	6	1.9
E	6	1.9
F	5	1.6
G	23	7.1
J	22	6.8
K	19	5.9
L	30	9.3
M	1	0.3
N	20	6.2
O	7	2.2
P	2	0.6
Q	30	9.3
R	9	2.8
S	17	5.3
T	9	2.8
U	13	4.0
V	8	2.5
W	2	0.6
X	47	14.6
Y	21	6.5
Z	8	2.5

表２・２
英文での頻度と暗号文例の頻度比較

文字	英文での頻度	文字	暗号例文での頻度
e	12.7	X	14.6
t	9.1	L	9.3
a	8.2	Q	9.3
o	7.5	G	7.1
i	7.0	J	6.8
n	6.8	Y	6.5
s	6.3	N	6.2
h	6.1	K	5.9
r	6.0	S	5.3
d	4.3	B	4.3
l	4.0	U	4.0
c	2.8	R	2.8
u	2.8	T	2.8
m	2.3	V	2.5
w	2.3	Z	2.5
f	2.2	O	2.2
g	2.0	D	1.9
y	2.0	E	1.9
p	1.9	F	1.6
b	1.5	A	0.9
v	1.0	P	0.6
k	0.8	W	0.6
j	0.2	M	0.3
x	0.2		
q	0.1		
z	0.1		

リバーバンク暗号研究グループでは、将来の妻と将来の職業も見つけた。第一次世界大戦のときにリバーバンクを離れて陸軍に入り、その後は第二次世界大戦後に創設された国家安全保障局に移った。妻のエリゼベスも、沿岸警備隊、財務省などいくつかの政府機関のために暗号を解読する優れた業績を挙げていた(6)。

フリードマンが一致指数を考案したときは、ランダムに2文字を選んでそれが同じである確率を考えていた(7)。まず、ランダムに分布した多数の英語の文字から選び、どの文字も同じ頻度で現れるとする。最初に選ぶのがaである確率は1/26、次に選んだ文字がやはりaである確率も1/26である。確率では、二つの独立したことが両方起きる確率を知りたければ、それぞれの確率をかけ算するので、選んだ二つの文字がともにaである確率は $(1/26) \times (1/26) = 1/26^2$ となる。同様に、選んだ二つがともにbである確率は $1/26^2$、選んだ二つがともにcである確率も $1/26^2$、以下同様となる。どの文字でも同じ文字を二つ選ぶ確率はどうなるだろう。互いに排他的な二つのことが起きる確率を知りたければ、それぞれの確率を足し算するので、いずれかの文字を二つ選ぶ確率は、

$$\underbrace{\frac{1}{26^2}}_{\text{aが二つ}} + \underbrace{\frac{1}{26^2}}_{\text{bが二つ}} + \underbrace{\frac{1}{26^2}}_{\text{cが二つ}} + \cdots + \underbrace{\frac{1}{26^2}}_{\text{zが二つ}} = 26 \times \frac{1}{26^2} = \frac{1}{26} \approx .038.$$

選ばれた文章から同じ文字を二つ選ぶ確率をその文章の一致指数と呼ぶので、（英語の文字を並べた）ラ

ンダムな文章の一致指数は約０・０３８、つまり3.8％となる。

今度は、実際の英語の大量の文章から選ぶとしよう。ａを選ぶ確率は8.2％、つまり０・０８２であることはわかっている。するとａを二つ選ぶ確率は $(0.082)^2$ である。ｂを二つ選ぶ確率は $(0.015)^2$、ｃを二つ選ぶ確率は $(0.028)^2$ などとなる。同じ文字を二つ選ぶ確率は、

$$\underbrace{(.082)^2}_{\text{aが二つ}} + \underbrace{(.015)^2}_{\text{bが二つ}} + \underbrace{(.028)^2}_{\text{cが二つ}} + \cdots + \underbrace{(.001)^2}_{\text{zが二つ}} \approx .066.$$

言い換えれば、実際の英語の文章の一致指数は０・０６６，つまり6.6％である。

フリードマンが気づいた第一のことは、文章に単純換字暗号を適用しても、この数字は変わらないということだった――数字を足す順番が違っても、合計は違わない。つまり、暗号文が単純換字暗号で暗号化されているなら、一致指数はおよそ０・０６６になると予想され、暗号がホモフォニックなら、それが相当に違う値になると予想される。実際、頻度に差がなくなるので、指数は０・０３８と０・０６６の間になる。０・０３８は、26字すべてが同じ頻度の場合で、これが26文字のアルファベットにありうる最小値になるからだ[8]。

暗号文例についての一致指数を計算しよう。表によれば、全部で322字ある中のＡは３回だから、Ａを選ぶ確率は3/322である。二つめの選択については、まったく同じＡは選ばず[9]、残り二つのうちの一方のＡが選べるとしよう。すると、二つめのＡを選ぶ確率は、残った321字のうちの２字分というこ

とで、2/321となる。Aである2文字を選ぶ確率は、(3/322) × (2/321) である。同様に、Bを二つ選ぶ確率は (14/322) × (13/321) などとなる。暗号文例の一致指数は、

$$\frac{3}{322}\times\frac{2}{321}+\frac{14}{322}\times\frac{13}{321}+\cdots+\frac{8}{322}\times\frac{7}{321}\approx .068.$$

結果、明らかに0・066より0・038に近いということはないので、ここにあるのは単純換字暗号である方に賭けて分があることになる。フリードマンはこの検査法を、後で見る他の一致指数を使った検査と区別して、φ(ファイ)テストと呼んだ。[10] 1・5節の技を使って先の暗号文を解いてみると、おもしろいかもしれない。[11]

これに対して、次の暗号文は、偶然の一致率が約0・046と計算できる――ランダムな文ほど低くはないが、単純換字暗号よりは大きく下がっている。文字種が26を超えているが、それは指数を上げるものだ。

IW*CI	W@G*L	&H&L(	ASN*A	E)U&V	$CNPC
SIW*E	DDSA@	LTCIH	!(A#C	V%EIW	*!#HA
*IW@N	TAEHR	$CI(C	JTS!C	SHDS#	SIW@S
DVW@R	G$HH*	SIW*W	)JH@(	CUGDC	IDUIW
*&AIP	GWTUA	TLS$L	CIW*D	IWTG!	#HATW

TRG$H　H*SQT　U$G*I　W@S)D　GHWTR　APBDG
*S%EI　W@WDB　@HIG@　IRWWX　H&CV+　XHWVG
*LLXI　WW#HE　G)VG@　HHI#A　AEGTH　@CIAN
W*L!H　Q%I!L　)DAAN　R)BTI　B)K#C　VXC#I
HDGQX　ILXIW　IW@VA　*&B!C　SIWTH　E**S$
UA(VW　I

こちらも暗号解読法を試みてみてほしい[12]——ヒントも出しておこう。この暗号は加算暗号と母音字を増やしたホモフォニック暗号で、マントヴァ暗号によく似ている。そこで平文で高頻度の子音に対応する暗号文字を探すべきだろう。

２・３　アルベルティ暗号

ホモフォンを使う暗号は、文字の一部あるいはすべてについて複数の換字規則がありうるという意味で、多アルファベット換字である。しかし多アルファベットという名称は、暗号文用「アルファベット」のセットを複数使うことを言っているように見える。この作業をあまり多数の記号を使わずに行なうために、アリスは一覧表からランダムに暗号文文字を拾うよりも筋道立てたことをする必要がある。著述家、芸術家、建築家、競技者、哲学者など、万能のルネサンス人だったイタリアのレオン・バッティスタ・アルベルティは、アリスがその作業をする方法について、知られている中では最

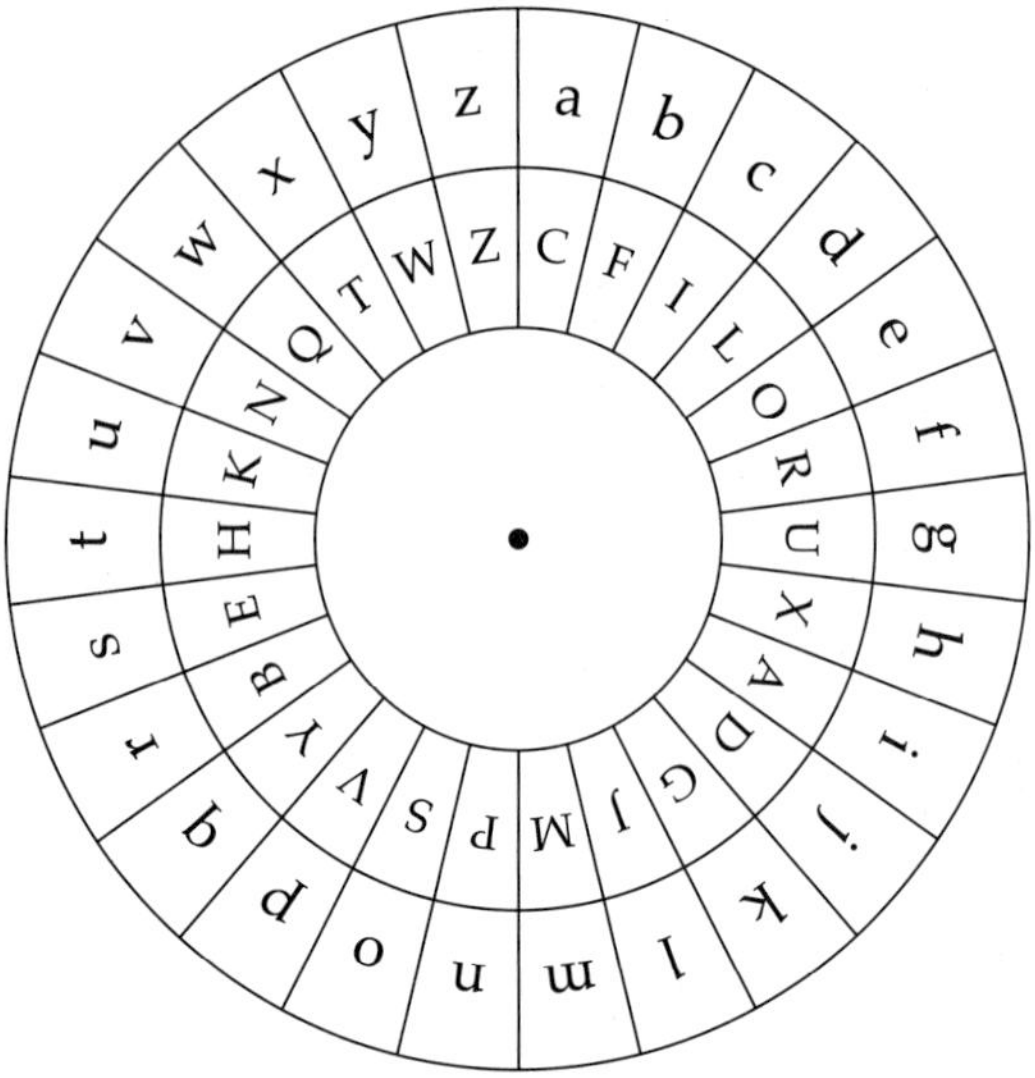

図２・１　アルベルティの暗号盤

初の記述をした。

アルベルティの『暗号論（*De Componendis Cifris*）』は、一四六六年あるいは一四六七年の初めに書かれた手書きで25頁の文書で、知られている中ではヨーロッパ最古の暗号法と暗号解読法に関する学術的著作となった。この本は、ヨーロッパで初めて文字頻度分析を解説し[13]、ヌル文字やホモフォンの使用を論じ、アルベルティの「暗号盤」を紹介した。これは初の本当の多アルファベット方式であり、また初の換字暗号用暗号装置でもあった。

暗号盤は、図2・1にあるような2枚の円盤（アルベルティの場合は銅製）、大きい方の固定盤と小さい方の可動盤からなり、中心にピンを通してまとめられている。それぞれの円盤の外側の環は、アルファベットの文字数と同じ数の区画に分けられている。ここでは英語のアルファベットを用いるので、環には26の区画があり、暗号盤は一度に52の区画が見えるように作られている。[14] 平文文字は外側の環に通常の順で書かれていて、暗号文文字は内側の環に、「固定された文字の通常の順序ではなく、ランダムに散らばっている」。[15] 内側の環が動かなかったら、古典的な単一アルファベット換字暗号ということになる。

アルベルティは、環の動きを調節して別のアルファベットが使えるようになることを解説する。アリスとボブは、「目印」となる平文か暗号文の文字について合意しておく。そうしてアリスはメッセージに、まず目印の文字が属さない方のアルファベットの文字を書く——これは盤を回転させてこの文字と目印の文字をそろえるという指示だ。

具体例を見よう。暗号文のアルファベットは次の順番に並んでいるとする。[16]

暗号文　C F I L O R U X A D G J M
　　　　P S V Y B E H K N Q T W Z

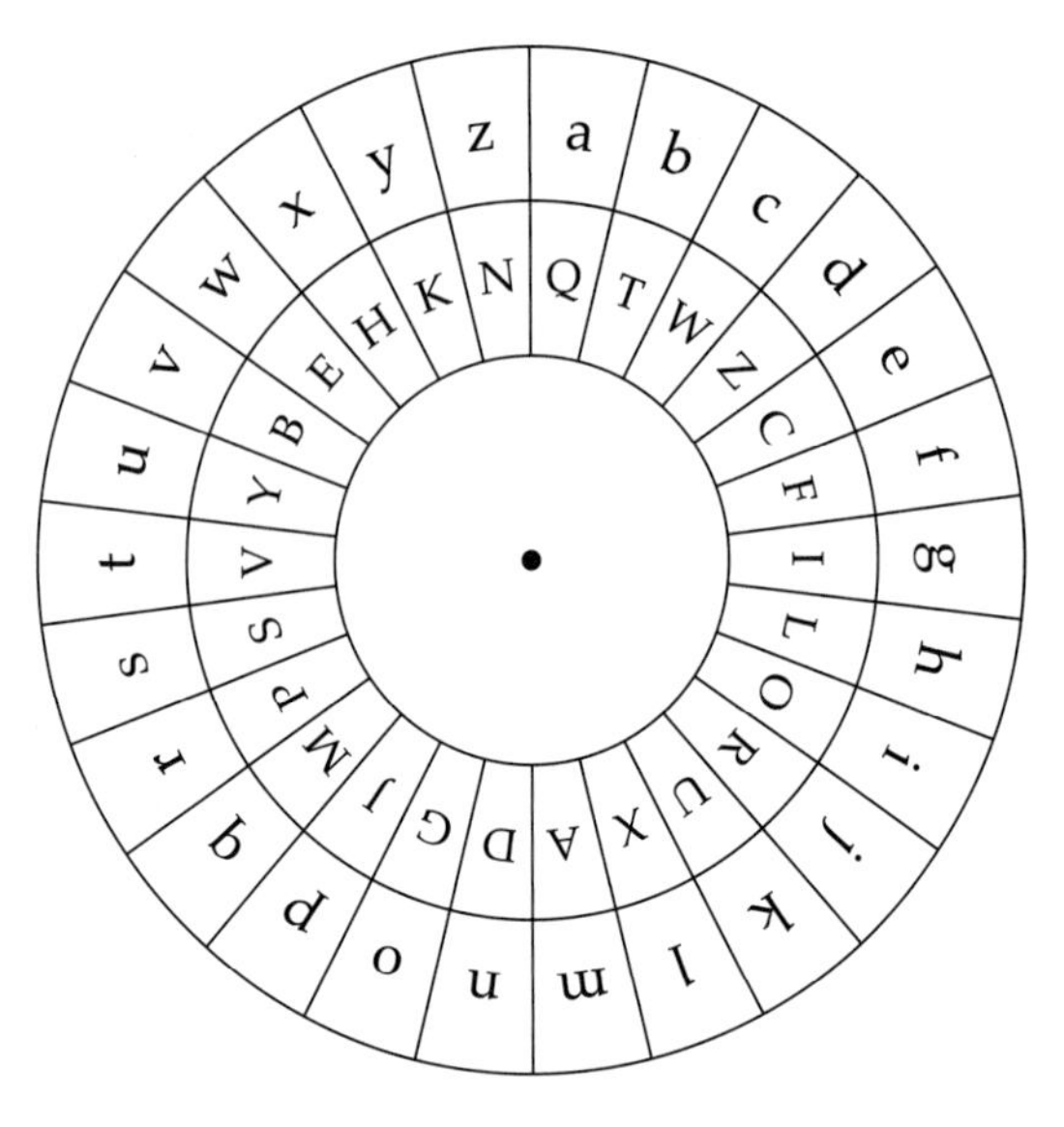

図２・２　アルベルティの暗号盤を別の位置に回転させたところ

目印の文字がCなら、メッセージを鍵文字aで始め、円盤を図2・1の配置にせよという指示とする。

これでアリスは「Leon Battista Alberti」という平文を次のように暗号化することができる。

aJOSPFCHHAEHCCJFOBHA

アルベルティは、３語か４語書いたら円盤を回転させ、これを暗号文に新しい鍵文字を書くことで知らせるのがよいと言う。たとえば、アリスは新しい鍵文字としてｅを選び、自分は（ボブも）盤を図２・２のように回転させることが伝えられる。

そこで平文全体「Leon Battista Alberti, Father of Western Cryptography」〔レオン・バッティスタ・アルベルティ、西洋暗号法の父〕は、こんなふうになる。

aJOSPFCHHAEHCCJFOBHAeFQVLCPGFECSVCPDWPKJVGIPQJLK

ボブはまったく同一の円盤を持っていて、メッセージを、最初はＣがａにそろう位置にセットし、その後、Ｃがｅにそろうようにする。

イブがこの暗号を解読したくても困ったことになる。アルベルティ方式が用いられることをイブが知っていて、小文字は鍵文字であることまで知っていても、暗号文用アルファベットの並びを知らなければ、ボブと同じようには解読できない。アリスが十分な頻度で円盤の位置を変え、同じ位置を何度も使い回さなくてもいいほど平文が長くなければ、イブは円盤のいずれかの配置による原文を、頻度攻撃を行なえるほど得ることはないだろう。他方、イブが鍵文字は円盤をどれだけ回転させるかの指示であることを知っていると、差し引きして最初の位置を復元し、頻度攻撃を使って暗号を破ることができる。さらに、アリスがアルベルティの案のように３語か４語ごとに回転位置を変えれば、単語内で繰り返される文字のパターンに多くの情報が含まれ、イブはそれを利用できることもある。[17]よくできた暗号であれば、アルファベットを頻繁に変え、かつ、どこでどう変えたかがわかりにくいようになる。

先に進む前に、この例にもまたまた合同算術が使えることを、時代錯誤でも言っておかざるをえない。暗号盤の回転は加算暗号を使う暗号化段階に相当するので、これは加算暗号と内側の環を作る何らかの暗号との組合せと見ることができる。今回の例では乗算暗号なので、1・4節で見た $kP + m$ 暗号のような、加算暗号と乗算暗号の組合せになっている。今回は、先のときの暗号とは違い、加算が乗算の前に行なわれる。[18]

平文	a	b	c	d	e	f	g	h	i	j	…	y	z
数字	1	2	3	4	5	6	7	8	9	10	…	25	26
+22	23	24	25	26	1	2	3	4	5	6	…	21	22
回転した平文	w	x	y	z	a	b	c	d	e	f	…	u	v
回転した数字×3	17	20	23	26	3	6	9	12	15	18	…	11	14
暗号文	Q	T	W	Z	C	F	I	L	O	R	…	K	N

2・4　スクエアなのが新しい――多表式暗号、あるいはヴィジュネル方陣暗号

アルベルティは、ヨーロッパ初の暗号法の本と建築学についての初の活字本の著者と認められているが、[19] 暗号法についての初の活字本を書いたのは他の人物とされている。それはヨハンネス・トリテ

ミウス、つまりトリッテンハイムのヨハネスだった。トリテミウスは、今のドイツはラインラント＝プファルツ州にあるスポンハイムのベネディクト派修道院の僧だった。トリテミウスは一五世紀末から一六世紀初頭の重要な著述家で、ヨーロッパの暗号法と図書館学の創始者だった。錬金術、占星術、悪魔、霊などオカルトにも強い関心を抱き、そのために当時とやかく言われるほどだったし、今日の私たちにも明らかに奇異に見えるかもしれない。[20] トリテミウスが書いているのが暗号法なのか、魔術なのか、両方なのかを区別しにくいことが多く、著述の多くは現実離れしているとして何世紀かの間、忘れられていた。最近、トリテミウスの奇妙な著述のすべてではないにしても多くが、実はむしろ暗号法など秘匿された文章の例を取り上げていることをうかがわせる証拠が浮かび上がってきた。

ともあれ、トリテミウスが今日の暗号法の世界で最もよく知られているのは、「タブラ・レクタ」、つまり「正しい表」、あるいは正方形表（スクエア）〔スクエアには「きちんとした」という意味もある〕、文字スクエア、タブローとも呼ばれるものによる〔以下、「タブラ・レクタ」については通用している「多表式暗号」という訳語を用いる〕。まず、アルベルティの暗号盤を、暗号文アルファベットが平文と同じ順番で書かれたものと考えてみよう。まず、加算暗号を得るために位置を一つ回転させる。

平文	a	b	c	d	e	f	g	…	t	u	v	w	x	y	z
暗号文	B	C	D	E	F	G	H	…	U	V	W	X	Y	Z	A

それから2字、3字、4字と回転させると、いずれ最初の位置に戻る。[21]

平文	a	b	c	d	e	f	g	…	t	u	v	w	x	y	z
暗号文	B	C	D	E	F	G	H	…	U	V	W	X	Y	Z	A
暗号文	C	D	E	F	G	H	I	…	V	W	X	Y	Z	A	B
暗号文	D	E	F	G	H	I	J	…	W	X	Y	Z	A	B	C
⋮								⋮							
暗号文	Y	Z	A	B	C	D	E	…	R	S	T	U	V	W	X
暗号文	Z	A	B	C	D	E	F	…	S	T	U	V	W	X	Y
暗号文	A	B	C	D	E	F	G	…	T	U	V	W	X	Y	Z

この表は暗号盤と同じ情報をすべて持っているが、それをすべて一覧できるようになっている。さらに重要なことに、トリテミウスはその表を、アルベルティとはかなり違う形で用いた。アリスが新しい位置に移るときを勝手に選ぶのではなく、一文字ごとに暗号文アルファベットを変え、それを表を規則正しくたどり、最下段まで行くと最初に戻るというふうに進めることを、トリテミウスは唱えた。これは「進行式（プログレッシブ）」と呼ばれる。進行式にはいくつか利点がある。たとえば、attackのtやmeetingのeのような単語の中で繰り返される文字のパターンが消える。他方、この方式には鍵がまったくない。1・2節で見たように、それは近代風に言うと「だめよだめだめ」だ。トリテミウスは、アルファベットはいろんな順番になりうることを認識していた。多表式暗号だけでなく、「タブ

ラ・アベルサ」（逆転表）という、アルファベットが逆方向に進むものや、いろいろな順序の他の表なども紹介した。[22] ところがそうした方式はどれも鍵式ではないらしい。

この方式にどうやって鍵を加えられるかを見るには、またイタリアに戻る必要がある。これを最初に唱えたのは、ジョヴァン・バッティスタ・ベラーソらしいが、この人物については他のことはあまり知られていない。[23] ローマカトリック教会の枢機卿何人かの秘書を務めたらしく、きっとそのことが暗号や秘密の文章を研究する機会をもたらしたのだろう。ベラーソは一五五三年、一五五五年、一五六四年の三度、暗号法に関する短い本を出し、それぞれにいろいろな形の多アルファベット暗号が取り上げられている。ベラーソは標準的な順序のアルファベットを使うのではなく、「反転アルファベット」を用いた。つまり暗号化のためのアルファベットと解読のためのアルファベットの役割が、暗号法を変えることなく入れ替えられるということだ。こうすると解読は暗号化と同じ手順で進み、実用的には便利だ。1・4節にあったアトバッシュ暗号が一例で、トリテミウスの逆転表アルファベットもそうだ。

話を簡単にするために、トリテミウスの「多表式暗号」のままで行こう。ベラーソの改革は、基本的に表の横に鍵文字の列を加えることだった。[24]

	a	b	c	d	e	f	g	…	t	u	v	w	x	y	z
A	B	C	D	E	F	G	H	…	U	V	W	X	Y	Z	A
B	C	D	E	F	G	H	I	…	V	W	X	Y	Z	A	B
C	D	E	F	G	H	I	J	…	W	X	Y	Z	A	B	C
⋮								⋮							
X	Y	Z	A	B	C	D	E	…	R	S	T	U	V	W	X
Y	Z	A	B	C	D	E	F	…	S	T	U	V	W	X	Y
Z	A	B	C	D	E	F	G	…	T	U	V	W	X	Y	Z

アリスとボブは「鍵語（キーワード）」あるいは「鍵フレーズ」について合意し、アリスはそれを平文の上に、必要なだけ繰り返して書く。

平文　T R E T E S T E D I L E O N E T R E[25]〔ライオンの三つの頭〕
鍵フレーズ　s p o r t i n g h i s c l o t h e s〔人の服をまとう（後出）〕

それからアリスは、しかるべき鍵文字に対応する暗号アルファベットを使って平文の文字を一つ一つ暗号化する。

鍵フレーズ　T R E T E S T E D I L E O N E T R E
平文　s p o r t i n g h i s c l o t h e s

暗号文　M H T L Y B H L L R E H A C Y B W X

1・6節の多字換字暗号と同じく、平文では同じ文字でも、暗号文では位置によって文字が異なる。たとえば、平文の三つのsは、それぞれM、E、Xになっている。この形の多アルファベット暗号は、様々な理由で「反復鍵暗号」と呼ばれる。鍵は単語や語句でなくてもよいが、ふつうはそうなる。

先にも触れたように、ベラーソは、暗号文アルファベットと鍵アルファベットをいろいろな順番にして、もっと複雑な方式を用いた。数学的に見ると、ここで設定した多表式暗号を用いることには、合同算術を使って容易に表せる利点がある。

鍵フレーズ	T	R	E	T	E	S	T	E	D	I	L	E	O	N	E	T	R	E
数字	20	18	5	20	5	19	20	5	4	9	12	5	15	14	5	20	18	5
平文	s	p	o	r	t	i	n	g	h	i	s	c	l	o	t	h	e	s
数字	19	16	15	18	20	9	14	7	8	9	19	3	12	15	20	8	5	19
暗号文	M	H	T	L	Y	B	H	L	L	R	E	H	A	C	Y	B	W	X
数字	13	8	20	12	25	2	8	12	12	18	5	8	1	3	25	2	23	24

見てわかるように、暗号文の数字は単純に鍵数字と平文数字を、26を法として足しているにすぎない[26]。この考え方は第5章で取り上げる現代ストリーム暗号を先取りしている。

気の毒なベラーソ。その発明はすぐに有名になったが、自身ではそのことを知ることはなかった。一五六四年、ベラーソ自身で、誰かが「人の服をまとい、人の労苦と名誉を奪う」ようなことをしていると書いている[27]。その誰かとはジョヴァンニ・バッティスタ・デッラ・ポルタらしく、一五六三年に、基本的にベラーソが一五五三年にしたのと同じ方式を、ベラーソに触れることなく発表した。ごく最近まで、暗号法の学者はベラーソの一五五三年の本を見逃したか、一五六四年の本と混同したかして、反復鍵暗号を最初に考えたのはデッラ・ポルタとしていた。もっと悪いことに、一九世紀のあるとき、反復鍵多表式暗号暗号は、５・３節でお目にかかるブレーズ・ド・ヴィジュネルによるとされた。ヴィジュネルは一五八六年、多表式暗号、反復鍵暗号、その組合せを論じたが、自分がそれを考案したとは決して言っていない。[28] それにもかかわらず、ベラーソの暗号の簡略形は今日になっても一般にヴィジュネル暗号と呼ばれ、多表式暗号は「ヴィジュネル方陣」と呼ばれることが多い。

２・５　いくつあれば多いと言えるか——アルファベットの数を決める

これまでに解説した多アルファベット暗号の多くでは、反復鍵が共通だった。この方式で使えるアルファベットは多くはないので、多少の差はあっても、結局は文字数を使いきり、その後は繰り返しになる。この文字数は暗号の周期と呼ばれる。たとえばベラーソの暗号では、これは鍵フレーズの長さのことだ。反復鍵方式の破り方を見る前に、反復鍵暗号が相手だということをどうやって知るかを考えていいだろう。幸い、ホモフォニック暗号について用いたのと同じ方法、つまり一致指数が使える。先に見た反復鍵多表式暗号暗号を、鍵を短くして考えてみよう。

鍵語　L E O N L E O N L E O N L E O
平文　t h e c a t o n t h e m a t b
暗号文　F M T Q M Y D B F M T A M Y Q

鍵語　N L E O N L E O N L
平文　a t t e d a g n a t〔布団のの猫がブヨを叩いた〕
暗号文　O F Y T R M L C O F

一致指数はどうなると予想されるだろう。さしあたり、鍵文字はランダムに選ばれるとしておこう。鍵語が英単語あるいは語句を構成するとなると、計算にいくらか影響するのだが。

暗号の周期をℓとする。すると暗号文は、鍵に1字ずつそろえてℓ列に並べることができ、全部でn文字あれば、各列にはおよそn/ℓ字ずつあることになる。たとえば、先の例ではこうなるだろう。

列	**I**	**II**	**III**	**IV**
鍵語	L	E	O	N
暗号文	F	M	T	Q
	M	Y	D	B
	F	M	T	A
	M	Y	Q	O
	F	Y	T	R
	M	L	C	O
	F			

なお、$n=25,\ \ell=4$である。同じ列から2文字選ぶなら、暗号化は同じなので、同じ文字になる確率は、およそ0・038になるだろう。他方、二つの異なるランダムに選んだ暗号化文字で暗号化された異なる列の2文字を選ぶと、それが同じになる確率は0・066となるはずだ。最初の文字の選び方はn通りある。第二の文字を同じ列から選ぶ場合、その選び方は$(n/\ell-1)$通りで、それが一致する確率は0・038だ。第二の文字が別の列にあるものなら、その選び方は$(n-n/\ell)$通りで、それが同じである確率は0・066ほど。2文字の選び方は全部で$n\times(n-1)$通りあるので、それが一致する可能性――つまり一致指数――はおよそ次のようになる。

$$\frac{n\times(n/\ell-1)\times .038+n\times(n-n/\ell)\times .066}{n\times(n-1)}$$

$$=\frac{n/\ell-1}{n-1}\times .038+\frac{n-n/\ell}{n-1}\times .066,$$

これは、いくつかの実験から納得いくだろうが、実際には0・038と0・066の間にある。$\ell=1$なら、暗号は単一アルファベット暗号で、指数は0・038だが、$\ell=n$なら、指数は0・066となる。平文文字すべては、ランダムに選ばれた異なるかもしれないアルファベットで暗号化されていて、暗号文は実質的にランダムになる。[29] 先の例では$n=25,\ \ell=4$なので、指数はおよそ$(5.25/24)\times 0.038+(18.75/24)\times 0.066$、つまり約0・060となるが、そのような短い暗号文については、おそらくあまり近い値になるというものでもないだろう。

反復鍵による多アルファベット暗号が相手であることがわかってしまえば、それを破る第一段階は、周期を求めることだ。よくあることだし、とくに秘密だらけの分野ではそうだが、周期を求めるための最も普及していて使える手法は、別々の二人が、およそ同じ頃に考案した――この場合は一九世紀の半ばのことだった。一人はチャールズ・バベッジ。科学、数学、工学のいろいろな方面に首をつっこんだが、今日ではプログラム可能な計算機というアイデアを考えたことで知られている。あいにくバベッジは多アルファベット暗号についての研究を発表する意図はあったものの、その機会が得られなかった。[30] 同じ方法をちゃんと発表したのはフリードリヒ・カシスキーだった。[31] バベッジとは違い、カシスキーはこの非常に重要な貢献以外にあまり大きなことはしていないようだ。プロシア陸軍の少佐だったが、軍務に就いていたときにとくに暗号法がらみの仕事をしていたわけではないらしい。現役を退いた後、おおむねこの特定の技に注目した小さな本を書いた。

では、今では一般に「カシスキー・テスト」と呼ばれるこの手法はどういうものか。中心にある思想は、鍵の反復と平文の反復が重なれば、暗号文でも反復が生じるだろうということだ。あらためて先の例を考えてみよう。

鍵語	L	E	O	N	L	E	O	N	L	E	O	N	L	E	O	N	L	E	O
平文	t	h	e	c	a	t	o	n	t	h	e	m	a	t	b
暗号文	F	M	T	Q	M	Y	D	B	F	M	T	A	M	Y	Q

鍵語　N L E O N L E O N L
平文　a t t e d a g n a t
暗号文　O F Y T R M L C O F

平文では繰り返される文字（at）が4回ある。最初の2回は鍵語の同じところ（le）にそろっているが、第三、第四は最初の二つと同じところにはそろっていない。こうして最初の2回はどちらも「MY」に暗号化されるが、後の2回はOFに暗号化される。

さて、イブは暗号文だけを手にしているとしよう。カシスキー・テストは繰り返される文字群を探すことから始まる——この場合はFMT、MY、OFがある。次にある反復する群の最初と、もう一つの反復群の最初との間の文字数を求める。この場合、三つの群はいずれも8文字ずつ離れている。そこからイブは周期が8の因数[32]であると判断する（確かにそうだ——4だから）。

もっと長い暗号の場合、テストは複雑に、また効果的になる。次の暗号文例を見よう。

HXJVX DMTUX NUOGB USUHZ LFWXK FFJKX
KAGLB AFJGZ IKIXK ZUTMX YAOMA LNBGD
HZEHY OMWBG NZPMA PZHMH KAPGV LASMP
POFLA LTBWI LQQXW PZUHM OQCHH RTFKL
PEUXK DMTKX HPJGZ IGUBM OMEGH WUDMN

YQTHK　JAOOX　YEBMB　VZTBG　PFBGW　DTBMB
ZFIXN　ZQPYT　IAPDM　OAVZA　AMMBV　LIJMA
VGUIB　JFVKX　ZASVH　UHFKL　HFJHG

イブは、これはこれまでに述べてきた方式のいずれかで暗号化されていると仮定すると、まず、これは単一アルファベットか多アルファベットかと問うことになるだろう。暗号文の一致指数は０・０４４なので、０・０３８と０．０６６の中にきちんと収まっている。さらに、どの暗号文文字も頻度は８％以内であり、暗号文文字はちょうど26字あるので、これはかなり変わったホモフォニック暗号か、反復鍵暗号かいずれかだろう。先の暗号文の下線を引いた文字は、イブがカシスキー・テストで見つける反復である。２文字群での反復がやたらとあるので、それは当面無視する。

イブ反復される群、その位置、反復の間隔をまとめた表を作る。

反復	最初の位置	次の位置	間隔
DMT	6	126	120
JGZI	38	133	95
FKL	118	228	110
BMB	163	178	15
MBV	164	203	39

すべての間隔の因数となる周期候補の数は1以外にはない。しかし最後の反復以外はすべて5を因数にしている。確かに5は120、95、110、15の最大公約数なので、暗号の周期は5である可能性がきわめて高い。最後の反復MBVは、ここでに述べた手順からというより、ただの偶然で起きたらしい。

イブがカシスキー・テストの結果に満足しなければ、試せることは他に二つある。一つは観察された一致指数を先に見た式と合わせようとすることだ。

$$.044 = \frac{235/\ell - 1}{234} \times .038 + \frac{235 - 235/\ell}{234} \times .066.$$

これをℓについて解くと、

$$\ell = \frac{235 \times .028}{234 \times .044 - 0.038 \times 235 + .066} \approx 4.6.$$

これは確かにカシスキー・テストでの5という値を支持する。これ単独でも、周期が4か5であることを指し示している。運が悪ければ3か6ということもあるが。暗号文が大量にあるというのでなければ、これだけをあてにすることはしない。他方、カシスキー反復のうち一部が関係あるかどうか定かではない場合には非常に有効でありうる——この場合、39という間隔は、それだと周期が1になるということだから、排除できて、むしろ右の例にあったように、本当の鍵の長さはカシスキー・テストの結果の因数ではないかとにらんでよい。カシスキーと一致指数の二つのテストは、組み合わせてきれいに使える――カシスキー・テストは整数の因数分ずれているかもしれないし、一致指数は因数の近似値のみを与えるが、両方使えばたいて特定できる。

イブにできるもう一つの検査は「κ(カッパ)テスト」[33]で、これはフリードマンのもともとの一致指数テストである。κテストは、二つの暗号文が、鍵の反復がどうかと無関係に、同じ多アルファベット暗号を使って暗号化されているかどうかを見る。二つの平文例を考えよう。

例文1　h e r e i s e d w a r d b e a r c
例文2　t h e p i g l e t l i v e d i n a

例文1　o m i n g d o w n s t a i r s n o
例文2　v e r y g r a n d h o u s e i n t

例文1　w b u m p b u m p b u m p o n t[34]〔ほら、テディ・ベアが今階段を下りてくる。ごつん、ごつん、ごつんと〕
例文2　h e m i d d l e o f a b e e c h[35]〔ピグレットは海辺のまんなかにあるとても大きな家に住んでいた〕

ランダムに位置を選ぶと、第一平文のその位置にある文字が第二平文のその位置にある文字と同じである可能性はどれほどと予想されるだろう。ここでも、どちらも「a」である確率と、どちらも「b」である確率と……を足したものなので、平文が普通の英文なら、その可能性は例の如く約0・066と予想されるだろう。それぞれの例に50字あれば、.066×50＝3.3個の合致があると予想される（実際には、下線を引いた文字からわかるように三つある）。

今度は、ランダムに生成された文字による二つの例文があるとする。

例文1　u c z j t t c t k e t x q y h m x
例文2　q h e a w y a o r l q e q e k w z

例文1　v s t v s n e p k n u y q u o n a
例文2　i e i e o j s u n v b q z q z w i

例文1　i n p z o k t g p n o x b f m u
例文2　h o t e d q f g e b e k a t i k

今度の一致指数は０・０３８と予想され、0.38×50 = 1.9ほどの合致があるはずで、実際、二つある。
そこで最初の一組から、それぞれの平文を多表式で、同じ反復鍵を使って暗号化するとしよう。

鍵語　C H R I S T O P H E R C H R I S T
例文1　h e r e i s e d w a r d b e a r c
暗号文1　K M J N B M T T E F J G J W J K W
例文2　t h e p i g l e t l i v e d i n a
暗号文2　W P W Y B A A U B Q A Y M V R G U

鍵語	O	P	H	E	R	C	H	R	I	S	T	O	P	H	E	R	C
例文1	o	m	i	n	g	d	o	w	n	s	t	a	i	r	s	n	o
暗号文1	D	C	Q	S	Y	G	W	O	W	L	N	P	Y	Z	X	F	R
例文2	v	e	r	y	g	r	a	n	d	h	o	u	s	e	i	n	t
暗号文2	K	U	Z	D	Y	U	I	F	M	A	I	J	I	M	N	F	W

鍵語	H	R	I	S	T	O	P	H	E	R	C	H	R	I	S	T
例文1	w	b	u	m	p	b	u	m	p	b	u	m	p	o	n	t
暗号文1	E	T	D	F	J	Q	K	U	U	T	X	U	H	X	G	N
例文2	h	e	m	i	d	d	l	e	o	f	a	b	e	e	c	h
暗号文2	P	W	V	B	X	S	B	M	T	X	D	J	W	N	V	B

同数の合致がまだある。つまり二つの英語の暗号文が同じ鍵で暗号化されたものなら、合致度はやはり約6.6％と予想される。

他方、別々の鍵で暗号文を二つ作れば、合致はランダム以外の何かによるとする理由はない[36]。

鍵1 C H R I S T O P H E R C H R I S T

例文1 h e r e i s e d w a r d b e a r c

暗号文1 K M J N B M T T E F J G J W J K W

鍵2 E E Y O R E E E Y O R E E E Y O R

例文2 t h e p i g l e t l i v e d i n a

暗号文2 Y M D E A L Q J S A A A J I H C S

鍵1 O P H E R C H R I S T O P H E R C

例文1 o m i n g d o w n s t a i r s n o

暗号文1 D C Q S Y G W O W L N P Y Z X F R

鍵2 E E E Y O R E E E Y O R E E E Y O

例文2 v e r y g r a n d h o u s e i n t

暗号文2 A J W X V J F S I G D M X J N M I

鍵1 H R I S T O P H E R C H R I S T

例文1 w b u m p b u m p b u m p o n t

暗号文1 E T D F J Q K U U T X U H X G N

鍵2 R E E E Y O R E E E Y O R E E Y

例文2 h e m i d d l e o f a b e e c h

暗号文2 Z J R N C S D J T K Z Q W J H M

そして確かに、合致する率は約3.8％で、これは二つのランダムな文字について予想される通りだ。[37]しかしイブはこれをどう使えば鍵の長さを求められるのだろう。あらためて83〜84頁を見てみよう。ただし今度は平文を4文字右へ横滑りさせる。[38]

鍵1	L	E	O	N	L	E	O	N	L	E	O	N	L	E	O
平文1	t	h	e	c	a	t	o	n	t	h	e	m	a	t	b
暗号文1	F	M	T	Q	M	Y	D	B	F	M	T	A	M	Y	Q
鍵2					L	E	O	N	L	E	O	N	L	E	O
平文2					t	h	e	c	a	t	o	n	t	h	e
暗号文2					F	M	T	Q	M	Y	D	B	F	M	T

鍵1	N	L	E	O	N	L	E	O	N	L	E	O	N	L
平文1	a	t	t	e	d	a	g	n	a	t	t	h	e	c
暗号文1	O	F	Y	T	R	M	L	C	O	F	Y	W	S	O
鍵2	N	L	E	O	N	L	E	O	N	L	E	O	N	L
平文2	m	a	t	b	a	t	t	e	d	a	g	n	a	t
暗号文2	A	M	Y	Q	O	F	Y	T	R	M	L	C	O	F

この文は、横滑り（スライド）よりは、「変移（ディスプレイス）されている」と言い、下の文の「変移」と言うのがふつうだ。スライドしたりシフトしたりは、暗号法では別の普及した意味[39]を持っているからだ。ここでは鍵の二つ

表２・３
暗号文例についてのκテスト結果

変移	合致数	指数
1	7	0.030
2	10	0.043
3	9	0.038
4	11	0.047
5	14	0.060
6	15	0.064
7	15	0.064
8	9	0.038
9	11	0.047
10	14	0.060
11	10	0.043
12	3	0.013
13	14	0.060
14	12	0.051
15	17	0.072

の位置を別々の行に分けて並べたが、実際には両者は同じものだ。つまり、二つの平文の位置は変わっても、実質的には同じ鍵で暗号化され、合致は6.6％ほどという規則に従う。４ではなく３――あるいは５――ずらしていたら、別の鍵で暗号化された平文のようにふるまい、合致は約3.8％になったはずだ。他方、変移が８あるいは12だったら、鍵はまたそろうので、一致指数はまた上がる。

そこで、先の頁の謎の暗号文に戻ると、イブはいろいろな量で変移させてκテストを試み、一致指数がどうなるかを見ることができる。表２・３にそれを示した。

変移が６と７のときが有望に見えるが、両方が正しいことはありえないし、５も大きく外れているとは言えない。鍵の長さが６なら、12も大きな数になるはずなので、これは明らかにだめ。鍵の長さが７なら、14の一致指数も大きな数になるはずで、今度は悪くはないが、的中とはいかない。５はというと、これが鍵の長さなら、10も15も大きな合致数になるはずで、15の場合は非常に大きい。カシスキー・テストと同様、κテストは整数の因数ずつ外れる可能性があり、それを一致指数の式から得た４・６という推定値と組み合わせると理解しやすい。ここでも二つのテストを合わせると、５が周期であることを強く示唆する。κテストは、カシスキー・テストがうまくいかないように見えるときには良い選択肢となる――アリスは平文で注意深く単語の反復を避けているかもしれないが、一致指数を逃れることはできない。

2・6　まだまだ先がある——重ね書きと還元

この例を続けよう。イブは鍵が5字ずつの反復であることを知った。次はどうなるか。これは85頁の暗号文文字を、一列ずつ別の鍵文字を使う、つまり別のアルファベットで暗号化された5列に分けて、表2・4のように仕立てられることを意味する。

暗号文をこのように並べることを、別々の行の「重ね書き」と呼ばれる。各列は同じ暗号用アルファベットを使って単一アルファベットで暗号化されたはずで、それはφテストで確認できる。確かに、対応する指数は0・054、0・077、0・057、0・093、0・061であり、これは手にしている暗号文の量からすれば非常に良好な値だ。

これでイブは暗号文を「単一アルファベット項」に「還元」したことになる。十分な量の暗号文があれば、各列を別個に攻撃できる。アリスとボブが、各鍵文字が決まった加算暗号を示す、特定の反復鍵暗号を使っていることをイブが知っているとしよう。すると、イブがしなければならないのは、各列のeに対応する暗号文字を特定することだけだ。各列で最も頻度の高い文字は、ⅠはL、ⅡはA、ⅢはJ、ⅣはM、ⅤはXである。これを元にシフトを計算すると、鍵語はGVEHSで、この鍵を用いて解読すると、次のようになる。

表2・4
暗号文の重ね書き　（左からの続き）

Ⅰ	Ⅱ	Ⅲ	Ⅳ	Ⅴ	Ⅰ	Ⅱ	Ⅲ	Ⅳ	Ⅴ
H	X	J	V	X	P	E	U	X	K
D	M	T	U	X	D	M	T	K	X
N	U	O	G	B	H	P	J	G	Z
U	S	U	H	Z	I	G	U	B	M
L	F	W	X	K	O	M	E	G	H
F	F	J	K	X	W	U	D	M	N
K	A	G	L	B	Y	Q	T	H	K
A	F	J	G	Z	J	A	O	O	X
I	K	I	X	K	Y	E	B	M	B
Z	U	T	M	X	V	Z	T	B	G
Y	A	O	M	A	P	F	B	G	W
L	N	B	G	D	D	T	B	M	B
H	Z	E	H	Y	Z	F	I	X	N
O	M	W	b	G	Z	Q	P	Y	T
N	Z	P	M	A	I	A	P	D	M
P	Z	H	M	H	O	A	V	Z	A
K	A	P	G	V	A	M	M	B	V
L	A	S	M	P	L	I	J	M	A
P	O	F	L	A	V	G	U	I	B
L	T	B	W	I	J	F	V	K	X
L	Q	Q	X	W	Z	A	S	V	H
P	Z	U	H	M	U	H	F	K	L
O	Q	C	H	H	H	F	J	H	G
R	T	F	K	L					

abene wqome gyjyi nwpzg ejrpr yjece
debdi tjeyg bodpr syoee rejeh erwyk
adzzf hqrtn gdkeh idceo dekyc eenew
isadh exwop eulpd idpzt huxzo kxacs
iippr wqoce ateyg bkptt hqzyo pyyeu
ruozr cejge riwei odotn ijwyd wxwei
sjdpu sukqa bekvt heqrh tqhtc emeeh
okpai cjqce senno nlacs ajezn

もちろんこれは正しい平文ではない。イブはいくつかの列を頻度第2位の文字に切り替えるなどして、正しいように見えるまで順々に進めることもできるが、もっとうまい手もある。この結果の各列が正しく解読されれば、高頻度の平文文字が低頻度の文字よりも現れやすい——要するに頻度が高いとはそういうことだ。フリードマンは、頻度測定の一法は、各列の文字の頻度を合算することだと言った。[40] 和が大きい列ほど正しい可能性が高い。各列について得られる数字はだいたい2.9、1.9、2.1、2.4、3.1となる。第1列と第5列が正しそうだ。低頻度文字の中でもq、x、zが現れるのはすべて中央の三つの列にあるというのも追加の証拠となる。

イブはこれで各列に他の選択肢を試すことができるが、各列の文字数はいささか少ないので、各列の高頻度に合致させようとすることで、3回、4回とかかることもありうるだろう。各列がアフィン

表2・5
暗号文例に適用した各鍵候補についての頻度和

鍵文字	頻度和
A	2.2
B	1.7
C	1.2
D	1.5
E	1.9
F	1.8
G	1.9
H	2.2
I	1.6
J	1.0
K	1.6
L	3.3
M	2.0
N	1.6
O	1.4
P	1.6
Q	1.5
R	2.1
S	2.1
T	1.6
U	1.7
V	2.0
W	2.0
X	1.8
Y	1.8
Z	2.0

暗号で暗号化されていて、解くには各列につき二つの適合する文字が必要とにらめば、その方向でさらに続けたくなるだろう。しかし各列は加算暗号で暗号化されていることを知っているのだから、ありうる鍵で総あたりで探してどれが高頻度の平文をもたらすかを見るのもそれほど難しくはない。[41] コンピュータ以前でさえ、これは十分可能と考えられていて、現代のコンピュータなら一瞬のことだ。表2・5は、それぞれの鍵にありうる頻度和を示している。

イブは、鍵文字Lが群を抜いて高い和を示しているから、それがおそらく第2の鍵文字だろうと見る。このようにして進めると、五つの鍵文字がGLASSとなり、GVEHSって何？と思っていただけのときよりはずっと感触がよくなるだろう。もちろん、パディングの吟味も解読のうちだ――自分で答えを求めて意味をなすかどうか試してみるとよい。

2・7 多アルファベット暗号の合成

反復鍵多アルファベット暗号の安全性は、第二の鍵を使って二重に暗号化すると、向上するだろうか。1・4節に基づけば、おそらくそれはないと予想されるだろう。アリスが鍵語GLASSで送信する文を暗号化した後、それを鍵語QUEENで重ねて暗号化することにするとしよう。

鍵語 G L A S S G L A S S G L A S S G L A S

平文 a l i c e w a s b e g i n n i n g t o[42]〔アリスは始めようとしていた〕

第1暗号文 H X j V X D M T U X N U O G B U S U H

鍵語	Q	U	E	E	N	Q	U	E	E	N	Q	U	E	E	N	Q	U	E	E
第1暗号文	h	x	j	v	x	d	m	t	u	x	n	u	o	g	b	u	s	u	h
第2暗号文	Y	S	O	A	L	U	H	Y	Z	L	E	P	T	L	P	L	N	Z	M

これはやはり長さ5の反復鍵多アルファベット暗号であり、2・5節と2・6節で述べた手法を使えば、五つの単一アルファベット暗号に変換することで攻撃できる。そうなると、どんな単一アルファベット暗号を使ったかという問題にすぎない。反復鍵多表式暗号暗号と同じくどちらも加算暗号なら、結果も加算暗号になる。この例では、まず鍵語GLASSで暗号化し、さらに鍵語QUEENで暗号化するのは、次のようにして得られる鍵語で一回暗号化するのと同じことになる。

鍵語1	G	L	A	S	S
数字	7	12	1	19	19
鍵語2	Q	U	E	E	N
数字	17	21	5	5	14
和（mod 26）	24	7	6	24	7
最終の鍵語	X	G	F	X	G

この単一アルファベット暗号がどちらも乗算か、アフィンだとすれば、結果は乗算、あるいはアフィンとなる。つまり、同じ長さの反復鍵暗号を二つ合成した場合の追加の安全性は、推測しにくい鍵語にすることによる（XGFXGのような）ごくわずかな量だけということだ。これはおそらく、わざわざ

余計に手をかけるには値しないだろう。

長さが違う二つの反復鍵を合成したらどうだろう。今度は、アリスはまず鍵語RABBITで暗号化し、それからあらためて鍵語CURIOUSER〔知りたがり〕で暗号化する。

鍵語1	R	A	B	B	I	T	R	A	B	B	I	T	R	A	B	B	I	T	R
平文1	a	l	i	c	e	w	a	s	b	e	g	i	n	n	i	n	g	t	o
第1暗号文	S	M	K	E	N	Q	S	T	D	G	P	C	F	O	K	P	P	N	G

鍵語2	C	U	R	I	O	U	S	E	R	C	U	R	I	O	U	S	E	R	C
第1暗号文	s	m	k	e	n	q	s	t	d	g	p	c	f	o	k	p	p	n	g
第2暗号文	V	H	C	N	C	L	L	Y	V	J	K	U	O	D	F	I	U	F	J

これはやはり反復鍵暗号だが、どれだけ繰り返しがあるだろう。繰り返しになるのは、二つの鍵語が同じところで終わるときだけで、この例では18番めの文字のところを見るとそうなっているのがわかる。そうなる理由は18が6と9の最小公倍数（LCM）だということにある。LCMとGCDは次のような非常にきれいな式で結びつく。

$$\mathrm{LCM}(a, b) = \frac{a \times b}{\mathrm{GCD}(a, b)}$$

この例で言えば、

$$\mathrm{LCM}(6,9) = \frac{6 \times 9}{\mathrm{GCD}(6,9)} = \frac{54}{3} = 18$$

つまり、互除法でも使って二つの数のＧＣＤがわかれば、ＬＣＭを求めるのは非常に易しい。そしてここでの暗号は加算なので、これに相当する18字の鍵語がどうなるかは計算できる。

鍵語１	R	A	B	B	I	T	R	A	B
数字	18	1	2	2	9	20	18	1	2
鍵語２	C	U	R	I	O	U	S	E	R
数字	3	21	18	9	15	21	19	5	18
和（mod 26）	21	22	20	11	24	15	11	6	20
最終の鍵語	U	V	T	K	X	O	K	F	T

鍵語１	B	I	T	R	A	B	B	I	T
数字	2	9	20	18	1	2	2	9	20
鍵語２	C	U	R	I	O	U	S	E	R
数字	3	21	18	9	15	21	19	5	18
和（mod 26）	5	4	12	1	16	23	21	14	12
最終の鍵語	E	D	L	A	P	W	U	N	L

つまり、暗号の安全性についていささか前進が得られた。イブがアリスのしたことを当てないかぎり、アリスは6字の単語と9字の単語による15字文字を使って、18字の鍵語の安全度が得られることになる。実は、さらに向上させることもできた――18字の反復は、2字の単語と9字の単語を使うだけでも得られる。18は2と9のLCMでもあるからだ。

$$\mathrm{LCM}(2,9) = \frac{2 \times 9}{\mathrm{GCD}(2,9)} = \frac{18}{1} = 18.$$

反復鍵暗号は一六世紀から一九世紀にかけて、何度か再発見され、おそらく二つの異なる長さの二つの鍵語による合成もそうだっただろう。とくに一八五四年、一九世紀の野心家、ジョン・ホール・ブロック・スウェイツという名の人物が、後でTWOとCOMBINEDという鍵語を用いた反復鍵多表式暗号暗号であることがわかった暗号を破るよう、公開でチャールズ・バベッジに出題した。バベッジは末の息子の助けを借りて、この暗号を破ることができた。自分ではその方法をすべて明かすことはなかったが、どうやら合同算術の原理を用いたらしく、バベッジはそういうことをした最初の人物ということになる。(43)

2・8　ピンホイール装置とローター装置

暗号化を行なう、あるいは補助するために使われる機械の歴史は長い。たぶん、3・1節で取り上げる古代ギリシアのスキュタレーにまでさかのぼり、そこからレオン・アルベルティやレスター・ヒルを経て、現在まで続いている。その途上には名士も登場する。合衆国第三代大統領トマス・ジェファーソン、イギリスの科学者、技術者、発明家で、電気抵抗を測定するために使われるホイーストンブリッジへの貢献で知られるサー・チャールズ・ホイーストンなどだ。暗号装置の最高潮は二〇世紀中期、第一次世界大戦が終わった頃から現代コンピュータの発達期にかけてだった。ヒルはこの時代の人だが、先に見たように、その考え方はあまり実用にはならなかった。もっと重要なのは他の二種類の機械で、これはヒルの機械と同じく、歯車を使って暗号化を進めていた。

これまで見た暗号に最も似たタイプが考案されたのはもっと後のことだった。これはピン付円盤装置で、ある程度独立して回転する歯車をたくさん使う。それぞれの歯車には不規則な間隔のピンが立てられていて（そのためピンホイールという）、機械的あるいは電気的に反復鍵多アルファベット換字に相当する結果を生み出す。装置はピンホイールごとの周期が異なり、組み合わせた周期が非常に大きくなるように設計された。

最初のピンホイール装置を発明したのは、ボリス・ツェーザル・ヴィルヘルム・ハーゲリンというスウェーデンの技術者らしい(44)。ノーベル賞の創始者の甥に当たるエマヌエル・ノーベルの会社に勤めていた。一九二二年、ハーゲリンはスウェーデンの株式会社クリプトグラフ社でノーベル家の利益を代表する職に任じられ、一九二五年、初の成功したピンホイール型暗号装置シリーズ、Ｂ-21を考案した。同様のモデルで有名なものには、フランス陸軍が第二次大戦前に使ったＣ-36や、米軍が第二

図２・３　C-36

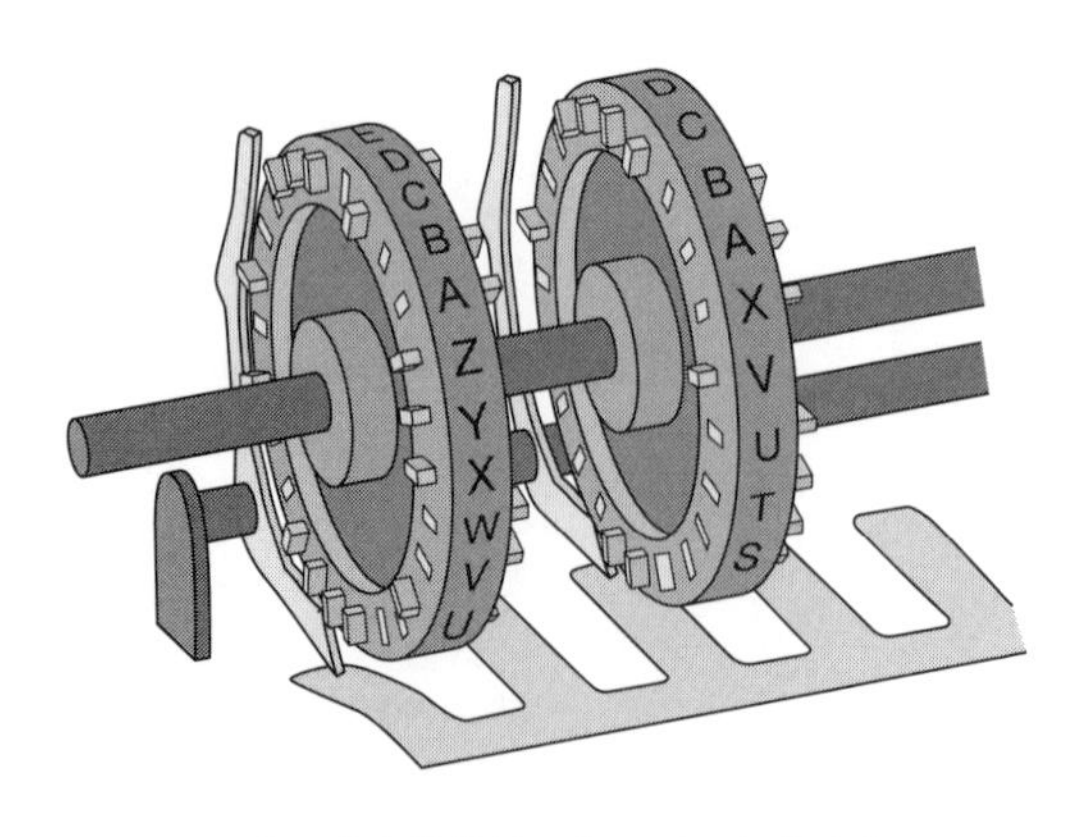

図２・４　左―非動作位置にあるピンとガイドアーム。
右―動作位置にあるピンとガイドアーム。

次世界大戦中に大規模に用い、朝鮮戦争のときまで使ったM－２０９[45]、冷戦時代に60か国以上で用いられたＣ－52／ＣＸ－52がある。

Ｃ－36（図２・３）はこの系統の好例だ。そこには五つのピンホイールがあり、それぞれ25、23、21、19、17本のピンが立っている。この数は、どの二つをとっても最大公約数は１になり、組合せ周期は25×23×21×19×17＝3,900,225となることに注目しよう。各ピンはホイールの右側に向かって突き出て「動作（アクティブ）」の状態にもなれるし、左に向かって突き出て「非動作（イナクティブ）」の状態にもなれる（図2・4）。それぞれのホイールの一つの位置（「基本ピン」）が「ガイドアーム」という平たい棒を制御し、この棒

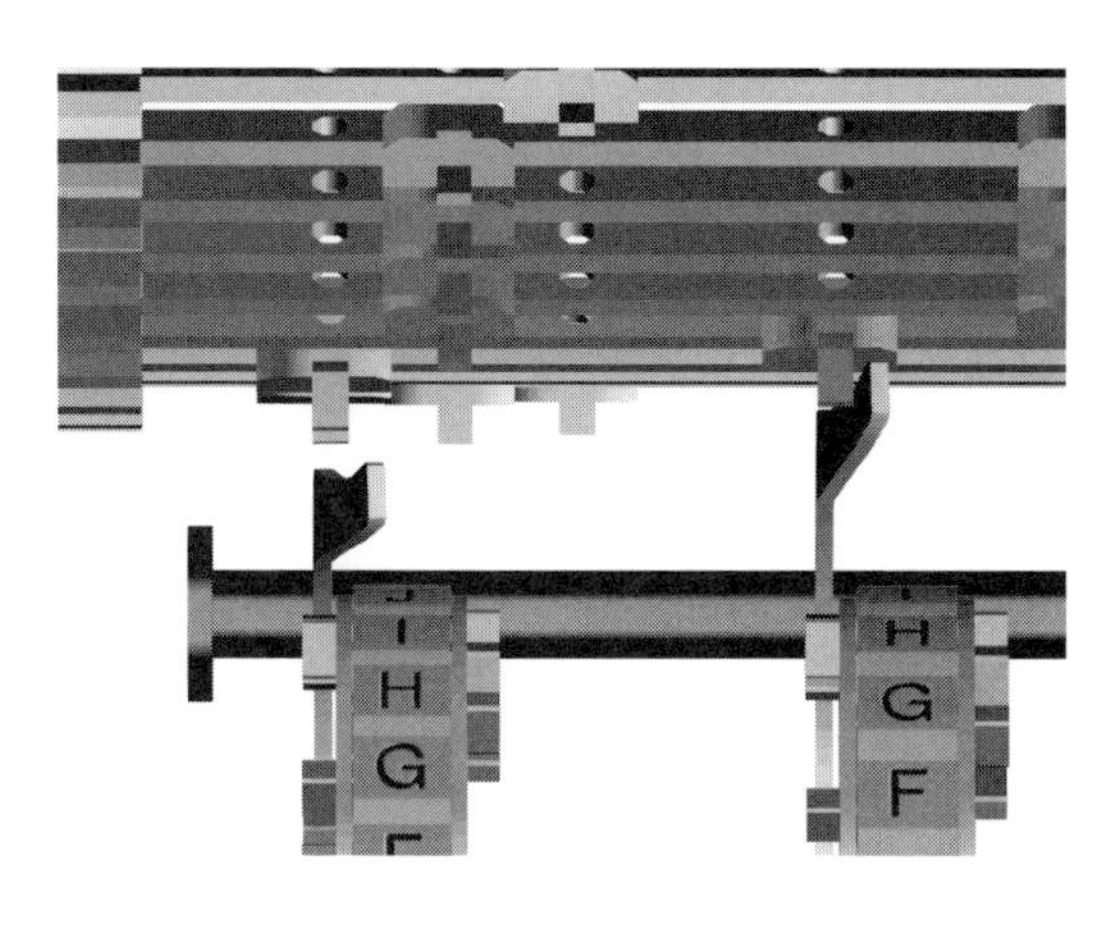

図2・5　左—非動作ガイドアーム。右—動作ガイドアームが突起にからむ。

も押されて動作か非動作かの位置につく。25本の棒が横向きの円筒形に並べられて回転する「ケージ」もある。それぞれの棒には7か所のうち1か所に突起がある。当初のC‐36ではこの突起は固定されていたが、改良版のC‐362では可動式になった。7か所のうち5か所はピンホイールに対応し、残りの2か所は非動作状態にある。[46]

1文字を暗号化するために、平文を指示ディスクにセットし、ハンドルを押すと、ケージが回転する。棒にあるアクティブの突起がアクティブのガイドアームにひっかかり、対応する棒が左に突き出る（図2・5）。こうしてアクティブになったそれぞれの棒が最後の暗号文ホイールを一コマ回転させる。この結果、最終的な暗号文字は次のようになる。

$$C \equiv 1 + (ax_1 + bx_2 + cx_3 + dx_4 + ex_5) - P \pmod{26}$$

ただし、x_i はi番のピンホイールの位置にある棒の番号で、a、b、c、d、e は、その文字の基本ピンがアクティブかそうでないかによって0か1を取る。

暗号文文字が印字されると、各ピンホイールはピン1本分前に進み、ガイドアームと棒は次の文字用にリセットされる。ピンホイールの回転を考えると、n 番の文字は次の換字に従って暗号化される。

$$C_n \equiv 1 + (a_n x_1 + b_n x_2 + c_n x_3 + d_n x_4 + e_n x_5) - P_n \pmod{26}$$

ただし、x_i は先と同様。今度は、17を法とした n に対応するピンが動作の位置にあるか非動作の位置

表２・６
突起とピンの設定例

突起の位置	ピン番号	ピン設定 ホイール：1	2	3	4	5
1	1	0	1	0	0	1
2	2	0	1	0	1	1
2	3	0	0	1	0	0
3	4	1	0	0	1	1
3	5	0	0	1	1	0
3	6	1	0	1	0	0
4	7	1	1	0	0	0
4	8	1	1	1	1	1
4	9	0	0	1	1	1
4	10	1	1	0	0	1
4	11	1	0	0	0	0
4	12	1	1	0	0	0
4	13	0	1	1	1	1
5	14	0	1	1	1	0
5	15	1	0	0	0	1
5	16	0	0	1	1	0
5	17	1	0	0	0	1
5	18	0	1	0	0	
5	19	1	1	1	1	
5	20	0	1	1		
5	21	1	1	1		
5	22	1	0			
5	23	1	1			
5	24	1				
5	25	0				

表２・７
突起とピンの設定によって得られる鍵語と最終的な暗号文文字

位置	ax_1	bx_2	cx_3	dx_4	ex_5	アクティブなバーの総数	暗号文文字（mod 26）
1	0	2	0	0	12	14	$15–P_1$
2	0	2	0	7	12	21	$22–P_2$
3	0	0	3	0	0	3	$4–P_3$
4	1	0	0	7	12	20	$21–P_4$
5	0	0	3	7	0	10	$11–P_5$
6	1	0	3	0	0	4	$5–P_6$
7	1	2	0	0	0	3	$4–P_7$
8	1	2	3	7	12	25	$26–P_8$
9	0	0	3	7	12	22	$23–P_9$
10	1	2	0	0	12	15	$16–P_{10}$
11	1	0	0	0	0	1	$2–P_{11}$
12	1	2	0	0	0	3	$4–P_{12}$
13	0	2	3	7	12	24	$25–P_{13}$
14	0	2	3	7	0	12	$13–P_{14}$
15	1	0	0	0	12	13	$14–P_{15}$
16	0	0	3	7	0	10	$11–P_{16}$
17	1	0	0	0	12	13	$14–P_{17}$
18	0	2	0	0	12	14	$15–P_{18}$
19	1	2	2	7	12	25	$26–P_{19}$
20	0	2	3	0	0	5	$6–P_{20}$
21	1	2	3	7	12	25	$26–P_{21}$
22	1	0	0	0	0	1	$2–P_{22}$
23	1	2	0	7	0	10	$11–P_{23}$
24	1	2	3	7	0	13	$14–P_{24}$
25	0	2	0	0	12	14	$15–P_{25}$

にあるかによってa_nが０か１になり、19を法としたnに対応するピンが動作か非動作かによってb_nが０か１になり、以下同様となる。これは周期17で、「鍵語」が

$$a_1x_1, a_2x_1, a_3x_1, \ldots, a_{17}x_1,$$

の反復鍵換字、その後に周期19で、鍵語が

$$b_1x_2, b_2x_2, b_3x_2, \ldots, b_{17}x_2, b_{18}x_2, b_{19}x_2,$$

となり、以下同様となる。[47]

たとえば、表２・６に示した突起とピンの設定[48]を考えよう。これは表２・７に示した鍵語（縦に読み取られる）と最終的な暗号文数字を生み出す。

この設定を用いた暗号文例は、次のように見えるだろう。

鍵数字	15	22	4	21	11	5	4	26	23	16	2	4[49]
平文	b	o	r	k	b	o	r	k	b	o	r	k
平文数字	2	15	18	11	2	15	18	11	2	15	18	11
鍵から平文を引く	13	7	12	10	9	16	12	15	21	1	10	19
暗号文	M	G	L	J	I	P	L	O	U	A	J	S

Ｃ‐36の鍵設定はピンホイール上の動作位置にあるピン、突起位置（可動突起を使うモデルの場合）、暗号化開始時のホイールの出発位置の選定を含む。[50]

もっと広く使われたM‐209は、ピンホイールが五つから六つになり、総周期を26×25×23×21×19×17＝101,405,850にし、バーも25から27にするなど、いくつかの改良が加えられた。加えて、それぞれのバーの突起が一つから二つになり、0個、1個、2個のピンホイールの位置に合わせてセットできた。しかし同じバーにある両方の突起が動作位置にあるピンにからんでいても、動作は一方だけがからんでいるときと同じだった。これによって暗号化式はもう少し複雑になる。ハーゲリンのシリーズ以外で最も知られたピンホイール機械は、4・6節で見る予定のものに関係するタイプライター式の機械だった。これにはドイツが第二次世界大戦中に使った、ローレンツSZ40、ジーメンス・ハルスケのT52秘書(ゲハイムシュライバー)など、英軍はフィッシュと呼んでいた暗号のほとんどが含まれる。

ハーゲリン暗号装置は基本的に、多アルファベット反復鍵暗号化を複数回行なっているので、2・7節の暗号解読法による方法がここでも適切となる。他にも、きわめて長い周期と、各鍵語で異なる文字が二つしかないという事実から得られる有効な手法がある。[51] 暗号文の各位置について、五つの基本的ピンのそれぞれが動作か非動作になるので、$2^5=32$通りの位置がある。ホイールの一つ、たとえば1番に注目すれば、ピンが動作となる位置は$2^4=16$通りの、たぶんすべてが異なるわけではないアルファベットの一つで暗号化されることになる。ピンの非動作位置は、別の$2^4=16$通りのアルファベットの一つで暗号化される。このパターンは、ホイール1の回転に応じて25字おきに繰り返される。そこで、暗号文の25字の行を重ねると、列は二つの集団に分かれ、これは統計学的に区別できる場合が多い。さらにこの二つの集団が区別されれば、二つの対応する文字頻度パターンはちょうど

x_1だけずれていることになる。これは突起が最初のホイールの位置にあるバーの数だ。このように進めて行けば、各ホイールのピンと突起の設定を求めることができる。[52] ハーゲリン装置に対しては既知平文攻撃も検討に値する。[53] 同じピンと突起の設定を使うが、ホイールの出発位置が違うメッセージが見つかることはごく当然にあるかもしれないからだ。平文とメッセージの n の位置にある暗号文が与えられれば、次の式を使って対応する鍵番号を復元することが容易にできる。

$$C_n \equiv k_n - P_n \pmod{26}$$

きわめて長い周期のおかげで、ホイールの他の出発位置によるメッセージを解読するためにピンと突起の設定を復元する必要があるだろう。この状況では、実際の暗号文ではなく鍵数字を重ね合わせることができる。今度は動作の基本ピンの列は、非動作の基本ピンの列と比べて鍵数字が大きく、ある程度、暗号文単独攻撃の例として進めることができる。

二〇世紀に開発され機械式暗号装置の中には、ローターと呼ばれる円盤の集合を用いるものもある。ローター型の装置は、二〇世紀の初期の間に少なくとも3回、多ければ5回、それぞれ別個に考案されたらしい――どの人が本当に独自に作業し、どの人が他の人のアイデアを借りたか――あるいはひょっとして盗んだか――は今もすべては解明されていない。最近の研究からすると、[54] 一番乗りはオランダ海軍の二人の士官で、第一次世界大戦中はオランダの東インド会社勤務だったテオ・A・ファン・ヘンヘルとR・P・C・スペングラーとすべきらしい。この二人の海軍士官にとっては残念なこ

図2・6　配線を示すために分離したローター

とに、オランダ海軍は、今となっては不明な理由で二人の特許申請を止めたという。事態が決着する前に、ファン・ヘンヘルとスペングラーは他の4人に先を越されてしまった[55]。一九一七年、アメリカでローター型装置の開発を始めたエドワード・ヒュー・ヘバーンは一九二一年に特許を出願し、アルトゥール・シェルビウスは一九一八年にドイツで出願、フーゴ・アレクサンダー・コッホは一九一九年にオランダで出願、アルヴィト・ゲアハルト・ダムも一九一九年にスウェーデンで出願した。コッホはファン・エンゲルとスペングラーの特許申請書類の初期の原稿を見たらしく、コッホはそれをシェルビウスに教えたかもしれない[56]。二人は後に密接な事業提携関係を持った。ヘバーン、ダム、それにたぶんシェルビウスは、オランダの考案者とは別個に発明したらしい[57]。

　ローターのアイデアは、単一アルファベット換字をワイヤを使って電気的に行なうということだった。円盤の各面にはアルファベットそれぞれに接触する部分があり、図

2・6にあるように、複雑なワイヤの組合せで、一方の円盤の右側をもう一方の左側と接触させる。これまでのところ、これはアルベルティの暗号盤の電気版に他ならない。違いはローターが回転するときの挙動にある。

たとえば、ローターが3を鍵とする乗法暗号を実行するよう配線されているとしよう。[58] すると表は

平文	a	b	c	d	e	f	g	h	i	j	…	y	z
数字	1	2	3	4	5	6	7	8	9	10	…	25	26
×3	3	6	9	12	15	18	21	24	1	4	…	23	26
暗号文	C	F	I	L	O	R	U	X	A	D	…	W	Z

数式もある。

$$C \equiv 3P \pmod{26}$$

また、図2・7のような配線図もある。そこで図2・8にあるようにローターを一コマ回転させるとしよう。平文文字も暗号文文字も移動しない——配線だけが変わる。これはシフトして、乗算して、シフトを戻したと考えられる。このシフト戻しがアルベルティの暗号盤との違いをもたらす。

平文	a	b	c	d	e	f	g	h	i	…	x	y	z
数字	1	2	3	4	5	6	7	8	9	…	24	25	26
平文をシフト	b	c	d	e	f	g	h	i	j	…	y	z	a
+1の数字	2	3	4	5	6	7	8	9	10	…	25	26	1
×3	6	9	12	15	18	21	24	1	4	…	23	26	3
シフトされた暗号文字	F	I	L	O	R	U	X	A	D	…	W	Z	C
-1	5	8	11	15	17	21	23	26	3	…	22	25	2
最終的な暗号	E	H	K	N	Q	T	W	Z	C	…	V	Y	B

これを最後までたどると、[59]次の式が得られる。

$$C \equiv 3(P+1)-1 \pmod{26}$$

一般に、ローターをk回転させると、式は次のようになる。

$$C \equiv 3(P+k)-k \pmod{26}$$

これはつまらなくはないが、驚くことではない。ローターを機械につないで、平文文字1字ごとに1つ自動的に回転するようにしても、トリテミウスの進行暗号の一種が得られるだけだ。ローターの配線が鍵の役をするのでトリテミウスの方式よりも少しましだが、ローターは26字で最初に戻る（つまり周期26）という事実によって、攻撃しやすくなる。

本当におもしろくなるのは、回転のしかたが違う別のローターを加えたときだ。これの配置のしかたは何通りかあるが、最も一般的なのは、おそらく、第二のローターを、第一のローターが回転を終えたら必ず一つ回転するようにすることだろう。この例では、第二のローターは26字ごとに1回動く

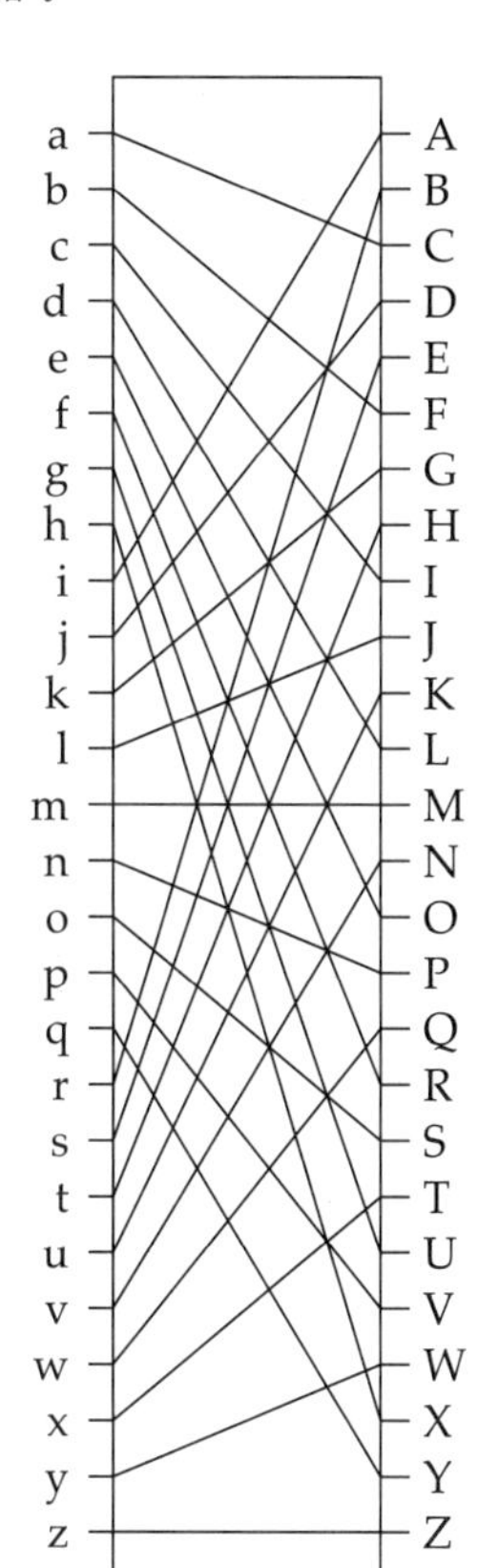

図2・7　図式的に表したローター

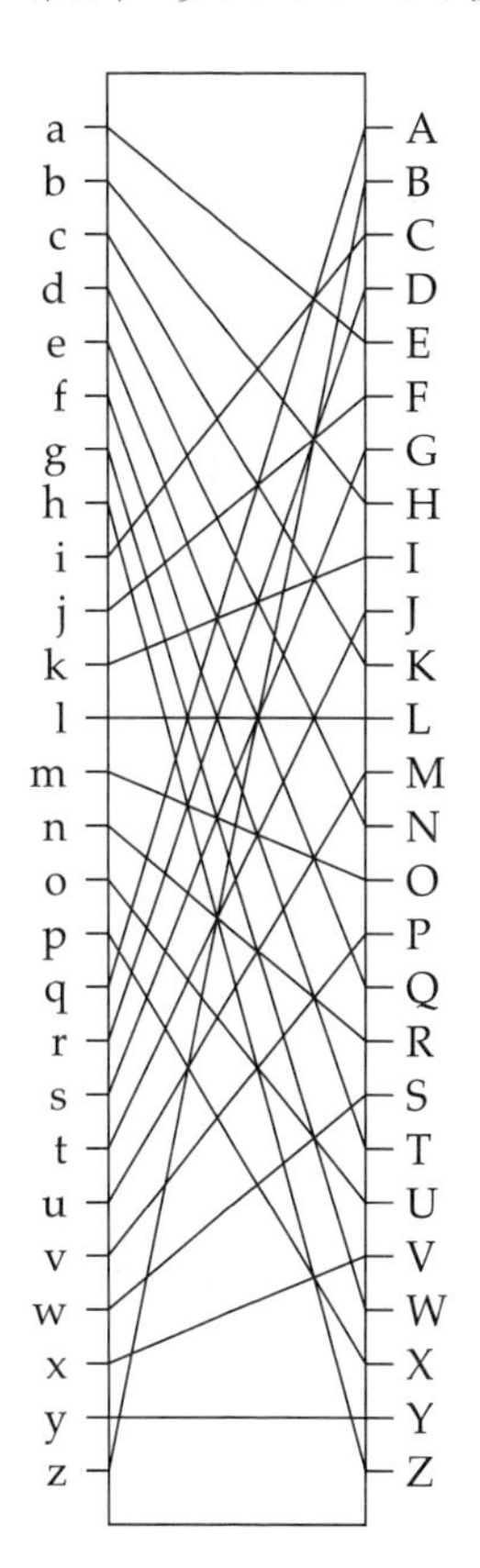

図2・8　同じローターを一つ回転させたところ

ようになっている。(60)

第二のローターは図2・9に示すような追加の換字をを行なう。たとえば、5を鍵とする乗算暗号を行なうように配線されているとすれば、最初の26字については最終的換字は

$$C \equiv 5(3(P+k)-k) \pmod{26}$$

で、たとえば図2・9と2・10にあるようになる。第二の26字については、最終的換字は

$$C \equiv 5((3(P+k)-k)+1)-1 \pmod{26}$$

のようになり、これはたとえば図2・11や2・12のようになる。数学者は x を小数点以下を切り捨てて最も近い整数にするという意味で記号 $\lfloor x \rfloor$ を用いる。この表記では、k 番めの文字を第2のローターは $\lfloor k/26 \rfloor$ 回したことになり、換字は次のようになる。

$$C \equiv 5((3(P+k)-k)+\lfloor k/26 \rfloor)-\lfloor k/26 \rfloor \pmod{26}$$

ローターが二つで、両方のローターが最初の位置に戻るまでに $26^2=676$ 文字あり、周期は676となる。これはローター1個の場合よりずっと安全になる。第3のローターを加えて、第2のローターが一回転するごとに一つ進むようにすることもできるだろう。すると、最初のローターの k 番の文字は k 進んでいて、第2のローターは $\lfloor k/26 \rfloor$ 進んでいて、第3のローターは $\lfloor k/26^2 \rfloor$ 進んでいる。さらにローターを加えていくと、周期はさらに長くなり、換字式も複雑になる——ローターが s 個あれば、

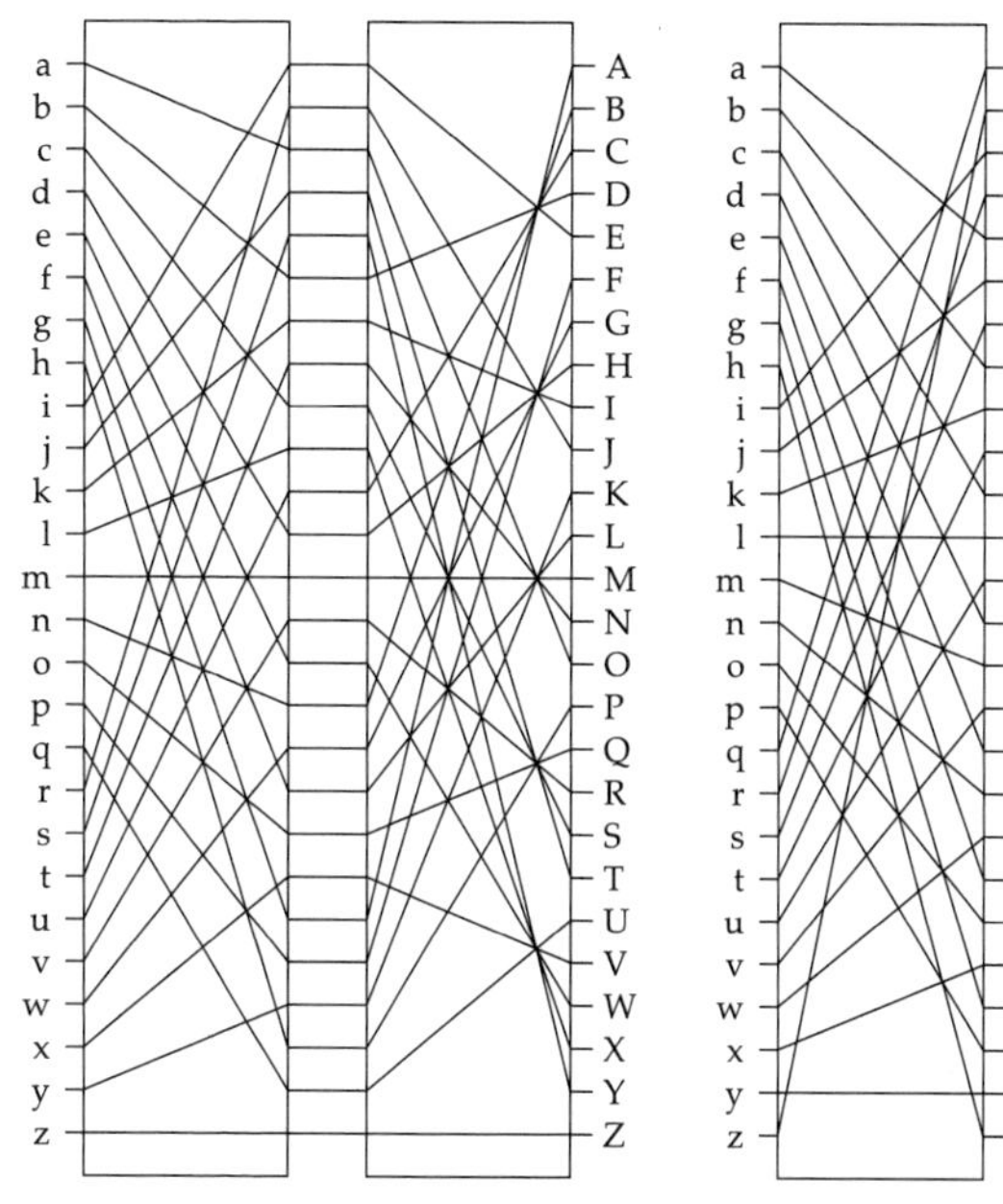

図２・10　同じ二つのローター。第１のローターが回転して第２の文字を暗号化する態勢になっている。

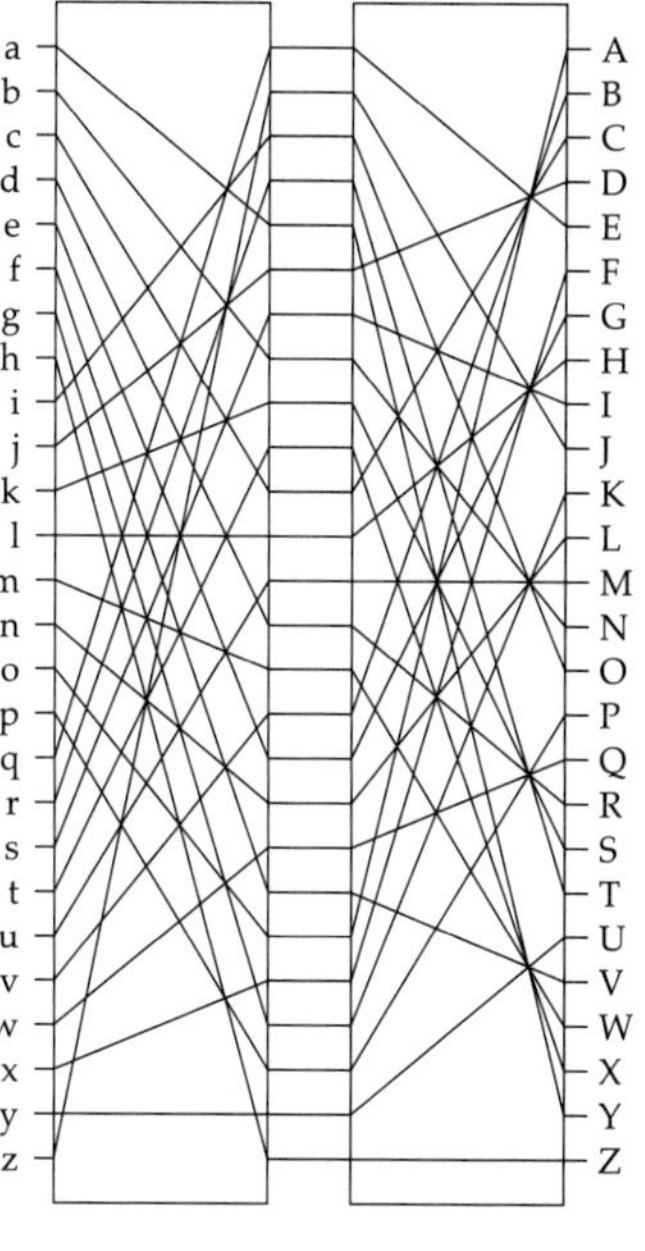

図２・９　二つのローター

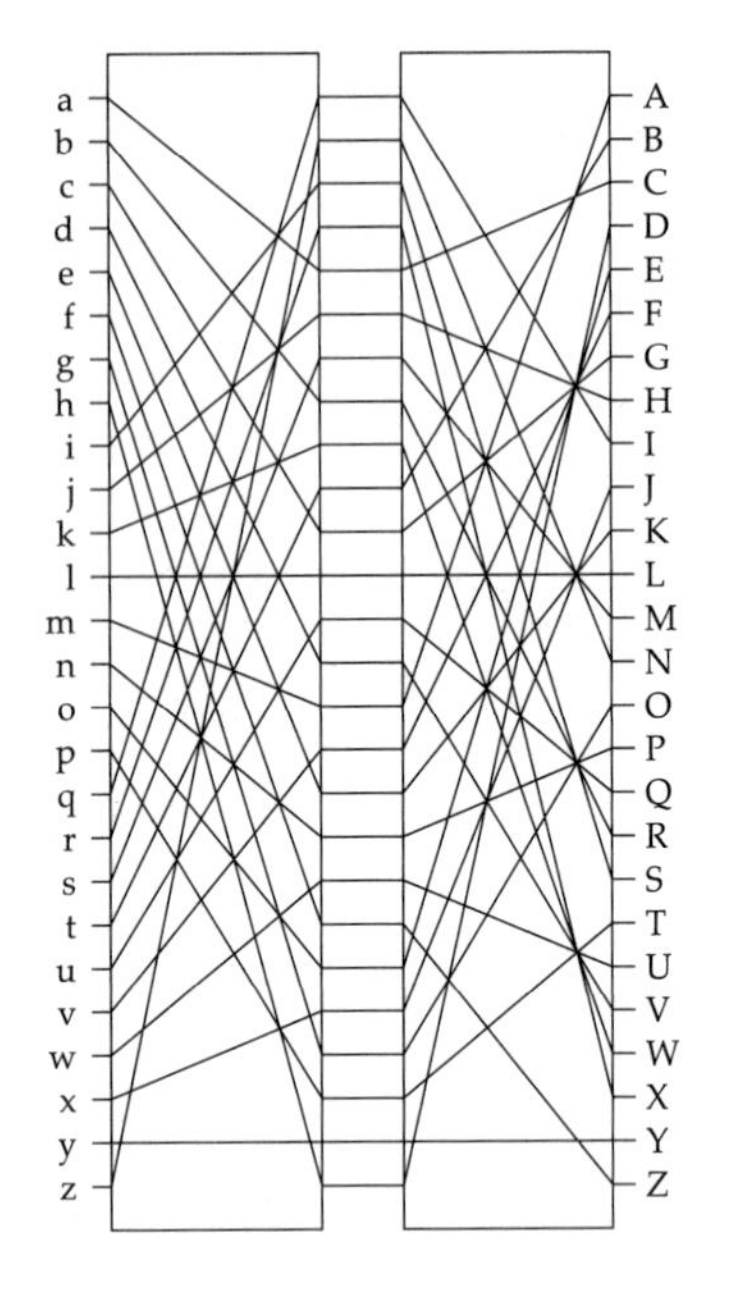

図2・12　同じ二つのローター。どちらも回転し、第27番めの文字を暗号化する態勢になっている。

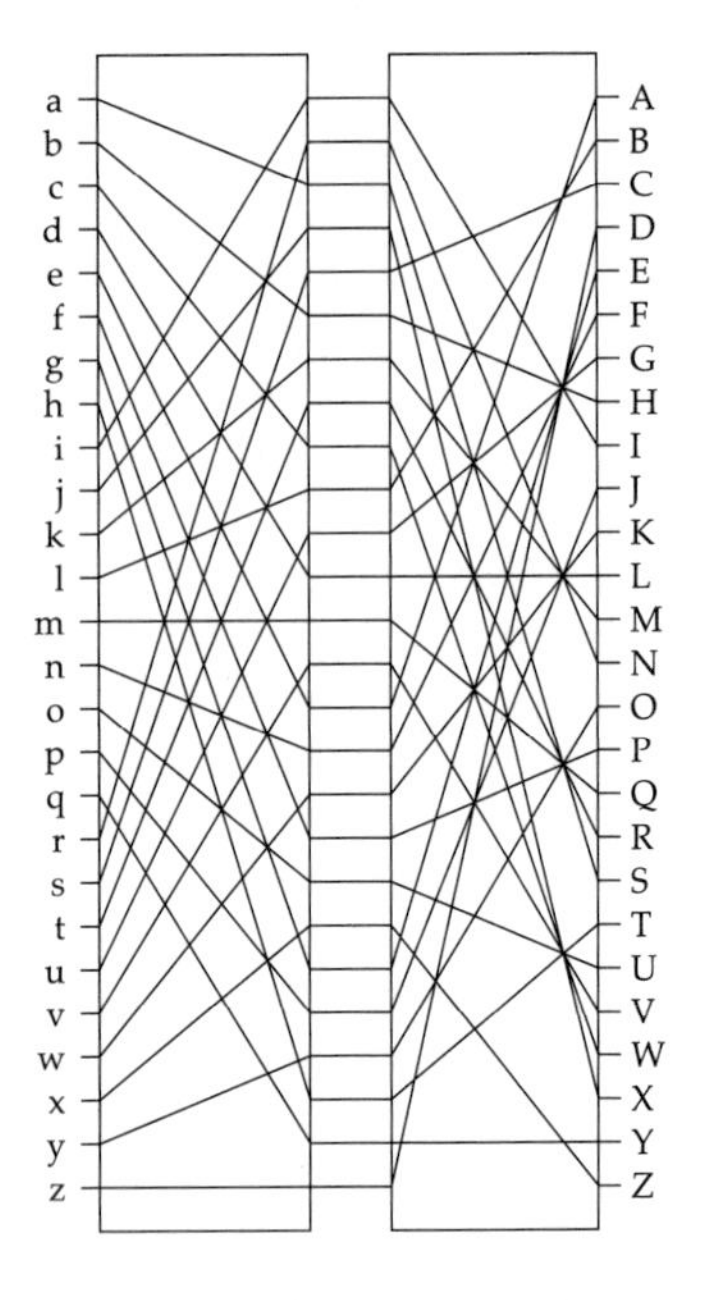

図2・11　同じ二つのローター。第2のローターが回転し、第26文字を暗号化する態勢になっている。

周期は 26^s となり、方程式は s 重のかっこに押し込まれる。[61]

それでもローター方式を破ることは可能だ。それを行なう最古の成功した手法は、第二次世界大戦前、戦中にかけての連合文の暗号解読部隊によって編み出された。とくに、ポーランド侵攻前のポーランド暗号局と、その後は英国政府暗号学校があったブレッチリー・パークの人々だった。ポーランド当局は、ドイツ軍が「エニグマ」[62]と呼ばれる暗号装置を採用したことを発見した。これはシェルビウスが発明して自分の会社で商品として販売していたローター方式の改良版だった。軍用の基本は三つのローターがあり、どの順番でも配置できた。三つの終端側には「反射ローター」があり、これによってさらにもう一度換字が行なわれ、合計7回の換字を通した電流を送り返す。反射ローターは暗号を反転させもした。最後にキーボードとローターの間には配線盤があり、これがさらに換字を加える（完全な装置については図2・13）。エニグマの鍵設定は、ローターの順番、各ローターの最初の位置、次のローターが回転することになるローターの位置、配線盤の設定が含まれる。[63]

ローター方式を破る第一歩は、ローターがどう配線されているかをつきとめることだ。[64] 初期の試みは、ドイツ軍が最初のローターの合わせ位置を特定するために使っていた暗号化された鍵の指示の特殊性、エニグマを操作する側のミス、ドイツの情報源から密かにもたらされる情報を利用していた。後に捕獲した装置、ローター、指示書もローターの配線を判定する上で役割を演じた。ローターの配線がつきとめられれば、[65] 鍵の設定の判定は、基本的に暗号化された指示と「ありそうな単語」[66]を使う問題で、一定の設定はありえないとして排除して、残りに対して総あたり攻撃をかけた。ローター方式の配線と鍵の設定に対するもっと現代的な攻撃[67]は、既知平文攻撃と、ローターの合わせ位置以外は暗号化の設定がまったく同じになる文字郡を選べるという事実とを用いる。

先に挙げたローター装置開発にかかわった6人のうち、この発明を売って実際に利益を上げた人はいない。ファン・ヘンヘルとスペングラーはコッホの特許に一九二三年まで異議を申し立てたが、結局、最終審で却下された。非常に疑わしいことに、上訴を受けた委員会の委員長は、二人の当初の特許申請が遅れたときの海軍大臣と同一人物だった[68]。ヘバーンはこの装置を販売する会社を設立し、1920年代の終わりから一九三〇年代の初めには、米海軍にわずかな数ながら売ることができた。ヘバーンの装置を見ていた政府の暗号担当者は、その後独自にもっと安全なものを開発した。広く用いられたSIGABAだった。ヘバーンが貢献した分は報われなかった。訴訟は一九五八年、ヘバーンの境遇によって、おそらくふさわしい分と比べればほんのわずかな額で片づけられた[69]。コッホは自分の設計に基づく装置を組み立てることはなかった。特許権をシェルビウスに売り、エニグマがヒットするのを見る前に亡くなった。シェルビウスの方は会社を設立して、何台かのエニグマを企業に売り、また何台かをドイツ軍に売ったが、その後のヒトラーによる巨大な軍備拡張でエニグマの需用も跳ね上がる前に亡くなった[70]。

アルヴィド・ダムも会社を興したが、成功する前に亡くなった。この会社が実は、後にボリス・ハーゲリンに引き継がれた、あのクリプトグラフ社だった[71]。ハーゲリンはローター装置はあきらめ、先に見たピンホイール装置に切り替えた。ハーゲリンとその会社はその後、第二次世界大戦前後に商用の装置で何百万ドルかを稼いだ。ドイツが侵攻する前のフランス軍にも売れたし、もちろん米軍のM-209にもなった[72]。

2・9　展望

第1章末で、第5章では現代の暗号を、ブロック暗号とストリーム暗号の2種類に分けること、ブロック暗号は一種の多字換字暗号と考えられることを述べた。同様に、ストリーム暗号は一種の多アルファベット換字暗号だと言っても言い過ぎにはならないだろう。実際、ストリーム暗号と呼べる最古の暗号となった自動鍵暗号は、本章で述べた多字換字暗号と同じ頃に、同じ人々によって開発された。本章の暗号はほとんど、長短はあってもある周期を経て繰り返しになる鍵を使う。現代ストリーム暗号の目標は、きわめて長い周期にする、あるいは反復をまったくなくすることであることがわかるだろう。そして現代のブロック暗号と同様、現代のストリーム暗号は、人間が書くために用いる文字ではなく、0と1という「アルファベット」に基づいて動作する。

本章の特定の暗号について言えば、ホモフォニック暗号は、確率的暗号化の初期形態ということで興味深い。同じ平文と同じ鍵でも、ランダムな因子で暗号文が変わることがある。第8章では別の例を見る。アルベルティ暗号については、おおむねホモフォニック暗号と多表式暗号暗号のつなぎとして紹介した。すべての文字でアルファベットを変えれば、ランダムな間隔で変えるよりも少しだけ安全になる。

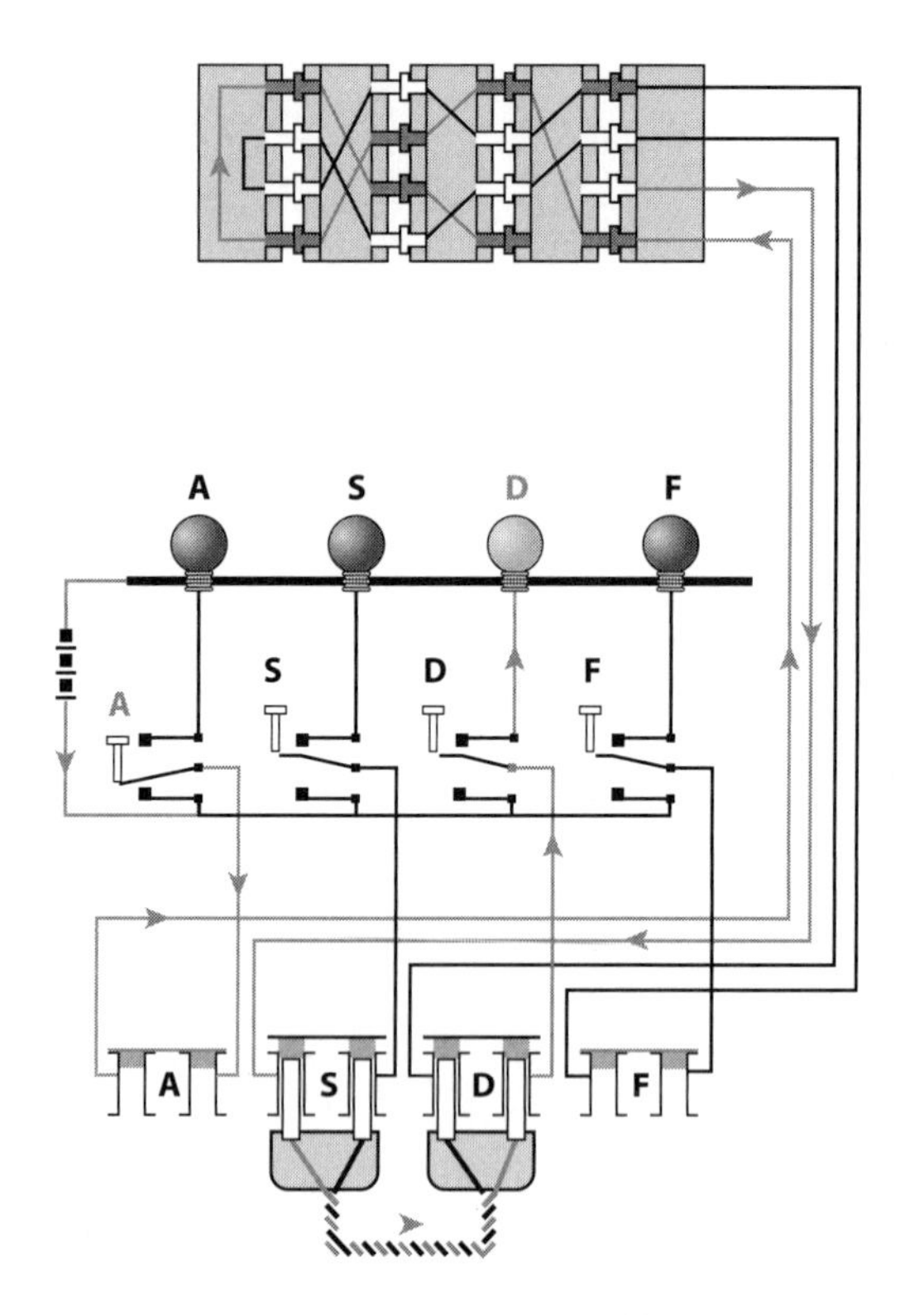

図２・13　エニグマの配線

進行式暗号も主に反復鍵多表式暗号の先行形態として重要である。ピンホイール装置とローター装置は、きわめて長い周期とはいえ反復鍵暗号にすぎず、暗号の安全性では、二〇世紀の半ばに現代的なエレクトロニクスが発達するまでは一般に最先端と考えられていた。そうなってからでも、最古のエレクトロニクス暗号装置はまだ基本的に非常に長い反復鍵を生み出して、それを0と1によるアルファベットと組み合わせようとするものだった。

暗号解読法に関するかぎり、本章で最も重要なアイデアは、ほぼ確実に一致指数だと言える。φテストとκテストはアルファベットの文字とその頻度に基づくもので、したがって現代の暗号には直接は用いられない。それでも一致指数は暗号解読法で相関の概念が用いられた初期の例として決定的に重要である。暗号解読で相関を用いるには、二つの異なる頻度集合、あるいはある頻度集合とそれ自身の別形との統計学的比較を行なう。暗号化手順に関する情報が得られるようなパターンを見つけることが目標だ。第5章では、鍵についての情報を得るために、暗号化の途中での値の頻度分布が暗号文の値と似ている場合の攻撃について述べる。これは暗号解読者側からはとくに「相関攻撃」と呼ばれるものである。相関の概念は他の領域でも用いられる。たとえばストリーム暗号で生成される鍵ストリームは、暗号を解読するのを難しくするために、一定のランダム度テストに合格しないといけない。そのテストの一つは、自己相関、つまり鍵ストリームとそれ自身をシフトした鍵ストリームとの相関ができるだけ小さくすべきだということによる。同じ概念に基づく他の形には、平文の頻度と暗号文の頻度を比較したり、異なる暗号文頻度を互いに比較したりすることがある。こうした頻度比較にパターンを見つけることは、現代暗号を攻撃するために用いられる重要な道具の一つとなる。

カシスキー・テストは現代のストリーム暗号に対してはさほど一般に用いられていない。それはここで述べたように、反復がほとんどない、あるいはまったくないようにすることが目標となっているからだ。とはいえ、周期がしかるべき長さほど長くなかったということもある。あるいは鍵全体が繰り返さなくても、大部分が繰り返すということもある。その場合には、カシスキー・テストは現代暗号に対しても、多表式暗号暗号に対するのと同じように有効に機能する。同様の理由で、本章で取り上げた単一アルファベットへの還元による重ね書き版は、現代暗号に対して用いられることはきわめてまれである。しかし第5章では他の形の重ね書きや、それがストリーム暗号に対して強力な武器になることも見る。とくに暗号の使い方が適切でないときに言えるが、残念ながら、そういうことはまだあたりまえに起きている。

第3章　転置暗号

3・1　スパルタのスキュタレー

これまで見てきた暗号はすべて換字式暗号だった。ある文字、または文字群が、別の文字、または文字群に置き換えられる。今度見るのは別の方式で、文字を変えるのではなく、「ただ」並べ換える。換字式暗号と同じく、この方式も古代にさかのぼる。記録が残る最古の例は scytale（スキュタレー）（英語では「シタリー」）かもしれない（scytale の英語での読み方はイタリーと韻になるが、ギリシア語であってイタリア語ではない。この c は英語では読まないのが通例だが、「スキタリー」と読んだ方が、古代ギリシア語のこの言葉の音にもっと近いかもしれない）。これは暗号装置で、古代スパルタ人が少なくともスパルタの将軍リュサンドロスの時代には使っていたが、方式が定まったのはもっと後のことではないかという異論もある[1]。

スキュタレーの文字通りの意味は、杖あるいは棒で、それが暗号装置としてどう用いられていたかを記述した最古の例は、リュサンドロスから何世紀か後の、ローマの歴史家プルタルコスによる。

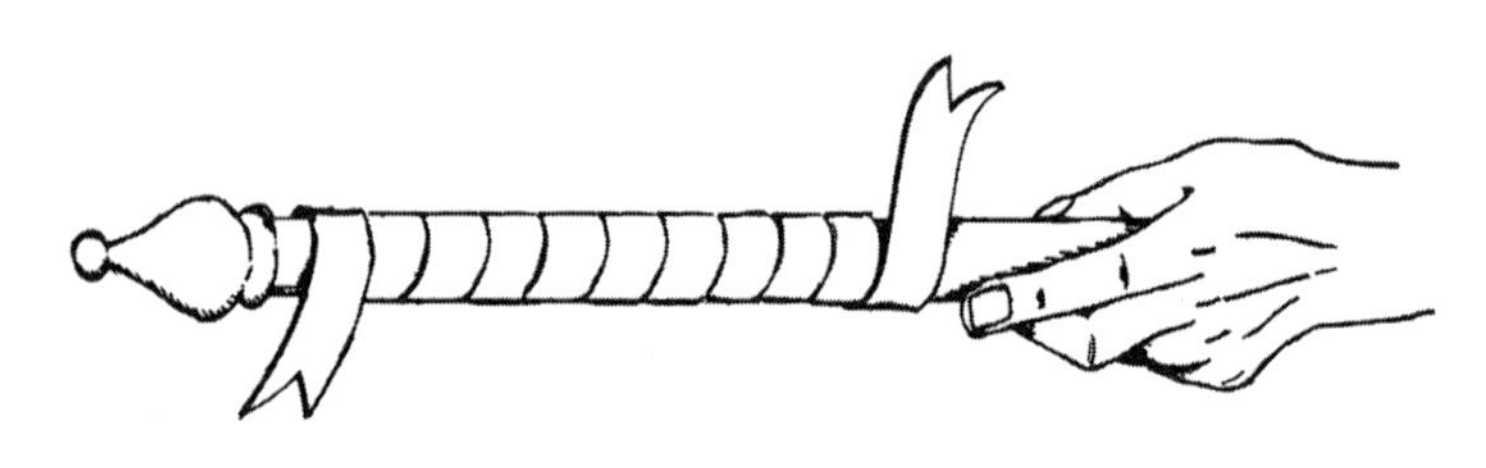

図3・1 スキュタレー

伝令の巻物は次のような性格のものである。行政官［スパルタの市長のようなもの］が提督や将軍を派遣するとき、派遣元では、長さも太さもまったく同じ丸い木の棒を2本用意して寸法がぴったり合うようにし、一方を手許に置き、もう1本は派遣軍に渡す。この木の棒が「スキュタレー」と呼ばれる。そして、秘密の重要なメッセージを送りたいときには、革ベルトのような細長い巻物を羊皮紙で作り、それを手許の「スキュタレー」に隙間がないように、棒全体を羊皮紙で覆うように巻きつける。そうしておいて、伝えたいことを、「スキュタレー」に巻きついた状態の羊皮紙に書き、羊皮紙を外してそちらだけを指揮官宛に送る。受け取った指揮官は、そのままでは意味がわからない――文字はつながっておらず、元とは違う並びになっているので――自分の方の「スキュタレー」を取り出して、それに羊皮紙の帯を巻きつけて、らせんの進み方が完全に合い、前後がちゃんと並ぶと、棒の上で並んだ文字を追って読めば、メッセージの並び方がわかることになる。この羊皮紙も、棒と同じく「スキュタレー」と呼ばれる。巻き尺(メジャー)で測られるものも寸法(メジャー)と呼ばれるように。(2)

これは図3・1のような図にした方がわかりやすい。

もちろんアリスとボブは、木の棒を使わなくても同じようなことができる。棒は1周で3文字書ける太さで、紙の帯を11回巻きつけられる長さだとしよう。するとアリスは要するに3×11の格子が使えて、そこに平文の連絡を書ける。メッセージが格子を埋めなければ、余りはヌル文字で埋めることもできる。

→ g o t e l l t h e s p →
→ a r t a n s t h o u w →
→ h o p a s s e s t b y[3] →〔通りがかりの人よ、行ってスパルタの人に伝えてくれ〕

アリスが実際のスキュタレーに書くとしたら、各列が紙の一巻きに相当する。そうして横にではなく、縦に読むと、こんな暗号文が得られる〔実際に図のような巻き方のものをほどくのではなく、格子に置き換え、読む方向を変えるという手順に沿っている。文字を書く順番が違うだけで原理は同じ〕。

← ← ← ← ← ← ← ← ← ← ←
g o t e l l t h e s p
a r t a n s t h o u w
h o p a s s e s t b y
← ← ← ← ← ← ← ← ← ← ←

つまり、

GAHOR OTTPE AALNS LSSTT EHHSE OTSUB PWYAZ

スキュタレー暗号がこのような長方形を使って作られる場合には、縦組転置(カラムナー・トランスポジション)と呼ばれる。暗号文は2・2節でしたような、5字ごとの区切りにまとめて分けるのが習慣になっている。最後の区切りは、メッセージの本当の長さをごまかすために、ヌル文字で埋められる。すぐ後で見るように、イブから見てどれがヌル文字かわかりやすいようであってはいけない。

この暗号に鍵はあるだろうか。プルタルコスによれば、「長さも太さもまったく同じ丸い木の棒を2本」必要とする。1本はアリス用、もう1本はボブ用だ。わかる範囲では、実際にそろえるべきは長さより太さの方だろう。イブが一列で3文字ではなく4文字の格子を使って暗号文を解読しようとするなら、得られるのはこんな文だ。

← ← ← ← ← ← ← ← ←
G R P L S E E U Y
A O E N S H O B A
H T A S T H T P Z
O T A L T S S W
← ← ← ← ← ← ← ←

暗号文は縦方向に書き下し、それを横方向に読むので、イブが横方向に読んでも意味をなさない。他方、ボブが正しい棒か正しい格子を用いて暗号文を解読すれば、暗号文を縦方向に書いて次が得られる。

↓ ↓ ↓ ↓ ↓ ↓ ↓ ↓ ↓ ↓ ↓ ↓
G O T E L L T H E S P A
A R T A N S T H O U W Z
H O P A S S E S T B Y
↓ ↓ ↓ ↓ ↓ ↓ ↓ ↓ ↓ ↓ ↓ ↓

最後の列は全部そろっていないので、ここはヌル文字だということがわかる。それは無視して横方向に読めば、難なく平文が得られる。

つまり、スキュタレーの鍵は、棒の周の長さ、あるいはそれと同じことだが、格子の段の数、この場合は3である。アリスがヌル文字で埋めていなかったら、イブは鍵を簡単に推測できる。暗号文の33文字で長方形の格子がすべて埋まることがわかれば、可能性は4通り、1×33、3×11、11×3、33×1だけということになる。[4] 最初と最後の可能性は〔並べ替えがないに等しい〕無視できるので、ますます易しくなる。

3・2 レールとルート——幾何学的転置式暗号

もちろん、メッセージを長方形の横方向に書くことを考えれば、縦に並んだ列を読み取る以外にもできることは他にいろいろあるだろう。第一次世界大戦中の米陸軍暗号法の手引きを書いたパーカー・ヒット大佐は、長方形からメッセージを読み取るルートとして以下のような方法を挙げ、いずれも四隅のどこから始めてもよいとした。単純横組（これは左上から始めるという自明の暗号が含まれる）、単純縦組（左上から始めればスキュタレー式が含まれる）、交替横組（左から右、右から左が交替する）、交替縦組、単純斜行、交替斜行、時計回り渦巻、反時計回り渦巻があった。以上の方法はヒットの手引きから取って、図3・2に示した。[5]

フリードマンの一九四一年の手引きでは、長方形に基づく転置に加えて、台形、三角形、十字形、ジグザグによる暗号が出ている。[6] 読者が自分で考えついたことも入っているかもしれない。メッセージを2行（あるいはもっと多く）にジグザグに書き、横方向に読む、レールフェンス暗号というのもある。

平文　t e a l p i t r o p e i e t
　　　 h r i s l t e f r r s d n〔丸太を裂く人（リンカーンのあだ名）を大統領に〕

暗号文　TEALP ITROP EIETH RISLT EFRRS DN

ヒットはレールフェンス暗号が「変動の余地がなく〔つまり鍵がない〕」、そのため方法がわかればそ

(a) 単純横組

```
ABCDEF FEDCBA STUVWX XWVUTS
GHIJKL LKJIHG MNOPQR RQPONM
MNOPQR RQPONM GHIJKL LKJIHG
STUVWX XWVUTS ABCDEF FEDCBA
```

(b) 単純縦組

```
AEIMQU DHLPTX UQMIEA XTPLHD
BFJNRV CGKOSW VRNJFB WSOKGC
CGKOSW BFJNRV WSOKGC VRNJFB
DHLPTX AEIMQU XTPLHD UQMIEA
```

(c) 交替横組

```
ABCDEF FEDCBA XWVUTS STUVWX
LKJIHG GHIJKL MNOPQR RQPONM
MNOPQR RQPONM LKJIHG GHIJKL
XWVUTS STUVWX ABCDEF FEDCBA
```

(d) 交替縦組

```
AHIPQX DELMTU XQPIHA UTMLED
BGJORW CFKNSV WROJGB VSNKFC
CFKNSV BGJORW VSNKFC WROJGB
DELMTU AHIPQX UTMLED XQPIHA
```

(e) 単純斜行

```
ABDGKO GKOSVX OKGDBA XVSOKG
CEHLPS DHLPTW SPLHEC WTPLHD
FIMQTV BEIMQU VTQMIF UQMIEB
JNRUWX ACFJNR XWURNJ RNJFCA

ACFJNR JNRUWX RNJFCA XWURNJ
BEIMQU FIMQTV UQMIEB VTQMIF
DHLPTW CEHLPS WTPLHD SPLHEC
GKOSVX ABDGKO XVSOKG OKGDBA
```

(f) 交替斜行

```
ABFGNO GNOUVX ONGFBA XVUONG
CEHMPU FHMPTW UPMHEC WTPMHF
DILQTV BEILQS VTQLID SQLIEB
JKRSWX ACDJKR XWSRKJ RKJDCA

ACDJKR JKRSWX RKJDCA XWSRKJ
BEILQS DILQTV SQLIEB VTQLID
FHMPTW CEHMPU WTPMHF UPMHEC
GNOUVX ABFGNO XVUONG ONGFBA
```

(g) 時計回り渦巻

```
ABCDEF LMNOPA IJKLMN DEFGHI
PQRSTG KVWXQB HUVWXO CRSTUJ
OXWVUH JUTSRC GTSRQP BQXWVK
NMLKJI IHGFED FEDCBA APONML
```

(h) 反時計回り渦巻

```
APONML NMLKJI IHGFED FEDCBA
BQXWVK OXWVUH JUTSRC GTSRQP
CRSTUJ PQRSTG KVWXQB HUVWXO
DEFGHI ABCDEF LMNOPA IJKLMN
```

図3・2　長方形を使った転置の方法

のまま読むのとほとんど同じに読める」[7]と言っている。実は、純然たる幾何学式暗号はあまり安全とは言えないことも言っている。「簡単に、また、頻繁に変えることができる鍵に依存していない」[8]からだ。

長方形に基づくもう少し凝った――つまりもう少し安全な――は、経路(ルート)暗号で、ここではある種の鍵が、長方形からのメッセージの読取り方を教えてくれる。歴史的には、これは符号／暗号の雑種のようなものとして用いられることが多い。単語全体が長方形の格子のマス目に書かれる。これは一六八五年、アーガイル伯爵がジェームズ2世に対して反乱を起こしたときに用いられたと考えられるが[9]、アメリカ人には南北戦争のとき電信用に連邦軍〔北軍〕が用いた例が最も知られている。一八六三年六月一日、エイブラハム・リンカーンからこんな例が送信された[10]。

GUARD ADAM THEM THEY AT WAYLAND BROWN FOR
KISSING VENUS CORRESPONDENTS AT NEPTUNE ARE OFF NELLY
TURNING UP CAN GET WHY DETAINED TRIBUNE AND TIMES
RICHARDSON THE ARE ASCERTAIN AND YOU FILLS BELLY THIS
IF DETAINED PLEASE ODOR OF LUDLOW COMMISSIONER

当時の陸軍省が使っていた暗号の鍵によれば、先頭のGUARDという鍵は、単語を1行5語で7行の格子に並べ、次のようなルートで書かれることを意味する。第1列は上へ、第2列は下へ、第5列は上へ、第4列は下へ、第3列は上へ書き、各列の末尾にはヌル語を入れる。すると、次のようになる。

	~~kissing~~	~~Commissioner~~		~~Times~~
For	*Venus*	Ludlow	Richardson	and
Brown	correspondents	of	the	Tribune
Wayland	at	*odor*	are	detained
at	*Neptune*	please	ascertain	why
they	are	detained	and	get
them	off	if	you	can
Adam	*Nelly*	~~this~~	~~fills~~	~~up~~
			~~belly~~	~~turning~~

見ての通り、ヌル語は前後の列にある語と合わせて意味をなしそうな――時としてユーモラスな――ものが選ばれる場合が多い。この暗号では、Venusは「大佐」の符牒で、Waylandが「捕らえられる」、odorが「ビックスバーグ」、Neptuneが「リッチモンド」、Adamが「合衆国大統領」を意味し、Nellyは午後四時三〇分の発信という意味だった。格子が埋められれば、最後の行の最後の３語もヌルであることも明らかになるはずで、すると次のような平文が得られる。

For Colonel Ludlow. Richardson and Brown, correspondents of the Tribune, captured at Vicksburg, are detained at Richmond. Please ascertain why they are detained and get them off if you can. The President, 4:30 p.m. 〔ラドロー大佐宛、『トリビューン』紙の特派員リチャードソンとブラウンがビックスバーグで拘束され、リッチモンドに抑留中。二人の抑留経緯を確かめ、できれば解放されたし。大統領、午後4時30分発〕

3・3　順列と転字暗号

そもそも二次元や三次元の図形や物体によらない転置もある。書記は昔からおそらく単語の文字を並べ替えて遊んでいただろうが、図形抜きの転置について初めてまとまった記述をしたのは、1・5節に登場したアル・キンディーらしく、単語や行の中で転置する様々な方法について述べている。[11]

この方法を拡張したのがタジ・アッディン・アリ・イブン・アッドゥライヒム・ベン・ムハンマド・アッサ・アリビ・アルマウシリで、[12] こちらは転置暗号を24種類解説し、中には各語を後ろから書いたり、メッセージの文字を2字ずつ逆転したりという方法もあった。[13] 英文を例にとり、アリスが「Drink to the rose from a rosy red wine[14]〔バラのような赤ワインでまっかになるほど飲む〕」という平文を書くとする。

平文	dr	in	kt	ot	he	ro	se	fr	om	ar	os	yr	ed	wi	ne
暗号文	RD	NI	TK	TO	EH	OR	ES	RF	MO	RA	SO	RY	DE	IW	EN

どこが見どころなのだろう。これは明瞭な転字（パーミュテーション）暗号の例第1号だ。数学で言うパーミュテーションは、何らかの集合の要素の並び順を変える場合の数のことを言う〔「順列」のこと〕。たとえば、

ruby wine

を、次のようにする。

UYBR IENW

4字一組の文字列はいずれも、暗号文の最初の位置を平文の第2字が占め、第2字の位置を第4字が占め、第3字の位置は元のまま、暗号文の第4字の位置は平文の最初の文字が占める。この転字／順列を表記するために数学者が用いる方法はいくつかあるが、よくある方式ではこうなる。[15]

$$\begin{pmatrix} 1 & 2 & 3 & 4 \\ 2 & 4 & 3 & 1 \end{pmatrix}$$

イブン・アッドゥライヒムの転字なら、次のようになる。

$$\begin{pmatrix}1 & 2\\2 & 1\end{pmatrix}$$

転字暗号の鍵となるのは使われた並べ替えそのもので、よくある転字の選び方・覚え方は、鍵語（キーワード）による。アリスは鍵語の文字を平文の上に書く。２・４節の多表式暗号の場合とよく似ている。

鍵語	TALE	TALE	TALE	TALE	TALE	TALE	TALE	TALE	TALE	TALE
平文	theb	attl	eand	thes	word	thep	aper	andt	hepe	nllu[16]

そうしてアリスは鍵語の文字にアルファベット順の数を割り当てる。

	4132	4132	4132	4132	4132	4132	4132	4132	4132	4132
鍵語	TALE	TALE	TALE	TALE	TALE	TALE	TALE	TALE	TALE	TALE
平文	theb	attl	eand	thes	word	thep	aper	andt	hepe	nllu

なお数4132はここでの転字の別の表し方になっている。

鍵語の長さは各文字群の長さを決め（この場合は4字）、それぞれの文字群が鍵の数字に対応する位置に置かれて暗号文となる。

	4132	4132	4132	4132	4132	4132	4132	4132	4132	4132
鍵語	TALE	TALE	TALE	TALE	TALE	TALE	TALE	TALE	TALE	TALE
平文	theb	attl	eand	thes	word	thep	aper	andt	hepe	nllu
暗号文	HBET	TLTA	ADNE	HSET	ODRW	HPET	PREA	NTDA	EEPH	LULN

アリスがボブにメッセージを送る前に、イブには転字の長さを推測しにくくなるように、文字群の区切りをなくしたり、まとめ方を変えたりする。最終的な暗号文はこうなる。

HBETTLTAADNEHSETODRWHPETPREANTDAEEPHLULN

解読はどうなるだろう。それについては暗号文の文字を「転字解除（アンパーミュート）」しなければならない[17]。これは１・３節の最後に触れた逆元の考え方を思わせるはずだ。実際、転字のそれぞれに、作用を逆転する「逆・転字」がある。以下がそれを求める一法となる。ボブは以下の暗号化用の転字法

$$\begin{pmatrix} 1 & 2 & 3 & 4 \\ 2 & 4 & 3 & 1 \end{pmatrix}$$

を知っていれば、まず二つの行を入れ替える。

$$\begin{pmatrix} 2 & 4 & 3 & 1 \\ 1 & 2 & 3 & 4 \end{pmatrix}$$

そうして列を上の行の数順に並べ替える。

$$\begin{pmatrix} 1 & 2 & 3 & 4 \\ 4 & 1 & 3 & 2 \end{pmatrix}$$

つまり、転字

$$\begin{pmatrix} 1 & 2 & 3 & 4 \\ 2 & 4 & 3 & 1 \end{pmatrix}$$

の逆は、最初の文字を元の第4字が占め、第2字を元の第1字、第3字は元と同じ、第4字を元の第2字が占めるような転字である。

次の暗号文の解読も実行できるだろう。

HDETS REEKO NTSEM WELLW[18]

これは先と同じ鍵（鍵語 TALE に対応する）を使って組まれている。

転字式暗号にも「だめな鍵」があるかと考えておくのも大事だ。次の式を考えてみよう。

$$\begin{pmatrix}1 & 2 & 3 & 4\\4 & 1 & 1 & 3\end{pmatrix}$$

これは暗号文の第1位は平文の第4字となり、第2位と第3位は平文の第1字、第4位は平文の第3字となり、平文の第2字はどうやら放棄されるらしい。

たとえば、こんなふうに。

garb agei ngar bage outx〔ゴミを入れればゴミが出て来るx〕

ならこうなるだろう。

BGGR IAAE RNNA EBBG XOOT

これは細かいことを言えば転字ではなく、もっと一般的な、桁から文字への「関数」と呼ばれる。[19] これには逆はない。第2字を捨てているので、それを取り戻すことは一般にできない。幸い、転字となる関数とそうでない関数は容易に区別できる——各文字が1回ずつ使われているのを確かめるだけだ。すると、すべての転字が使える鍵なら、それは何通りあるだろう。4字で一組とするなら、第1字は第1位、第2位、第3位、第4位のいずれかに置ける。第2字は第1字が占めた後に残る三つの位置のいずれかを占めることができ、第3字は残った二つのうちのいずれか、最後の第4字は残った一つだけということになる。つまり、4文字組については、4×3×2×1=24通りの転字のしかたがある。

一般に言えば、n字一組とするなら、次の場合の数がある。

$$n \times (n-1) \times (n-2) \times \cdots \times 3 \times 2 \times 1$$

通りで、ここにはいつも通りの自明な暗号を生み出す「自明な転字」[20]が含まれる。数学者はこの数を表すのに$n!$という表記を用いて、nの「階乗」と言う。階乗はすぐにとてつもなく大きな数になる。たとえば、$12! = 479{,}001{,}600$であり、12字組で組む転字暗号は479,001,600通りあることになる。すでに解説した他の暗号と同様、総あたりよりもうまい転字暗号の破り方があり、その一部は3・6節と3・7節で見る。

さて、転字ではない関数は暗号化／解読には使えないかということになると、そうではないと言うべきだろう。ただ、一部の文字が捨てられるということについては何らかの対処をしなければならない。解決策は、「拡張関数」を用いて暗号化することで[21]、当初の文字よりも多くする。そうすれば、解読するときに一部が捨てられても問題はない。たとえば、

westw ardho〔西へ行くぞ〕

を、次のようにする。

SEWTEW DROHRA

先の表記では、これは次のような関数に対応する。

$$\begin{pmatrix} 1 & 2 & 3 & 4 & 5 & 6 \\ 3 & 2 & 5 & 4 & 2 & 1 \end{pmatrix}$$

上段には暗号文にある各文字を表す数がなければならず、これは平文にある文字より多い。上段にある数のうちいくつかが下段に出てこないことはあるが、下段には平文に使うすべての数字がなければならない。数学者は一般にこのような関数を「(〜の)上への関数」と呼ぶが、暗号法にとっては拡張関数というのがうまい表し方だ。この種の暗号化は、アリスが何らかの理由で一定の文字数を必要とする場合には非常に役に立つ。合成暗号の特定の段階とか、イブを混乱させたいだけだが、ヌル文字ほどランダムでないものを使いたいとか。

そのような暗号を、ボブはどうやって解読するのだろう。解読の場合、文字がいくつか重複しているのだから、ボブはそれを捨てたいだろう。たとえば先の暗号文は、こんな関数を使えば解読できる。

$$\begin{pmatrix} 1 & 2 & 3 & 4 & 5 \\ 6 & 2 & 1 & 4 & 3 \end{pmatrix}$$

今度は上段に平文のそれぞれの数を表す数があり、下段は暗号文にある数字をいくつか省いてよい。ただ、下段にある数はどれも重複しないことが重要だ。そうでなければ暗号文にある文字にだぶって使われるものが出てくるだろう。数学者はこのような関数を「一対一の関数」と呼び、暗号学者はそれを「圧縮関数」と呼ぶ[22]。暗号文の第2位にある文字と第5位にある文字はいつも同じになるのだから、ボブは次の関数を使えばやはり暗号を解読できる。

$$\begin{pmatrix} 1 & 2 & 3 & 4 & 5 \\ 6 & 5 & 1 & 4 & 3 \end{pmatrix}$$

これは、拡張関数が転字ではないので、実は本当の逆関数は持たないという事実に関係する。その点については、次節で転字合成について話した後でもう少し解説する。

3・4 転字合成

そうなると、異なる転字暗号を2回使って暗号化したらどういうことになるかと、うすうす感じるようになっているものと思う。そこでこんなことを考えてみよう。アリスが自分のメッセージをTALEを鍵語にして、つまり

$$\begin{pmatrix} 1 & 2 & 3 & 4 \\ 2 & 4 & 3 & 1 \end{pmatrix}$$

に相当する転字で暗号化した後、今度はPOEMを鍵語にして、つまり次に相当する転字でもう一度暗号化したらどうなるか。

$$\begin{pmatrix} 1 & 2 & 3 & 4 \\ 3 & 4 & 2 & 1 \end{pmatrix}$$

	4132	4132	4132	4132	4132
鍵語	TALE	TALE	TALE	TALE	TALE
平文	theb	attl	eand	thes	word
暗号文	HBET	TLTA	ADNE	HSET	ODRW

	4312	4312	4312	4312	4312
鍵語	POEM	POEM	POEM	POEM	POEM
第1暗号文	hbet	tlta	adne	hset	odrw
第2暗号文	ETBH	TALT	NEDA	ETSH	RWDO

	4132	4132	4132	4132	4132
鍵語	TALE	TALE	TALE	TALE	TALE
平文	thep	aper	andt	hepe	nllu〔戦いと剣、紙とペン llu〕
暗号文	HPET	PREA	NTDA	EEPH	LULN

鍵語	4312	4312	4312	4312	4312
	POEM	POEM	POEM	POEM	POEM
第1暗号文	hpet	prea	ntda	eeph	luln
第2暗号文	ETPH	EARP	DATN	PHEE	LNUL

イブが暗号文と平文の両方を見ることができれば、すぐにこれはアリスが次の鍵を使って暗号化したのと同じであることを理解するだろう。

$$\begin{pmatrix} 1 & 2 & 3 & 4 \\ 3 & 1 & 4 & 2 \end{pmatrix}$$

数学者はこれを積の表記を使って表す。

$$\begin{pmatrix} 1 & 2 & 3 & 4 \\ 2 & 4 & 3 & 1 \end{pmatrix} \times \begin{pmatrix} 1 & 2 & 3 & 4 \\ 3 & 4 & 2 & 1 \end{pmatrix} = \begin{pmatrix} 1 & 2 & 3 & 4 \\ 3 & 1 & 4 & 2 \end{pmatrix}$$

このことを考えるときには、

$$\begin{pmatrix} 1 & 2 & 3 & 4 \\ 2 & 4 & 3 & 1 \end{pmatrix} \times \begin{pmatrix} 1 & 2 & 3 & 4 \\ 3 & 4 & 2 & 1 \end{pmatrix}$$

が、

$$\begin{pmatrix}1 & 2 & 3 & 4\\3 & 4 & 2 & 1\end{pmatrix}\times\begin{pmatrix}1 & 2 & 3 & 4\\2 & 4 & 3 & 1\end{pmatrix}$$

と同じではないことに留意することが大事だ。転字合成は必ずしも「可換」ではない[23]。信じられないなら、最初に鍵 POEM を使い、次に鍵 TALE を使って暗号化してみればよい。答えは違うはずだ。そのため、転字暗号を組み合わせるのには、すでに見た他の暗号とは少々違うところがある。

転字の合成については逆を考えることもできる。たとえば、こんなふうに。

$$\begin{pmatrix}1 & 2 & 3 & 4\\2 & 4 & 3 & 1\end{pmatrix}\times\begin{pmatrix}1 & 2 & 3 & 4\\4 & 1 & 3 & 2\end{pmatrix}=\begin{pmatrix}1 & 2 & 3 & 4\\1 & 2 & 3 & 4\end{pmatrix}$$

一般に、ある転字とその逆の合成は自明な転字となる。これは理屈に合う。暗号化した後に解読すれば、元のメッセージに戻るはずだからだ。同様に、

$$\begin{pmatrix}1 & 2 & 3 & 4\\4 & 1 & 3 & 2\end{pmatrix}\times\begin{pmatrix}1 & 2 & 3 & 4\\2 & 4 & 3 & 1\end{pmatrix}=\begin{pmatrix}1 & 2 & 3 & 4\\1 & 2 & 3 & 4\end{pmatrix}$$

で、逆の逆は当初の転字になると予想されるので、これも理屈に合う。こういう場合には、転字の合成は交換可能になる。

拡張関数と圧縮関数の動き方はそれほどきれいではない。ある暗号化を行ない、その後に解読をす

れば、自明の転字が得られる。

$$\begin{pmatrix} 1 & 2 & 3 & 4 & 5 & 6 \\ 3 & 2 & 5 & 4 & 2 & 1 \end{pmatrix} \times \begin{pmatrix} 1 & 2 & 3 & 4 & 5 \\ 6 & 2 & 1 & 4 & 3 \end{pmatrix} = \begin{pmatrix} 1 & 2 & 3 & 4 & 5 \\ 1 & 2 & 3 & 4 & 5 \end{pmatrix}$$

しかし今度は順番を逆にすると別のものができる。

$$\begin{pmatrix} 1 & 2 & 3 & 4 & 5 \\ 6 & 2 & 1 & 4 & 3 \end{pmatrix} \times \begin{pmatrix} 1 & 2 & 3 & 4 & 5 & 6 \\ 3 & 2 & 5 & 4 & 2 & 1 \end{pmatrix} = \begin{pmatrix} 1 & 2 & 3 & 4 & 5 & 6 \\ 1 & 2 & 3 & 4 & 2 & 6 \end{pmatrix}$$

これまた何かのメッセージで試してみるのがよい。細かい違いは、拡張関数と圧縮関数にあるのは、真の逆元である両側逆元ではなく、「片側逆元」だけという点だ。これは3・3節で見た、同じ暗号化関数に対して二つの解読関数がありうる、あるいはその逆となる理由に関係する。実用的には、暗号化は拡張関数のみで行ない、解読は圧縮関数のみで行ない、逆にはしないということになる。[24]

ともあれ本節の最初の問いに答えれば、要するに、二つの反復鍵多字暗号を組み合わせるように、同じブロック長の二つの転字暗号を組み合わせると、同じブロック長の別の転字暗号ができるということになる。転字暗号をブロック長を変えて組み合わせるとどうなるだろう。たとえば、アリスはメッセージを鍵 TALE で暗号化した後、今度は鍵 POETRY で再び暗号化することができる。

鍵語	4132	4132	4132	4132	4132	4132
	TALE	TALE	TALE	TALE	TALE	TALE
平文	theb	attl	eand	thes	word	thep
暗号文	HBET	TLTA	ADNE	HSET	ODRW	HPET

鍵語	321546	321546	321546	321546
	POETRY	POETRY	POETRY	POETRY
第1暗号文	hbettl	taadne	hsetod	rwhpet
第2暗号文	EBHTTL	AATNDE	ESHOTD	HWREPT

鍵語	4132	4132	4132	4132	4132	4132
	TALE	TALE	TALE	TALE	TALE	TALE
平文	aper	andt	hepe	nllu	xgar	bage
暗号文	PREA	NTDA	EEPH	LULN	GRAX	AEGB

鍵語	321546	321546	321546	321546
	POETRY	POETRY	POETRY	POETRY
第1暗号文	preant	daeeph	lulngr	axaegb
第2暗号文	ERPNAT	EADPEH	LULGNR	AXAGEB

この例では、アリスはブロック長を均等にするためにヌル文字をさらに加えなければならなくなった。

これは1回の転字と同じだろうか。よく見ると、これはブロック長が4字の転字ではありえない。いくつかの文字があるブロックから別のブロックへと「はみ出て」いるからだ。同じことは6字のブロックにも言える。しかし二つの鍵は12字ごとに整列するので、これは実はブロック長12字の転字と同等になる。実は、どちらの鍵語転字暗号も12字による転字で書ける。TALEに対応する転字暗号は、先に

$$\begin{pmatrix} 1 & 2 & 3 & 4 \\ 2 & 4 & 3 & 1 \end{pmatrix}$$

というキーで書いたが、

$$\begin{pmatrix} 1 & 2 & 3 & 4 & 5 & 6 & 7 & 8 & 9 & 10 & 11 & 12 \\ 2 & 4 & 3 & 1 & 6 & 8 & 7 & 5 & 10 & 12 & 11 & 9 \end{pmatrix}$$

という鍵でも書ける。POETRYに対応する暗号は、ふつう

$$\begin{pmatrix} 1 & 2 & 3 & 4 & 5 & 6 \\ 3 & 2 & 1 & 5 & 4 & 6 \end{pmatrix}$$

という鍵で書くが[25]、

$$\begin{pmatrix} 1 & 2 & 3 & 4 & 5 & 6 & 7 & 8 & 9 & 10 & 11 & 12 \\ 3 & 2 & 1 & 5 & 4 & 6 & 9 & 8 & 7 & 11 & 10 & 12 \end{pmatrix}$$

とも書ける。すると、合成暗号を表す鍵は二つの転字合成、つまり次のようになる。

$$\begin{pmatrix} 1 & 2 & 3 & 4 & 5 & 6 & 7 & 8 & 9 & 10 & 11 & 12 \\ 2 & 4 & 3 & 1 & 6 & 8 & 7 & 5 & 10 & 12 & 11 & 9 \end{pmatrix} \times \begin{pmatrix} 1 & 2 & 3 & 4 & 5 & 6 & 7 & 8 & 9 & 10 & 11 & 12 \\ 3 & 2 & 1 & 5 & 4 & 6 & 9 & 8 & 7 & 11 & 10 & 12 \end{pmatrix}$$

$$= \begin{pmatrix} 1 & 2 & 3 & 4 & 5 & 6 & 7 & 8 & 9 & 10 & 11 & 12 \\ 3 & 4 & 2 & 6 & 1 & 8 & 10 & 5 & 7 & 11 & 12 & 9 \end{pmatrix}$$

異なるブロック長の転字暗号は、合成鍵の長さは元の鍵の長さの最小公倍数になる点で、やはり反復鍵暗号とよく似たふるまい方をする。２・７節で見たように、イブがアリスのしたことを当てない限り、アリスは10字を使うだけで12字の鍵なみの安全性を達成している。イブは、この合成暗号では本当の12字の鍵による転字暗号の場合よりも完全には文字が混じってしまわないことに気づくかもしれない。４字の鍵と６字の鍵を入れ替えて、好きなだけ文字を混ぜてしまうことも可能だが、そんなことをするなら、12字の鍵を使った方が、おそらく楽だろう。

平文	暗号文
4132	
TALE	
theb	HBET
attl	TLTA
eand	ADNE
thes	HSET
word	ODRW
thep	HPET
aper	PREA
andt	NTDA
hepe	EEPH
nllu	LULN

3・5　鍵式縦組転置暗号

それなりの時間をかけて転字暗号と鍵式転字暗号を調べておきながら、実際にそれを使ったという記録はあまりないらしいことを言わなければならない。そうなるのはおそらく、鍵語による転字暗号を組もうとすれば、直ちに、転字を縦組転置と組み合わせる合成暗号を作る手間だけでそれなりに安全であることに気づくだろうからだ。

あらためて先の転字暗号の一例を見てみよう。ただし今度はテキストの並べ方が少し違う（右表）。これはアリスが平文の文字位置を把握するには便利な方法に見える。鍵語を書くのは一度でよく、表の右側の列を縦に読めば、先と同じ暗号文が得られる。ところが、暗号文の文字は今度は長方形に並んでいるので、縦組転置を適用して縦に読むのも論理的に見える。すると次のような暗号文になる。

HTAHO HPNEL BLDSD PRTEU ETNER EEDPL TAETW TAAHN

実際には先の図の右側の列も必要ないことに気づいたかもしれない。実際にしなければならないのは、左のブロックから文字を縦に並べればいいだけだ。ただし、鍵に指定された順番で。まず1番の文字を順に縦に並べ、それから2番、3番、4番と続ける。この合成暗号は「鍵式縦組転置暗号」といい、ジョン・ファルコナーによる暗号法研究で初めて登場したらしい[26]。ファルコナーは一七世紀のイギリス人暗号学者でジェームズ2世の宮廷にいたが、人物についてはあまり知られていない[27]。その業績は没後の一六八五年に公刊された。その後、少なくとも一部が鍵式縦組転置に基づく暗号は、世界中のどこかで、ある程度は継続的に、一九五〇年代あたりまでは本格的に使われていた[28]。

ボブがメッセージを手早く解読するには、キーワードと列番号を白紙の上段に書けばよい[29]。一列の文字数は、全文字数をキーの文字数分の列で割ればわかり、そうして暗号文を縦に、キーで特定される順に書く。最後に縦に読んで平文にする。

安全性から見れば、鍵式縦組転置も実は転字暗号より安全性が大きく高まるわけではない。縦組転置のための鍵は行数、あるいは列数だ。メッセージのおおよその長さがわかれば、一方がわかればもう一つもわかる。鍵式縦組転置では、列数は転字暗号用の鍵語の長さだけで決まる。つまり、鍵式縦組転置の鍵にありうる数は転字の鍵の場合とちょうど同じになる。そして、3・6節と3・7節で見るように、転字暗号に対する攻撃は他にもあり、これは鍵式縦組転置暗号にもほぼ同じように使える。

鍵式縦組転置暗号が転字暗号よりも大きく優れている点が一つある。二つの加算暗号の合成はやはり加算暗号になり、二つの乗算暗号はやはり乗算暗号になり、二つのアフィン暗号はやはりアフィン暗号であり、二つの転字暗号は、ブロック長が異なることはあっても、やはり転字暗号になることを思い出そう。しかし二つの鍵式縦組転置暗号を合成すると鍵式縦組転置暗号ではなくなり、一般に、この転置を1回だけ行なうよりも相当に破りにくくなる。

そうなる理由を見るために、9字だけのごく短いメッセージ〔a great war＝大戦争〕を考え、鍵語も3桁のみとしてみよう。

2	r	t	r
1	g	a	a
3	a	e	w

まず次のような転字を適用する。

鍵	312	312	312
平文	agr	eat	war
第一暗号文	GRA	ATE	ARW

これは9字の

$$\begin{pmatrix} 1 & 2 & 3 & 4 & 5 & 6 & 7 & 8 & 9 \\ 2 & 3 & 1 & 5 & 6 & 4 & 8 & 9 & 7 \end{pmatrix}$$

による転字と考えることができる。そのうえで、縦組転置を適用する。

第1暗号文	第2暗号文
GRA	GAA
ATE	RTR
ARW	AEW

これは次の9字による転字と考えることもできる。

$$\begin{pmatrix} 1 & 2 & 3 & 4 & 5 & 6 & 7 & 8 & 9 \\ 1 & 4 & 7 & 2 & 5 & 8 & 3 & 6 & 9 \end{pmatrix}$$

ここでは正方形になっているので、この転置を2回適用すると、それ自身をキャンセルできることに留意しよう。この転字はそれ自身の逆になっている。

今度は例として、逆の鍵での別の縦組転置を適用してみよう。もう考え方はわかっているだろうから、今度は手順を圧縮して説明する。

1	3	2
A	A	G
R	T	R
W	E	A

何をしているかを忘れないようにしよう。互いに逆元の関係にある転字、互いの逆元でもある二つ

の縦組転置を代わるがわる二度適用した。すべて相殺されると予想するかもしれない。しかしそうはならない。暗号文はこうなる。

ARW GRA ATE

これは元の平文と同じではない。

どうしてこうなったのだろう。加算や乗算とは違い、転字を組み合わせる順番が違いを生む。つまり、鍵式転字を縦組転置と交互に使うという事実は何も相殺せず、少し複雑な転置暗号に行き着き、二つの長方形が同じ大きさでなければずっと複雑になりうるのだ（詳細については補足3・1を参照）。

補足3・1　関数的ニヒリズム

細かく注意を払えば、ここでの3×3の正方形の例では二重鍵式縦組転置で平文はできなかったが、実際には、縦組転置なしでも読めるものができる。その理由の最も簡単な見方は、4・3節で説明する関数表記を使うことなので、この補足を読むのはその節を読んでからにしてもよい。

まず、転字を表すために、数学者がよくやるように、ギリシア文字を用いることにする。とくに、ギリシア文字のπはローマ字のpに相当するので、転字（パーミュテーション）を表すために用いられる。これは円周の直径に対する比、3.14159... とは何の関係もない。またスキュタレー暗号に対応する転字を表すために、スキュタレーの頭文字に相当するギリシア文字σ（シグマ）を用いる。

π_nは鍵語の長さがnの転字暗号を表すとする——実際の鍵がどういうものかは問わない。たとえば、3×3のマスで使ったのは、π_3ということになる。σ_{mn}は平文をm行に書いて、暗号文をn列で読み取るスキュタレー暗号であるとする。鍵の長さnの転字暗号の逆は、鍵の長さnの別の転字暗号で、これをπ_n^{-1}で表す。「靴と靴下」原理によれば、m行の平文を書いてn列の暗号文を読むことの逆は、暗号文をn列で書いてm行の平文を読むということだ。しかしこれはn行で書いてm列で読むのと変わらない。つまり、σ_{mn}の逆はσ_{nm}であり、σ_{33}、つまり任意の正方形スキュタレー暗号の逆はそれ自身となる。このことは先に、この表記を使わずに観察した。

今度は例を見てみよう。まず、平文を横に書き、π_3の転字を適用する。それからそれを縦に読めば、σ_{33}となる。それからそれを横に書いて、π_3^{-1}を適用する。最後にσ_{33}をもう一度適用する。すると最終的な暗号文は、

$$C_1C_2\cdots C_9 = \sigma_{33}\pi_3^{-1}\sigma_{33}\pi_3(P_1P_2\cdots P_9)$$

それは何かを語っているだろうか。$\pi_3^{-1}\sigma_{33}$は$\sigma_{33}\pi_3^{-1}$と同じではなく、そのためスキュタレー暗号2回や転字暗号2回は必ずしも相殺しないことはしっかりと確認した。しかしσ_{33}についてもう少し考えてみよう。それを縦に3列書いて、横に3行読む、または横に3行書いて縦に3列読むと考えられることを思い出そう。すると実際にしているのは、行と列を入れ替えているだけだ。そう考えると、

$$\sigma_{33}\pi_3^{-1}\sigma_{33}$$

とは、行と列を入れ替え、列を転字して、また行と列を入れ替えるという意味になる。これを試みれば、最終結果は対象となる文の横並びの行を入れ替えていることになる。つまり、

$$C_1C_2\cdots C_9 = \sigma_{33}\pi_3^{-1}\sigma_{33}\pi_3(P_1P_2\cdots P_9)$$

は、π_3を使って縦の列を転字し、それからπ_3^{-1}を使って横の行を転字するということになる。確かに、縦組転置は実際には生じていない。これを先の例で確かめてみるとよい。

平文			暗号文		
a	g	r	A	R	W
e	a	t	G	R	A
w	a	r	A	T	E

ついでながら、長方形の行も列も転字する転置は、よく「ニヒリストの転置暗号」と呼ばれる。[30] ケルクホフスによれば、正方形と、行列両方の同じ鍵による転字を用いた行と列が入れ替わらない転置は、一八七〇年代から八〇年代、ロシアのニヒリストが秘密のメッセージを送るために使ったものだという。もっと一般的な、正方形にかぎらず長方形を使う、二つの鍵、行列の交換によるものは「ニヒリストの縦組転置」と呼ぶことにしよう。今行なったような解析から、完全に埋まった正方形の枠

を使うニヒリストの縦組転置二つを合成したものも、やはりニヒリストの縦組転置となる。別の全く異なる埋まった正方形ではない長方形に基づく二つのニヒリストの縦組転置も、第一の長方形の列の数と第二の長方形の行の数とが同じであればそうなる。安全性の点から見ると、３・６節や３・７節の技を使えば、やはり行の順番以外のすべてを破ることがわかる。行の順番も、各行の平文が得られれば、並べ替えは易しい。つまり、この暗号は一般に手間に値するとは考えられていない。

第一の長方形にある列の数が第二の長方形の行の数と同じでなければ、本当の二重縦組転置になって、これはなかなか破れない。

この「二重鍵式縦組転置暗号」（略して「二重転置」と呼ばれることが多い）という考え方は、第一次世界大戦の少し前にあたりまえに使われるようになったらしい。３・７節で見るように解読は不可能ではないが、一般に、手作業だけでも信頼できる形で実行できる最も安全な転置と考えられていて、第二次大戦になっても、連合国側の現場の工作員や、占領下ヨーロッパで活動するレジスタンスに使われていた。[31]

３・６　長方形の幅を決める

すでに取り上げた転置暗号を解読するときの手順は、反復鍵暗号を解読するときの手順によく似ている。まずイブは自分の手にしている暗号文がどの種類のものかを把握している必要があり、それから鍵の長さを求め、最後に重ね書きを用いて当の鍵を見つける。幸い、第一段階はごく易しい。転置暗号は文字を変えずに並べ替えるので、文字の頻度は暗号文でも平文でも同じになる。[32] これはたいていすぐわかる。信じられないなら、2・2節で見た、また5・1節でも見る各種一致指数テストを使ってもよい。

スキュタレー暗号の鍵は行の数、あるいは入れ替えで列の数だ。どちらかがわかればもう一つはすぐにわかる。3・1節で述べたように、これは簡単なことだ。イブが格子にあるマスの総数を知っていれば、適切な長方形になるためにありうる縦と横の数を求め、暗号文を縦に書き、横に読んだときに読める平文が得られるまで試せばよい。アリスが賢明にメッセージをヌル文字で埋めていれば、イブは手こずるかもしれない。そうなった場合には、イブはメッセージの最後の文字を捨てて繰り返す。

転字暗号か鍵式縦組転置暗号ではないかとにらんでも、同じように始める。行と列の数を推測し、暗号文を横方向か（転字暗号なら）、縦方向に（縦組転置なら）書く。列の数は転字数字の長さ、つまり鍵として用いられる鍵語の長さだ。この場合、イブには自分が正しいサイズの格子を得ているかどうかを判断するのは易しくない。使えるテストの一つは、それぞれの列の母音と子音の比率がだいたい適切かどうかを見ることだ。

英語の文章からランダムに文字を抽出するとしよう。文字頻度表によれば、文字の約38・1パーセントが母音となる。[33] そこで、ランダムに10字を拾えば、その中の母音の数は平均して3・81になり、４個ある可能性がいちばん高い。必ずそうなるわけではない。多いときもあれば少ないときもある。実は、ちょうど４個にはならない可能性の方が高い。母音４個になる可能性はどのくらいあるだろう。まず、ありうる母音（V）と子音（C）の組合せを数え上げることができる。

VVVVCCCCC
VVVCVCCCCC
VVVCCVCCCC
VVVCCCVCCC
…

数え上げには少々時間がかかるが、終えるとありうるパターンは210通りあることがわかる。四つの母音の後に五つの子音が続く最初のパターンを考えよう。最初に母音を拾う可能性は０・３８１で、２番、３番なども同じになる。最初の子音を拾う可能性は０・６１９で、第２以下についても同じ。したがって、このパターンになる可能性は、.381 ×.381 ×.381 ×.381 ×.619 ×.619 ×.619 ×.619 ×.619 ≈ .00119 となる。

これについてよく考えると、第二のパターンについても、他のどのパターンでも同じであり、したがって、母音が４個入っている可能性は 210×.00119 ≈ .249 となる。つまり、母音が他でもない４個入っている場合は全体の1/4ほどしかない。しかし４個付近になる可能性は高い。それをどのように量で捉えようか。

統計学者は昔から、このような状況でどのくらい平均に近いかを測る方法を持っていて、今では「分散」と呼ばれている。[34] ランダムに10字を何度か、たとえば100回でも選び、そのたびに実際に得られた結果と平均とされるものとの差を計算する。正の差もあれば負の差もあり、それを相殺しようというのでもない。暗号学者はもともと、差の絶対値をとっていたが、結局、差の平方を取った方が数学的にどうなるかは予測しやすいことがわかった。そうしてその差の平方の平均を取る。通常はそれは個数の100で割ることを意味するが、この特殊な状況では、1少ない99で割った方が、どうなるかが予測しやすいことがわかった。その結果が分散だ。

母音の数については分散はどのくらいと予想されるだろう。統計学者は母音の平均的可能性×子音の可能性×各回に選ぶ文字数程度、つまりこの場合は $0.381\times(1-0.381)\times10\approx2.358$ ほどになることを明らかにしている。

これは文字がランダムに選ばれる場合のみに成り立つ。実際に10字の英単語を100個選んだら、分散は違ってくるだろう。まず10文字をランダムに選べば、母音がまったくない可能性がわずかでもあるが（約0.8%）、10字の単語となると、aもeもiもoもuも入っていない可能性はほとんどない。[35] 一般に、実際の英文についての分散は、英文からランダムに選んだ文字についての分散よりも相当に小さくなる。

このことはイブが転置暗号を解読するのにどう役立つだろう。こんな暗号文が手に入ったとしよう。

OHIVR SVAHT BLRHL HLBIT MBETM NOEIO
ITETK ROWTN ATHIG NSDEN UPBLN TSEMA
TADAA ERARI AOWSA YIAPT NAEOW BCDRE
WAHMT GEDER HFDDT EAEHA TEHME IELBO
HIUSI EKIUE UHESL MTKSE CREP

これは鍵式縦組転置暗号ではないかとにらむ。全部で144字ある。試せる約数は、1、2、3、4、6、8、9、12、16、18、24、36、38、72、144と、たくさんある。しかしこの種の暗号で列の数が4未満とか20超というのはあまりない。鍵が単語によるとすればなおさらだ。そこでイブは範囲をある程度狭めることができる。6字くらいが鍵語としては適当な文字数のようなので、まずそこから始めよう。すると24行となり、イブは暗号文を縦に書く。各行の母音の数を数える。6列あるので、6文字中の母音の平均個数は6×.281≈2.286で、各行の実際の個数と平均との差の平方を記録する（表3・1）。

総計は40・787ほどで、これを17（行数マイナス1）で割ると、分散は5・098ほどになる。これはどういうことだろう。イブが列数を正しく当てていても、行ごとに読むと……列が正しく並んでいないので平文そのものにはまだならない。しかし各行は平文の正しい文字になっている――ただ並び順が違うだけだ。他方、推測が間違っていたら、すべては絶望的にごちゃごちゃのままだ。[36] イブの推測がはずれていたら、分散は6文字のランダムな集合についての方、つまり.381×(1−.381)×6

表３・１
暗号文例についての分散の計算

						母音	期待値	差の平方
O	M	E	W	E	H	3	2.286	(.714)2≈.510
H	N	N	S	D	I	1	2.286	(−1.286)2 ≈ 1.654
I	O	U	A	E	U	6	2.286	(3.714)2 ≈ 13.794
V	E	P	Y	R	S	1	2.286	(−1.286)2 ≈ 1.654
R	I	B	I	H	I	3	2.286	(.714)2≈.510
S	O	L	A	F	E	3	2.286	(.714)2≈.510
V	I	N	P	D	K	1	2.286	(−1.286)2 ≈ 1.654
A	T	T	T	D	I	2	2.286	(−.286)2 ≈ .0818
H	E	S	N	T	U	2	2.286	(−.286)2 ≈ .0818
T	T	E	A	E	E	4	2.286	(1.714)2 ≈ 2.938
B	K	M	E	A	U	3	2.286	(.714)2≈.510
L	R	A	O	E	H	3	2.286	(.714)2≈.510
R	O	T	W	H	E	2	2.286	(−.286)2 ≈ .0818
H	W	A	B	A	S	2	2.286	(−.286)2 ≈ .0818
L	T	D	C	T	L	0	2.286	(−2.286)2 ≈ 5.226
H	N	A	D	E	M	2	2.286	(−.286)2 ≈ .0818
L	A	A	R	H	T	2	2.286	(−.286)2 ≈ .0818
B	T	E	E	M	K	2	2.286	(−.286)2 ≈ .0818
I	H	R	W	E	S	2	2.286	(−.286)2 ≈ .0818
T	I	A	A	I	E	5	2.286	(2.714)2 ≈ 7.366
M	G	R	H	E	C	1	2.286	(−1.286)2 ≈ 1.654
B	N	I	M	L	R	1	2.286	(−1.286)2 ≈ 1.654
E	S	A	T	B	E	3	2.286	(.714)2≈.510
T	D	O	G	O	P	2	2.286	(−.286)2 ≈ .0818

の方に近くなり、推測が当たっていれば、英文の分散の方に近くなり、値はぐっと小さくなるだろう。イブが得た分散はランダムな文字の場合よりも大きいので、推測がはずれたという判断になる。

イブはやり直して、今度は次の約数8を試す（表3・2）。今度は詳細を省くが、結局、8字のランダムな集合について予想される分散、.381×(1－.381)×8≈1.887に対して、だいたい0・462という分散が得られる。今度はイブが正しい列数を見つけた可能性が高い。そして確かに見た目にも、行

表3・2
第2回の変動を求める試行の出発点

Ⅰ	Ⅱ	Ⅲ	Ⅳ	Ⅴ	Ⅵ	Ⅶ	Ⅷ
O	I	O	N	W	W	H	K
H	T	W	T	S	A	A	I
I	M	T	S	A	H	T	U
V	B	N	E	Y	M	E	E
R	E	A	M	I	T	H	U
S	T	T	A	A	G	M	H
V	M	H	T	P	E	E	E
A	N	I	A	T	D	I	S
H	O	G	D	N	E	E	L
T	E	N	A	A	R	L	M
B	I	S	A	E	H	B	T
L	O	D	E	O	F	O	K
R	I	E	R	W	D	H	S
H	T	N	A	B	D	I	E
L	E	U	R	C	T	U	C
H	T	P	I	D	E	S	R
L	K	B	A	R	A	I	E
B	R	L	O	E	E	E	P

は並び替えられた平文らしい。

3・7　アナグラム

転字暗号あるいは鍵式縦組転置暗号を解読する次の手順は、鍵の役をする転字数字を見つけることだ。これは「アナグラム」という、だいたい聞いての通りのことによって行なわれる。日常会話では、アナグラムと言えば単語や語句の文字を並べ替えて別の単語や語句にする。暗号解読法でのアナグラムは暗号文の文字を並べ替えて平文を得ることを言う。これを成り立たせるのは、個々の文字を並べ替えるのではなく、列全体を入れ替えるところにある。たとえば、第Ⅱ列が第Ⅰ列の後にあることは考えにくい。第2段にあるHTという並びはあまりなさそうだが、ありえないわけではない。Hが語末で、Tは次の単語の最初だったらありうる。しかし第4段のVBはほとんどありえない。英語ではVが語末や音節の末尾だということはほとんどない。同様のことは第7段のVMにも言える。そうしてみると、第Ⅰ列の後に実際に来そうなのは、第Ⅶ列と第Ⅷ列だけとなる[37]（表3・3）。

第Ⅶ列と第Ⅷ列、どちらがいいだろう。第Ⅰ列の横に第Ⅶ列を置いたり、第Ⅰ列の横に第Ⅷ列を置いたりして、それで2字組の並びとしてどちらが良さそうかを調べることもできる[38]。目で見てはっきりしないなら、それぞれの2文字の頻度を添えることもできる（これは「連結法（コンタクトメソッド）」と呼ばれることがある）。表の横線はその2文字が続く頻度が、必ずしもゼロとは言えないが、無視しうることを意味する。

二つの選択肢を評価する大まかな方法として、フリードマンは各頻度の和を取ることを唱える[39]。これは簡単で、たいていはうまくいく。ただフリードマン自身が言うように、数学的に言えば間違っている。[40] 何と言っても、第1段がOHで始まり、第2段がHAで始まる確率を知りたければ、確率を足すのではなく、かけることになる。とはいえ、ここにあるような数をすべてかけるのは大変なので、

表3・3
連結法

I	VII	頻度	I	VIII	頻度
O	H	0.0005	O	K	—
H	A	0.0130	H	I	0.0060
I	T	0.0100	I	U	—
V	E	0.0080	V	E	0.0080
R	H	0.0010	R	U	0.0015
S	M	0.0005	S	H	0.0050
V	E	0.0080	V	E	0.0080
A	I	0.0010	A	S	0.0080
H	E	0.0165	H	L	0.0005
T	L	0.0015	T	M	0.0005
B	B	—	B	T	0.0005
L	O	0.0020	L	K	—
R	H	0.0010	R	S	0.0045
H	I	0.0060	H	E	0.0165
L	U	0.0015	L	C	0.0020
H	S	—	H	R	0.0010
L	I	0.0045	L	E	0.0090
B	E	0.0055	B	P	—

フリードマンは対数をとることを唱える。[41] これは大きな数のかけ算を足し算にして易しくするためによく使われる仕掛けだ。利用する性質は

$$\log(x \times y) = \log x + \log y$$

で、左欄についての計算は

$$.0005 \times .0130 \times .0100 \times .0080 \times \cdots$$

ではなく、次のようにすることができる。

$$\log .0005 + \log .0130 + \log .0100 + \log .0080 + \cdots$$

もっといいことに、頻度の対数は、元の頻度と同様、数表を使って簡単に求められるので、実際に対数を計算することはない。無視しうる頻度の場合には log 0.0001 を使う。0.0001 は表にある他の数と比べて小さいからだ。[42] それぞれの組合せについて達する、「対数重み」と呼ばれることもある数は、第Ⅰ列と第Ⅶ列についてはおよそ–49で、第1列と第Ⅷ列についてはおよそ–51となる。値がマイナスなのは、確率のような0と1の間の数についての対数は負の数となるからだ。対数重みが0に近いほど、その欄が正しい平文である確率が高い。[43] こうして第Ⅰ列の次は第Ⅶ列になるはずだと考えられる。この方向で続ければ、第Ⅶ列から始まりそうな2文字、あるいはもしかすると第Ⅰ列から始まりそうな3文字を考えることができる。3文字の頻度は2文字の頻度よりもさらに不正確だが、第10段のＴＬ

の後に来るのは、ほぼ確実に第Ⅱ列だけにあるEだろう。[44]　暫定的に第Ⅱ列が次だとしてみると、表3・4が得られる。

解読を完成させたいなら、第3段のＩＴＭの後に来るのはほぼ確実に母音字で、下から数えて第3段のＨＳＴの後に来るのはおそらく母音字かＲだろう。こうなると、第5段の最初にある文字を含む

表3・4
暗号文アナグラムの開始

Ⅰ	Ⅶ	Ⅱ	Ⅲ	Ⅳ	Ⅴ	Ⅵ	Ⅷ
O	H	I	O	N	W	W	K
H	A	T	W	T	S	A	I
I	T	M	T	S	A	H	U
V	E	B	N	E	Y	M	E
R	H	E	A	M	I	T	U
S	M	T	T	A	A	G	H
V	E	M	H	T	P	E	E
A	I	N	I	A	T	D	S
H	E	O	G	D	N	E	L
T	L	E	N	A	A	R	M
B	B	I	S	A	E	H	T
L	O	O	D	E	O	F	K
R	H	I	E	R	W	D	S
H	I	T	N	A	B	D	E
L	U	E	U	R	C	T	C
H	S	T	P	I	D	E	R
L	I	K	B	A	R	A	E
B	E	R	L	O	E	E	P

単語を推測できて〔「リューマチ」などのRHEUMATIが見える〕、そうなればだいたい片がつく。[45]すると、列の先頭にある数はアリスが暗号を組むのに使った数と同じだろうし、そこからアリスが使った転字数字がわかる。あるいは鍵語の察しがつく。[46]

補足3・2　分断するとどうなるか

縦組転置をもっと複雑にするまずまず簡単な方法の一つは、空白のいくつかを格子で空白のままにしておく、あるいはたぶん乱して「分断」することだ。アリスが分断縦組転置を組むための最も簡単な方法は、長方形をすべて埋めないことで〔不完全充填長方形〕、末尾で余った格子の空白をヌル文字で埋めるのではなく、空白のまま残す。これにはイブに長方形の幅を推測しにくくするという余禄もある。メッセージの長さの約数を選ぶ理由がなくなるからだ。他方、ボブは長方形の幅を知っているので、ボブはその長方形の幅でメッセージの長さを割ればよい。割り算の商が完全に埋まった行の数で、余りは最後の行を埋める空白の数となる。ボブは鍵によってアリスが最後に埋めた列がどれかわかるので、どの列が「短い」かはわかる。

イブはボブとは違って問題を抱える。イブが長方形の幅を——先の統計的な手法で正しく求め、最後の行に空白が何個あるかを突き止めるとしよう。それでもどの列が長いか、どれが短いかはまだわからない。したがって、それぞれの列がどこで始まりどこで終わるか、正確なところは知らない。そのため、連結法は無理ではないとはいえ、相当にややこしくなる。アリスとボブは、特定の空白を格子の途中に指定することによってイブを苦しめることができる。こういうことをするとなると、暗号方式そのものの効率も落ちるが、連結法はほとんど不可能になる。他方、これから見る複式アナグラムの手法は、他の方式に対するのと同じく、分断された転置にも使える。

イブが相手にしているのが二重転置、あるいは長方形以外の形を使う方式だとすれば、解読はさらに難しくなる。一重の鍵式縦組転置の場合には、平文長方形の同じ行にある文字は、暗号文の中で一定の距離離れることになり、これは推測した長方形の形が正しいかどうかを確かめる方法となる。二重転置あるいは不規則な図形の場合には、この規則性は存在せず、イブはアナグラムに手を着けにくくなる。しかし、イブが同じ鍵によるメッセージを複数握っていたら分が出てくる。とくに言えば、イブは同じ鍵で暗号化された同じ長さのメッセージを複数必要とする。すると、2・6節で同じメッセージの行を重ねたのと同じように両者を重ね書きすることができる。[47]二つのメッセージで対応する文字は、転置によって同じ扱いをされるので、連結法で列のアナグラムができる。これは複式アナグラムと呼ばれる。

たとえば、イブが5本のメッセージを得ていて、それぞれの最初の12文字が表3・5に示されたような同じ方式で暗号化されたと思っているとしよう。[48]第Ⅰ列のJはほぼ確実にY以外の母音に続くので、次は第Ⅲ列、第Ⅹ列、第Ⅺ列ということになる。第3段のLNはあまりなく、第5段のBNもな

表3・5
同じ鍵で暗号化された複数の暗号文を重ね書きする

Ⅰ	Ⅱ	Ⅲ	Ⅳ	Ⅴ	Ⅵ	Ⅶ	Ⅷ	Ⅸ	Ⅹ	Ⅺ	Ⅻ
S	E	U	I	S	M	D	M	N	A	A	S
J	Y	I	N	B	N	D	H	N	O	A	L
L	L	N	A	A	U	E	L	C	U	I	D
J	E	E	I	P	K	D	C	N	A	A	E
B	A	I	Y	R	D	B	D	D	U	N	G

表3・6
複数暗号文のアナグラムの開始

Ⅰ	Ⅱ	Ⅲ	Ⅳ	Ⅴ	Ⅵ	Ⅶ	Ⅷ	Ⅸ	Ⅹ	Ⅺ	Ⅻ
S	A	E	U	I	S	M	D	M	N	A	S
J	O	Y	I	N	B	N	D	H	N	A	L
L	U	L	N	A	A	U	E	L	C	I	D
J	A	E	E	I	P	K	D	C	N	A	E
B	U	A	I	Y	R	D	B	D	D	N	G

いので、第Ⅹ列が残る。そこで表3・6が得られる。

次はどうなるかと言うと、表3・6の第3段と第5段のUはおそらく子音につながるので、第Ⅷ列か第Ⅻ列ということになる。第4段のJAEはあまりないので、第Ⅻ列は除かれる。第Ⅷ列と第Ⅸ列が妥当に見える。2文字の頻度を用いて両者を区別してみることもできるが、頻度による検証は、どの選択肢の確率がいちばん高いかを見るもので、必ず正解が出るわけではないことを忘れないように。結局、どちらも試さなければならないようだ。必要なら自分で仕上げてもらうことにする。ヒントとしては、平文には名前の塊があって、得られているのはそれぞれのメッセージの最初の12字だけなので、単語の半ばで切れていることは言っておこう。

3・8　展望

次の第4章では、転置が近代的な暗号のきわめて重要な成分であることを見る。縦組転置、幾何学的転置、転字、拡張関数と圧縮関数、以上の合成など、他にも多くの転置が用いられる。しかしほとんどの場合、固定転置（非鍵式）が鍵式換字と一体で用いられる。その理由には歴史的な面もある。固定式転置は計算機の草創期にも実装しやすかった。あちらからこちらへ線をつなぐだけで実現できたからだ。鍵式転置はそれより難しい。その後、暗号が配線などハードウェアを使って実装される場合は減り、プログラムで行なわれる場合が増えている。つまり鍵式転置の利用は増えているが、それでもまだ少ない。

この原則に対する部分的な例外の一つが「回転」、つまり単純な転字の一種だ。n字に対してk字の鍵を使った回転は、次のような形の転字に他ならない。[49]

$$\begin{pmatrix} 1 & 2 & \cdots & n-k & n-k+1 & n-k+2 & \cdots & n \\ k+1 & k+2 & \cdots & n & 1 & 2 & \cdots & k \end{pmatrix}$$

つまり、平文の文字のブロックが回転されて暗号文の位置に収まり、切り混ぜられることはない。これは単独ではあまり安全ではないが、他の暗号の構成要素としては使える。さらに回転は、変動鍵を使っても、ハードウェア、ソフトウェアどちらでも比較的簡単に実装できる。

鍵を使った回転は、マドリガ[50]、ＲＣ５[51]、ＲＣ６[52]、アケラレ[53]など、現代のいくつかの暗号の一部として用いられている。残念ながら、こうした暗号は成功したとは言えない。既存暗号の代替として一九八四年に発表されたマドリガは、高速でソフトウェアでの実装がしやすくなるはずだった。今では深刻な欠陥があると考えられている。[54] ＲＣ５は一九九五年に発表され、やはりソフトウェアでもハードウェアでも高速になることが意図されていた。いくつか攻撃された例が発覚したものの、当時としては強力と考えられた。[55] それがあまり採用されていないのは、おそらく安全性よりもライセンス料によるのだろう。一九九八年に発表されたＲＣ６はＲＣ５の改良を意図して設計された。強力な暗号と考えられているが、あまり普及はしていない。一般には第4章で取り上げるＡＥＳ（高度暗号化標準）が好まれる。これは安全性がほぼ互角で、政府が支持しており、ライセンス料が要らないからだ。[56]

アケラレの例は興味深い。一九九六年に発表されたアケラレも一部はＲＣ５に基づいていて、ＲＣ５の強さとＩＤＥＡという別の暗号の安全性の特色とを組み合わせることが期待された。[57] 残念ながら、すぐにそれに対する攻撃が発覚した。中には回転以外のすべてを基本的にくぐり抜けたものもあった。[58] その攻撃が示すのは、二つの暗号文を組み合わせたものは、二つの平文の組合せを回転したものとして表せるということだ。何らかの平文が知られれば、あるいは別種の平文が生じる頻度について何かが知られれば、アナグラムのような処理を使ってどの回転が正解かを決めることができる。[59] こうした経験はおそらく鍵式回転を使う暗号への信頼性を高めなかっただろうが、ＲＣ６は、適切に操作すれば、現代暗号設計ではやはり非常に有効になりうることを示している。

第4章　暗号と計算機

4・1　結果を出す――ポリリテラル換字暗号と二進数

多字（ポリグラフィック）換字暗号と多字化（ポリリテラル）換字暗号が区別されることがある。多字換字暗号は、1・6節で見たように、平文の文字ブロックを、同じ大きさの暗号文の文字ブロックに変換する。これに対してポリリテラル暗号は、1個の文字を複数の文字あるいは記号によるブロックに変換する。最初の例として、また古代ギリシアに戻ろう。紀元前二世紀、ギリシアの歴史家ポリュビオスは、古代ギリシア・ローマに関する40巻の歴史を書いた。[1] 余談が相当にあり、その中に暗号法や、とくに「火による信号」――松明あるいは灯台の火――と呼ばれるものについての話もあった。ポリュビオスは符号（コード）と暗号（サイファー）を区別した最初の著述家かもしれない。松明を使って符号化されたメッセージを送る例をいくつか示している。[2] しかしここで関心を向けているのは暗号の方だ。ポリュビオスの言い方では、

それは次のようになる。アルファベットを取り、5字ずつからなる五つの部分に分ける。最後の区

画の文字は1字少ないが*実践上の違いはない。信号をやりとりしようとする両サイドは五つの文字盤を用意して、それぞれの文字盤に一つの区画ずつ書く。……送信側はどの盤を参照するかを示す第1の松明群を左手に掲げる。第1の盤なら松明は1本、第2の盤なら松明は2本などのように。次に同じ原理で右手に第2の松明群を掲げ、受信側が盤の何番目の字を書き取ればいいかを示す。(3)

*ポリュビオスが使ったギリシア文字ではアルファベットは24文字だった。

これを近代的に記述するときは、たいてい文字盤ではなく、5×5のマスを使い、この方式は一般にポリュビオスの暗号表、あるいはポリュビオスのチェッカー盤と呼ばれる。また、現代の英語のアルファベットは26字なので、1文字は外す、あるいは2文字を同じマスに置かなければならない――この場合iとjを一つにするのが慣例となっている。するとマスはこんなふうになる。

	1	2	3	4	5
1	a	b	c	d	e
2	f	g	h	ij	k
3	l	m	n	o	p
4	q	r	s	t	u
5	v	w	x	y	z

そこで、アリスが「I fear the Greeks〔私はギリシア人を恐れる――ウェルギリウスの一節〕」を符号化した

ければ、こんなふうになるだろう。

平文　i f e a r t h e g r e e k s
暗号文　24 21 15 11 42 44 23 15 22 42 15 15 25 43

さらにいいのは、

暗号文　24211 51142 44231 52242 15152 543

これは平文の1文字が暗号文では2桁の文字になっているので、2字化（バイリテラル）暗号という。古代のたいていの暗号と同じく、これには鍵はない[4]。ただ、このマスの文字、上段や横の数字の並び順をかき混ぜることで鍵を加えることはできる。

もう少し英語のアルファベットに適した形のものはこんなふうになるかもしれない。

	0	1	2	3	4	5	6	7	8
0		a	b	c	d	e	f	g	h
1	i	j	k	l	m	n	o	p	q
2	r	s	t	u	v	w	x	y	z

29字あるデンマーク語やノルウェー語のアルファベットにふさわしいのはこうかもしれない（29字のスウェーデン語のアルファベットでもこの例で同様に使えることを明言しておきたい。私はミネソタ州育ちで、ノル

ウェー人とスウェーデン人のどちらかの肩を持っているように見られるとどれほど危険かはよく知っている〔ミネソタ州は北欧系の人が多い〕)。

	0	1	2	3	4	5	6	7	8	9
0		a	b	c	d	e	f	g	h	i
1	j	k	l	m	n	o	p	q	r	s
2	t	u	v	w	x	y	z	æ	ø	å

この例はおまけと思われているかもしれないが、この例での変換がどうなるかに注目してもらいたい。

平文	a	b	c	d	e	f	g	h	i	j	k	l	…
暗号文	01	02	03	04	05	06	07	08	09	10	11	12	…

いくつかの上一桁の0は別にして、ここで行なわれているのは文字を順番に数に置き換えることだ。これは、左上のマスを空白にして残せば、第 r 行第 c 列の文字は、アルファベットの $(r \cdot 10 + c)$ 番の文字となる。しかし、通常の数の書き方では、この数は、r と c を横に並べて書いた rc となる。たとえば、第2行第3列の文字はWで、これは $(2 \cdot 10 + 3) = 23$、つまり英語、デンマーク語、ノルウェー語（もちろんスウェーデン語も）のアルファベット23番めの文字となる。

するとこの表の英語版はどうなるだろう。変換は次のようになる。

平文	a	b	c	d	e	f	g	h	i	j	k	l	…
暗号文	01	02	03	04	05	06	07	08	10	11	12	13	…

第 r 行第 c 列の文字は、アルファベットの $(r \cdot 9 + c)$ 番の文字となる。たとえば、第2行第7列の文字はyで、これはアルファベットの $(2 \cdot 9 + 7) = 25$ 番めの文字ということだ。この数を27と書けば、通常の10を底（てい）とする十進数ではなく、底を9とする数、つまり九進数を使っていることになる。

底が3（三進数）のような小さな数だと、平文の文字すべてを表すのに2桁では足りなくなる。これを回避する一法が、複数の表を使い[5]、行と列を表す桁の前に表の番号を表す桁をつけることだ。

表0

	0	1	2
0		a	b
1	c	d	e
2	f	g	h

表1

	0	1	2
0	i	j	k
1	l	m	n
2	o	p	q

表2

	0	1	2
0	r	s	t
1	u	v	w
2	x	y	z

これによって次が得られる。

平文	a	b	c	d	e	f	g	h	i	j	k	l	…
暗号文	001	002	010	011	012	020	021	022	100	101	102	110	…

これで3字化（トライリテラル）方式になる。第 t 表、第 r 行、第 c 列の文字は、アルファベットの $(t \cdot 3^2 + r \cdot 3 + c)$ 番

の文字に当たる。たとえば第2表、第0行、第1列の文字は、アルファベットの $(2 \cdot 3^2 + 0 \cdot 3 + 1)$ 番、つまりsとなる。表を複数使うのがごちゃごちゃするなら、表は1枚にまとめ、それを行か列か両方で複数桁にしてまとめるというのもよく使われる。[6]

	00	01	02	10	11	12	20	21	22
0		a	b	c	d	e	f	g	h
1	i	j	k	l	m	n	o	p	q
2	r	s	t	u	v	w	x	y	z

底が2（二進数）の数字も、計算機で使われるため、現代の暗号では非常に普及している。この場合、複数桁の行／列にまとめないことには、何重にも入れ子になった表を必要とするので、まとめることにする（次のように）。

	000	001	010	011	100	101	110	111
00		a	b	c	d	e	f	g
01	h	i	j	k	l	m	n	o
10	p	q	r	s	t	u	v	w
11	x	y	z					

これによって次が得られる。

平文	a	b	c	d	e	…
暗号文	00001	00010	00011	00100	00101	…

ここでは、10010という数が、アルファベットの$(1 \cdot 2^4+0 \cdot 2^3+0 \cdot 2^2+1 \cdot 2+0)=18$番の文字、つまりrを表す。おそらくご存じのように、計算機では二進数を使うと非常に好都合になる。数字が二つなら、電流などのようなオンかオフのいずれかになるもので表すことができるからだ。

とはいえ、二進数方式が初めて暗号法に使われたのは、デジタル計算機が登場するよりずっと前のことだった。一六〇五年、フランシス・ベーコンが、『学問の進歩』でこの暗号に言及し、一六二三年、そのラテン語による増補版で発表した。実際には、内容だけでなくメッセージの存在そのものまで、一見何でもなさそうな「隠蔽文」の中に隠される、文隠蔽（ステガノグラフィ）方式と組み合わされている。例のごとく、現代英語の例を示す。(7)

隠蔽文「I wrote Shakespeare〔私はシェイクスピアと書いた〕」に「not」という単語を暗号として入れたいとしよう。まず平文を二進数に変換する。

平文	n	o	t
暗号文	01110	01111	10100

この数字を一本にまとめる。

01110011111010O

ベーコンが「二重アルファベット」[8]と呼んだもの、つまり各文字が「0形」と「1形」を持ちうるアルファベットを必要とする。0形にはふつうの文字を使い、1形には斜体の文字を使う。すると隠蔽文の各文字については、暗号文の対応する数字が0なら0形を使い、数字が1なら1形を使う。

0　11100　11111010Oxx

I *wrote* *Shakespeare.*

余った文字は無視してもよく、隠蔽文がさらにもっともらしく見えるように空白や句読点も残す。もちろん、2種類の活字があればやはり奇妙な感じはする——ベーコンの例はもっとわかりにくかったが、2種類のアルファベットを、ちょっと見ただけでは騙されるほど似てはいても、正確に解読することは可能なほどに区別して書くのはやっかいな作業だ。

二進数による暗号は何年も後に、電信やテレタイプ用に再考案された。電信の場合は細かく言えば暗号法ではない。秘匿よりも便宜のために考えられていたからだ。これは非秘匿暗号と呼ぶこともできるだろうが、歴史的な理由から、これはたいてい符号（コード）とか、場合によっては符号化（エンコーディング）と呼ばれる。これは文字単位で機能するものであって、単語に作用するものではないので、暗号法的な意味ではコードではない。できるだけ混同を避けるために、こちらは「非秘匿エンコーディング」と呼ぶ（日本語では「符号化」で「暗号」の意味を消せるので、こちらの意味では「符号化」とする）。最もよく知られた符号化は電信や初期の無線に使われたモールス符号だが、モールス符号は二進数を使ってはいない。一八三三年、第1章で取り上げたガウスと物理学者のヴィルヘルム・ヴェーバーは、おそらく初の電信用符号を考案したが[9]、これは基本的にベーコンのような5桁の二進数と同じ方式だった。ジャン＝モーリス＝エミール・ボードーは、同じ考え方による独自のボードー符号を使って、一八七四年にテレタイプ装置を考案した[10]。ボードー符号は一九一七年、ギルバート・S・バーナムのチームがAT&Tでテレタイプ通信の安全性を研究するよう求められたとき、目の前にあったものだ[11]。

ヴァーナムはボードー符号によって生み出される二進数字の列を使い、それを2・4節で見た多表式多アルファベット換字暗号の一種で暗号化できることを認識した。平文による各桁を、鍵にある対応する桁に、二を法として加えれば暗号文ができる。この処理は、次の桁に繰り上がることがなく、その桁だけで足し算されるので、繰り上がりなし加法と呼ばれることがある[12]（日本語では「非算術的加法」とも）。その場合には⊕の記号で表すことが多い。たとえば、ふつうは18を表す10010という数字と、ふつうは14を表す01110を足すと、

$$
\begin{array}{r}
1\ 0\ 0\ 1\ 0 \\
\oplus\ 0\ 1\ 1\ 1\ 0 \\
\hline
1\ 1\ 1\ 0\ 0
\end{array}
$$

結果は11100となり、これは通常の数で表すと28で、18と14の通常の和ではない。先に見た多表式多

アルファベット換字暗号との大きな違いは、26を法とするのではなく、2を法とするところだ。

AT&Tが使っていた装置の一部は、5列の穴をパンチできる紙テープを使って自動的にメッセージを送信するようできていた。穴が開いていればボードー符号の1を表し、開いていなければ0を表す。ヴァーナムはテレタイプを、平文テープで表される各桁を、鍵となる文字列をパンチした第二のテープの対応する数字に(2を法として)足すように設定した。[13] 結果として得られる暗号文が通常どおり、電信回線を通じて送信される。

受け取り側ではボブが同じテープを同じ回路に送る。2を法とすると1≡−1なので、2を法とする引き算は足し算と同じになる。するとボブ側での同じ演算が鍵を引くことになり、テレタイプは平文を打ち出すことになる。ヴァーナムの発明とその後の展開は、現代の暗号法ではきわめて重要になった。その後のアイデアについては4・3節と5・2節で改めて取り上げる。

一般にポリリテラル暗号は、異なる記号が少ないことの利点の裏返しとして、メッセージが長くなるという欠点がある。松明を掲げるとか、デジタル計算機とか、文隠蔽とか、電信とか、この裏腹の関係の便宜が明らかな状況もあるが、メッセージが長くなるのをあえて忍ばなければならない理由が明らかではない状況もある。しかし次節では、ポリリテラル暗号化による大きな利点の一つを見る。

4・2　細分暗号

ここまで見てきたポリリテラル暗号は単純換字暗号とあまり違いはない。攻撃の要所と言えば、それぞれの文字に対応する記号が何個あるかを求めるだけで、これはあてずっぽうで攻撃を始めるだけでも実に簡単にできる。イブは、推測が当たっていれば、単純換字暗号のときのように頻度分析ができる。この暗号を安全にするには、もっと手の込んだことを加える必要がある。ヌル記号をいくつかメッセージにばらまき、暗号文をきれいにグループ分けするのを妨害するという単純な手がありうる。その記号はあらかじめ指定されたところに置くこともできるし、暗号の中で他の使い方をしない記号なら、アリスの気まぐれでまき散らしてボブはそれを無視するだけでもいい。この最後の手法は、元のメッセージよりも使う記号の数が少ないので、ポリリテラル暗号ではうまく機能する。

グループごとに長さを変えるという可能性もある。その一例は「二股チェッカー盤」だ。[14]

	0	1	2	3	4	5	6	7	8	9
				a	b	c	d	e	f	g
1	h	i	j	k	l	m	n	o	p	q
2	r	s	t	u	v	w	x	y	z	

第1行の文字は1桁で暗号化され、他の行の文字は2桁で暗号化される。3から9で始まる2桁の暗号文文字はないので、ボブが第1行にある文字を拾うときと、それ以外の行から拾うときとの紛れはない。

さらに、ポリリテラル暗号を別の暗号と組み合わせ、暗号文の区切りをばらばらにするという可能性もある。これは「細分（フラクショネーション）」と呼ばれることが多い。最も単純なのは、ポリリテラル暗号の後に転置を行ない、平文用の各文字に対応する記号がもう隣り合わないようにすることだ。こうした細分による合成暗号でたぶん「最も興味深く実用的な」[15]ものは、ドイツ軍中尉（後に大佐）フリッツ・ネベルが考案し、第一次世界大戦中にドイツ軍が使用した暗号だろう。ドイツでは、*Geheimschrift der Funker 1918*、つまり「一九一八年式無線通信士暗号」を略して「ゲーデーフー18」と呼ばれた[16]。フランス人は、暗号にA、D、F、G、V、Xしかないのを見て、「ADFGVX暗号」と呼んだ[17]。この方式はポリュビオスのマスを6×6にしたものから始める。文字も数字も順番をごちゃごちゃにして、上と横にADFGVXと記号を振る。たとえば、

	A	D	F	G	V	X
A	b	5	x	q	j	c
D	6	y	r	k	d	7
F	z	s	l	e	8	1
G	t	m	f	9	2	u
V	n	g	0	3	v	o
X	h	a	4	w	p	i

そこで、アリスが「Zimmermann（ツィンマーマン）」という名を暗号化するには、次のように書くことになる。

平文　z　i　m　m　e　r　m　a　n　n

暗号文　FA　XX　GD　GD　FG　DF　GD　XD　VA　VA

この後に鍵式縦組転置を行なう。たとえば、この部分の鍵が「GERMANY」なら、次のようになる。

１次暗号文	２次暗号文
３ ２ ６ ４ １ ５ ７	
G E R M A N Y	
F A X X G D G	G A F X D X G
D F G D F G D	F F D D G G D
X D V A V A X	V D X A A V X

最終的な暗号はこうなる。

GFVAF DFDXX DADGA XGVGD X

連合軍の暗号解読部隊は、戦争中も、冒頭や末尾が同じ平文から作った暗号文を比較できたり[18]、列への分割が簡単に推測されたり[19]する場合には、暗号を破ることができていたが、この暗号を破る一般的な方法は戦争が終わるまで発見されず、初めて発表されたのは一九二五年だった[20]。そのためＡＤＦ

ＧＶＸ暗号は第一次世界大戦では第一級の成功した暗号だったし、何らかの機械を使わない場合には解読しにくさでも最難関の一つだった。

この暗号が解きにくく、計算機による暗号を解説する際には必ずその一章に登場するのは、現代の暗号すべての核心にある、「拡散（ディフュージョン）」[21]と「攪拌（コンフュージョン）」[22]と言われる二つの原理の一方を体現しているからだ。この原理はクロード・シャノンによって現代的な意味を与えられた。シャノンは工学者にして数学者で、情報理論の分野を創始したと考えられている。シャノンはこの二つの原理を定義するとき、暗号に対する統計学的攻撃のことを考えていた。シャノンは、一九四五年に書かれ、一九四九年に機密指定を解除されて発表された論文で、拡散を、文字頻度や2字組頻度のような、一度に数文字を見るだけでわかる平文の統計学的構造は、暗号文の中では、長い文字列を見ないとわからない構造に「拡散」すべきだとする考えのことと定義した。一方、シャノンの攪拌の定義は、暗号文の単純な統計からは鍵を見つけるには非常に複雑になるようにすべきだということだった。とくに、暗号は既知平文攻撃に強くないといけない。英語での（あるいはどんな人間の言語でも）文字や単語の頻度についての情報は、一定量の平文をうまく推測できるようにする。

ＡＤＦＧＶＸ暗号は、拡散ではまずまずいい仕事をしている。縦組転置は一般に平文の1字に対応する暗号文の文字を二つ、最終的な暗号文の遠く離れたところに送るので、頻度情報を使って2字化換字を解く試みは、暗号文の並べ換えを相当量行なうまではうまくいかない。他方、３・６節と３・７節の転置暗号を解く通常の手法は、当初の平文の文字について、母音か子音かとか、どれが高頻度の２字組に当たるかとかの情報を必要とする。こうした情報は換字が解ける前に得ることは難しい。

　他方、シャノンのねらいは完全には満たされない。平文文字は暗号文の大量の文字に本当には拡散してはおらず、ただ、間隔が広くなって分離されているだけだからだ。ＡＤＧＦＶＸ暗号は、とくに鍵のポリュビオス暗号表の部分が注意深く選ばれるなら、かなり優れた攪拌も見せている。頻度の高い文字が表の一か所に集中するのを避ける配慮がなされれば、既知平文攻撃は非常に難しくなる。(23)

４・３　デジタル暗号の作り方――ＳＰＮとファイステル構造

　シャノン自身は暗号はまったく作らなかったが、拡散と攪拌を定義した同じ論文で、この二つの特徴を有しそうな暗号を作るための手法について概略を述べた。シャノンの考えについて語り、一般に計算機で用いるために設計されるような暗号について語るためには、まず数学者が関数(ファンクション)をどう考えているかについて語っておくのが便利だろう。いくらかはすでに３・３節で見ている。

　おそらく、関数ならどういうものか知ってる、$f(x) = x^2$ や $f(x) = \sin x$ のような関数は見たことがある、と思っているだろう。こうした関数の一つを見てまず頭に浮かぶのは、おそらく図４・１のような関数のグラフだ。

　誰でもそういうものだ。初歩の代数や基礎解析では、また一七世紀から一九世紀にかけて発達したほとんどの数学の分野でも、関数の研究は平面での曲線、場合によっては３次元以上の高次元での面の研究と密接に結びついている。ところが19世紀の終わり頃、数学者は関数をもっと一般的に考え

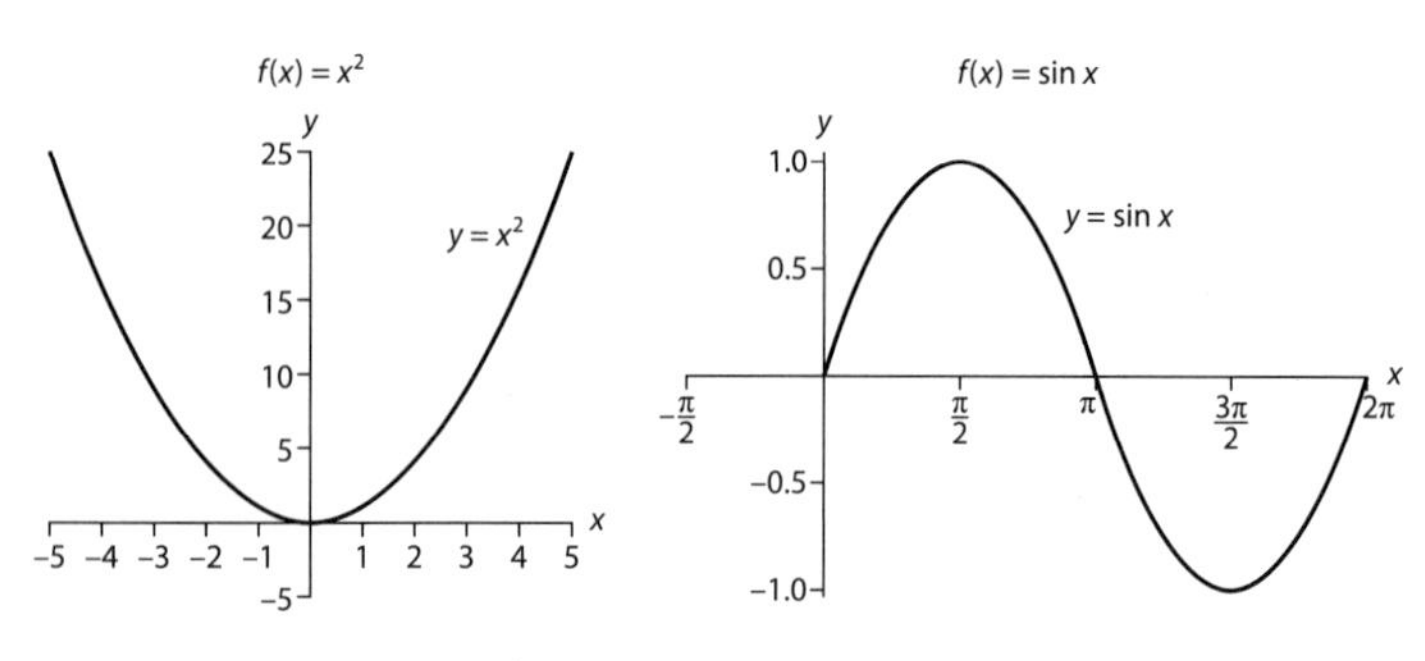

図4・1　$f(x) = x^2$ と $f(x) = \sin x$ のグラフ

るようになった。関数とはただ、ある種の対象を「取り込み」、何らかの明瞭な規則に従って、同種でも別種でも別の対象を「吐き出す」もののことだ。規則は、紛れがなくて同じ入力からは必ず同じ出力が生み出されるのなら、式でもいいし、何かの指示の集合でも、参照表でも、絵でもいい。

たとえば、$f(x) = x^2$ は実数を取り込んで、この式に従って実数を吐き出す関数だ。シーザー暗号は、$f(P)$ = 「文字 P を3字ずつ循環を許してずらす」ということで、文字を取り込んで指示群に従って文字を吐き出す関数。ボードー符号は、文字を取り込んで、参照表に従って二進数字の列を吐き出す関数。転字

$$\begin{pmatrix} 1 & 2 & 3 & 4 \\ 2 & 4 & 3 & 1 \end{pmatrix}$$

は、1から4までの数（暗号文での位置を表す）を取り込んで、参照表に従って、1から4までの数（そこに入る平文での文字を表す）を吐き出す関数、等々。

シャノンは拡散と攪拌を提供するために、暗号に「混合関数（ミキシング）」

を使うことを唱えた。この考え方は、シャノンも認めるように、暗号用に正確に定義することはできない。「しかし混合変換は、おおまかに言えば、空間内のまずまずまとまった領域を空間全体に一様に分散させる変換である」[24]とシャノンは言う。第一の領域が単純な言い方で記述できたとしても、第二の領域は非常に複雑な言い方を必要とするだろう。たとえばこれが単純換字暗号なら、アルファベットの始めの方にある平文文字が、暗号文の方ではアルファベット全体に複雑に散らばる文字になることが求められる。平文文字が高い確率で複雑に散乱するようになってほしい、等々。他方、攪拌を実現するには、もっと大きな文字のブロックに対して演算を行ないたい。シャノンは

$$F(P_1P_2\cdots P_n) = H(S(H(S(H(T(P_1P_2\cdots P_n))))))$$

のような形の関数を唱える。これは図４・２に示されているようなもので、Tは文字群に作用する何らかの転置であり、Hはあまり複雑でないn字のブロックに作用するヒル暗号、Sはブロックの各文字に適用される単純換字暗号を表す。各段階は単純だが、組合せと反復によって優れた混合の特性が得られることは文句なしに信じられる。

鍵の役割についての解説がまだだった。シャノンの構想では、このFは秘密ではなく、鍵は含まれていないので、安全性はまだない。しかしそのためFはとくにコンピュータなどの機械を使って実行しやすく、Fは暗号の最も複雑な部分になるので、この点は重要だ。シャノンはさらに、優れた混合関数は優れた拡散を提供する一方、関数を次のようなものに拡張すれば攪拌も加えられると言う。

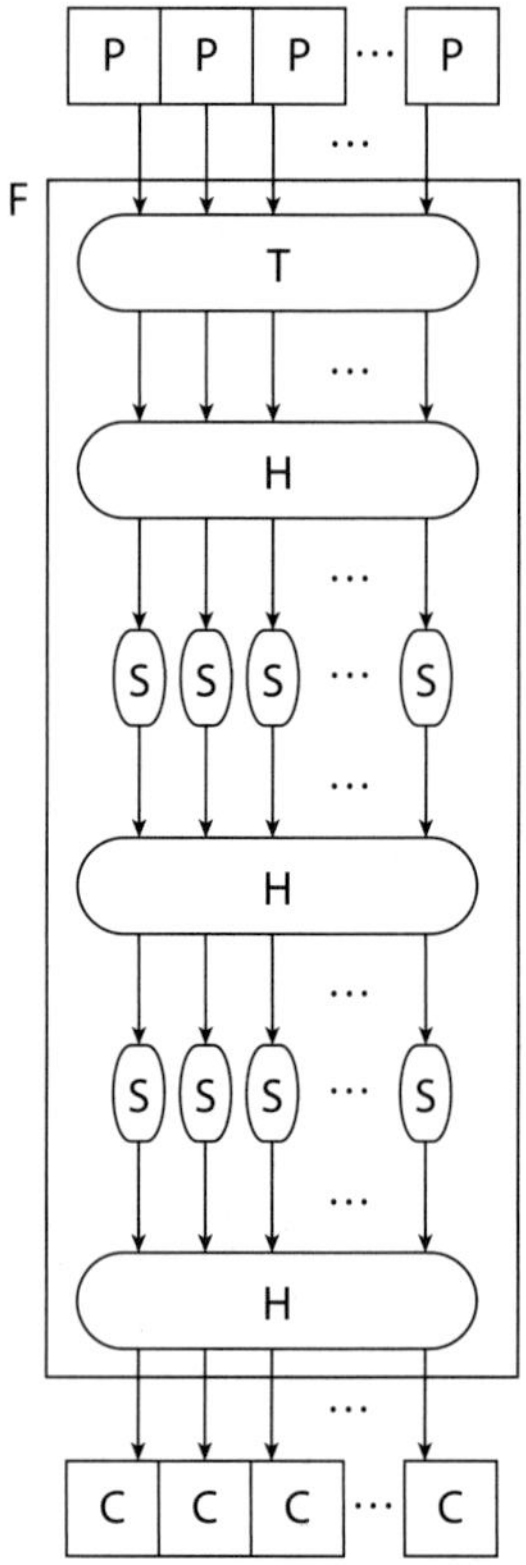

図4・2　シャノンの混合関数F

$$V_k(F(U_k(P_1P_2\cdots P_n)))$$

図4・3には、U_kとV_kが、たとえば鍵kによる単純換字のような二つの比較的複雑でない暗号となっている場合を示している。[25] 要するに何らかのキーについての情報が直接に適用され、それが混合関数によって「かき混ぜられ」、拡散だけでなく攪拌が加わり、それからさらなる鍵の情報が提供される。この最後の段階は攪拌は提供しないが、イブが秘密ではない関数Fでのどんな演算でも直接に逆算できないようにしておくために必要だ。イブが暗号文の「混合を戻す」ことができたら、非常に解きやすい暗号文が残ることになる。安全性を高めるためだけでも、さらに反復をして次のように拡張できるだろう。

$$W_k(F_2(V_k(F_1(U_k(P_1P_2\cdots P_n))))),$$

図４・４に示したようなことで、これをさらに続ける。

シャノンは相当に時代に先駆けていた。暗号を考える人々がこの原理について本当に本格的に考えるようになったのは一九七〇年代になってからだった。[26] その頃になると、人々は軍や政府の外でのコンピュータの使用について考えるようになっていて、そういう人々の中にホルスト・ファイステルがいた。ファイステルはドイツ生まれだが、ナチスドイツの徴兵から逃れて一九三四年にアメリカに渡った。[27] 一九四四年にはアメリカの市民権を得て、米空軍のケンブリッジ研究センターで、敵味方識別（ＩＦＦ）の研究を始めた。これは暗号法そのものではないが、密接に関係するものだった。[28] ファ

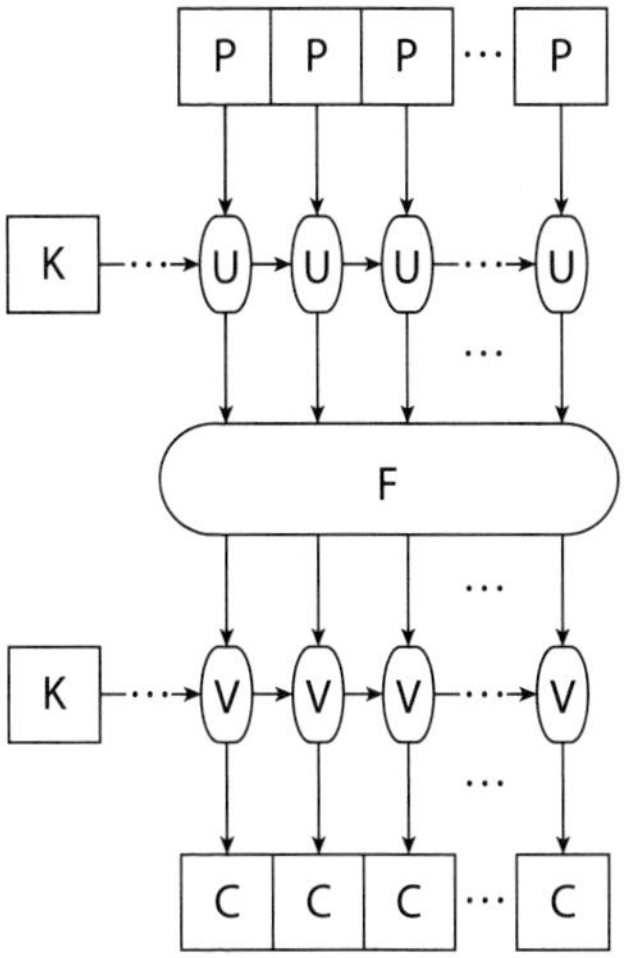

図４・３　シャノンの暗号

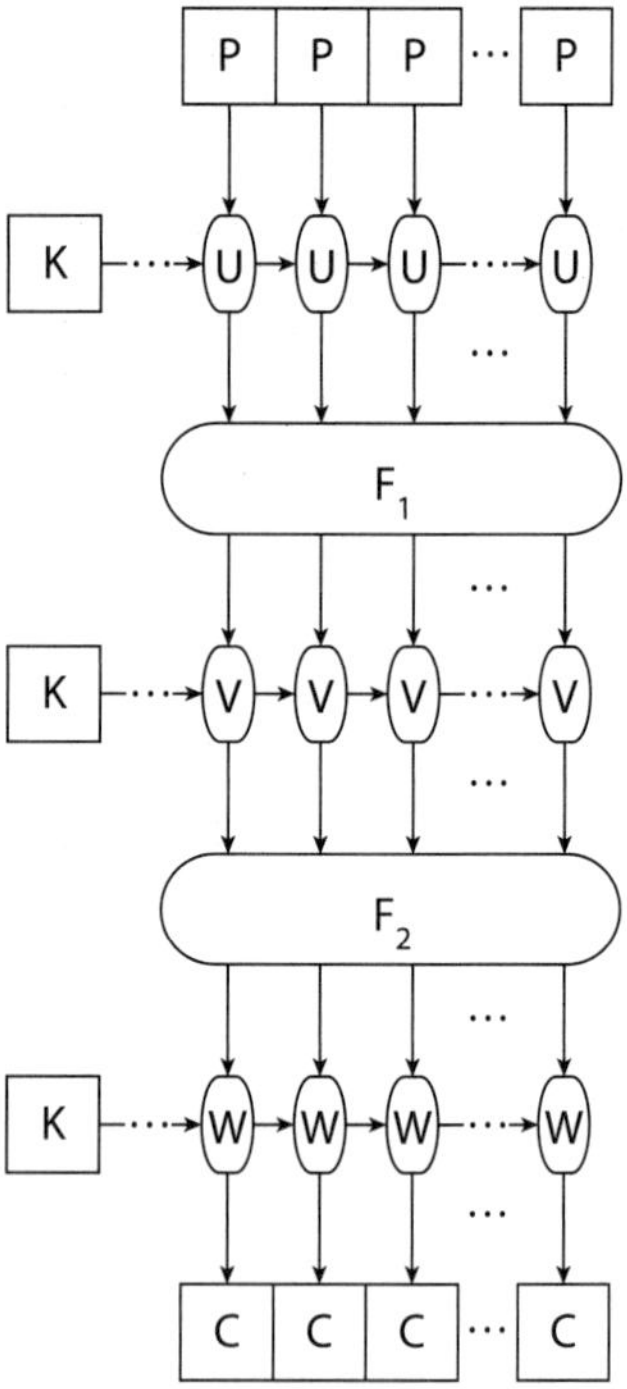

イステルは非営利研究機関での国防にかかわる契約事業の職をいくつか経て、一九六七年、ＩＢＭのワトソン研究センターに入った。それまでもずっと計算機用の暗号について考えていたが、イギリスのロイド銀行と最初期のＡＴＭ（自動現金払い出し機）を提供する契約があったＩＢＭに入るまでは、暗号についての研究はできなかった（たぶんＮＳＡ〔国家安全保障局〕の圧力のため）[29]。ＡＴＭは当然、不正な取引が行なわれるのを防ぐために、端末と中央との間の通信を暗号化する必要がある。ファイステルのチームは結局、安全な計算機用暗号を作るための2種類の方式に達した。どちらもシャノン方式の変種で、どちらも今でも使われている。

シャノンの考え方にいちばん似ているところは、今では換字（サブスティテューション）・転字（パーミュテーション）ネットワーク、つま

図４・４　さらに安全なシャノン暗号

りSPNと呼ばれている。シャノン方式と同様、これには換字と転置（3・3節で見たように、実際には転字と同じ）のパターンが入っている。シャノンと違うのは、単純な多字換字（ヒル暗号）やもっと一般的な単一字換字を、もっと大きな転置と交代させるのではなく、SPNが大きな転置と、小さいがやはり複雑な多字換字を交代させ、加えて多アルファベット換字のようなものに放り込むところだ。また、こうした暗号は計算機用に設計されるので、文字ではなく二進数字（バイナリー・ディジット）、つまり「ビット」の並びに作用する。

　現代の計算機暗号で進行していることを見るには、図解するのが最も簡単だ。現代SPNの「標準的」なものは、だいたい図4・5のようになっている。現代の暗号でよくあるブロック長は128ビットなので、[30]平文を構成する128ビットが回路に入ってくるものと考えよう。鍵はやはり128ビットということもあり、またもっと大きいこともある。この鍵が、何らかの「鍵スケジュール」によっていくつかに分けられる。単純に最初の128ビットを取り、次の128ビット、さらにその次の128ビット……という単純なものでもありうるし、もっと複雑なものでもいい。何度も使われるビット、使う前に足し合わされる、あるいはそうでなくても変形されるビットもある。いずれにせよ、最終的に128ビットの「ラウンド鍵」〔「一回（ラウンド）分のひとまとまりの鍵」といった意味〕の列、$K_0, K_1, K_2, \ldots$ ができる。

補足4・1　平文のデジタル化

デジタル計算機暗号に入れられるビットがどのように平文を表すのかと疑問に思われているかもし

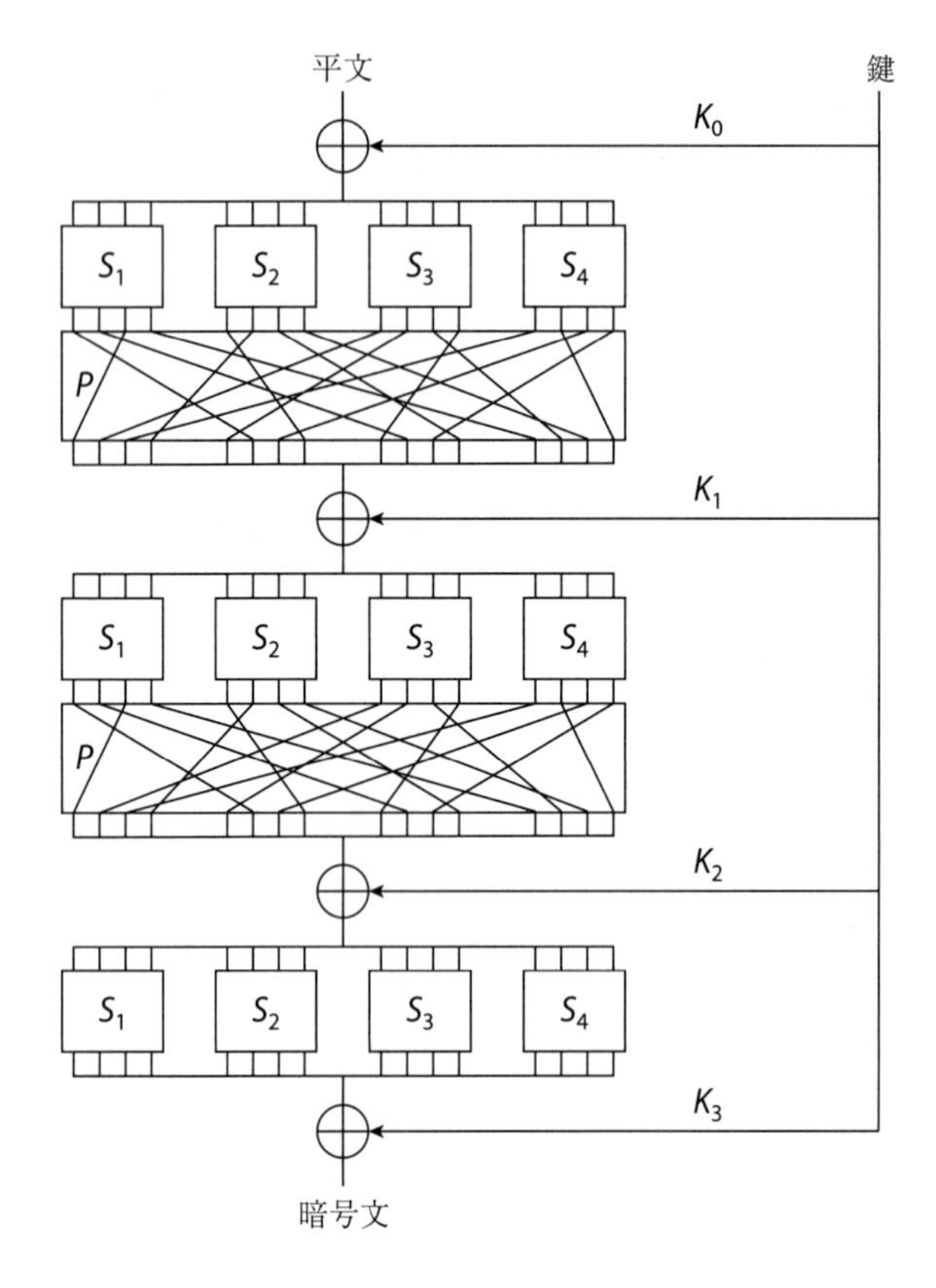

図4・5　見本となるSPN構造

れない。これはたとえば4・1節で取り上げた5ビットのボードー符号を使って行なうこともできる。もっと現代的な方法は、ASCII（アスキー）（情報交換用アメリカ標準）符号という、一九六〇年代に考えられた7ビットの符号を使う。5ビットではなく7ビットを使うことで、$2^5 = 32$通りではなく、$2^7 = 128$通りの可能性ができ、そのためアスキーコードは大文字／小文字を区別したり、数字、句読点などの記号も使える。さらに、「制御文字」として用意されたビットの組合せもある。こちらは計算機に画面に文字を表示するのではなく、行の途中で改行させるとか、ブザーを鳴らすといったことをさせるためのものだった。アスキーにある印字可能文字は表4・1に示した。

現代のハードウェアを設計する人々には、7ビットは使いにくく、2、4、8、16、32ビットといった2の累乗の方がいいと思われている。そのため、たいていアスキー表現の頭に余分のビットを加えて、偶数の8ビットにしている。この余分のビットがエラー検出に使われることもあるし、特殊な表示のしかたを表すこともあり、単にゼロに固定されていることもある。するとブロック長が128ビットの暗号は、アスキーコードで表された平文に作用し、各ブロックは通常16字で構成されるということになる。

本稿を書いている段階で、アスキー符号は16ビット、さらには32ビットの符号に取って代わられつつあり、最終的には、現に使われているもの、滅びたもの、世界中すべての言語の文字や記号を符号化することが目標とされている。暗号は、計算機の性能が上がるにつれてブロック長も長くなりそうだ。もっと重要なことに、現代の暗号はブロックあたりの文字数があまり大事ではなくなるような形で用いられている。この点については5・3節で取り上げる。

実際の暗号化の第一段階は、先に触れた多アルファベット換字だ。これは平文のビットと第1ラウンド鍵のビットとを、4・1節のテレタイプ方式のような、2を法とする非算術的加法で足し合わせる。それからビット列をたくさんの小区分に分ける――ファイステルが唱えたのは、4ビットずつの32区分だった[31]。各4ビット区分は（非秘匿）「換字ボックス」、つまり「Sボックス」に通される。これは4ビットに対して多字換字を行なう。これは数学的に記述するにはこれ以上ないくらいにややこしい――設計者は対照表を作ってそれに任せてしまう。Sボックスはすべて同じこともあるし違うこともあるし、使われるSボックスが何らかの形で鍵によって決まることもあるが、必ずこうするというのではない。ビットはSボックスの後、再びまとめられ、（非秘匿）「転字ボックス」、つまり「Pボックス」に通される。これはブロック全体に複雑な転字処理を行なう。ADFGVX暗号との類似に目を留めておこう。小さい方のブロックで換字し、大きなブロックで転字する。

最後にこのビットを次のラウンド鍵に2を法として加え、この周期を何ラウンドも繰り返す――設計側が暗号の安全性や速度をどうしたいかによって10ラウンドとか20ラウンドとかになる。シャノンが説いたように、最初の演算と最後の演算には鍵を足さないといけない。でないと、鍵を足すところ以外は基本的に秘匿されていないので、イブはただ逆算すればいい。ボブの解読は、ただ各段階を逆

表4・1
印字可能なアスキー文字

十進数	二進符号	文字	十進数	二進符号	文字	十進数	二進符号	文字
32	100000	[space]	64	1000000	@	96	1100000	‘
33	100001	!	65	1000001	A	97	1100001	a
34	100010	"	66	1000010	B	98	1100010	b
35	100011	#	67	1000011	C	99	1100011	c
36	100100	$	68	1000100	D	100	1100100	d
37	100101	%	69	1000101	E	101	1100101	e
38	100110	&	70	1000110	F	102	1100110	f
39	100111	’	71	1000111	G	103	1100111	g
40	101000	(	72	1001000	H	104	1101000	h
41	101001	)	73	1001001	I	105	1101001	i
42	101010	*	74	1001010	J	106	1101010	j
43	101011	+	75	1001011	K	107	1101011	k
44	101100	,	76	1001100	L	108	1101100	l
45	101101	-	77	1001101	M	109	1101101	m
46	101110	.	78	1001110	N	110	1101110	n
47	101111	/	79	1001111	O	111	1101111	o
48	110000	0	80	1010000	P	112	1110000	p
49	110001	1	81	1010001	Q	113	1110001	q
50	110010	2	82	1010010	R	114	1110010	r
51	110011	3	83	1010011	S	115	1110011	s
52	110100	4	84	1010100	T	116	1110100	t
53	110101	5	85	1010101	U	117	1110101	u
54	110110	6	86	1010110	V	118	1110110	v
55	110111	7	87	1010111	W	119	1110111	w
56	111000	8	88	1011000	X	120	1111000	x
57	111001	9	89	1011001	Y	121	1111001	y
58	111010	:	90	1011010	Z	122	1111010	z
59	111011	;	91	1011011	[	123	1111011	{
60	111100	<	92	1011100	\	124	1111100	|
61	111101	=	93	1011101	]	125	1111101	}
62	111110	>	94	1011110	^	126	1111110	~
63	111111	?	95	1011111	_			

に追うだけだ。4・1節で見たように、2を法としてラウンド鍵を引くのは足すのと同じことで、この手順は順行と逆行が同じに作用する。4・5節でAES暗号を見るときに、SPNの例を見る。[32]

SPNのみそは、Sボックスで一度に4ビットの攪拌と拡散を提供し、Pボックスで128ビット全体に「広げる」ところにある。Sボックスで表される複雑な数学的関係が攪拌をもたらす。拡散を確実にするために、Sボックスはファイステルの言う「雪崩効果」[33]が生じるように設計される。入力のいずれかの1ビットが0から1あるいはその逆に変わるだけで大部分の出力が変わるのがよい（入力が似ていると出力も似ているという結果を避ける）。現代暗号学者はこれを、「厳格な雪崩基準」（SAC）として数量化している。入力のいずれか1ビットが変わり、他は一定なら、出力ビットは、他の入力ビットの半分が変わり、残り半分は変わらないようにすること。小さな3ビットの例で考えてみよう。[34]

入力	出力
000	110
001	100
010	010
011	111
100	011
101	101
110	000
111	001

たとえば、入力ビットの中央が0の場合を考え、出力ビットの末尾がどうなるか知りたいとする。000、001、100、101の4通りがある。次の表は、それぞれの場合にどうなるかを、注目しているビットを太字にして示している。

入力	変更	出力	変更
000	**010**	**110**	**010**
001	**011**	**100**	**111**
100	**110**	**011**	**000**
101	**111**	**101**	**001**

これでわかるように、二つの場合で注目する出力ビットが変わるが、他の二つでは変わらない。他のどの入力ビット、出力ビットを選んでも、同じことが言える。

数学的に複雑な128ビットのSボックスを作ることができて、厳格な雪崩基準をを満たせば、攪拌と拡散が得られ、すべて整ったことになる。[35] しかし現代の技術をもってしても、それはあまり現実的ではない。逆にSボックスがいくつかの1から変化したビットを生み出してしまえば、Pボックスを使って変化したビットをブロック全体にばらまくことができる。大きなPボックスは、Sボックスとは違い、計算機ではとくに簡単にできる——配線をあちこちさせればよい。そうして変化したビットがさらにSボックスを通り、さらにビットを変えて……というふうになる。すべてのSボックスで厳格な雪崩効果が成り立ち、Pボックスが注意深く構築され、十分な回数のラウンドが使われるなら、最後には、入力の平文の1ビットを変えることで、出力暗号文のすべてのビットを変える可能性が50％できる。

ファイステルらのチームが達したもう一つの方式は、今では単に「ファイステル構造」と呼ばれている。こちらも図4・6にあるような図解がおそらくいちばん使えるだろう。SPNの場合と同じく、鍵スケジュールを使ってラウンド鍵の列を決定する。平文のビットは半分に分けられ、各ラウンドでは入力の（図の）右半分のビットを使って左半分を変える。まず、入力の右半分のビットがラウンド関数fに通される。これはたいてい、いくつかのSボックスとPボックスを含み、ラウンド鍵のビットを2を法として足す[36]。それからラウンド関数の出力ビットが2を法として入力の左半分のビットに足される。それから両方が入れ替えられ、このラウンドが何度も繰り返される。こちらでもふつうは10ラウンドから20ラウンドだ。最終ラウンドの終わりには左右の入れ替えは行なわない——そのままでもセキュリティには影響ないし、解読がしやすくなる。

ファイステル構造について興味深いことの一つは、解読が実は暗号化の逆ではなく、それと同じ方向に進むことだ（鍵スケジュール以外は）。これは、ラウンド関数の出力のビットが直接用いられるのではなく2を法として加えられ、2を法とする足し算は2を法とする引き算と同じであることによる。図4・6の暗号化図を解読図に重ねれば、中央で二つの同じ2を法とする足し算を連続で行ない、それが相殺されることがわかる。相殺されれば、その上と下の足し算は実質上連続で、それは同一でもあり、したがってそれは相殺され、以下同様となる。ラウンド関数のSボックスは後ろに進む必要がないので、雪崩のような好適な性質を持つように選ぶ自由が増える。実はSボックスの入力と出力の数が違ってもいい。同様に、Pボックスは転字そのものでなくてもよく、3・3節で見た拡張関数と圧縮関数でもよい。

ＳＰＮの場合と同様、ファイステル構造での攪拌はラウンド関数のＳボックスによって提供される。Ｐボックスはそれからビットの半分を通じて拡散をもたらし、２を法とする足し算、左右入れ替え、反復が拡散と攪拌を残りの半分へと広げる。ファイステル構造の暗号で最も有名な例はＤＥＳ暗号で、これについては次節で見る。

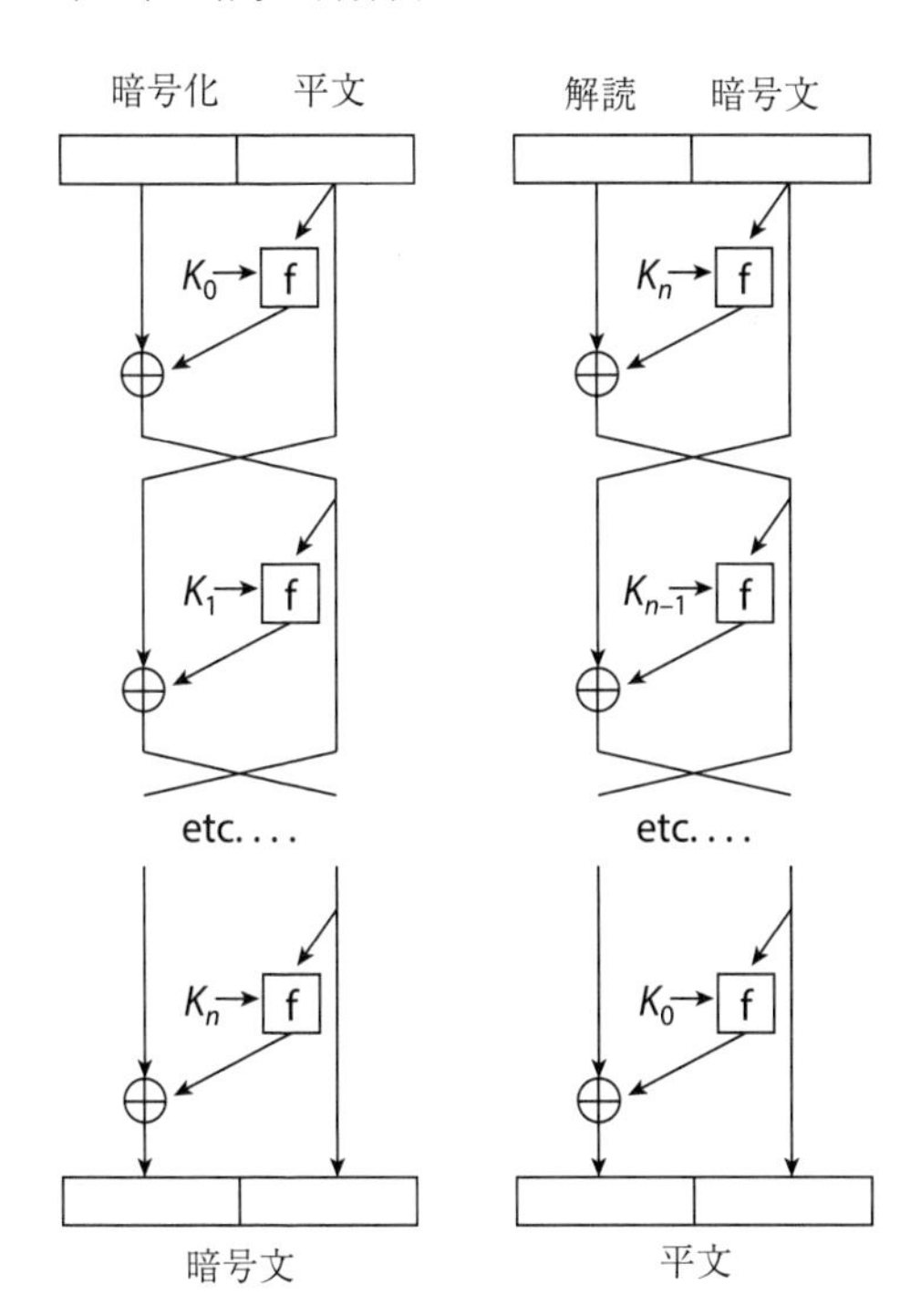

図４・６　ファイステル暗号の構造

4・4 DES

ファイステルの研究チームとIBMでの後継者は、一九七一年から七四年にかけて、少なくとも五つの暗号を作り、わかりにくいことに、それはすべてルシファーと呼ばれたらしい。[37] 初期型の一つはIBM2984というATMで使われた。[38] 後の型は内部ではDSD-1と呼ばれるようになり、これは開発グループが、米国立標準局（NBS、今の国立標準技術研究所＝NIST）が新たな国の標準的な暗号アルゴリズムのための案を募集し始めていたときに研究していたものだった。[39]

「DES」（データ暗号化標準）と呼ばれるようになった新標準にかないそうな本格的な応募案はDSD-1だけだったが、その後、いくつかの異論のある変更が加えられた。NSAにはこの新標準暗号を設計する気はなかった。[40] 設計の作業を公開の場に開放すると、それだけで同局が知っていたことやその動き方について、情報が流出しすぎることを恐れたのだ。しかしNBSがNSAにアルゴリズムの安全性評価を求めたときは、NSAはおそらく喜んで応じたと思われる。[41] その後どうなったかははっきりしない。NSAは関係者全員に機密保持を誓約させたからだ。わかっているのは鍵の長さのみで、ファイステルは128ビットと考えていたのが、64ビットや56ビットに減らされた。[42] さらに、Sボックスで用いられる参照表は元の設定から変えられた。IBMのチームにいた人々によれば、128ビットから64ビットへの削減は純粋に実用性の理由から行なわれたという——DESアルゴリズムを実装する回路は1個のチップに収まるものとされていて、128ビットを1個で行なうのはきっと難しかったのだろう。さらに、64ビットというのは、2^{64}種類の鍵があることを意味する。1台のコンピュータで1秒に100万の鍵を試すとしても（一九七〇年代としては相当に高速だった）、64ビットの鍵を総あたりに攻撃しようとすると、すべて調べるには三〇万年ほどかかってしまう。

64ビットから56ビットに下げたのにはもっと異論があった。これは1台のコンピュータによる総あたり攻撃を1000年ほどに短縮する。1000台のコンピュータなら1年でできて、NSAのような組織にとっては可能性の領域に入ってくるように見える。IBMにいた人々の何人かは、NSAが鍵の長さを縮めるよう求めたのは、暗号を破るチャンスを得るためではないかとさえ考えている。[43]しかし製品開発グループの長は、その理由はむしろ、鍵から除かれた8ビットをエラー検出機構として使うことを求めたIBM内部の仕様だと説いている。[44]NSAの暗号学史センターが一九九五年に発表した本によれば、NSAが実際に推したのは48ビットの鍵で、56ビットという長さは間を取ったのだという。[45]これがNSAには当時DESを破れなかったということなのかどうか、それは決してわからないかもしれない。

Sボックスに関するかぎり、NSAはむしろ安全にしたらしい。一九九〇年、二人の大学の研究者がDESに対する「差分攻撃」というのを発見したことを発表した。[46]これは密接に関係する複数の平文による暗号文を比較する――実際にはこの特定の攻撃は2^{47}の平文を使っていた。これは相当に多いが、それでも総あたりの探索よりも早くなる可能性がある。二人はDESがとくに差分暗号解読法に抵抗力があるらしいことも発見した。[47]この発表を聞いた後、IBMの研究者グループが、一九七四年、実はSボックスを、NSAの助けがあったかどうかはともかく、まさしくこの攻撃に耐えるように設計し直していたことを明らかにした。[48] NSAが一九七四年以前に差分攻撃で使われる技法について知っていたかどうか、また知っていたとしてIBMの研究者がそれを発見するのを手伝ったかどうかは、はっきりわかっていない。いずれにせよ、NSAはこの技は強力すぎて、世界全体に明らかにすることはできないと判断し、この技についても、攻撃を難しくするために使われる設計上の検討についても機密にすることにした。再発見されたのは20年近くたってからだった。[49]

では、当のDESアルゴリズムとは何か。これは4・3節にあったようなファイステル構造で、ただ暗号の最初にPボックスが加わり、尻尾にはその逆が加わる。先に述べたように、暗号の最初と最後に非秘匿性の変換をしても安全性には影響しない。イブはただ元に戻せるだけだ。どうやらPボックスは単に独自のチップでデータを処理しやすくするためだけにあるらしい。[50] ブロック長は64ビットで、16ラウンド繰り返される。図4・7はこの暗号をごくおおまかな概略で示している。

鍵スケジュールは回転を行なうPボックスを含む。回転は3・8節で触れた単純な転字である。これも3・3節で取り上げた圧縮関数を使う。56ビットの一部を捨てて並べ換え、図4・8に示したような各48ビット、16ラウンドの鍵の一つを得る。それぞれのラウンド鍵は圧縮関数以前に異なる量の回転を用い、それによって各ラウンドの鍵が異なるようにする。

最後に、図4・9に示されたDESラウンド関数を見る必要がある。これにはやはり3・3節で述べた拡張関数が含まれ、これがブロックの右半分にある32ビットを並べ換え、そのいくつかをだぶらせて48ビットを得て、これをラウンド鍵のビットに加えることができる。ビットは6ビットずつの8区分に分けられ、それぞれのグループは有名なＤＥＳのＳボックスの一つに通される。八つのそれぞれは異なっている。これはすでに述べたように攪拌をもたらす。4・3節では、ファイステル構造のＳボックスが入力とは違う出力の数をとれることを言った。ＤＥＳでもそれは言える——各Ｓボックスは6ビットを取り入れ、4ビットを出力する。これによってまた32ビットが得られ、これが通常のＰボックスに通され、拡散ができて、ラウンドが終了する。

鍵のサイズについての心配はあるが、ＤＥＳは暗号法の規格として顕著に有効で、安全でないことがはっきり示されるまで二〇年以上もった。先に述べたように、ＤＥＳへの差分攻撃は一九九〇年に再発見されたが、それに必要な、注意深く並べられた平文と暗号文の対の数は、実際には実用的とは考えられなかった。一九九三年には別の、線形暗号解読法と呼ばれる攻撃が見つかった[51]。これも既知平文攻撃だが、平文と暗号文の対を注意深く選ぶ必要はない。しかし、やはり平均して2^{43}対が必要で、計算量も相当になる。この攻撃はＤＥＳの設計者には知られなかったらしい[52]。一九九七〜九八年、電

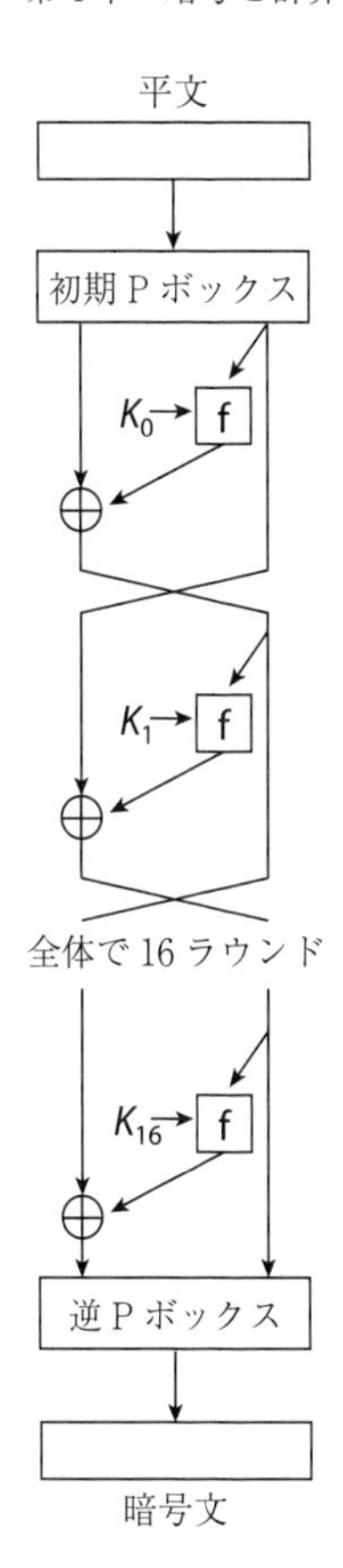

図4・7　DES暗号の概略

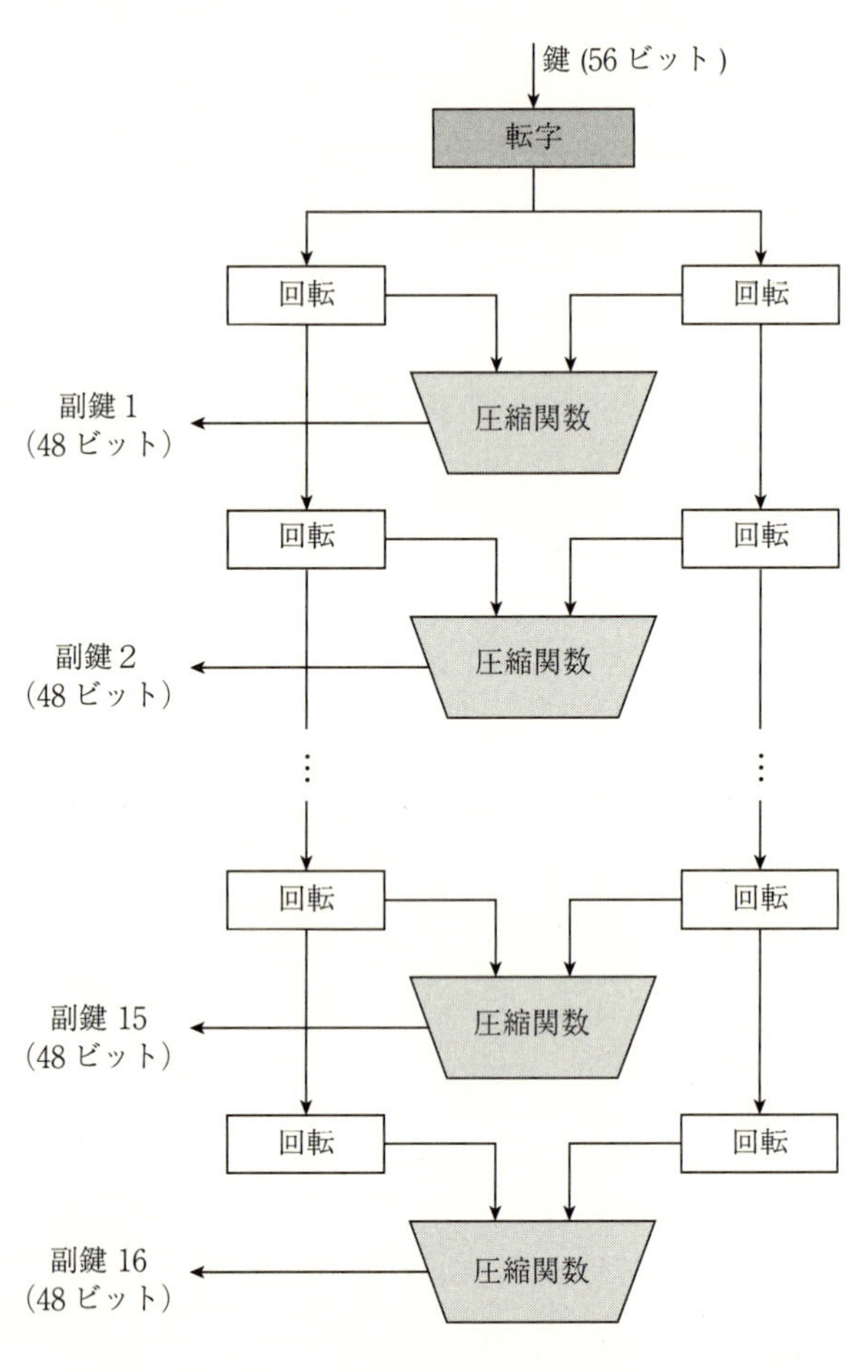

図 4・8 DES 鍵スケジュール

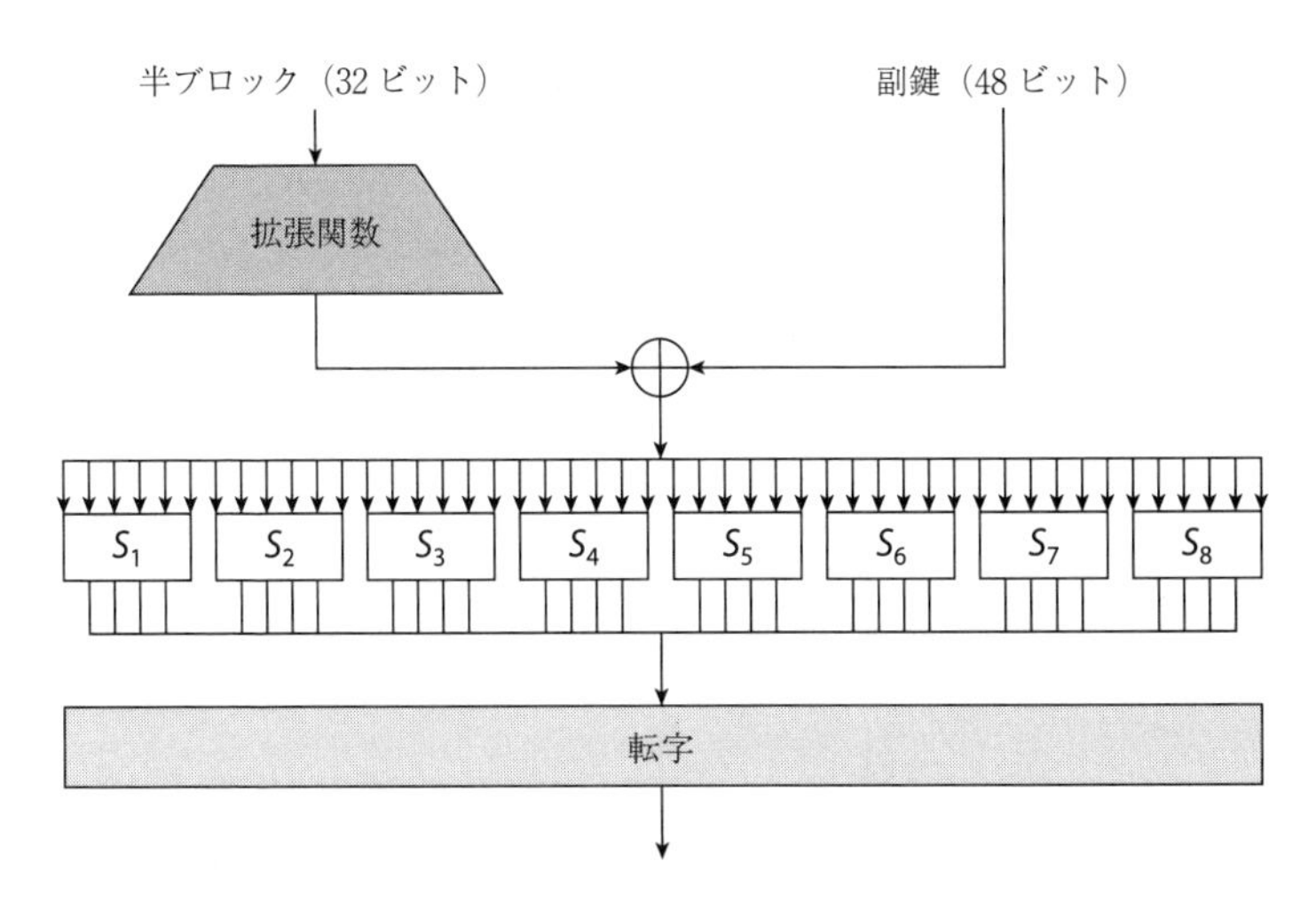

図４・９　DES ラウンド関数

子フロンティア財団が、集団で協力して、そこそこの予算で、総あたりでＤＥＳを破れるかどうかを判定することにした。１７２８個の特注チップを使う特別仕様のコンピュータが設計され、組み立てられた。[53] 設計・製造を含む過程全体で1年半の時間と25万ドル未満の費用がかかり、ソフトウェア用に、中核の10人未満のボランティアのパートタイム人員と、別の短期のボランティアによる作業を要した。この装置は56ビットのＤＥＳキーを破るのに56時間ほどかかったが、これは少々ラッキーだった。平均の探査時間は2倍ほどの長さになるだろう。[54] さらにこのシステムは、同じ大きさと費用のマシンが2台あれば半分の時間でＤＥＳを破れるという点で「スケーラブル」だった。この時点でＤＥＳは破れることが一般に認められた。[55]

4・5　AES

一九九七年九月一二日、米NISTは、「高度暗号化標準用候補アルゴリズムの推薦要請」を発表した。[56] この高度暗号化標準、つまりAESは、DESの代わりに使われる政府の新暗号標準にすることが意図されていた。AES暗号の選定過程に関するほとんどすべてのことがDESのときとは違っていた。まず、鍵のサイズとブロック長が決められた。アルゴリズムは複数の鍵のサイズ（128、192、256）で動作することが求められた。今の安全性の必要だけでなく、将来も見込んでのことだった。応募案判定のための、安全性、コスト、柔軟性、ハード／ソフトいずれにも適合できること、単純さという基準が明示された。応募者、審査員いずれにも外国人が認められ、招かれる場合さえあった。[57] 何より重要なことに、評価全体が公開されるものと考えられていた。公開の審査会が三度行なわれ、[58] 候補となる暗号方式を考えた人々が呼ばれ、プレゼンテーションが行なわれ、NISTの科学者や外部の専門家が候補案についての分析を発表することになっていた。また一般の人々も、傍聴し、質問し、意見を言うよう招かれた。

応募締切の一九九八年六月一五日の段階では21件の暗号案が提出されていて、そのうち15件が最低限の仕様を満たすと判断された。15件のうち10件はもともとアメリカ国外で開発され、一つ以外はチームの少なくとも一人がアメリカ人ではなかった。[59] 一九九九年八月、NISTは5件の最終候補案に絞り、二〇〇〇年一〇月二日、NISTはベルギーの二人の暗号学者、ヨアン・ダーメンとフィンセント・ライメンによる「ラインダール」と呼ばれる案を優勝と発表した。[60] この規格が実施されたのは二〇〇二年五月二六日だった。

4・3節で触れたように、AESは基本的にSPNである。ブロック長は128ビットで、一般に一マス8ビットで4×4のマス目に分割されるものと考えられている。[61] 鍵は128、192、256ビットが可能で、ラウンドの数は鍵のサイズで決まる——128ビットなら10ラウンド、192ビットなら12ラウンド、256ビットなら14ラウンドとなる。

話を簡単にするために、128ビット版のAES用の鍵スケジュールだけを解説する。これがいちばん単純なだけでなく、これを書いている段階でいちばん普及しているからでもある。第一のラウンド鍵は元の暗号の鍵と同じ。その後、次のラウンド鍵を得るために、前のラウンド鍵が、回転Pボックス、一組の同一のSボックス（これについては後述）、「ラウンド定数」という、その名のとおりのラウンドだけで決まる数を用いる、2を法とする多数の加算が含まれる関数に通される（図4・11）。

AESはSPNではおなじみの、ラウンド鍵を足すところから始まる。それから、それぞれの8ビットのまとまりが、攪拌のために同一Sボックスに通される。Sボックスの後には拡散が行なわれる。AESの設計者は、ファイステルとは違い、1個の巨大な128ビットのPボックスは過剰だと考えた。[62] そこでこのチームは拡散の作業を2段階で行なった。先と同じく8ビットの区分は4×4のマス目に並べられると考えられている。第一の拡散手順は、異なる個数の8ビット一組によって各行を回転させる一連のPボックスである。これは設計者が「散布[63]」と呼んだ、互いに近い位置から始まるビットを遠く離れたところへ移動させる手順を行なう。第二の拡散手順は転字ではない。これは固定鍵と、すぐ後で述べる特殊な乗算を使って、各列にヒル暗号化を行なう。[64] すべてのビットに他のビットに作用する可能性があるヒル暗号を使う利点の一つは、すべてのビットが多数のSボックスに影響されざるをえないことを証明できる点にある。これによって、差分攻撃や線形暗号解読法の実行が難しくなる。各ラウンドが終わるときに、新たなラウンド鍵が加えられる。

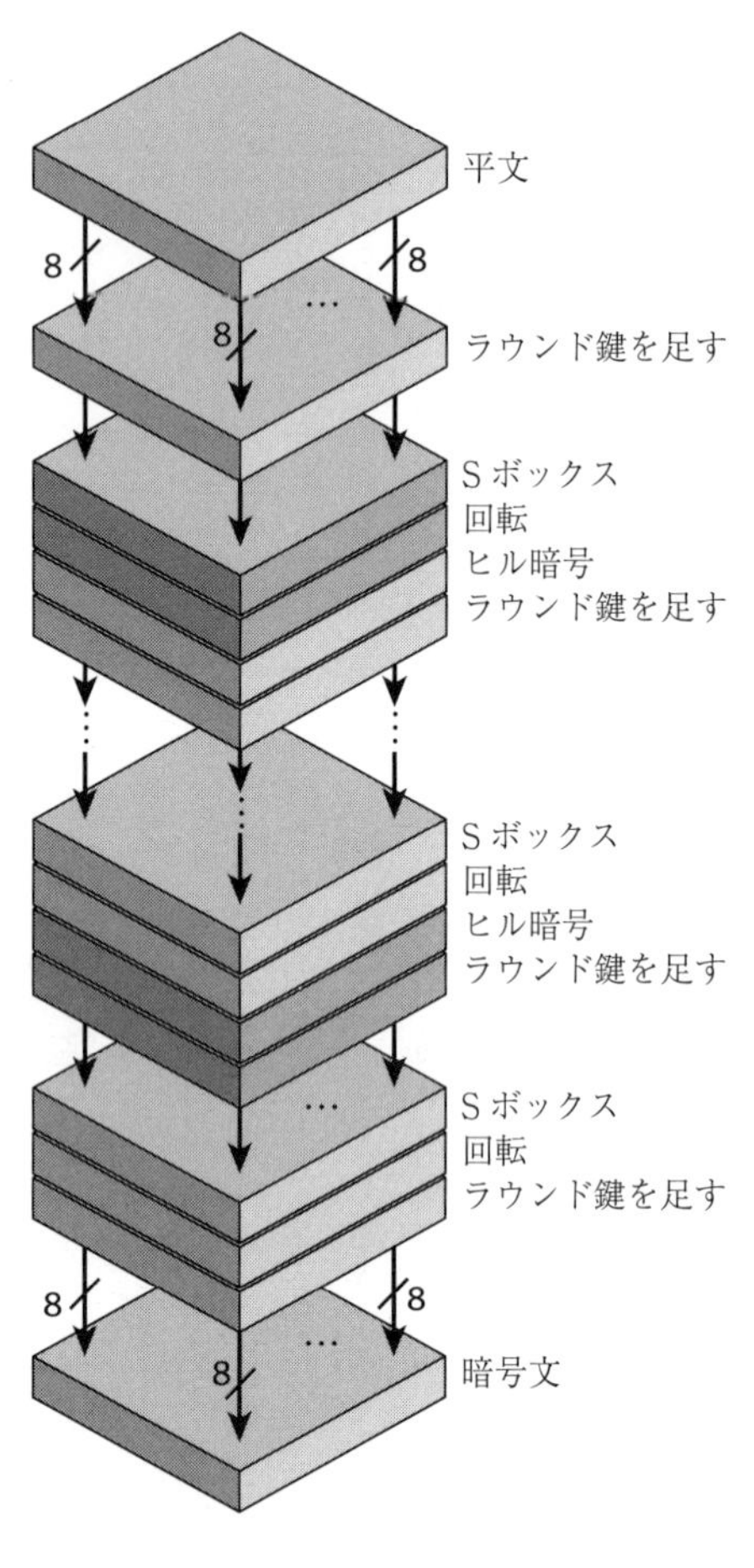

図４・10　ＡＥＳの概略

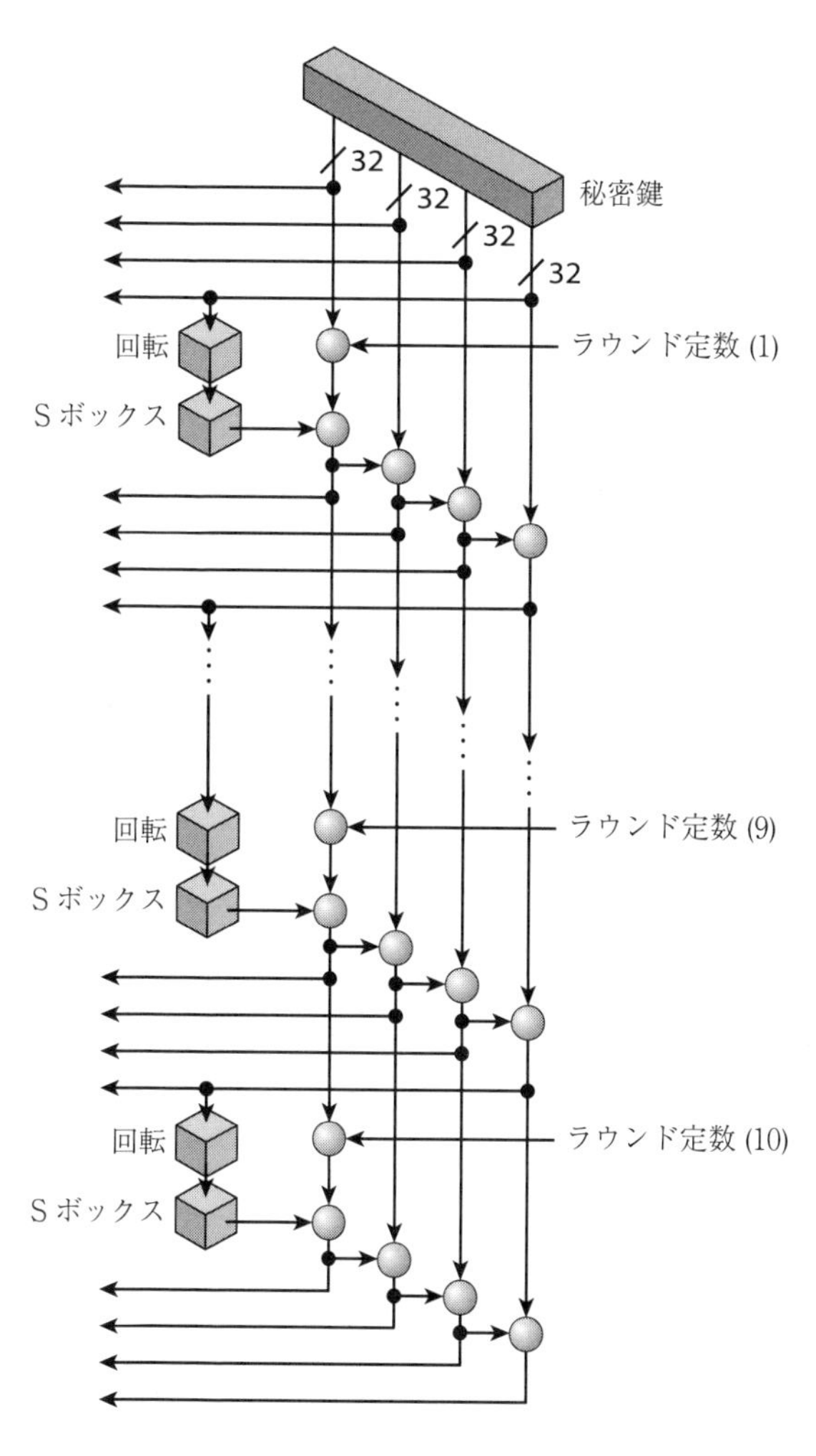

図4・11　AESの鍵スケジュール

これで、ＡＥＳでＳボックスの造りについて語る準備が整った——一つしかないので優れていればいいのだが。Ｓボックスはたいてい参照表として与えられることを思い出そう。基本的には表の項目の選び方が３通りある。ランダムに選ぶか、「人為的に」選ぶか、「数学的に選ぶか」。ＤＥＳのＳ

ボックスは人為的だった。[65] 設計者は参照表が適する基準をどうしたいかせっせと考え、それから合格する項目が見つかるまで探す。これに対してＡＥＳのＳボックスは基本的に数学による。Ｓボックス関数は、攪拌を提供するために、数学的に複雑すぎるものになると考えられていることを思い出そう。ＡＥＳの設計者は、意図的に、ビットのレベルから見ると非常に複雑でも、別の数学的な見方をするとさほど複雑ではない関数を選ぶことにした。[66]

ＡＥＳのＳボックスが使う数学は「合同算術」だが、これは多項式を使った合同算術となる。ＡＥＳではほとんどすべてが８ビットの区分で動くことを思い出そう。まず８ビットの区分を多項式にする。

$$\begin{aligned} 01010111 \quad &\rightarrow \quad 0x^7 + 1x^6 + 0x^5 + 1x^4 + 0x^3 + 1x^2 + 1x + 1 \\ &= \quad x^6 + x^4 + x^2 + x + 1 \end{aligned}$$

$$\begin{aligned} 10000011 \quad &\rightarrow \quad 1x^7 + 0x^6 + 0x^5 + 0x^4 + 0x^3 + 0x^2 + 1x + 1 \\ &= \quad x^7 + x + 1 \end{aligned}$$

この区分を足すには、多項式をただ2を法にして足すだけで、これは結局、二つのビットの区分になされていたことに他ならない。

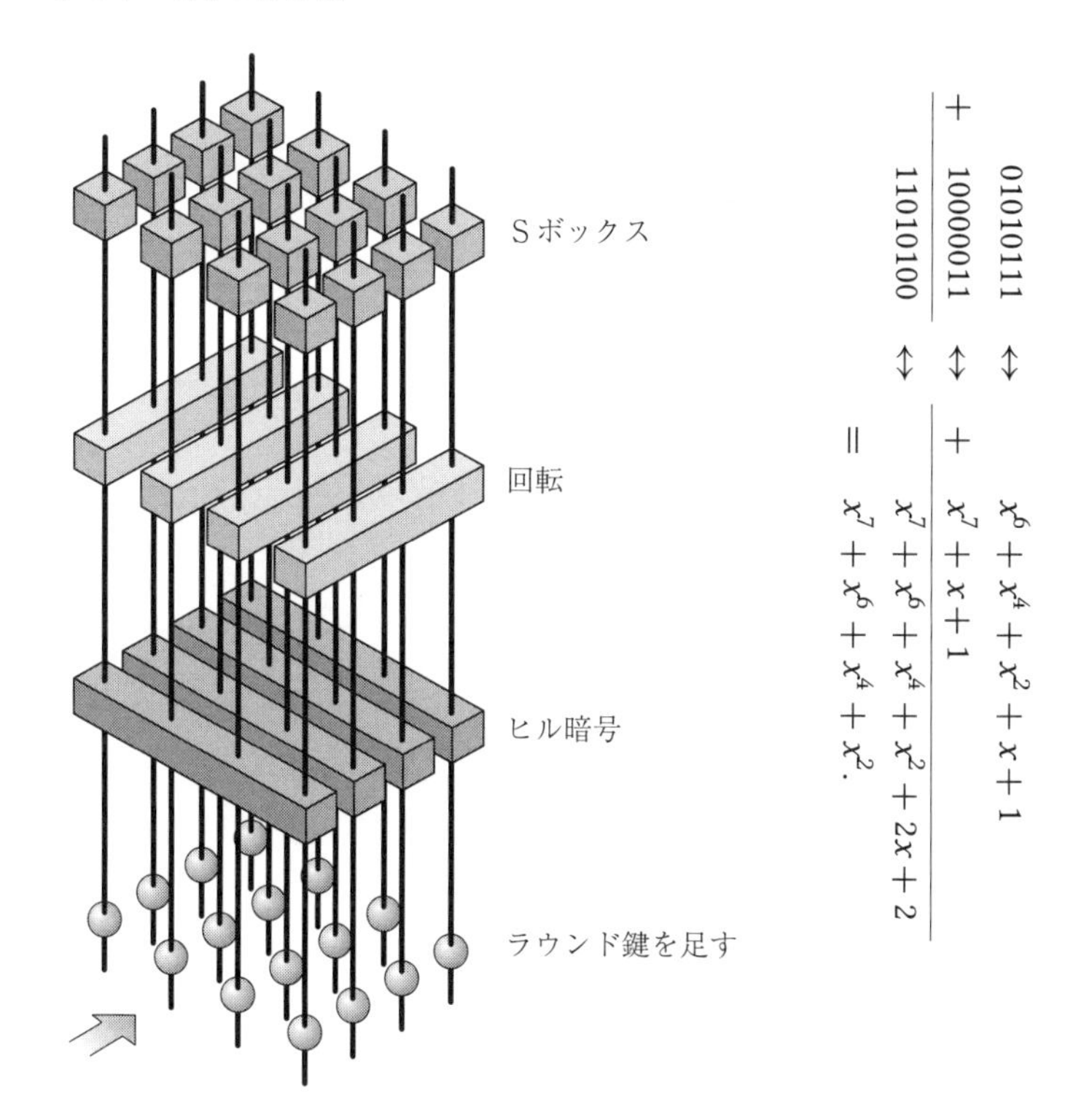

$$
\begin{array}{rcl}
01010111 & \leftrightarrow & x^6 + x^4 + x^2 + x + 1 \\
+\ 10000011 & \leftrightarrow & +\ x^7 + x + 1 \\
\hline
11010100 & \leftrightarrow & x^7 + x^6 + x^4 + x^2 + 2x + 2 \\
 & & = x^7 + x^6 + x^4 + x^2.
\end{array}
$$

図４・12　AESの１ラウンド

区分をかけ算するには、多項式を2を法にしてかけ算する。

$$
\begin{array}{rcl}
01010111 & \leftrightarrow & x^6 + x^4 + x^2 + x + 1 \\
\times\ 10000011 & \leftrightarrow & \times\ x^7 + x + 1 \\
\hline
???????? & \leftrightarrow & x^{13} + x^{11} + x^9 + x^8 + 2x^7 + x^6 + x^5 + x^4 \\
 & & + x^3 + 2x^2 + 2x + 1 \\
 & = & x^{13} + x^{11} + x^9 + x^8 + x^6 + x^5 + x^4 + x^3 + 1.
\end{array}
$$

しかしここで問題が生じる。多項式の係数が多すぎて、8ビットの塊に戻せないからだ。これは先に処理した問題を思わせるはずだ。26より大きい暗号文の数を暗号文の文字に変換する必要があった。そこでの解決策は、数26を使ってまとめることだった。こちらでも答えは同じで、8次の多項式を使ってまとめるだけだ——言い換えると、多項式の項を、最大の次数の項がx^8になるようにする。結果を8次の多項式で割り、余りを取れば、7次以下になる。それからそれを8ビットの塊に戻す。定数項の余地をも残さなければならないので、8ビットというのは7次式以下を意味する。

　どの多項式を選ぶのがいいだろう。x^8を使うことはできるだろうが、すぐに素多項式、既約多項式とも呼ばれるものを使いたいことがわかる。多項式x^8は素ではない。$x \times x \times x \times x \times x \times x \times x \times x$という整式の積になるからだ。AESの設計者は、公開されている2を法として素になる8次の多項式[67]のリスト[68]を参照して、その最初のものを取った。これは要するに$x^8 + x^4 + x^3 + x + 1$だった。[69]

多項式を法とする式に帰着させる最も単純な方法は、やはりそれで割って、ずっと2を法として余りをとることで、するとここでの例を完成させることができる。

$$
\begin{array}{r|l}
 & x^5 \quad +x^3 \\
\cline{2-2}
x^8+x^4+x^3+x+1 & x^{13}+x^{11}+x^9+x^8+x^6+x^5+x^4+x^3+1 \\
 & -x^{13} \quad -x^9-x^8-x^6-x^5 \\
\cline{2-2}
 & x^{11} \quad +x^4+x^3 \\
 & -x^{11} \quad -x^7-x^6 \quad -x^4-x^3 \\
\cline{2-2}
 & -x^7-x^6 \quad +1
\end{array}
$$

余りは

$$-x^7 - x^6 + 1 \equiv x^7 + x^6 + 1 \pmod 2$$

となり、

$$
\begin{array}{rcrl}
 & 01010111 & \leftrightarrow & x^6 + x^4 + x^2 + x + 1 \\
\times & 10000011 & \leftrightarrow \times & x^7 + x + 1 \\
\hline
 & & & x^{13} + x^{11} + x^9 + x^8 + 2x^7 + x^6 + x^5 \\
 & & & \quad + x^4 + x^3 + 2x^2 + 2x + 1 \\
 & & = & x^{13} + x^{11} + x^9 + x^8 + x^6 + x^5 + x^4 + x^3 + 1, \\
 & 11000001 & \leftarrow \equiv & x^7 + x^6 + 1 \quad (\bmod\ x^8 + x^4 + x^3 + x + 1\ \bmod 2)
\end{array}
$$

2を法とする多項式の合同算術のしかたはわかった。2を法としているので、引き算は足し算と同じ。残るは割り算だけ。法として既約多項式を選んだ理由は素数を法として行なったときと同じで、ゼロでない多項式はすべて乗法逆元があり、それを数の場合と同様に互除法を用いて計算できるということだ。

たとえば、$x^5 + x^4 + x^2 + x$ の乗法逆元を求めるには、$x^5 + x^4 + x^2 + x$ と $x^8 + x^4 + x^3 + x + 1$ の最大公約数を、可能な場合には必ず2を法として既約にして計算する。最大公約数が1であることを確かめ、各行を書き直すと、最終的に次のことがわかる。

$$1 \equiv (x^3 + x + 1) \times (x^8 + x^4 + x^3 + x + 1) + (x^6 + x^5 + x^2 + x) \times (x^5 + x^4 + x^2 + x) \pmod 2$$

となり、

$$1 \equiv (x^6 + x^5 + x^2 + x) \times (x^5 + x^4 + x^2 + x) \quad (\mathrm{mod}\ x^8 + x^4 + x^3 + x + 1 \quad \mathrm{mod}\ 2)$$

から、

$$\overline{x^5 + x^4 + x^2 + x} = x^6 + x^5 + x^2 + x \quad (\mathrm{mod}\ x^8 + x^4 + x^3 + x + 1 \quad \mathrm{mod}\ 2)$$

となる。ビットに置き換えると、

$$\overline{00110110} = 01100110$$

ＡＥＳはこの多項式の演算を二か所で行なう。[70] 最初はヒル暗号の段階でこの乗算を行なうところで、次はＳボックスのデザインのところだ。Ｓボックスの関数は基本的に２段階しかない。まず、今書き下したような手順を使って８ビットの塊の乗法逆元をとる（すべてのビットが０なら、ゼロ多項式が得られるが、これには逆元がないので、それはそのままにする）。第2段階はその8ビットを分離して、特定の8×8アフィン・ヒル暗号化を行なう。それですべて。

先に述べたように、実際にはSボックス関数はたいてい、暗号法用ハードウェアやソフトウェアに組み込まれる参照表によって特定され、何度も計算を繰り返す必要はない——とくに乗法逆元の場合には、見当がつくだろうが、少々手間がかかる。それでも、数学的構造があるということは、AESの一定の型の攻撃に対する強度を分析しやすくする。多項式構造は、先に触れたようにAESに対する差分攻撃や線形攻撃を難しくするが、それはこうした攻撃が、ビット「について知っている」だけで、多項式は知らないからだ。他方、Sボックスのアフィン・ヒル手順は、多項式法を使うAESを攻撃しにくくするためのものだ。この手順は個々のビットに作用して、多項式の構造にはおかまいなしだからである。当初のAESコンテストのとき以来、その手順がAESの「高度な」構造を使う攻撃に対して十分守れないという懸念があった。[71] 二〇〇二年、AESに対してXSL（拡張希薄線形化）と呼ばれる、何よりこの構造を利用する攻撃があったことが発表された。XSL攻撃が総あたりよりも優れているという合意はまだないようだが、[72] AESの多項式構造に基づく攻撃は、将来重大になるかもしれない。[73]

二〇〇九年と二〇一〇年、AESに対する既知鍵攻撃や関連鍵攻撃がありうることを記述する論文が何本か発表された。[74] こうした攻撃は、攻撃を始める前に鍵についてすべて、あるいは一部を知っている必要があるので、使用されるために考案されたときのAESのしっかりした実装に対して直接応用できるものではない。それでも、暗号は必ずしもそれが意図された通りに使われるわけではないことを歴史は明らかにする。[75] 加えて、こうした攻撃は、以前からある攻撃でつけこめるような弱点の兆候かもしれない（でないかもしれない）。

二〇一一年、もっと標準的なＡＥＳ攻撃が発表された。[76] これは総あたりよりも、大きくではないが優れていることで見方は一致している。128ビットのキーを126ビットのキーに下げる程度のことで、それができても、現行のコンピュータでは解読には理屈に合わないほど長い時間がかかることになる。[77] そしてまた、攻撃には2^{88}通りの注意深く選ばれた暗号文に対応する平文を知っていなければならず、これを実際に用意するのは難しそうだ。それでも、これは本書を書いている段階で知られているＡＥＳ攻撃としては最も重大なものらしい。

4・6　展望

以上がＳＰＮ、ファイステル構造、それに類似するアイデアに基づく暗号の、本書で取り上げる予定の掛値なくぎりぎりのところだ。もちろんこの分野では、今でも活発な研究が続いている。おそらく、ＡＥＳに代わるものはいずれ必要になるだろうし、暗号学者はすでに後継の暗号を考えている。当初の予想では、新しい標準は少なくとも三〇年もつはずだが、ＮＩＳＴはＡＥＳを五年ごとに再評価して、まだ認められるかどうか確かめることになっている。[78] これまでのところ、ＡＥＳについて深刻な問題は浮上していないが、誰でも問題が生じたときの備えはできていてほしいと思っている。

暗号学者は、データのある面は秘匿するが秘匿しない面もあるというような、特殊な性質の暗号化法を見つけることにも関心を抱いている。ＦＰＥ（形式保持暗号化）では、一定の型のデータは暗号化しても同じタイプに見えるようにすることである。たとえば、音声ファイルを暗号化しても、コンピュータ上で音声ファイルとして再生できるはずだ。音はノイズに聞こえてもエラーメッセージは出さない。同様に、データベースがあるフィールドに氏名、あるフィールドにはクレジットカード番号が入るように設計されているとすれば、暗号化しても、暗号化された氏名はやはり氏名のフィールドにあり、暗号化された番号はやはり番号のフィールドにあってしかるべきだろう。この考え方は少なくともＮＢＳの一九八一年の文書にまでさかのぼるが[79]、初期の方法は非常に非効率的だった。二〇一三年、研究者によるいくつかの提案を受けて、ＮＩＳＴは国の標準として、上位三つの効率的な方法案を組み込む草案を公表した[80]。残念ながら、二〇一五年四月の報告[81]では、三つの方法のうち一つは、それ以前に考えられていたよりも安全ではないことを示している。

さらに有望なアイデアは「準同型暗号」だ。この場合の目標は、アリスがデータを暗号化して、それをボブのコンピュータに保存できるようにすることである。アリスがボブに暗号化されたデータの処理を依頼し、ボブにデータを解読する能力を与えることなく暗号化された答えを返してもらうことができる。たとえば、アリスはボブに暗号化されたスプレッドシートにあるどこかの列の数を足し合わせるよう依頼するが、ボブには当の数がいくらで合計がいくらかはわからないようにすることができる。あるいは、ボブにＡから始まる人名をすべて見つけてもらい、しかもＡを暗号化するとその名前にある他の文字によって別の文字になるという拡散による事実は気にしなくてもよくなるだろう。これは預金口座などの取扱いに注意を要するデータをクラウドに保存する場合や、電子投票の集計のような応用にも大いに意味がある。

準同型暗号は、ＦＰＥと同様に、コンピュータ用暗号の草創期、少なくとも一九七八年にまではさかのぼる。[82] 最初の実際に準同型と言える、データに対して任意の演算が行なえる方式は、二〇〇九年まで発明されなかった。[83] 初期の方式は低速すぎて実用にならなかったが、その後、速度の点でも手法の点でも、大きな進展がいくつかあった。二つの政府研究機関が、実用的な問題の解決策を研究に２０００万ドル以上をかけているし、二〇一三年の段階では、少なくとも一つの企業が二〇一五年までには商品化できる答えを得ることを目指していたが、本書執筆段階ではまだ登場していない。[84]

ＡＥＳに対する新たな攻撃を見つける努力は、政府の公開／非公開双方の研究で続いている。二〇一三年には、ＮＳＡの請負業者にいたエドワード・スノーデンが、ＮＳＡの計算機システムから引き出した大量の機密資料をジャーナリストに渡した。[85] その中には、ＮＳＡが暗号化された通信を解読しようとしていることを言うものがあった。もっともその手法の大半は、解読のためのものというより、暗号化をめぐる方法を見つけるためのものだったが。ある専門家は、ドイツの『シュピーゲル』紙に、次のようなことを書いて騒ぎを起こした。

ＡＥＳのような電子的コードブックは広く使われていて、暗号解読法を用いて攻撃するのは難しい。

NSAは自前の手法をほんのいくつかだけ有している。TUNDRA(ツンドラ)プロジェクトは、将来的に新しい手法――タウ統計――を、それがコードブック解読に使えるかどうかを判定すべく研究した。文書全体をもっと詳しく調べると、(86)これはNSAで働こうかと思っている大学院生向けの夏期講座のことで、それが実際にどれほどの脅威になるかは明らかではない。ジャーナリストは今もスノーデン文書を整理しており、将来、「ほんのいくつかだけの自前の」の情報がさらに出てくる可能性はある。

第5章　ストリーム暗号

5・1　進行鍵暗号

　これまで論じてきた暗号は、古典的なものも現代的なものも、基本的にはブロック暗号だった。平文を、いくつかの文字でも、いくつかのビットでも、比較的大きなブロックに分ける。その後、各ブロックに起きることは、前後のブロックに起きることにはよらない。これに対する別案がストリーム暗号で、文字、ビット、小さなブロックが、一度に一つずつ暗号化されるが、各暗号化の結果は前の暗号化で起きたことによって決まる。これにはいくつかの利点がありうる。たとえば、前もって平文が長くなりそうか短くなりそうかがわからず、しかも送信にかかる経費は心配したくないという状況では非常に好都合になる。デジタル無線通信がその好例だ。拡散がほとんど自動的だという点もある。また攪拌に寄与する演算が暗号化の過程で積み重なるので、単純で高速な演算を使っても、優れた攪拌が達成できる。

　ストリーム暗号に向かう第一歩は、2・4節で見た鍵式多アルファベット暗号に発する。当初から、鍵語や鍵フレーズが短いほどその暗号を解読しやすいことは明らかだった。ごく早い時期の暗号学者は、鍵の長さには文一つ程度の「スイートスポット」[1]があって、鍵をそれより長くすると、それで得られる価値よりも手間の方が多くなるという見解だったらしい。暗号解読法の技が改善されてくると、第2章で見たように、鍵を繰り返して使うと暗号を破るのに利用されることも明らかになった。19世紀の末になると、平文と同じ長さにもできる「鍵文」を使うという案が普及した[2]——たとえば、共通の本のある頁で始まる文章などである。2・4節の多表式換字暗号を使うと次のようになる。

鍵文	D	O	R	O	T	H	Y	L	I	V	E	D	I	N	T	H	E
平文	a	s	l	o	w	s	o	r	t	o	f	c	o	u	n	t	r
暗号文	E	H	D	D	Q	A	N	D	C	K	K	G	X	I	H	B	W
鍵文	M	I	D	S	T	O	F	T	H	E	G	R	E	A	T	K	A
平文	y	s	a	i	d	t	h	e	q	u	e	e	n	n	o	w	h
暗号文	L	B	E	B	X	I	N	Y	Y	Z	L	W	S	O	I	H	I
鍵文	N	S	A	S	P	R	A	I	R	I	E	S	W	I	T	H	U
平文	e	r	e	y	o	u	s	e	e	i	t	t	a	k	e	s	a
暗号文	S	K	F	R	E	M	T	N	W	R	Y	M	X	T	Y	A	V
鍵文	N	C	L	E	H	E	N	R	Y	W	H	O	W	A	S	A	F
平文	l	l	t	h	e	r	u	n	n	i	n	g	y	o	u	c	a
暗号文	Z	O	F	M	M	W	I	F	M	F	V	V	V	P	N	D	G

鍵文　A R M E R A N D A U N T E M W H O
平文　n d o t o k e e p i n t h e s a m
暗号文　O V B Y G L S I Q D B N M R P I B
鍵文　W A S T H E F A R M E R S W I F E[3]
平文　e p l a c e[4]
暗号文　B Q E U K J

反復する鍵を用いる多アルファベット暗号さえ、多くの解読者はお手上げになり、もっと易しいものを探すことになった。この鍵が反復しない「進行鍵暗号」は、さらに——不可能なわけではないが——破りにくい。

基本的な状況が二つある。一つはイブが同じ進行鍵で暗号化されたメッセージをいくつか持っている場合。これよりは破りにくいもう一つの状況は、メッセージを一つだけ持っている場合。イブがいくつかのメッセージは同じ鍵で暗号化されているとにらむ理由があるなら、それを2・5節のκテストを使って確かめることができる。それで陰性と出たら、イブはそのテキストが同じ鍵文を使っていても、始まる位置が違うという可能性を考えるべきだろう。

鍵文1　D O R O T H Y L I V E D I N T H E M I
平文1　a s l o w s o r t o f c o u n t r y s
暗号文1　E H D D Q A N D C K K G X I H B W L B
鍵文1　　　　　　　　L I V E D I N T H E M I
平文2　　　　　　　　m o w g l i w a s f a r
暗号文2　　　　　　　Y X S L P R K U A K N A

鍵文1 D S T O F T H E G R E A T K A N S A S
平文1 a i d t h e q u e e n n o w h e r e y
暗号文1 E B X I N Y Y Z L W S O I H I S K F R
鍵文1 D S T O F T H E G R E A T K A N S A S
平文2 a n d f a r t h r o u g h t h e f o r
暗号文2 E G X U G L B M Y G Z H B E I S Y P K

鍵文1 P R A I R I E S W I T H U N C L E H E
平文1 o u s e e i t t a k e s a l l t h e r
暗号文1 E M T N W R Y M X T Y A V Z O F M M W
鍵文1 P R A I R I E S W I T H U N C L E H E
平文2 e s t r u n n i n g h a r d a n d h i
暗号文2 U K U A M W S B K P B I M R D Z I P N

鍵文1 N R Y W H O W A S A F A R M E R A N D
平文1 u n n i n g y o u c a n d o t o k e e
暗号文1 I F M F V V V P N D G O V B Y G L S I
鍵文1 N R Y W H O W A S A F A R M E R A N D
平文2 s h e a r t w a s h o t i n h i m h e
暗号文2 G Z D X Z I T B L I U U A A M A N V I

鍵文1　A U N T E M W H O W A S T H E F A R M
平文1　p i n t h e s a m e p l a c e
暗号文1　Q D B N M R P I B B Q E U K J
鍵文1　A U N T E M W H O W A S T H E F A R M
平文2　c a m e t o t h e c a v e a s t h e e
暗号文2　D V A Y Y B Q P T Z B O Y I X Z I W R

鍵文1　E R S W I F E
平文1
暗号文1
鍵文1　E R S W I F E
平文2　v e n i n g m[5]
暗号文2　A W G F W M R

２・５節のときと同様、暗号文が正しく組まれていれば、κテストによる一致指数は6.6％に近い。

イブが同じ鍵で暗号化されたいくつかの暗号文を特定してしまえば、２・６節で見たように、それを重ね書きすることができる（もちろん正しい並びで）。イブにとってはあいにくなことに、列を長くするために鍵の反復を利用することはできない。。同じ鍵で暗号化された文をたくさん持っていれば、これは必ずしも問題にはならないし、文字頻度分析を使える場合が多い。一方、メッセージの数が少ないが、どの種類の暗号で列が暗号化されているかを知っているなら、イブは２・６節のような総あたりの攻撃を行なうことができる。しかしメッセージの数が少なすぎると、各列のデータが十分でないこともある。[6] 今度は長いメッセージには、結合できる列があるはずで、実際多数ある――ここでの例なら、鍵文字Aで暗号化される列が11あり、その列はすべて、それがどこにあるかがわかれば、結合できる。イブにとって幸いなことに、フリードマンとカルバックの役に立つ一致指数テストがもう一つあって、「χ(カイ)テスト」つまりクロス積和テストという。[7]

φテストはある暗号文が単一アルファベット換字で暗号化されたかどうかを見るためのもので、κテストは二つの暗号文が同じ多アルファベット換字の鍵で暗号化されたかどうかを調べるものだったことを思い出すとよい。χテストは二つの暗号文が同じ単一アルファベット換字の鍵で暗号化されたかどうかを調べる。まずφテストを用いて各暗号文が単一アルファベットで暗号化されていることを確かめる。その後の基本的な考え方は、二つの暗号文をひとまとめにしても、結果はなお単一アルファベット暗号のように見えるはずで、このことはφテストと同じような手法を用いて確かめられる。他方カルバックは、それぞれの暗号文について個々にφテストを行なってしまうと、組み合わせた暗号文に対するφテストを用いることは、二つの暗号文の「クロス積和」を計算するのと同等になることを代数的に示した。これは最初の暗号文からAを拾う可能性×第二の暗号文からAを拾う確率〔クロス積〕プラスBについての同じこと、プラスCについての同じこと……〔クロス積和〕を取ることで計算される。この合計が6.6%にほぼ等しければ、二つの暗号文を合わせた一致指数はやはり約6.6%になるので、同じ鍵で暗号化されたことになる。

たとえば、イブが表5・1にある暗号文を得たとする。[8]

イブが各列から最も多い暗号文の文字を拾い、それが平文の「e」のことだと想定すると、その下に添えた鍵文字が得られる。χテストの値はⅠ列とⅢ列が同じ鍵で暗号化されている可能性が高いことを示す。この二つの列をいろいろな鍵で解読すると、以下の結果が得られる。

列	鍵	結果	頻度計
I	U	elmoleddezxarlzalgtemzehepdtal	0.060
I	F	tabdatsstompgaopavitbotwtesipa	0.061
III	U	peyropzlpeyaeeehxjppchpdpowepo	0.053
III	F	etngdeoaetnpttwmyeerwesedlted	0.076

これでわかるように、FはⅠ列に対してはぎりぎり優れているが、Ⅲ列に対しては相当に優れている。χテストがこの二列の鍵が同じらしいことを示すなら、その鍵はFであることを示す強い証拠となる。このように進めると、イブはⅤ列とⅥ列も同じ鍵で暗号化されていて、最終的な進行鍵は「fifteen」であることを見抜く。

補足5・1　みんな前にここに来たことがある

本書の3・4節で連結に関する部分に達したとき、あることに疑問を抱かれたかもしれない。そこで、2字組頻度の対数を足す方が、頻度そのものを足すより正確だという話をしたが、その前に2・

表５・１
同じ進行鍵で暗号化された暗号文の列

列	Ⅰ	Ⅱ	Ⅲ	Ⅳ	Ⅴ	Ⅵ	Ⅶ
暗号文１	Z	Q	K	I	Q	I	G
暗号文２	G	C	Z	B	J	F	R
暗号文３	H	N	T	V	T	B	P
暗号文４	J	X	M	U	U	U	S
暗号文５	G	W	J	X	N	X	O
暗号文６	Z	Q	K	V	Q	F	Q
暗号文７	Y	Y	U	N	Y	M	S
暗号文８	Y	N	G	W	M	J	G
暗号文９	Z	Q	K	F	F	X	H
暗号文10	U	O	Z	B	J	G	Z
暗号文11	S	J	T	N	M	J	Q
暗号文12	V	J	V	Y	W	X	W
暗号文13	M	X	Z	I	G	W	W
暗号文14	G	C	Z	B	J	X	W
暗号文15	U	O	Z	B	J	X	D
暗号文16	V	X	C	X	J	W	O
暗号文17	G	A	S	M	Y	M	S
暗号文18	B	X	E	U	L	J	K
暗号文19	O	Q	K	U	W	I	W
暗号文20	Z	Q	K	U	U	U	Z
暗号文21	H	J	X	L	J	Q	Q
暗号文22	U	O	C	U	W	M	C
暗号文23	Z	Q	K	M	M	N	D
暗号文24	C	J	Y	U	G	F	B
暗号文25	Z	Q	K	D	T	Q	Z
暗号文26	K	W	J	I	K	Y	V
暗号文27	Y	R	R	P	J	W	G
暗号文28	O	B	Z	L	N	P	S
暗号文29	V	R	K	W	J	X	C
暗号文30	G	W	J	F	F	X	H
最頻文字	Z	Q	K	U	J	X	S
対応する鍵	u	l	f	p	e	s	n
列Ⅰに対する列についてのχテストの値		0.018	0.072	0.037	0.038	0.023	0.058

６節で多アルファベット暗号文を単一アルファベット項に還元するとき、ただ前に進んで項を足した。二つの事情が違うわけが何かあるのだろうか。

実はある。単一アルファベット項に帰着する場合は、余分の情報がある。作業中の文字集合についてφテスト一致指数があって、それはこの手法を正しく使っていれば０・０６６程度になるはずであることがわかっている。また、求めている一致指数、つまり０・０６６は英語の平文についてのものであることもわかっている。これは、本節のχテストを使うときの状況を思わせるはずで、実際、２・６節の頻度和は、χテストと同等である。

その理由を理解するにはいくつか式を立てるのがいちばん簡単だろう。n個の平文文字で、そのうちn_a個がａ、n_b個がｂ、……という集合があるとしよう。f_a、f_b以下は、それぞれの文字の英文での頻度とする。すると、頻度を足し合わせれば、f_aをn_a回、f_bをn_b回等々と足すことになる。したがって、この集合の頻度和は以下のようになる。

$$n_a f_a + n_b f_b + \cdots + n_z f_z.$$

今度は、平文文字と思われるものと多数の実際の平文文字についてχテストを行なうとしよう。平文と思われるものから（たとえば）文字ａを拾う可能性はn_a/f_aであり、実際の平文から文字ａを拾う可能性はf_aである。同様に続ければ、この二つのテキストの一致指数のχテストは次のようになる。

$$\frac{n_a}{n}f_a + \frac{n_b}{n}f_b + \cdots + \frac{n_z}{n}f_z,$$

これは頻度の和をnで割ったものと同じになる。文字数が同じなら、頻度和の比較によって、χテストの値を比べるのと同じ結果が得られる。

しかしこのテストは望まれることをするのだろうか。χテストは、二つのテキストが同じ単一アルファベット暗号で暗号化されているかどうかを確かめるものであることを思い出そう。仮説される実際の平文がどの暗号で暗号化されているかはわかっている――それは自明の暗号だ。つまり、χテストの値が良好なら、平文と見られるものが自明の暗号で暗号化されたものでもあることを意味する。つまり、それが平文を構成している。それこそがテストしたかったことだ。

ここまでの技は、イブが同じ鍵で暗号化された複数のメッセージを得ている場合にだけ機能する。イブが得ているメッセージが1通だけだったらどうなるだろう。これが先に挙げた基本的な状況の第二だ。手始めになる頻度情報も十分にないように見える。しかし、まだ使っていない頻度情報の組が一つある。それは鍵にある文字の頻度である。共通の本にある文を鍵として選んでいるので、その文章にある文字の頻度分布は、平文のものとある程度同じと予想してよいだろう。

変化をつけたいがためだけに、今度はイブがアリスとボブの使っているのはこれまで仮定していた多表式ではなく、逆転表式であることはわかっているとする。[9] この表では、暗号文の数は鍵数字から平文の数を26を法として引いたものなので、$C \equiv k - P \equiv 25P + k \pmod{26}$ である。表は次のような外観をしている。

	a	b	c	d	e	f	g	h	…	s	t	u	v	w	x	y	z
z	Y	X	W	V	U	T	S	R	…	G	F	E	D	C	B	A	Z
A	Z	Y	X	W	V	U	T	S	…	H	G	F	E	D	C	B	A
B	A	Z	Y	X	W	V	U	T	…	I	H	G	F	E	D	C	B
C	B	A	Z	Y	X	W	V	U	…	J	I	H	G	F	E	D	C
⋮									⋮								
x	W	V	U	T	S	R	Q	P	…	E	D	C	B	A	Z	Y	X
Y	X	W	V	U	T	S	R	Q	…	F	E	D	C	B	A	Z	Y

イブが暗号文にOがあるのを見るとする。表からすれば、平文はkで鍵はzということはありうるが、鍵が流布している本のものとすると、その組合せはあまりありそうとは言えない。平文はlで鍵はAかもしれない。こちらの方が可能性は高い。あるいはと、他に24通りの組合せがあり、それは上の二つの中間にある。鍵文と平文は別個に選ばれるという、たいていはそうなることを仮定すれば、それ

ぞれの組合せの確率を、平文文字と鍵文字の確率をかけることで求められる。たとえば、l とＡの確率は .040×.082 ≈ .0033 だが、k とＺの確率は .077×.0074 ≈ .0000057 となる。頻度が低い文字については、表２・２にあるものよりも正確な数字を使う必要があることに気をつけよう。

これを使って、暗号文の文字と平文に最も可能性の高い文字それぞれについて表を構成することができる。たとえば、イブは次のような暗号文を得ているとする。[10]

OFKOP QZHUL XSFTJ JRAHY

すると次のことが観察できる。

暗号文	O	F	K	O	P	Q	Z	H	U	L	X	S	F	T	J	J	R	A	H	Y
平文																				
可能性第１位	e	n	t	e	o	n	e	a	t	s	t	a	n	t	e	e	i	s	a	t
第２位	t	i	i	t	s	a	t	s	n	o	e	l	i	o	i	i	a	d	s	e
第３位	s	h	h	s	d	r	a	l	s	h	n	h	h	n	t	t	t	n	l	o
鍵文																				
可能性第１位	T	T	E	T	E	E	E	I	O	E	R	T	T	N	O	O	A	T	I	S
第２位	I	O	T	I	I	R	T	A	I	A	C	E	O	I	S	S	S	E	A	D
第３位	H	N	S	H	T	I	A	T	N	T	L	A	N	H	D	D	L	O	T	N

そこでイブは頻度の高い文字の組合せ、あるいはありふれた言葉を探す。それが平文の３行と鍵文の３行にわたって散らばっているかもしれないが、どの暗号文の文字についても、平文と鍵文の行は

対応しなければならないことを頭に入れておこう。たとえば、平文の最初の単語は「this」で、これは「INTH」に対応していて、その次は「E」で、「IN THE」となり、平文は「this o」となるのではないか。その後は難しくなって、イブは何度か試行錯誤して、表にさらに何行か加えることもあるかもしれないが、十分な時間と忍耐力があれば、最後まで完成させることも大いにありうるだろう。

この状況で使える場合が多い技としては、「ありそうな単語」法というのもある。[11] 最も可能性の高い平文と鍵文の可能性の中の共通の単語を探すのではなく、the とか、他の理由で平文にあると考えられる単語など、ありふれた単語をただ選べばいいだけかもしれない。そうすると、その単語にありうるそれぞれの位置で平文として試し、鍵文として高い頻度の文字や単語の部分を得られるかどうかを調べる。あるいは、ありふれた単語を鍵文として試し、可能性の高い平文が得られるかどうかを調べることができる。「ありそうな単語」法はこれまでに見た他のいくつかの状況でも使えるので、それについて言っておくべきだとも思ったが、そこにはあまり数学はないので、このくらいにしておくことにする。

5・2　ワンタイムパッド

反復鍵暗号は反復によって破られることがあり、進行鍵暗号は複数のメッセージを使ったり、鍵にある文字や単語の頻度を使ったりして破られることがあるのなら、いずれでも破れない暗号はあるだろうか。そのような「完全に安全」な方式はあるし、一九世紀後期から二〇世紀初期にかけて何度か独自に発見されたこともあるらしい。知られている最初の例は一八八二年、フランク・ミラーというカリフォルニア州の銀行家が、電信で使うための符号と暗号を組み合わせたものを発表した[12]。残念ながら、この方式は知られないまま忘れられたらしい。完全に安全な方式のために必要な部品をすべてまとめた二番手は誰かということについての見解はそろっていないが、4・1節のギルバート・ヴァーナムか、ジョセフ・O・モーボルニュ少佐か、その両方かで、その共同研究者の力も借りていただろう[13]。一九二八年、モーボルニュは陸軍通信隊研究開発部門の長で、その頃、AT&Tがヴァーナムによるテレタイプ通信の暗号化装置が成功したことを伝えた。通信隊は陸軍の通信の安全を管轄していたので、モーボルニュは実証実験を見に行くよう派遣された。その方式は気に入ったが、鍵に問題があった。AT&Tの技術者は当初、ランダムな鍵を巻きテープにかけていたので、装置を通じて何度も循環することになった。技術者はすぐにこれは一種の反復鍵暗号であり、第2章で用いたのと同じ手法によって破れることに気づいた。二つの解決策が唱えられた。一つは、もっと短い、長さの異なる2本の鍵用巻きテープを使い、その両方を使って暗号化することだった。2・7節で見たように、結果として得られる鍵の長さは、二つのテープの長さの最小公倍数となる。しかしこの方式でも、2・7節で見たように、とくに通信量が多いときには脆弱になる。

もう一つの答えは、進行鍵と同じく鍵を暗号と同じ長さにすることだったが、使うのは、解読側が手がかりにする頻度情報やありそうな単語のない、純然たるランダムな鍵だった。さらに、その鍵を使い回すことはできない[14]。それを何度か繰り返し使うと、5・1節の複数メッセージの重ね書きという手法を使ってメッセージが解読されるかもしれない。さらに悪いことに、同じ鍵が使われるのが2回だけでも破ることができるかもしれない。これは式の形で見るのが易しい。イブが二つの暗号文C_1とC_2を次のように得たとする。

$$C_1 \equiv P_1 + k \pmod 2$$

と

$$C_2 \equiv P_2 + k \pmod 2$$

イブは両者を足して、次を得る。

$$C_1 + C_2 \equiv P_1 + P_2 + 2k \pmod 2$$

しかし$2 \equiv 0 \pmod 2$なので、イブが得るのは

$$C_1 + C_2 \equiv P_1 + P_2 \pmod 2$$

で、これは一つの平文が進行鍵で暗号化されたのと同じ結果となる。つまり、両方のテキストにある頻度あるいはありそうな単語の情報を使って、平文を明らかにして、望むなら鍵を得ることができる。

ところが、この鍵が使われるのが1回だけなら、この方式は既知平文攻撃にさえ耐える。イブが対応する平文と暗号文を持っていれば、当然鍵はわかる。しかし鍵がランダムに選ばれて二度と使われ

ないなら、鍵を知っていても役に立たない。鍵を一度しか使わないことが大事なため、この方式は1回方式、ワンタイムテープなどと呼ばれ、いちばん広まっているのは「ワンタイムパッド」だ。パッドと言われることについては少々説明が必要になる。ヴァーナムとモーボルニュがそれぞれの方式の研究をしていたのと同じ頃、ドイツ外務省の3人の暗号学者[15]も、破れない方式には、平文と同じ長さの一度きりのランダム鍵が必要であることを認識した。この3人は、二進数ではなく十進数でできた平文を使い、法を2ではなく10として足し算をし、ここでの話にとって何より重要なことに、テレタイプのテープではなく紙で作業をした。その方式は一九二〇年代初期のドイツの外交官用に開発され、50枚のリーガルサイズ紙の束を使い、それぞれがランダムな数字で埋められていた[16]。数字の列一つについてぴったり一致するパッドが二つ作られ、シートは通信ごとに破り取られて破棄された。

ワンタイムパッドは破れないことは一般に知られていたものの[17]、クロード・シャノンが厳密に証明したのは一九四〇年代になってからのことだった。実際には、シャノンはまず「破れない」ことの厳格な定義を行なっている。シャノンは、一つの暗号文に対して、どんな平文も、他のどんな平文とも同じくらいありうる場合、その暗号は「完全に安全」であるとした[18]。つまり、イブはランダムに推測するよりうまく平文を回復することはできないということだ。シャノンはさらにこのことの帰結をいくつか明らかにした。一つはありうる平文の数だけ鍵がなければならないということ——現実的に言えば、これは鍵が平文と同じ長さでなければならないことを意味する。すべての鍵が使われる可能性は等しくなければならないという帰結もある。これは文字あるいは数字がランダムに選ばれ、それまでの鍵からは決して決められないということを意味する。どちらもテレタイプ方式で、ドイツ外交官の方式はこの基準にあてはまるし、平文と同じ長さのランダム鍵による多表式暗号もそうだった。

この平文と同じ長さのランダム鍵による多表式暗号表を使って、ワンタイムパッドが破れない理由を正確に解説することができる。イブが次の暗号文を傍受したとする。

WUTPQGONIMM

これは「meet me at two〔2時に会おう〕」か「meet me at ten〔10時に会おう〕」か、いずれかだと信じてよいものとする。そこで両方の可能性を試すことができる。平文が「meet me at two」なら、使える鍵を見つけることができる。

鍵文	J	P	O	V	D	B	N	T	O	P	X
平文	m	e	e	t	m	e	a	t	t	w	o
暗号文	W	U	T	P	Q	G	O	N	I	M	M

「できた」とイブは言う。しかしちょっと待て——「meet me at ten」を試しても、使える鍵は見つかる。

鍵文	J	P	O	V	D	B	N	T	O	H	Y
平文	m	e	e	t	m	e	a	t	t	e	n
暗号文	W	U	T	P	Q	G	O	N	I	M	M

実は、ありうるすべての平文に対してそれぞれに有効な鍵がある。たとえば、

鍵文　N I K E L N N B V X Y
平文　i l i k e s a l m o n〔私は鮭が好き〕
暗号文　W U T P Q G O N I M M

どの鍵も他のどの鍵とも可能性は同じなら、イブはどれが本当の鍵かはわからない。つまりイブには正しい平文を特定することはできない。

完全な安全性は魅力だが、ワンタイムパッドには大きな問題が一つある。ランダム鍵の素材を大量に必要としていて、アリスとボブはそれをどう受け渡すかを考えなければならない[19]。テレタイプ装置の初の大規模な試行のとき、ヴァーナムとモーボルニュは鍵用テープを使い切ってしまい、二つの鍵用巻きテープのシステムで備えなければならなかった[20]——それは平時の状況で、常駐の参加者どうしで通信し、多くの警告が出る試行段階の装置だった。実際には、条件がワンタイムパッドを使うのに適していることはめったにない。外交官の通信はそのような状況の一つだ。鍵の内容は予定されている時期に定期的に外交官によって運ぶことができ、それから安全でない電話やコンピュータネットワークごしの通信に使うことができる。たとえば、ホワイトハウスとクレムリンを結ぶ「赤電話」は、少なくとも当初はワンタイム方式で暗号化されていた[21]。ワンタイムパッド（紙の）は冷戦期にもソ連がトップレベルのスパイ通信の大半用に使っていた[22]。パッドはきわめて小さくできて、隠しやすく、

また緊急時にも破棄しやすい。そのためきわめて燃えやすくもなっていた。新しい鍵の内容を送りにくい場合は、単にメッセージを送るのを控えるということで処理された。

5・3　それに乗ればいい――自動鍵暗号

反復鍵を含まないが、前の平文、暗号文、鍵文の一部を使って新しい鍵文を生成するので長い鍵文を用意しなくてもよい方式がある。この方式は自動鍵暗号と呼ばれ、完全な安全性はもたらさないが、反復鍵暗号よりは破りにくく、進行鍵暗号やワンタイムパッドよりは使いやすい。自動鍵という考え方が最初に思いつかれた、あるいは少なくとも最初に記述されたのは、ジローラモ・カルダーノによる初期の多アルファベット暗号[23]と同じ頃だった。その考え方は、平文そのものを「鍵」として暗号文を作り、各単語ごとにやり直す。この鍵を表す現代的な用語を探せば「鍵ストリーム」となるだろう。これから見るように、これは本来の意味での鍵ではない。

たとえば、アリスがカルダーノの賭博に関する本の英語名〔On casting the die ＝「さいころ遊びについて」〕を暗号化することを考えてみよう。

鍵ストリーム	O	N	O	N	C	A	S	T	I	O	N	C	A	S	T
平文	o	n	c	a	s	t	i	n	g	t	h	e	d	i	e
暗号文	D	B	R	O	V	U	B	H	P	I	V	H	E	B	Y

解読には、ボブは最初の単語を解読し（詳細は後ほど）、それからそれを使って次の文字を解読する。

鍵ストリーム	O	N	O	N											
暗号文	D	B	R	O	V	U	B	H	P	I	V	H	E	B	Y
平文	o	n	c	a											

これは次の二つの鍵をもたらし、以下同様となる。

カルダーノの方式には大きな問題が三つある。第一の問題は、この例の最初の単語を合同算術の目で見るとわかりやすいかもしれない。

鍵ストリーム	O	N
数字	15	14
平文	o	n
数字	15	14
暗号文	D	B
数字	4	2

最初の単語に対してすることは、それ自身に足す、つまり2をかけることだ。しかし2はだめな鍵で、最初の単語の解読のしかたが複数あることがわかっている。次のようなことも考えられるのだ。

鍵ストリーム	B	A
数字	2	1
平文	b	a
数字	2	1
暗号文	D	B
数字	4	2

これは致命的ではないかもしれない。それが言えるのは最初の単語だけで、間違った解読をすればわけがわからないだけでなく、テキストの残りもわけがわからなくなるだろう。第二の問題はもっと重大だ。カルダーノの暗号はアリスとボブが勝手に変更できる鍵がなく、ケルクホフスの原理に違反している。第三の問題は多くの自動鍵暗号に共通している。ボブが暗号文の最初の方で解読を間違うと、回復はまず不可能になる。平文の前の部分が残りの解読に必要となるからだ。以上の三つの問題がカルダーノ暗号にのしかかっていた。ベラーソは、自動鍵の考え方と、進行換字暗号と組み合わせることでこの状況を改善したが、この方式は広まらなかった。おそらく複雑だったからだろう。

2・4節のヴィジュネル暗号の場合とは違い、この場合に大飛躍を遂げた人物は確かにブレーズ・ド・ヴィジュネルだった。この暗号については一五八六年の著書、『暗号論、すなわち秘密の書き方について』[24]で述べられている。ヴィジュネルはカルダーノの第一の問題を、アリスに「下地鍵（プライミング）」を使って最初の文字を暗号化させ、平文の最初の文字以下を鍵の第2字以下として用いることによって回避した。

鍵ストリーム	V A W O R T H L E S S C R A C K I N[25] 〔解読無用〕
平文	a w o r t h l e s s c r a c k i n g
暗号文	W X L G L B T Q X L V U S D N T W U

この下地鍵を現代的な用語で言えば、初期化ベクトルとなる。ベクトルは固定長のものを並べたリストで、この場合は長さ1の最初の文字列のリストである。アリスとボブが同意するのは他のどんな長さでもいいことは容易にわかる。

これでもカルダーノの第二の問題は解決しない。下地鍵は実は鍵ではないからだ。それは最初の文字の暗号化だけに作用する。ヴィジュネルはこれを、平文を鍵ストリームとして使う前に変えるという追加の手順を加えることによって改変する条項を入れた。[26] この暗号の本当の鍵は、その改変方法ということになる。たとえば、各暗号文の文字に、それを使う前に $25P+1$、つまりアトバッシュ変換を加えることもできるだろう。

ずらした平文	v	a	w	o	r	t	h	l	e	s	s	c	r	a	c	k	i	n
鍵ストリーム	E	Z	D	L	I	G	S	O	V	H	H	X	I	Z	X	P	R	M
平文	a	w	o	r	t	h	l	e	s	s	c	r	a	c	k	i	n	g
暗号文	F	W	S	D	C	O	E	T	O	A	K	P	J	C	I	Y	F	T

この考え方はその後、鍵を $25P+1$ 暗号とする「平文自動鍵暗号」と呼ばれるようになった。カル

ダーノの第三の問題点が残っている。ボブが解読をどこかで間違えたり、暗号文の送信にエラーがあったりすれば、その先の解読はすべてあやしくなる。この問題は平文自動鍵暗号に内在していて、一般にそれが使われない理由として挙げられもする。

ヴィジュネルは、この「エラー伝播」と呼ばれる問題を解決するオプションも提案していた。アリスは平文自動鍵暗号ではなく、暗号文自動鍵を用いることができる。この場合、暗号文が初期化ベクトルで何字分かずらされて、それが鍵ストリームになる。たとえば、こんなふうに。

鍵ストリーム	I	F	G	Z	T	Y	Z	L	X	W	L	G	Y	N	W	
平文	w	a	s	t	e	a	l	l	y	o	u	r	o	i	l[27]	〔油はすべて無駄〕
暗号文	F	G	Z	T	Y	Z	L	X	W	L	G	Y	N	W	I	

今度は初期化ベクトルが浸透し、暗号文全体に影響するが、他方、鍵ストリームは丸見えになる。ケルクホフスの原理からすると、アリスとボブが暗号文自動鍵暗号を使っていることをイブが知っているかもしれないので、鍵ストリームをイブに与えるのはまずいということになる。イブは初期化ベクトルがわかるまで何通りかずらしてどれが使えるか試してみるだけでよい。

平文自動鍵暗号の場合と同じく、別の変換を加えることで安全性は改善される。たとえば、$25P+1$変換を使う暗号文自動鍵暗号なら、次のようになるだろう。

ずらした暗号文	I	O	M	G	N	R	J	C	J	P	Z	V	W	S	Q
鍵ストリーム	R	L	N	T	M	I	Q	X	Q	K	A	E	D	H	J
平文	w	a	s	t	e	a	l	l	y	o	u	r	o	i	l
暗号文	O	M	G	N	R	J	C	J	P	Z	V	W	S	Q	V

ここでも**25P＋1**変換がここでの鍵と考えられるだろう。

鍵ストリームは解読された平文ではなく、暗号文だけに依存するので、暗号文自動鍵は、解読の誤りが解読過程全体に広がる問題に陥らない。逆に、アリスが暗号化を間違うと似たような問題が生じる。暗号文の違いがその後の暗号化の過程全体に影響するので、アリスが犯す誤りがボブの解読した文をあるところから先、わけがわからなくする。暗号文自動鍵暗号は、現代のコンピュータが登場する前は非常に稀だったが、コンピュータ時代になると、実際には同じ考え方が普及するようになった。

実は、コンピュータ以前の各種自動鍵暗号は、現代のブロック暗号で使える「利用モード」に相当する。第4章で使われているのを見た、各ブロックが個別に暗号化されるブロック暗号の使われ方は、専門的には「電子的コードブック・モード」、あるいはＥＣＢと呼ばれる（図5・1）。このモードの欠点は、同じ平文のブロックは必ず同じ暗号文のブロックに符号化されるということだ。ＡＥＳの場合のように、ブロック長が128ビットなら16字分で、これはかなり長い反復となる。[28] しかし他のタイプのデータの場合、たとえば高解像度（ハイレゾ）画像やハイレゾ音楽のような場合には、その程度の反復はよくあることかもしれない。これは多くの情報を漏らすことができるので、ＥＣＢは安全とは考えられない。

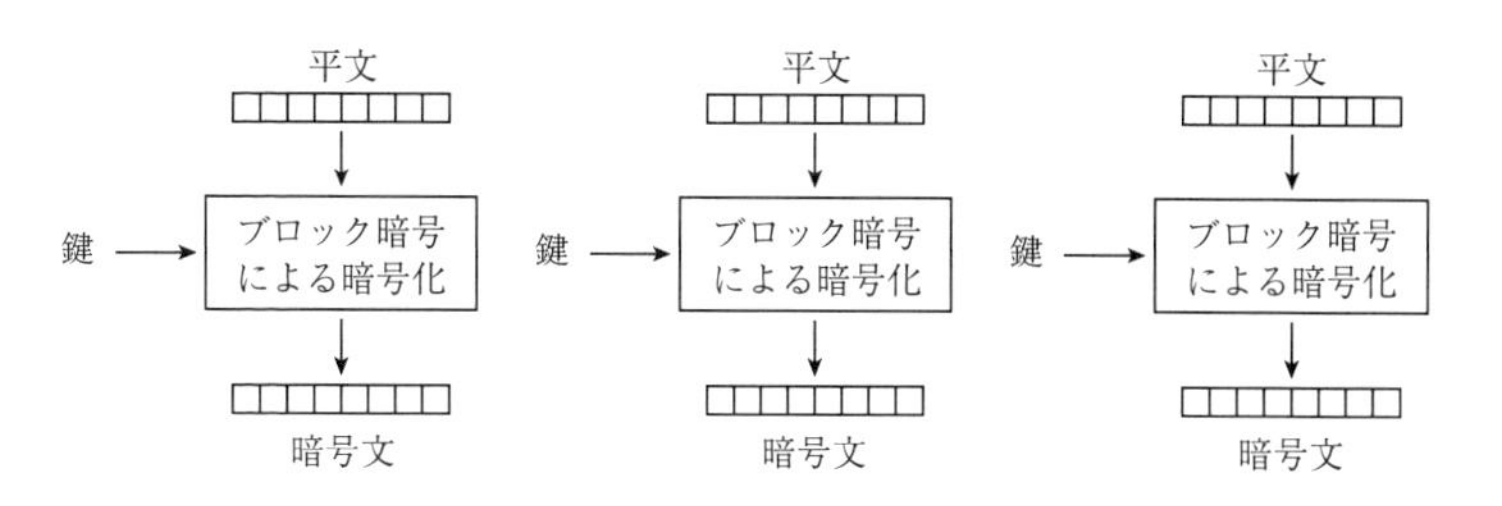

図5・1　ＥＣＢ暗号化

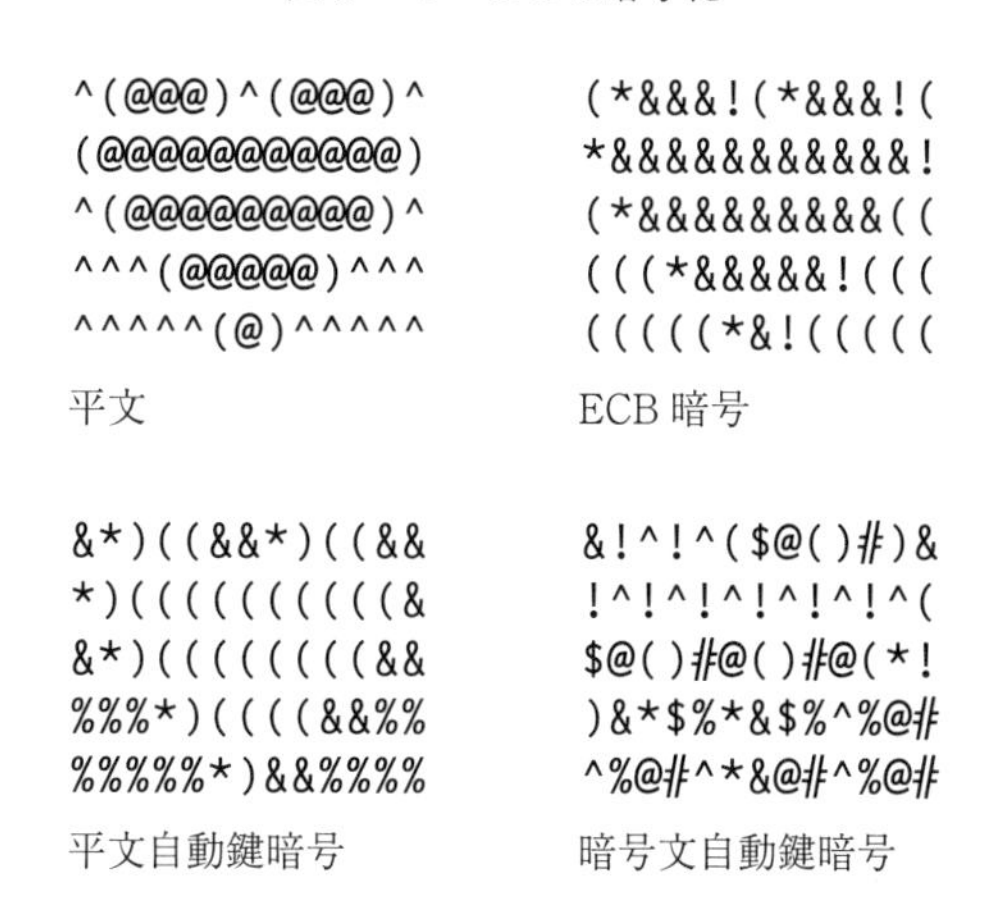

図5・2　いろいろな暗号化のモードの図像への影響

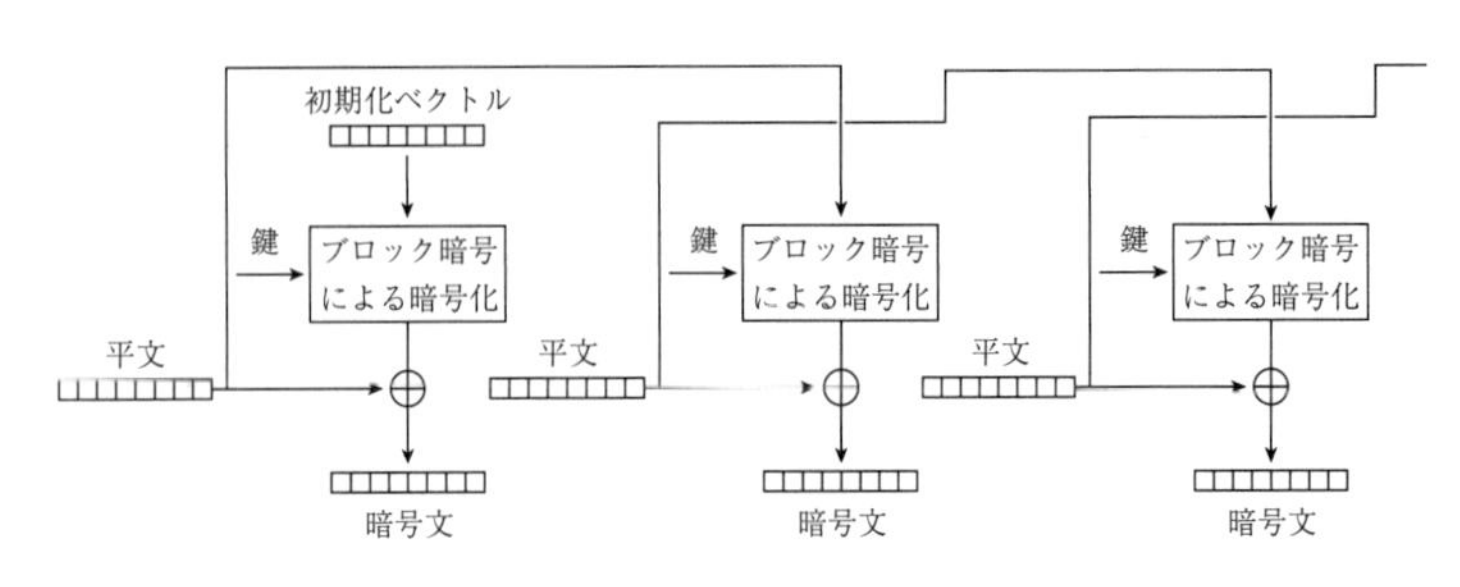

図５・３　ＰＦＢ暗号

図５・２では、非常に小さなブロックによる非常に低解像度の画像についての暗号を使ってこのことの図解を試みた。最初に示された絵が平文である。これは標準的なＵＳ配置のキーボード上の位置に従って記号を数に変換して暗号化された。

記号	!	@	#	$	%	^	&	*	(	)
数	1	2	3	4	5	6	7	8	9	0

第二の絵では、各数字は $3P+1 \pmod{10}$ の変換を使って別個に暗号化され、符号に戻される。絵の全体的な形はまだわかりやすい。第三の絵では、数字の列が平文自動鍵暗号を $3P+1 \pmod{10}$ の変換と初期化ベクトル０とともに使って暗号化される。絵は少しわかりにくくなっているが、同じ平文記号の列はやはりあまりにも多くの情報を漏らしてしまっている。第四の絵では、数字の列の暗号化に、暗号文自動鍵暗号と、$3P+1 \pmod{10}$ と初期化ベクトル０を使っている。最終結果は、元の絵に結びつけることが無理とは言わないまでも、さらに相当難しくなっている。

使うのは平文自動鍵暗号のアイデアだが、$25P+1$ ではなくＡＥＳ

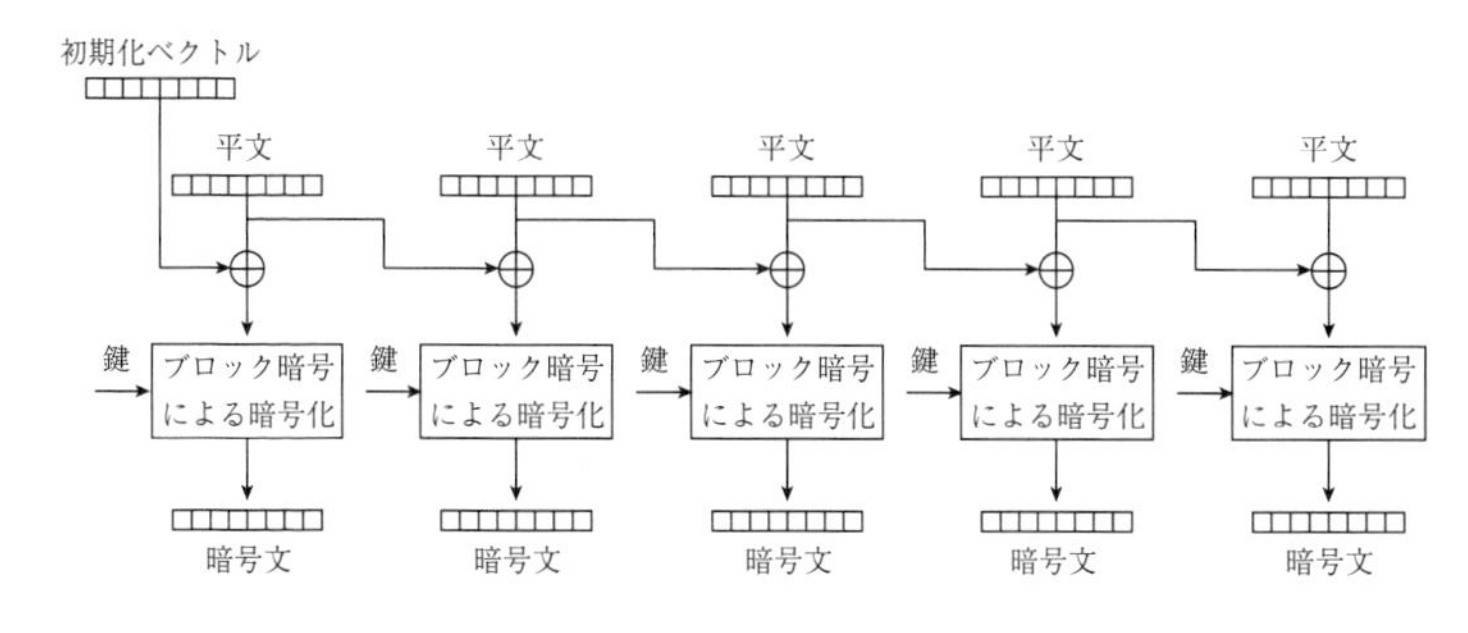

図5・4　PBC暗号化

のような現代のブロック暗号を使い、26を法として文字を加えるのではなく、4・1節で見たような、2を法とするビットを加えるとする。すると図5・3にあるような、「平文フィードバックモード」、つまりPFBが得られる。これに基づく変奏は、平文の各ブロックを次のブロックと組み合わせてから、組合せブロックを暗号化することだ。これは「平文ブロック連鎖」、あるいはPBCと呼ばれ、図5・4に示した。それでもPFBとPBCは先に触れたエラー伝播という問題に陥る。現代のコンピュータを使えば、符号化と解読でのエラーは、昔よりはずいぶんと稀になる。それでも伝送の際に生じるエラーは非常に深刻な問題で、この二つのモードが使われることはめったにない。この二つは、図5・2に見られるように、頻度情報もいくらか漏らす。平文ブロックの中に他より無視できないほど多く現れるものがあれば、それは暗号文を見ることによって比較的容易に識別できるだろう。

同じことを暗号文自動鍵暗号で行なうことができる。ヴィジュネルの暗号文自動鍵暗号は、図5・5に示したような「暗号文フィードバック・モード」、あるいはCFBとなる。あるいは、暗号文の各ブロックを次の平文ブロックと組み合わせてから暗号化すれば、図5・6に示した「暗号文ブロック連鎖」、つまりCBCとなる。この二つのモードは、伝送の誤りで生じるエラー伝播に陥らないし、先にも述べたように、伝播を起こしかねない暗号化のエラーも、現代のコンピュータではほとんどない。したがって、この二つは非常に有効な利用モードと考えられ、よく普及している。

自動鍵暗号で第三のメジャーなタイプは「鍵自動鍵暗号」だ。これはヴィジュネルは考えなかったらしい。それはおそらく、鍵ストリームを鍵ストリームに写しても何にもならないように見えたからだろう。しかし、途中で余分の変換を加えれば、興味深いことになってくる。アリスが鍵ストリームの文字に毎回1を加えれば、トリテミウスの進行暗号が得られる。

ずらした鍵ストリーム	Z	A	B	C	D	E	F	G	H	I	J
鍵ストリーム	A	B	C	D	E	F	G	H	I	J	K
平文	t	h	e	o	p	p	o	s	i	t	e
暗号文	U	J	H	S	U	V	V	A	R	D	P

ずらした鍵ストリーム	K	L	M	N	O	P	Q	R	S	T	
鍵ストリーム	L	M	N	O	P	Q	R	S	T	U	
平文	o	f	p	r	o	g	r	e	s	s	〔進歩の反対〕
暗号文	A	S	D	G	E	X	J	X	M	N	

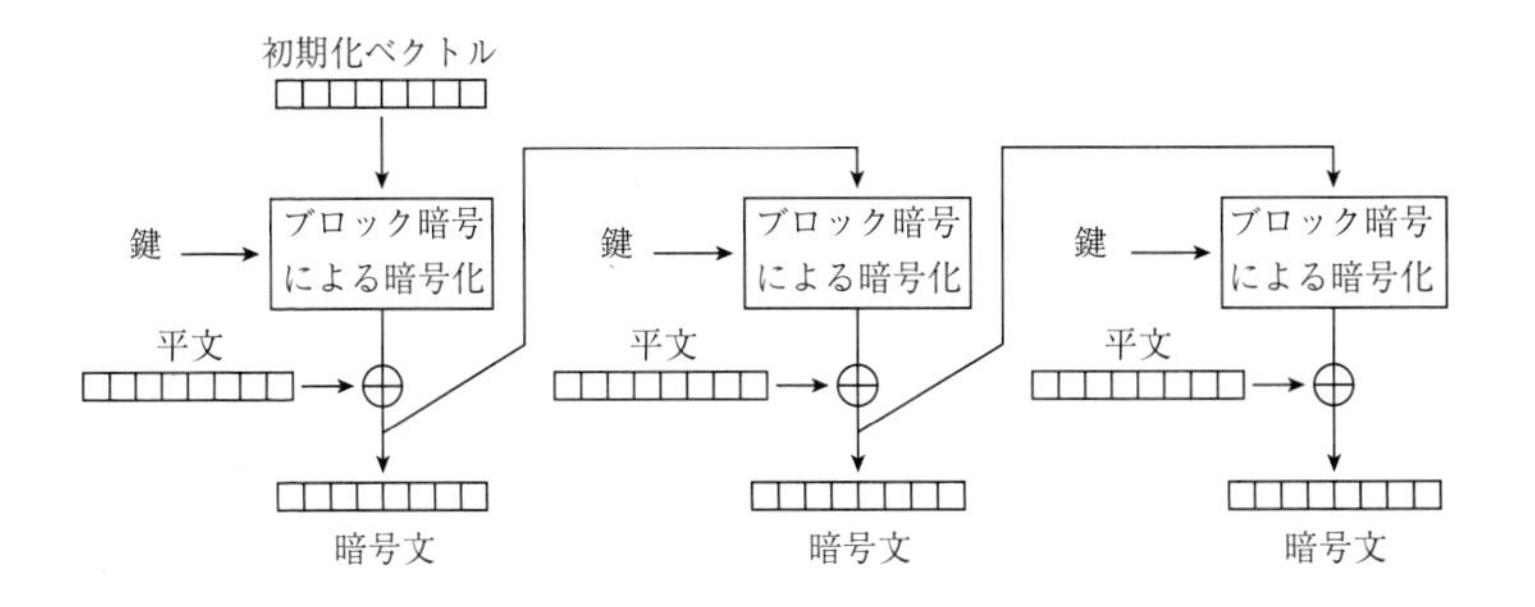

図５・５　CFB 暗号

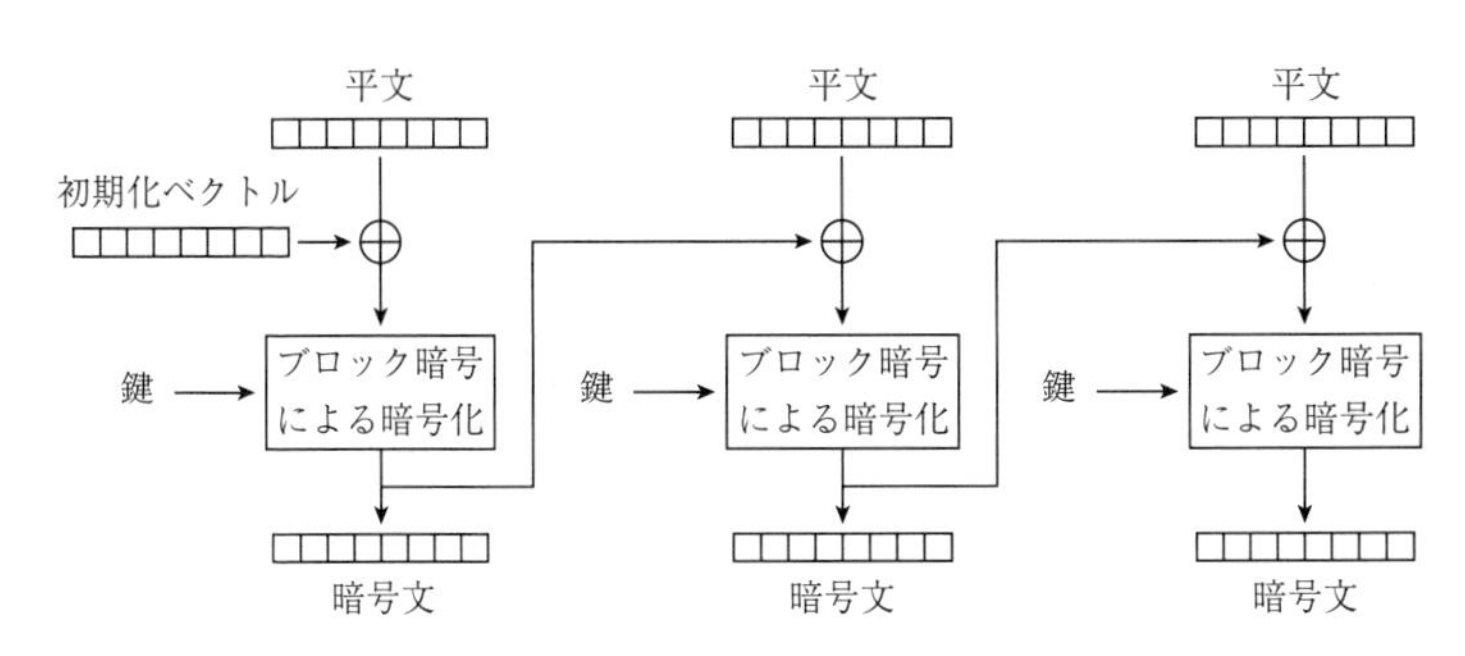

図５・６　CBC 暗号

変換のしかたを変えれば別の反復鍵暗号が得られるが[29]、それにはとくにおもしろいもの、あるいは安全なものはない。

しかし追加の変換が作用するのは一度に1文字あるいは1数字だけでなければならないとするものは何もない。この種の暗号のために数で構成される鍵ストリームを考える方が易しいので、アリスは五つの十進数、たとえば17742という初期化ベクトルから始めるとしてみよう。これを平文に足す前に、アリスは五つの数字をそれぞれ、新しいブロックの、たとえば20243といった五つの数字に、10を法とする足し算を使って加える。[30]

ずらした鍵ストリーム	17742	
鍵ストリーム	37985	
平文	turni	ngpointontheeasternfront〔東部戦線の転機〕
暗号文	WBAVN	

鍵ストリームの次のブロックの五つの数字用には、最初の5桁に20243を足し、以下同様となる。

ずらした鍵ストリーム	17742	37985	57128	77361	97504	1774
鍵ストリーム	37985	57128	77361	97504	17747	3798
平文	turni	ngpoi	ntont	heeas	ternf	ront
暗号文	WBAVN	SNQQQ	UARTU	QLJAW	ULYRM	UVWB

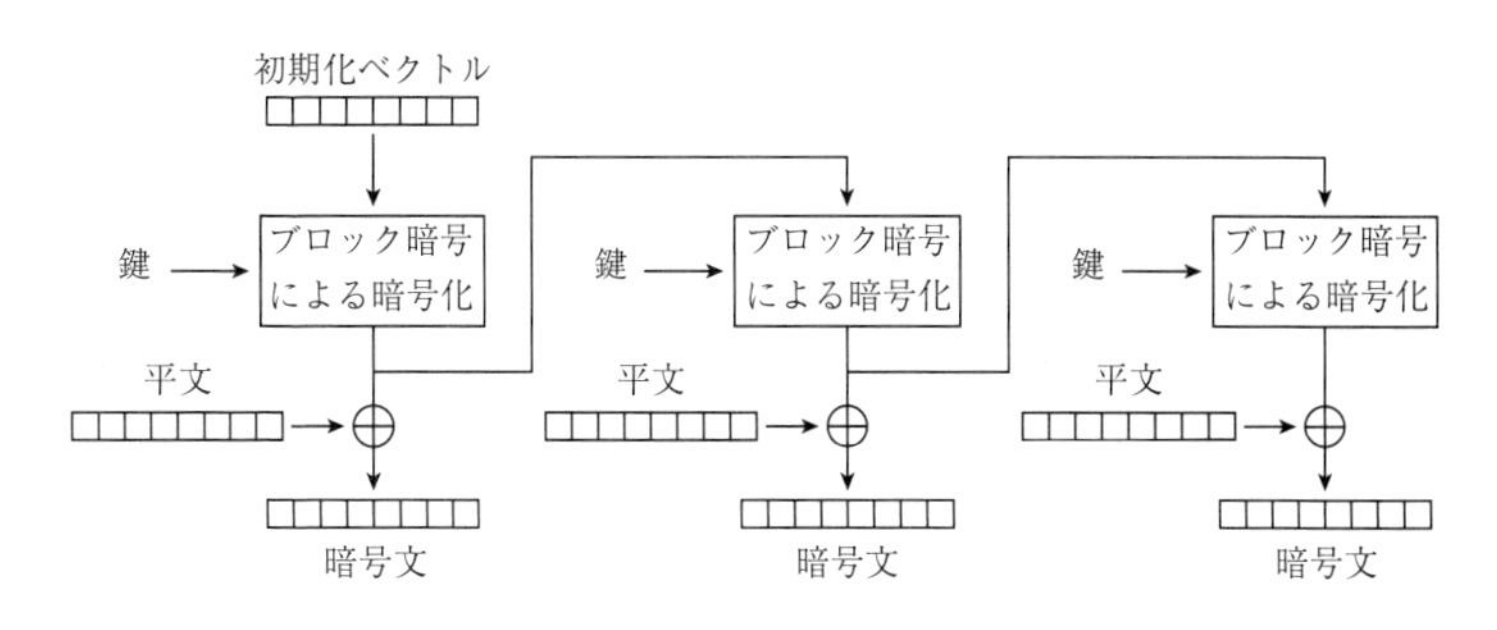

図5・7　OFB暗号

これはソ連軍が第二次大戦中に数字による符号のまとまりを暗号化するために用いた暗号[31]を少し単純化した形のものだが、見てのとおりで文字に対しても使える。細かいことを言えば、これもまた反復鍵暗号だが、周期は50に増えている。それは解読不能ではないし、ブロック間にはイブが利用できる関係もあるが、鍵となる数字が五つだけにしてはけっこう優れているし、[32]もちろんもっと大きなブロックを使うこともできた。さらに、もっと興味深いブロック暗号を使って鍵ストリームを変換できる。たとえば転置だとかヒル暗号だとか、周期を非常に長くできるものだ。鍵自動鍵暗号はきわめて柔軟だが、使い方がきわめて複雑になることがある。しかしそれならコンピュータの出番だ。

鍵自動鍵暗号に対応する現代のブロック暗号利用モードは、「出力フィードバック・モード」、あるいはOFBと呼ばれる。ここでも基本的な考え方は前の鍵ストリームブロックとブロック暗号の演算をして、それから2を法とした結果のビットを平文に足す。それがどうなるかは図5・7に示した。

出力フィードバックモードは前の鍵ブロック一つを使って次の鍵

ブロックを作るので、ある意味で進行暗号である。それでも、ありうるブロックは多いので、周期はたいてい非常に長くなる。また、ブロック暗号用にありうる鍵もたくさんあると考えられる。したがって、ＯＦＢモードの優れた暗号を、イブが反復鍵の手法を使って攻撃できる場合はほとんどありそうにない。それでも可能は可能で、そのため、それは使わない方が良いとする専門家もいる。[33]とはいえこれは今でも普及している。

ブロック暗号によくある利用モードがもう一つあり、それは一種の鍵自動鍵暗号だが、コンピュータ以前におそらく使われていたものとは違っている。前の鍵ストリームブロックを使って新しい鍵ストリームブロックを得るために暗号化するのではなく、初期化ベクトルから始め、それを新しいブロックごとに少し変え、それを暗号化してもよいだろう。最も使われる変更は暗号化の前に1を加えるだけで、そのためこれは一般に「カウンター・モード」、あるいはＣＴＲと呼ばれる。これが手作業による暗号には向かない理由の一つは、ブロック暗号には優れた拡散の性質が必要だということである。例として、２×２のヒル暗号（10を法とする）を使おう。４・５節で見たように、ヒル暗号には一般に優れた拡散がある。

アリスが初期ベクトルとして17を選び、ヒル暗号の鍵として1、2、3、5を選んだとする。するとアリスの暗号化は次のように見えるだろう。

カウンター	17	18	19	20	21	22	23	24	
鍵ストリーム	58	73	98	26	41	66	81	06	
平文	yo	uc	an	co	un	to	nm	ex	〔あてにしてくれていいよx〕
暗号文	DW	BF	JV	EU	YO	ZU	VN	ED	

コンピュータによる暗号にとっては、状況は図5・8のようになる。

出力フィードバック・モードのときと同じく、カウンター・モード用の初期化ベクトルは必ずしも秘密ではないが、特定の鍵を使うすべてのメッセージについて違っている必要がある。[34] でないと鍵ストリームが二つのメッセージについて同じになるので、イブは5・1節や5・2節で見た重ね書き法を使うことができる。やはり出力フィードバック・モードと同じく、暗号はそのうち反復される。この場合、周期の長さがどれだけかはわかりやすい。カウンターが一周して最初に戻るときがある。したがって、アリスとボブにできることは、そうなる前に鍵を変えることしかない。カウンター・モードでもう一つ興味深い特色は、ストリーム暗号一般とは違い、カウンターを適切な数にセットすることによって、メッセージの暗号化や解読を途中から始めることが簡単にできるというところだ。これによってカウンター・モードは、部分ごとに変える必要がある情報を蓄えたデータファイルの暗号化にとって便利になる。[35]

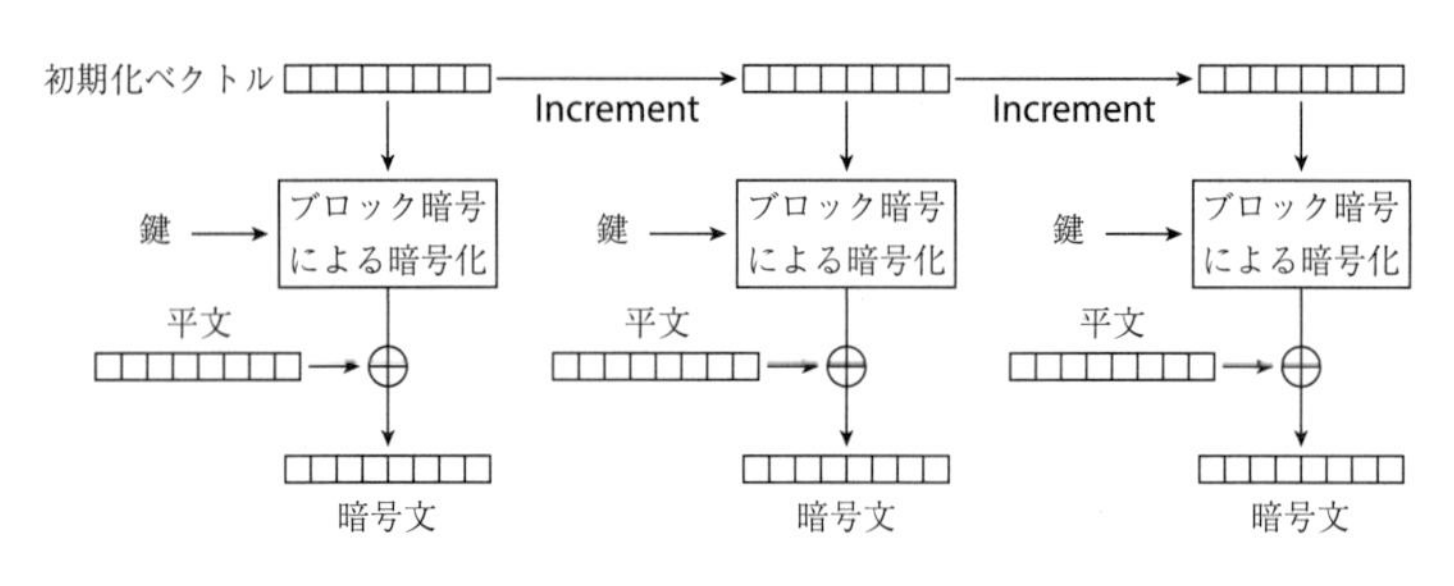

図5・8　カウンターモード暗号

5・4　線形フィードバック・シフトレジスタ

前節で、ブロック暗号のブロックサイズを大きくすると、その利用モードによっては安全性が高められることを見た。代替案は、非常に小さいブロック、極端に言えば1文字、1ビットを使うが、新しい鍵ブロックを、それまでの複数のブロックによって決まるようにすることだ。あらためて、十進数五つの数字による初期化ベクトルで始めてみよう。鍵ストリームの第6の数字は鍵ストリームの最初の二つの10を法とする和に等しいとしよう。第7の数字は2番と3番の10を法とする和とし、以下同様とする。たとえば、初期化ベクトルが(1, 2, 0, 2, 9)だとすれば、

1, 2, 0, 2, 9, 3, 2, 2, 1, 2, 5, 4, 3, 3, 7, 9, 7, 6, 0, . . .

この並びはいずれ反復されるが、16401回は反復にならない。

この鍵ストリームを生成するために使う手順は古い文献では「加算連鎖」、新しい文献では「遅延フィボナッチ生成法」(10を法とする)と呼ばれる。フィボナッチとは有名なフィボナッチ数列のことで、これ

は初期ベクトルが(1, 1)で、合同算術は使わない。

1, 1, 2, 3, 5, 8, 13, 21, 34, 55, 89, 144, 233, 377, 610, . . .

この数列は古代インドの数学者にも知られていたが、西ヨーロッパに紹介されたのは、ピサのレオナルド・フィボナッチ（ボナッチ家のレオナルド）による。遅延とは、フィボナッチ数列とは違い、二つの項を現在のストリームの末尾に加えるのではなく、もっと前の二つを足すことを言っている。

アリスの遅延フィボナッチ・鍵ストリームを使った暗号化はこのようになる。

鍵ストリーム	1	2	0	2	9	3	2	2	1	2	5	4	3	3	7	9	7	6	0
平文	m	u	l	t	i	p	l	y	l	i	k	e	r	a	b	b	i	t	s
暗号文	N	W	L	V	R	S	N	A	M	K	P	I	U	D	I	K	P	Z	S

[36]〔うさぎのように殖えよ〕

この暗号は、フィボナッチはともかく、ヴィジュネルなら思いついたかもしれない。実際に考案されたのは一九六九年、アメリカ暗号学協会による課題としてで、「Gromark（グロマーク）暗号」[37]と呼ばれている。この10を法とする加算連鎖の手法が機密扱いではない文献に始めて登場したのは、一九五七年のソ連のスパイ、ルドルフ・イヴァノヴィチ・アベルの裁判以降のことらしい。裁判のとき、ソ連の元スパイでアメリカに亡命していたレイノ・ハイハネンが、加算連鎖法を使って複雑な暗号用の鍵となる数を生成する方法を述べた。グロマークとは違い、多アルファベット暗号ではなく、「二股チェッカー盤」と複雑な転置を使っていた。ハイハネンの暗号は一般に、ハイハネンの暗号名によってＶＩＣ暗号と呼ばれる。[38]

古典的な連続加算方式にとっては、一般に初期化ベクトルが鍵として用いられる。変更は簡単で、残りの鍵ストリームに強く影響し、足される数を得るために鍵ストリームをいくつさかのぼるかの指標としても使いやすい。他方、遅延フィボナッチ方式は、それまでの鍵ストリームにある互いに隣り合わない二つの数を使ったり、数を結合する別の規則を見つけたりすることによっても変えられる。法を10以外にしてもいいし、足し算ではなくかけ算にしてもいいし、もっと複雑なことにしてもいい。

使用する鍵ストリームの先行する数をさらに多くしてさらに方式を変更することもできる。グロマーク暗号の n 番の鍵数字を求める式を、次のように書くとしよう。

$$k_n \equiv k_{n-5} + k_{n-4} \pmod{10}$$

遅延フィボナッチ方式については、一般に次のようになるだろう。

$$k_n \equiv k_{n-i} + k_{n-j} \pmod{m}$$

i と j は鍵ストリームをさかのぼる数を表し、m は法を表す。次はこんな式を使うとしてみよう。

$$k_n \equiv c_1 k_{n-j} + c_2 k_{n-j+1} + \cdots + c_{j-1} k_{n-2} + c_j k_{n-1} \pmod{m}$$

係数 c_1、c_2、……c_j はキーの一部でもよいし、暗号法の一部として固定されていると考えてもよいが、いずれにせよ、メッセージ全体で同じである。

たとえば、$m=2, j=4, c_1=c_3=1, c_1=c_4=0$ とすると、次のようになる。

$$k_n \equiv 1k_{n-4} + 0k_{n-3} + 1k_{n-2} + 0k_{n-1} \pmod 2$$

$k_1=k_2=k_3=k_4=1$ の初期化ベクトルから始めれば、次のようになる。

$$k_5 \equiv 1 \times 1 + 0 \times 1 + 1 \times 1 + 0 \times 1 \equiv 0 \pmod 2$$

$$k_6 \equiv 1 \times 1 + 0 \times 1 + 1 \times 1 + 0 \times 0 \equiv 0 \pmod 2$$

$$k_7 \equiv 1 \times 1 + 0 \times 1 + 1 \times 0 + 0 \times 0 \equiv 1 \pmod 2$$

$$k_8 \equiv 1 \times 1 + 0 \times 0 + 1 \times 0 + 0 \times 1 \equiv 1 \pmod 2$$

以下同様。

この種の式を使って鍵ストリームを生み出す実際の、あるいはシミュレーションの装置は「線形（リニア）フィードバック・シフトレジスタ」、または「LFSR」と呼ばれる。線形とは式の形式を言っている。一種類の変数に別の数がかけられ、足し合わされる式を線形〔一次式〕と言う[39]。そのような式で最も有名な式が、二次元の平面では直線を表す $y = mx + b$ という式だからだ。フィードバックは前の値を使って新しい値を生み出すことを言っている[40]。シフトレジスタとは、そうした装置を作るため

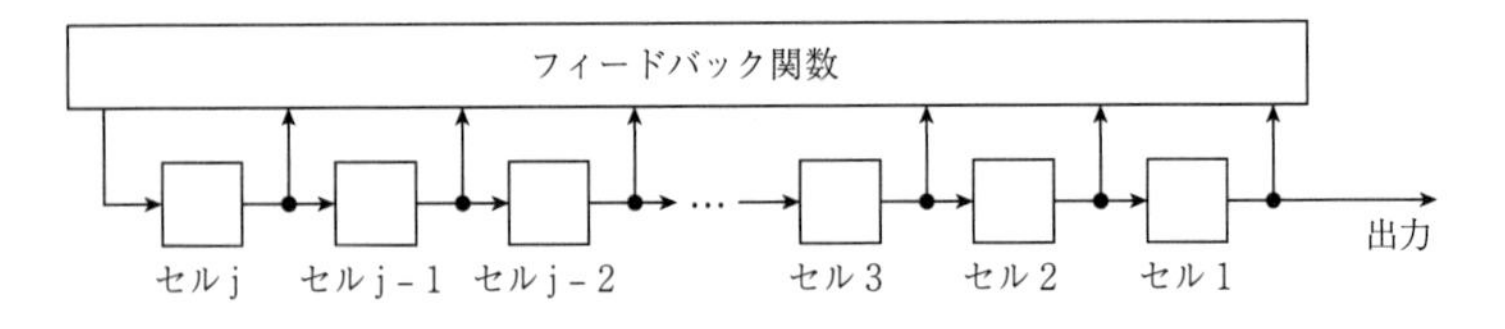

図5・9　シフトレジスタ

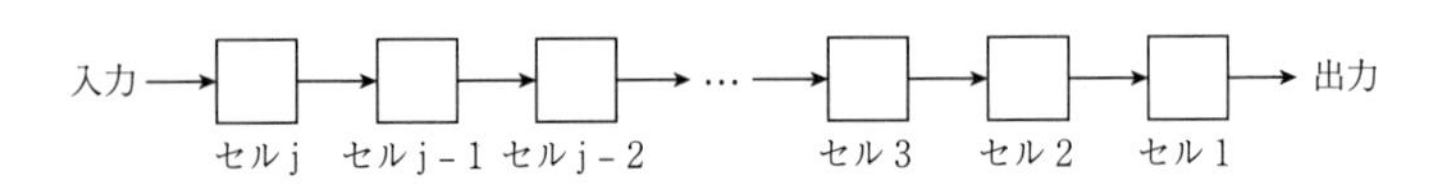

図5・10　フィードバック／シフトレジスタ
フィードバック関数

に早くから使われていた特定のタイプの電子回路のことを言う。図5・9に示したようなシフトレジスタは、記憶セルの並びで、セルのそれぞれに数が保持されている。シフトレジスタはクロックで制御され、クロックの一刻一刻で、新しい入力数がj番のセルに入り、j番の内容はj-1番に移動し、以下同様となって1番の中身がシフトレジスタの出力となる。シフトレジスタが1番のk_1から始まり、k_1、k_2、……、k_jと進んでj番のk_jまで進むなら、入力に基づいて新しい数k_{j+1}、k_{j+2}等々と進む。

フィードバック・シフトレジスタは、図5・10にあるように、セルごとの内容を何らかの形を使って第一のセルに新しい入力を生む。これを行なうために使われる手順は「フィードバック関数」と呼ばれる。線形フィードバック・シフトレジスタは線形フィードバック関数によって新たな入力を生み出す。図5・11は、そのような装置をどのように作ればよいか、概略を表している。c_1からc_jという記号のついた円は、入ってくるものに、mを法としてその数をかけるということ

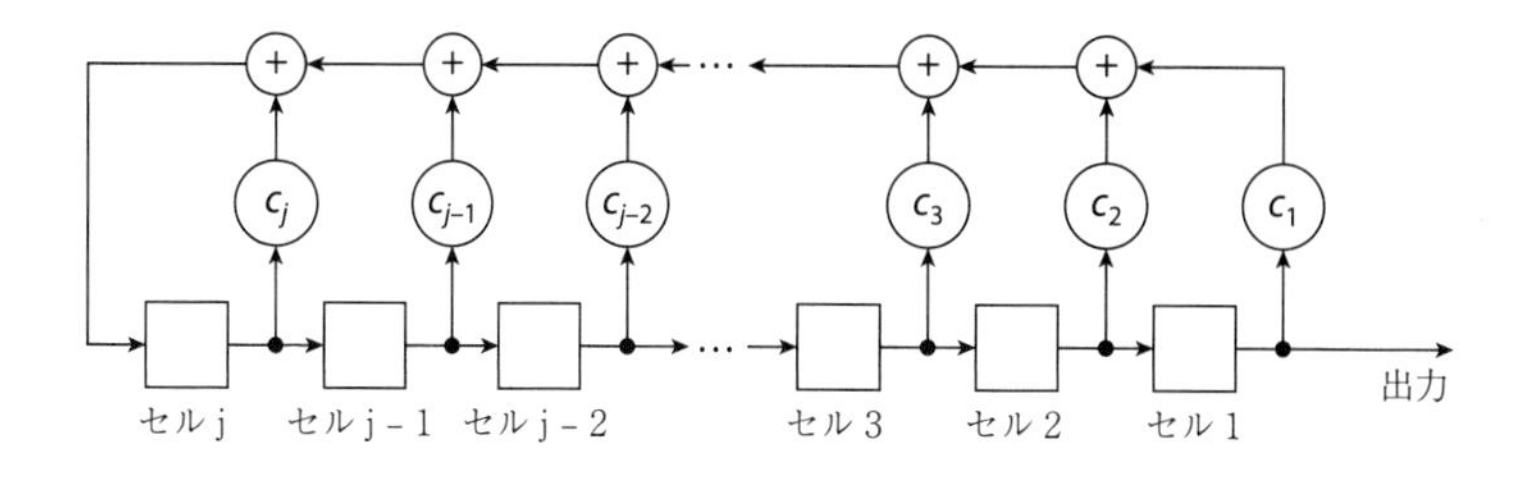

図５・11　線形フィードバック・シフトレジスタ

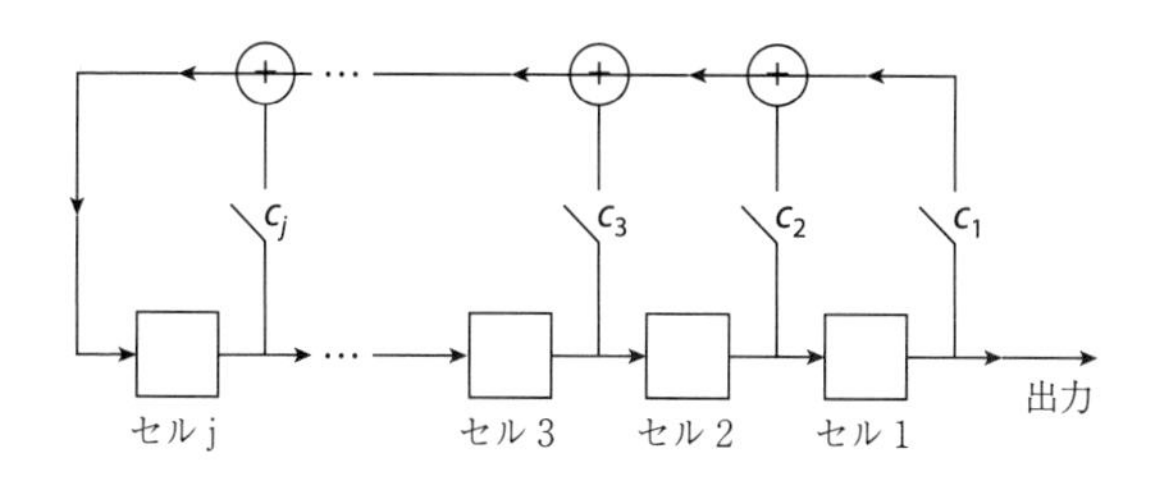

図５・12　スイッチで表された線形フィードバック・シフトレジスタ

を示し、プラス記号のついた円は入ってくる二つのものをmを法として足すことを示す。

ＬＦＳＲ用に最も普及した法は２で、その場合、すべての数は０か１と見なされ、それをビットと考えることができる。ある数に０か１をかけ、それから足すというのは、何もしないか数を足すかいずれかのことを意味するので、図５・11にあるかけ算の円については、ビットを足すかそうでないかのスイッチと考えることができる。図５・12はそちらの形で表したＬＦＳＲを示している。おそらく想像がつくだろうが、この仕立ては専用のデジタル装置として簡単に実装され、同じ結果を生む変種は、ソフトウェアとしても、あまり高速ではないが作るのは容易だ。[41] デジタルのＬＦＳＲを暗号法で使うのは、少なくとも一九五二年[42]、新設のＮＳＡが、自らと米軍が

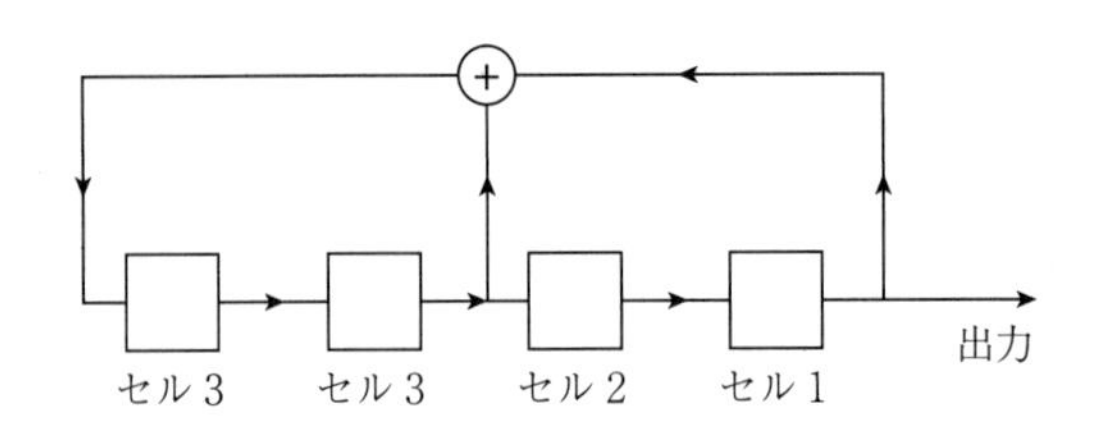

図5・13　線形フィードバック・シフトレジスタの特定の例

使うためにKW－26の設計(43)を始めたときまでさかのぼる。

ここでの数字に戻ると、c_1からc_jまでが何かわかっていれば、それを表すさらに別の方法がある。線でつなぐかつながないかによる。つまり、今示した例は、図5・13のようにも描ける。セルの中の1、1、1、1から始めれば、出力は

1,1,1,1,0,0,1,1,. . .

となり、先に計算した通りになる。自分で検算してみることを勧める。

LFSRが何かわかったところで、それを暗号にどう使うのだろう。ここで用いるLFSRは必ず2を法として、数を、あるいはビットを出力するので、平文もビットで表すことが理にかなうだろう。補足4・1で解説したアスキー表記を使おう。アリスがメッセージを暗号化したいとしたら、まずそれをアスキー符号に変換する。

平文	S	e	n	d
ASCII	1010011	1100101	1101110	1100100

平文		$	.
ASCII	0100000	0100100	0101110

それからアリスは手許のLFSRを使って鍵ストリームを生成する。

平文	S	e	n	d
ASCII	1010011	1100101	1101110	1100100
鍵ストリーム	1111001	1110011	1100111	1001111

平文		$	.
ASCII	0100000	0100100	0101110
鍵ストリーム	0011110	0111100	1111001

次は、対応するビットを2を法として加える。

平文	S	e	n	d
ASCII	1010011	1100101	1101110	1100100
鍵ストリーム	1111001	1110011	1100111	1001111
暗号文ビット	0101010	0010110	0001001	0101011
十進数[44]	42	22	9	43

平文		$	.
ASCII	0100000	0100100	0101110
鍵ストリーム	0011110	0111100	1111001
暗号文ビット	0111110	0011000	1010111
十進数	62	24	87

アリスとボブはコンピュータだとすると、アリスは暗号文のビットを得れば仕事が終わる。アリスが人なら、それをもっとコンパクトな形にしたいと思うかもしれない。

このＬＦＳＲの出力はわずか6ビットというごく短い周期で反復することに気づかれたかもしれない。ＬＦＳＲはどれも反復することになるのか、もしそうなら、その周期はいつもこれほど短いのかと思われているかもしれない。答えはそれぞれイエスとノーである。ＬＦＳＲの出力が反復せざるをえないのは、それが2を法とするシフトレジスタのセルにある数によってのみ決まり、その数の選択肢はあまりないからだ。同じ数の組合せが繰り返されれば、その後の出力も繰り返される。ありうる数の組合せは何通りあるだろう。四つのセルと2を法とするここでの例では、それぞれのセルにありうるのは0か1なので、$2 \times 2 \times 2 \times 2 = 2^4 = 16$ 通りの可能性がある。すべてのセルがゼロなら、出力も必ずゼロになるのは明白だろう。この可能性は避けるべきだ。出力が反復になるまでにくぐれる可能性が他に15通りあるので、セルが四つで周期が15の2を法とするＬＦＳＲがあるかもしれないし、実際にある。[45] 一般に、セルが j 個、m を法とするＬＦＳＲは、最大 $m^j - 1$ の周期になりうる。[46] m が素数なら、この周期のＬＦＳＲが複数存在し、それを求めるよく知られた方法がある。

これはストリーム暗号がほしいときにはずば抜けた状況らしい。鍵ストリームを生み出す高速の方法と、望むだけ長い周期を保証する信頼できる方法があるということだ。残念ながら、ＬＦＳＲを記述する式は、ヒル暗号の場合と同様、一次式である。それはＬＦＳＲがヒル暗号と同様、既知平文攻撃にきわめて弱いということを意味する。

イブが自分の見ているのはセルがj個のＬＦＳＲであることを知っていて、$2j$対の平文ビットと対応する暗号文ビットを手に入れているとしよう。[47] 先頭に手に入っていないsビットがあるかもしれないので、手にしている平文ビットをP_{s+1}からP_{s+2j}までで呼び、暗号文のビットをC_{s+1}からC_{s+2j}までで呼ぼう。暗号化は次を使って行なわれる。

$$C_n \equiv P_n + k_n \pmod 2$$

そのためイブは次を使って簡単に鍵ストリームを復元できる。

$$k_n \equiv C_n - P_n \pmod 2$$

イブの目標は鍵を復元することだった。これはＬＦＳＲについてはたいていk_1からk_jまでの初期ベクトルと考えられ、ときには係数c_1からc_jでもある。この時点でイブは必ず、ありうる鍵をすべて使って既知平文型の総あたりの攻撃を行ない、正しい鍵ストリームを生成するかどうかを確かめることができる。しかしもっと良い方法がある。

k_1からk_jまで、あるいはc_1からc_jまでを知らなくても、イブは自分が知っている鍵ストリームを使って連立方程式を立てることができる。(48)

$$
\begin{aligned}
k_{s+j+1} &\equiv c_1 k_{s+1} + c_2 k_{s+2} + \cdots + c_{j-1} k_{s+j-1} + c_j k_{s+j} \pmod 2 \\
k_{s+j+2} &\equiv c_1 k_{s+2} + c_2 k_{s+3} + \cdots + c_{j-1} k_{s+j} + c_j k_{s+j+1} \pmod 2 \\
&\vdots \\
k_{s+2j} &\equiv c_1 k_{s+j} + c_2 k_{s+j+1} + \cdots + c_{j-1} k_{s+2j-2} + c_j k_{s+2j-1} \pmod 2
\end{aligned}
$$

これはj個の未知数c_1からc_jによるj本の連立方程式にすぎず、1・6節でヒル暗号についてイブが使うのを見たのと同じ手法を使って解くことができる。これで係数c_1からc_jが得られる。

イブが初期化ベクトルk_1からk_jを知りたいなら、次の連立方程式を立てられる。

$$
\begin{aligned}
k_{j+1} &\equiv c_1 k_1 + c_2 k_2 + \cdots + c_{j-1} k_{j-1} + c_j k_j \pmod 2 \\
k_{j+2} &\equiv c_1 k_2 + c_2 k_3 + \cdots + c_{j-1} k_j + c_j k_{j+1} \pmod 2 \\
&\vdots
\end{aligned}
$$

$$k_s \equiv c_1 k_{s-j} + c_2 k_{s-j+1} + \cdots + c_{j-1} k_{s-2} + c_j k_{s-1} \pmod 2$$
$$k_{s+1} \equiv c_1 k_{s-j+1} + c_2 k_{s-j+2} + \cdots + c_{j-1} k_{s-1} + c_j k_s \pmod 2$$
$$\vdots$$
$$k_{s+j} \equiv c_1 k_s + c_2 k_{s+1} + \cdots + c_{j-1} k_{s+j-2} + c_j k_{s+j-1} \pmod 2$$

イブはc_1からc_jもk_{s+1}からk_{s+j}もわかっているので、これは未知数k_1からk_sによる連立方程式となる。これでこの連立方程式を解き、既に知っているところまでの鍵ストリーム全体を得ることができる。

５・５　ＬＦＳＲに非線形性を加える

線形フィードバック・シフトレジスタ（ＬＦＳＲ）が線形であるがゆえに安全ではないとすれば、この状況をどうすれば改善できるだろう。一つの選択肢は非線形フィードバック関数を使うことだが、それだと遅くなり、強みや弱みが分析しにくくなる。[49] ＬＦＳＲのセルの値を複数、あるいは複数のＬＦＳＲの出力値をとり、それを非線形になるように組み合わせるという手もある。この方式の落とし穴の一つは、「相関攻撃」に弱い可能性があるところだ――非線形関数の選び方が下手だと、出力値から複数のＬＦＳＲの値について、上手な推測ができる場合があるという。ＬＦＳＲのビットがシフトするときを制御するクロックを変えるという対策もある。時刻が異なると複数のＬＦＳＲのシフトがありえたり、一つのＬＦＳＲの出力が別の、あるいはそれ自身のシフトを制御できたりする。こうした考え方を組み合わせることもできる[50]。

本書を書いている段階では、最も使われていて最も研究されているLFSRに基づくストリーム暗号は、おそらく、第一世代のGSMデジタル携帯電話で用いられたA5／1暗号だろう[51]。A5／1開発の詳細はきわめてわかりにくく、それに至る討議はどうやら機密になっているらしい。ある研究者が挙げる匿名の典拠によれば、1980年代にGSMの開発に最初からかかわった西欧諸国情報機関の間で見解の不一致があったという[52]。とくに西ドイツの情報機関は、おそらく東側諸国による盗聴から守るために強力な暗号化を望んでいたという。他の国々の機関はもっと弱い暗号化の方を求めた。自国の監視を行ないやすくするためかもしれない。最後に選ばれた暗号は弱い方だったらしい。他方、最後に選ばれたものは、速さ、素子の数、電力消費といった面からはとくに効率的である。この特色も決定に活躍したかもしれない[53]。

暗号の詳細は一九八七年から八八年にかけて開発され、暗号が正式に使われたのは一九九一年からだった。この段階では、暗号は企業秘密にされていた。一九九四年の初め頃、イギリスの電話会社が、イギリスの大学の研究者に暗号を記述した資料を提供した[54]。どうやら情報非開示の約定に署名することは求めなかったらしい。一九九四年の半ばには、暗号についてのほぼ完全な記述がインターネットに投稿された[55]。一九九九年には、実際の携帯電話から完全な設計がリバースエンジニアリングで復元され、やはりインターネットに投稿され、GSMアソシエーションはその後、この記述が正しいことを追認した[56]。

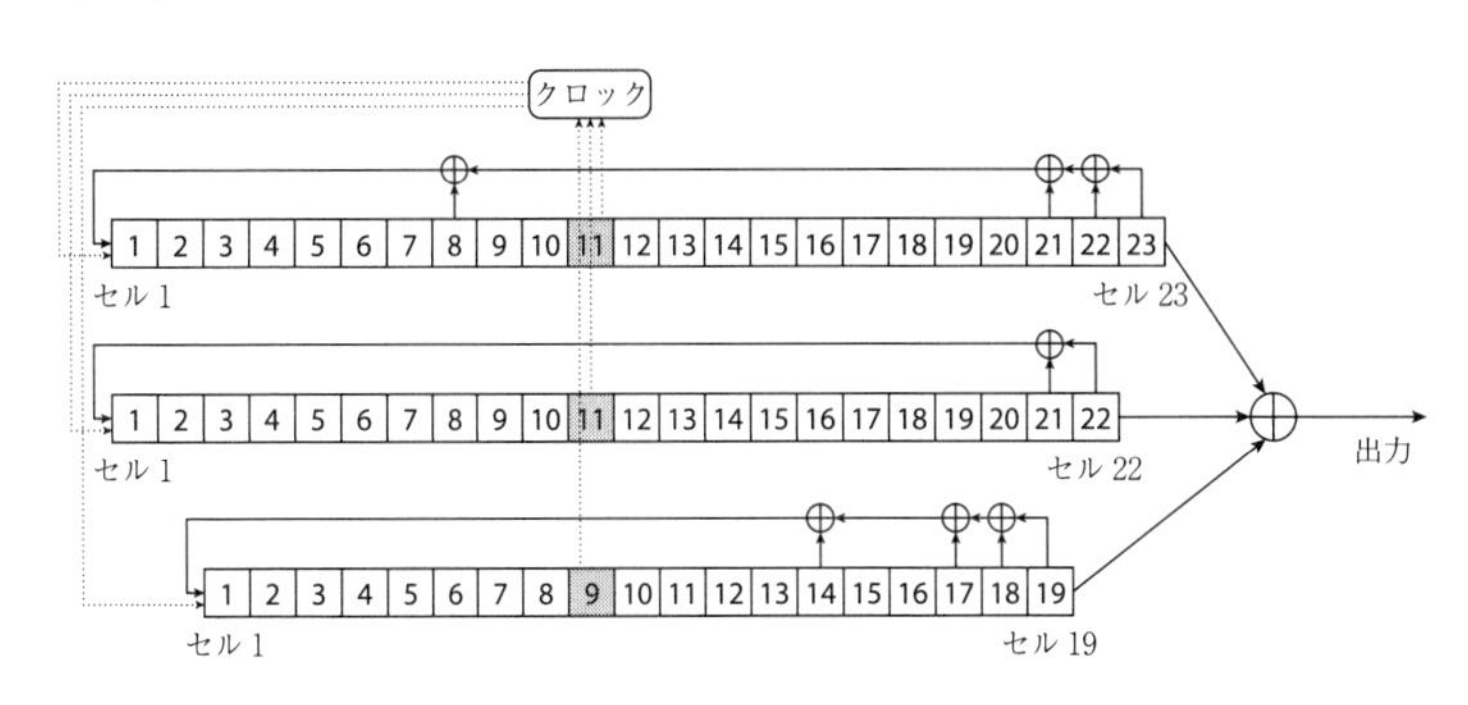

図5・14　A5/1暗号

A5／1暗号は、図5・14にあるように、19セル、22セル、23セルという三つのLFSRから始まる。それぞれに最大の周期、$2^{19}-1 = 524,287$, $2^{22}-1 = 4,194,303$、$2^{23}-1 = 8,388,607$がある。三つ合わせて64セルとなり、これは64ビットのキーで初期化される。[57] 三つのLFSRからの出力がすべて2を法として足し合わされ、さらに平文ビットに2を法として足される。ここまでは、2・7節にあったような反復鍵暗号による複数回暗号化によく似ている。各周期の最大公約数は互いに1なので、暗号をこのまま放っておけば、$(2^{19}-1) \times (2^{22}-1) \times (2^{23}-1) \approx 18 \times 10^{18}$ほどの周期になり、これはもちろん非常に長い。しかし三つの線形のものを線形につないだので、この暗号はやはり線形で、既知平文攻撃には弱い。

非線形性は、先に触れた第三の考え方、クロックの方式をもっと複雑にすることによってもたらされる。三つのLFSRがすべて、クロックが刻まれるたびにシフトするのではない。図5・14では各LFSRの中心近くのビットを強調してある。これはクロック制御ビットである。クロックが刻まれるごとに、この三つのビットが0か1に「投票」して、多数決をとる。そして各レジスタは、クロック制御ビットが多数派側に投票したときにシフトし、そうでなければそのままとする。表5・2を見るともう少しわかりやすいかもしれない。表からわかるとおり、各LFSRは3/4の場合にシフトし、クロックが刻まれるごとに少なくとも二つのLFSRがシフトする。[58] 実験からは、この変更によって周期は相当に小さくなるが、[59] 注意深く用いれば、この不利益は既知平文攻撃に対して増す安全性と比べると許容できる程度らしい。[60]

残念ながら、これで増す安全性は、結局GSMの研究者が当初考えていたほど大きくはなかったようだ。これについての最初のヒントは一九九四年、既知平文攻撃が唱えられたときには出ていた。[61] それはLFSRの初期化ベクトルの何ビットかを推測し、他のビットがどうでなければならないかを突き止めるということだった。その詳細は一九九七年、「事前計算攻撃」という別の攻撃を唱える論文[62]で明らかになった。これは、イブが情報の一部を計算して保存できるようにして、それからイブは平文の対に手をつけることで、既知平文の総あたり攻撃を能率的にする。A5/1に対して考えられた第三種の攻撃は相関攻撃の変種だった。先に述べたように、イブは非線形関数の出力に基づいて、そこへの入力について上手な推測を行なう。ここでイブは三つのLFSRの前の値についての上手な推測を、鍵ストリームの後の値と各LFSRがシフトした回数の推定に基づいて行なう。二〇〇一年、そのような攻撃が初めてA5/1に対して用いられた。A5/1に対する事前計算攻撃も相関攻撃も、最初に唱えられてから相当に精巧になっている。[63]

表5・2
A5/1クロック制御方式

クロック制御ビット			シフトするか？		
LFSR-19	LFSR-22	LFSR-23	LFSR-19	LFSR-22	LFSR-23
0	0		する	する	する
0	0	1	する	する	しない
0	1	0	する	しない	する
0	1	1	しない	する	する
1	0	0	しない	する	する
1	0	1	する	しない	する
1	1	0	する	する	しない
1	1	1	する	する	する

既知平文攻撃は実際の携帯電話に対して仕掛けるのは、様々な後方支援的な理由で少々難しい[64]。しかし何人かの研究者が、A5／1の実際のGSM携帯電話での使われ方に特異なところを様々発見している。そうしたことによってイブは「ありうる単語」法に相当するものを特定できるようになる。そうでなければ暗号文単独のデータで既知平文タイプの攻撃を利用できる。二〇〇六年、4分間の携帯電話通話があって、パソコン上での平均10分未満の計算時間をとれば、ある相関型の攻撃が行なえて、90％以上の場合に成功すると推定された[65]。二〇〇三年に記述された事前計算攻撃[66]は、事前計算された参照表を生み出すために140台のパソコンを1年間走らせなければならず、参照表を保存するために200ギガバイトのハードディスク22台を必要とした。これは大量の事前計算だが、できた参照表を使えば、1台のパソコンで携帯電話通信を傍受するそばから解読できた。こうした参照表を攻撃が可能である証拠として生成するプロジェクト[67]が始まり、部分的に解読が成功したことを示した[68]。GSMアソシエーションはこうした攻撃を大したことはないと見たが、やはりLFSRを含むがA5／1に

代わるべき新しい暗号が開発段階に入っていることも言った。[69]

Ａ５／３と呼ばれる新たな暗号は、３Ｇや４Ｇで標準となっているが、旧式のネットワークの改装の進行は遅く、二〇一三年までかかった。その年、エドワード・スノーデンが得たＮＳＡの内部文書は、ＮＳＡには暗号化されたＡ５／１を鍵がなくても「処理」できることを明かしている。[70] これは一般に、先に述べた攻撃に似た攻撃のことを言っていると考えられた。[71] それに応じて、いくつかの大手キャリアが、古いＧＳＭネットワークをＡ５／３暗号に乗り換えるか、単純に３Ｇあるいはもっと高度な技術と置き換えるかしていることを発表した。[72]

ＬＦＳＲだけでは安全ではない――そしてＧＳＭアソシエーションが安全な携帯電話通信についてはＬＦＳＲに見切りをつけたらしい――としても、やはり安全と考えられるＬＦＳＲに基づく暗号があるかと問うことは許されるだろう。結果的に言えば、暗号設計者はまだ設計にＬＦＳＲを使っている。アメリカはストリーム暗号用の規格を持っていないが、二〇〇四年、欧州暗号学用高水準機関ネットワーク（ＥＣＲＹＰＴ）という、欧州連合が資金を出す研究団体が、「広く採用されるのに適した新しいストリーム暗号を特定する」[73] ｅＳＴＲＥＡＭ[74]プロジェクトを始めた。検討用に提出された34種類の暗号のうち７案が、ｅＳＴＲＥＡＭの構成にとって、安全性、効率、利便性は十分と判定された。その７案のうち３案がＬＦＳＲを何らかの形で使っている。答えはどうやら単純で、ＬＦＳＲに基づく暗号への非線形性の加え方には非常に注意しなければならないということらしい。

５・６　展望

本章は第４章のように、この種の暗号について本書でできるぎりぎりのところまで進んだ。新しい暗号の開発も、ブロック暗号の新しい利用モードも、今も活発な研究領域である。ＮＩＳＴのウェブサイトは、今のところ、認められた利用モードを12挙げていて、[75] 他にさらに検討が提案されているものも数多く挙がっている。認められた中の五つ、ＥＣＢ、ＣＦＢ、ＣＢＣ、ＯＦＢ、ＣＴＲは先に解説したものの中に含まれている。これも認められているＸＴＳはカウンター・モードだが、とくにハードディスクに保存された情報を暗号化するために設計されている。残りの六つの方式は、暗号化というより、あるいはそれに加えて、メッセージの認証にかかわるものである。[76]

ここで取り上げた多くの使い方やストリーム暗号の一つの問題点は、それがアリスが送ったメッセージをイブが改変する可能性に対して保護しないところだ。それぞれの方式が、暗号化や伝送でのエラーが伝播するのを避けるのが望ましいことは述べた。これはイブが、メッセージ全体を読めなくすることなく、一部を少し変えることが可能ということでもある。この点は、イブがメッセージの特定の部分に文章ではなく数字あるいはコンピュータ用のデータがあることを知っているとしたら、とくに重要となる。たとえば電子決済での金額を変えたり、コンピュータのプログラムの重要な部分を変えてボブのコンピュータをクラッシュさせたりできるかもしれない。メッセージのどこを変えるかをイブ自身にも正確にはわかっていなくても、困ったことはいろいろと起こせるだろう。

認証モードの目標は、鍵を使って「メッセージ認証コード」、つまり「MAC」を生成し、メッセージとともに送られるようにすることだ。MACはメッセージの1ビットでも変化したら予測できないほど変わってしまうような短い情報である。イブはアリスのメッセージを改変できるかもしれないが、鍵がなければ、それに合わせてアリスのMACを変えることはできない。ボブは鍵を使ってMACを確認し、メッセージが改変されていないことを確かめる。アリスはメッセージを暗号化するしないにかかわらずMACを使う――イブに変更できないかぎり、メッセージが知られてもかまわない場合はあるだろう。

MACの最初期の最も単純な形のものはCBC-MAC[77]と言い、その一変種が一九八五年、米政府規格に定められた。これは要するに、CBCモードで専用のキーを使ってメッセージを暗号化し、暗号文の最後のブロック以外の全てを捨ててしまう。実際に安全にするにはもう少しいじる必要があるが、NISTが承認したCMAC認証モードは、CBC-MACの近い親戚である。

CBC-MACとCMACの問題点は、アリスがメッセージを暗号化と認証の両方をしたいとき、暗号化処理を、異なる二つの鍵で2回行なわなければならないということだ。[78]認証付き暗号化モードはMACと暗号文を同時に生成する。これを安全かつ効率的に行なう方法は、今の暗号法の関心が向けられる重要な分野である。

先に述べたように、暗号学者はまったく新しいストリーム暗号についての研究も続けている。eSTREAMの課題にある暗号のうち三つはLFSRを使っている。そのうち二つはLFSRと「非線

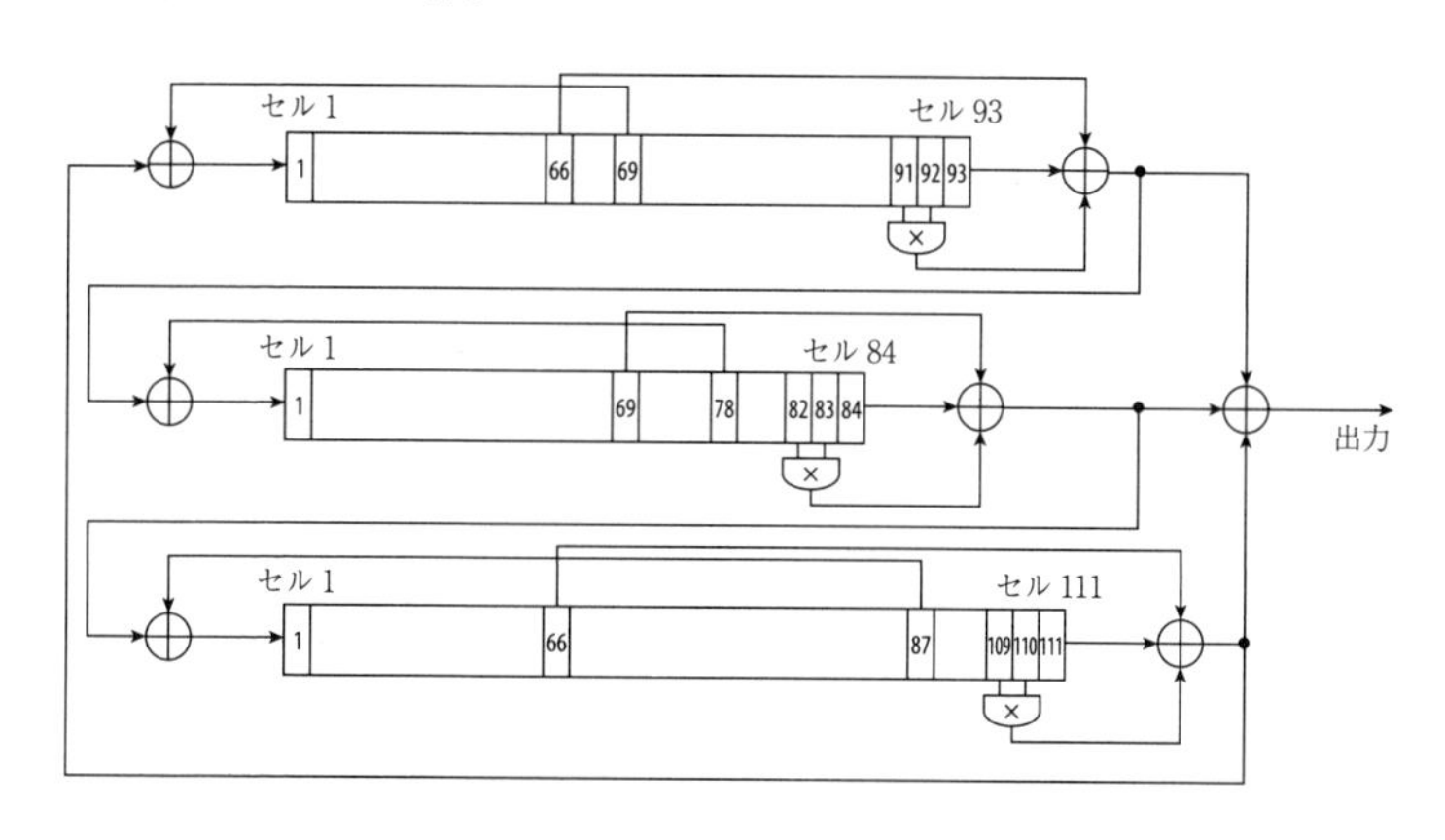

図５・15　トリビウム暗号

形フィードバック・シフトレジスタ」（ＮＬＦＳＲ）の両方を使っている。ＮＬＦＳＲは、フィードバック関数に対して、ＬＦＳＲを組み合わせるのではなく、直接に非線形関数を適用する。先に、これは低速で解読がしにくく、ＮＬＳＦＲとＬＦＳＲを一種のバックアップとして用いる理由の一つであることは述べた。ｅＳＴＲＥＡＭ暗号の一つは、ＮＬＦＳＲだけを使っている点で大いに注目されているが、非線形性は安全性のために必要と思われる最低限にとどめている。これが図５・15に示した「トリビウム暗号」[79]だ。非線形演算は、二つの鍵ストリーム・ビットを足すのではなくかける三か所にある。[80]この暗号が広く使われるようになるかどうかを言うのは時期尚早だが、有望に見える。

　残った三つのｅＳＴＲＥＡＭの暗号は、そもそもシフトレジスタを使わない。こちらはもともと、回路として直接実現するよりも、ソフトウェアで実装されるよう考えられている。そのような暗号はデザインの柔軟性が高くなり、幅広い手法を用いている。こちらには変化し続ける参照表の値を参照する手順や、ブロック暗号の考え方取られた攪拌と拡散の考え方が含まれている。

どこかの大国の政府が、アメリカがＡＥＳを標準にしたように、単独のストリーム暗号を標準化することはあるだろうか。これはあまりありそうにはない。直接にはブロック暗号モードには基づかないストリーム暗号は、一般にブロック暗号が適していない特定の状況で用いられる。その理由がスピードである場合もあるし、携帯電話やＩＣカードのように処理能力が限られているからという場合もあるだろう。あるいは省電力のため、帯域幅の制約のせい、手順を並行処理しやすくするため、特定のエラー訂正特性のため、等々の理由もあるだろう。そのような、強さや弱さが異なる暗号を求める状況がいろいろあるので、「ベスト」のストリーム暗号を一つ選ぶことは誰にもできそうにない。

第6章　累乗を含む暗号

6・1　累乗を使った暗号化

次に取り上げる暗号は、1・7節で説明したような暗号文単独攻撃と既知平文攻撃のどちらにも強く、しかも簡単な数学的暗号としたい。まず、それを多字換字暗号にするが、ブロックの作り方は1・6節で行なったものとは少し違う。ここでもブロック長を2とし、平文を2文字のブロックに分ける。

po　we　rt　ot　he　pe　op　le　〔人々に力を（ジョン・レノンの歌のタイトル）〕

ここでは、それぞれの2文字ブロックを、その2文字それぞれの数をつなぎ合わせ[1]、必要なところには0を入れることで数に変換する。

平文	po	we	rt	ot	he	pe	op	le
数	16, 15	23, 5	18, 20	15, 20	8, 5	16, 5	15, 16	12, 5
「合体」	1615	2305	1820	1520	805	1605	1516	1205

暗号用に合同算術の法も選ぶ必要がある。このブロックは最大2626までありうるので、26を法としたのではもう使えない。法には素数を選ぶと便利だが、本章では、それを使わなくてもよいことを後の方で見る。さしあたり2819を選んでおこう。これは素数で2626より大きいからだ。

これまでに、加算、乗算、その様々な組合せは試した。数学者が次に考えるのは、累乗、つまり数を何乗かすることかもしれない。数を何乗かするとは、同じ数どうしを何個かかけ合わせることだった。たとえば $2^3 = 2\times2\times2 = 8$ だ。とくに、ここではこんな累乗を用いる。

$$C \equiv P^e \pmod{2819}$$

この暗号の鍵は慣習的に、「暗号化指数（エンクリプション・エクスポーネント）」を省略して e と呼ばれる。念のために言えば、e は自然対数の底となる数 2.71828... とは関係ない。暗号化指数は1と2818の間の数だが、制約がいくつかある。それについてはすぐ後で詳しく述べる。当面、$e = 769$ としておこう。

平文	po	we	rt	ot	he	pe	op	le
数	16, 15	23, 5	18, 20	15, 20	8, 5	16, 5	15, 16	12, 5
合体	1615	2305	1820	1520	805	1605	1516	1205
769乗	1592	783	2264	924	211	44	1220	1548

ここでしようとしているのは、1615を769乗して、2819に達するごとに先頭に戻るということで、要するに実に多くの乗算と先頭に戻る手順があるということだ。そんなことをするには、コ

ンピュータ、あるいは少なくともよくできた電卓が必要だ。このブロックすべてを文字に戻すことはできないが、それはかまわない。アリスにできるのはボブに数を送ることだけだ。

　ボブはどうやってこれを解読するのだろう。足し算の逆が引き算であり、かけ算の逆が割り算であるというのと同じ意味で、累乗の逆は累乗根をとることである。たとえば$8=2^3$なら、$2=\sqrt[3]{8}$で、$C=P^e$なら、$P=\sqrt[e]{C}$である。しかし割り算をするとなると必ず整数が得られるとはかぎらないし、累乗根をとるのはもっとひどい。たとえば、ここで用いる例の最初の暗号ブロックは１５９２で、１６９２の７６９乗根はだいたい１・００９６となり、ここでの目的にはあまり役に立たない。

６・２　フェルマーの小定理

　ボブを助けるためには、数論について、これまでより少し奥へ踏み込まなければならないことになる。今までは、基本的に数学の一大アイデア、ガウスが明らかにした合同算術を使ってきた。ここでもう一つ大きなアイデアが必要になる。それは一般にピエール・ド・フェルマーのものとされている[2]。フェルマーは一七世紀フランスの人で、職業は法律家、数学は趣味だった。そのためかもしれないが、数学的には少々過度な敵対心があった。数学仲間に手紙を書いて、何かの証明をしたと伝えながら、その証明を明らかにするのではなく、相手に自分で証明してみろと言うのだ。フェルマーが証明したと言ったことが、後で成り立たないことがわかった例もあったし、少なくとも一つ、今ではフェルマーの最終定理と呼ばれているものは、確かに成り立つことはわかったものの、おそらくフェルマーが考えていたよりもはるかに証明しにくいことだった。
　本章で必要な数学上の事実、つまり定理は、正しいことはわかっているし、フェルマーがその証明に達したことは大いにありうるが、例のごとく、本人はその証明を書き残していない。今ではフェルマーの小定理と呼ばれているが、そこから言えることは決して小さくはない。フェルマーがどのようにしてそれを発見したかはわからないが、以下、これまでに見た考え方を用いて、こうすれば読者も自分で発見したかもしれないというところを。[3]
　素数個の文字からなる非常に小規模のアルファベットを使って、乗算暗号を扱っているものとする。ハワイ語の13字からなるアルファベットなら使える。鍵を3とすると、このアルファベット体系の参照表はこんなふうになる。

平文	数	×3	暗号文
a	1	3	I
e	2	6	H
i	3	9	M
o	4	12	W

u	5	2	E
h	6	5	U
k	7	8	L
l	8	11	P
m	9	1	A
n	10	4	O
p	11	7	K
w	12	10	N
‘	13	13	‘

　ここで重要なことは、13は素数なので3はもちろん、他の1から12までのどの数も良い鍵になるということだ。つまり、左の数の列も右の数の列も、順番が違うだけで同じ数でできている。ちょっと遊んでみたければ、各列を足してみてもいいかもしれない。すると13を法として同じ答えが得られるだろう。どちらも13を法として同じ数なのだから。

$$1 + 2 + 3 + \cdots + 13 \equiv (1 \times 3) + (2 \times 3) + (3 \times 3) + \cdots + (13 \times 3) \pmod{13}$$

右辺の同じ項をくくり出せば、

$$1 + 2 + 3 + \cdots + 13 \equiv (1 + 2 + 3 + \cdots + 13) \times 3 \pmod{13}$$

つまり、

$$91 \equiv 91 \times 3 \pmod{13}$$

つまり、

$$\equiv 0 \times 3 \pmod{13}$$

これはそう興味深いことではなかった。各列を足すのではなく、かけてみることもできるだろう。すると次が得られる。

$$1 \times 2 \times 3 \times \cdots \times 13 \equiv (1 \times 3) \times (2 \times 3) \times (3 \times 3) \times \cdots \times (13 \times 3) \pmod{13}$$

$$1 \times 2 \times 3 \times \cdots \times 0 \equiv (1 \times 3) \times (2 \times 3) \times (3 \times 3) \times \cdots \times (0 \times 3) \pmod{13}$$

$$0 \equiv 0 \pmod{13}$$

さらにつまらない結果だが、明らかに問題は各列の最後に13があるところだ。それを除外することを試してみてもよい。

$$1 \times 2 \times 3 \times \cdots \times 12 \equiv (1 \times 3) \times (2 \times 3) \times (3 \times 3) \times \cdots \times (12 \times 3) \pmod{13}$$

こうすると、右辺にある、鍵に由来する3をくくり出して次のようになる。

$$1 \times 2 \times 3 \times \cdots \times 12 \equiv (1 \times 2 \times 3 \times \cdots \times 12) \times 3^{12} \pmod{13}$$

両辺の $1 \times 2 \times 3 \times \cdots \times 12$ を消すと、(4)

$$1 \equiv 3^{12} \pmod{13}$$

これは、賛成していただけるといいのだが、おもしろい。

13と3という選択が大事なのではない。任意の素数 p を法にして、どんな安全な鍵となる数 k でもよい。そこでフェルマーの小定理は次のようなことを言う。

> 定理（フェルマーの小定理）　任意の素数 p と、1と $p-1$ の間にある任意の k について、
>
> $$k^{p-1} \equiv 1 \pmod{p}$$

6・3　累乗を用いて解読する

そろそろ後戻りして目標を思い出してみる頃かもしれない。元に戻したいのは次の等式だった。

$$C \equiv P^e \pmod{2819}$$

1・3節で、合同算術の状況では、前に進んで後戻りできることを見た。次のようになる数 e を探す

のが妥当ということになる。

$$C^{\bar{e}} \equiv P \pmod{2819}$$

$C \equiv P^e \pmod{2819}$ なので、これは次と同じことになる。

$$(P^e)^{\bar{e}} \equiv P \pmod{2819}$$

あるいは指数法則を使って、

$$P^{e\bar{e}} \equiv P \pmod{2819}$$

ここでフェルマーの小定理を子細に見ると、それが

$$P^{2818} \equiv 1 \pmod{2819}$$

ということなのがわかるが、それをこう書くこともできる。

$$P^{2818} \equiv P^0 \pmod{2819}$$

２８１９を法としているということは、等式全体を見ているのであれば、２８１９は０と同じであることを意味する。しかし指数を見るなら、フェルマーの小定理は２８１８が０と同じということになる。一般に、素数 pを法とする方程式を見ているなら、$p-1$ を法としているかのように指数を扱うこ

とができる。そのため、ここで求めている数$\bar{e}$は２８１８を法とするeの逆元となるはずだ。将来参照するためには、累乗がこのように機能するのは素数についてだけだということに留意するのが重要である。６・６節で他の数について同等のことを見る。

そこでユークリッドの互除法をe（７６９だった）と２８１８に対して１・３節でやったように使うことにする。そのときと比べれば簡略にするが、隙間は簡単に埋まるだろう。

$$2818 = 769 \times 3 + 511 \qquad 511 = 2818 - (769 \times 3)$$

$$769 = 511 \times 1 + 258 \qquad 258 = 769 - (511 \times 1)$$
$$= (769 \times 4) - (2818 \times 1)$$

$$511 = 258 \times 1 + 253 \qquad 253 = 511 - (258 \times 1)$$
$$= (2818 \times 2) - (769 \times 7)$$

$$258 = 253 \times 1 + 5 \qquad 5 = 258 - (253 \times 1)$$
$$= (769 \times 11) - (2818 \times 3)$$

$$253 = 5 \times 50 + 3 \qquad 3 = 253 - (5 \times 50)$$
$$= (2818 \times 152) - (769 \times 557)$$

$$5 = 3 \times 1 + 2 \qquad 2 = 5 - (3 \times 1)$$
$$= (769 \times 568) - (2818 \times 155)$$
$$3 = 2 \times 1 + 1 \qquad 1 = 3 - (2 \times 1)$$
$$= (2818 \times 307) - (769 \times 1125)$$

となり、

$$1 = (2818 \times 307) + (769 \times -1125)$$

であり、

$$1 \equiv 769 \times -1125 \pmod{2818} \qquad \equiv 769 \times 1693 \pmod{2818}$$

となる。これは７６９の２８１８を法とする逆元が１６９３であることを教えているので、最初の平文ブロックについては次のようになる。

$$P \equiv C^{1693} \equiv 1592^{1693} \equiv 1615 \pmod{2819}$$

できた。数１６１５は平文の「po」に対応する。ボブの解読全体は次のように進む。

暗号文	1592	783	2264	924	211	44	1220	1548
1693 乗	1615	2305	1820	1520	805	1605	1516	1205

分離　16, 15　23, 5　18, 20　15, 20　8, 5　16, 5　15, 16　12, 5
平文　po　we　rt　ot　he　pe　op　le

ボブが解読するのに必要な数eは、慣習的に「解読指数（デクリプション・エクスポーネント）」の略でdと呼ばれる。つまり、要約すると、アリスとボブは平文にありうる最大の数より大きい素数pを選ぶ必要がある。鍵eは、eとp–1の最大公約数を1にして、eがp–1を法として逆元を持てるようにする必要もある。それからボブはp–1を法とするeの逆数dを計算する必要がある。アリスは次の式

$$C \equiv P^e \pmod{p}$$

を使って暗号化し、ボブは次の式を使って解読する。

$$P \equiv C^d \pmod{p}$$

この暗号は「ポーリグ＝ヘルマン累乗暗号」と呼ばれる。[5] これは一九七六年にスティーブン・ポーリグとマーティン・ヘルマンによって考えられた。[6] 7章で取り上げる公開鍵暗号法方式を初めて研究していたときのことだった。

6・4　離散対数問題

これでポーリグ＝ヘルマン暗号を使って暗号化と解読ができる。イブの攻撃方法はどうだろう。

総あたり攻撃に対する強度の目安は鍵がいくつありうるかを見ることだ。良い鍵は、1と$p-1$の間にあって、$p-1$と公約数がない数である。$p=2819$なら、$p-1=2818=2\times1409$で、1409は素数。したがって、eは1と2818の間にあって、因数に2も1409もない数、つまり1409以外の奇数ということになる。そのような数は1408個あり、良い鍵は1408通りある。これはそんなに大きな数ではないが、もっと大きな数を法とすればこの数は大きくなり、ブロックサイズも大きくとれることになる。つまり、総あたり法は大きな問題にはならず、暗号文単独頻度攻撃は、大きなブロックサイズを用いれば退けられる。

既知平文攻撃はどうか。ある暗号が既知平文攻撃に強いと考えるには、イブが鍵を復元するのが、アリスが暗号化してボブが解読するよりも明らかに困難でなければならない。合同算術がなかったら、鍵の復元は易しかっただろう。何かを累乗した式の指数を求めるためには、その何かがわかっているときには対数をとる。$C=P^e$なら、$e=\log_P C$である。この場合、イブは平文が1615で、暗号文は1592だということを知る。つまり、イブは$1615^e=1592$で、$e=\log_{1615}1592$であることを知る。しかし$\log_{1615}1592$はだいたい0・9981で、ここでも合同算術は困ったことになる。pを法として$C\equiv P^e$となるように整数eを求めるという問題は「離散対数問題」と呼ばれ、これこそがイブが解かなければならないことだ。

離散対数問題を解くのが確かに暗号化や解読より難しいかというのは明らかではない——イブがPやCの例をいくつか持っているなら、第一歩はpを推測することで、これはメッセージにある最大の暗号文数字を見ることによってわりあい簡単にできる。pを法としてPにそれ自身をかけ、Cを得るまで繰り返すことができて、何回かかったかを記録すれば、それがeとなる。

これはアリスが暗号化するためにしていることにきわめてよく似ているように見えるではないか。問題は、Pどうしをe個かけるのは、実はアリスが暗号化するための最善の方法ではないところだ。次のようにした方がよい。

$e = 769$としよう。4・1節で、769は実は$7 \times 10 \times 10 + 6 \times 10 + 9$であることをあらためて意識してもらった。つまり、

$$P^{769} = P^{7\times10\times10+6\times10+9} = \left(\left(P^{10}\right)^{10}\right)^{7} \left(P^{10}\right)^{6} P^{9}$$

これを数えれば、アリスがしなければならないかけ算は768回ではなく、46回だということがわかる。[7]他方、イブは768回すべてをしなければならない。[8] 前もってeを知らない以上、アリスのように分割することはできない。二〇一六年の段階ではもう三五年以上、離散対数問題を高速に解く方法が探されていて、[9]今のところ、イブはアリスとボブに追いつけそうなところには達していない。他方、追いつけないことの証明もできていない。他のいくつかの問題と同様、次章以下の何章かで、離散対数問題は難しいと考えられているが、確かなことはわかっていない[10]ことを見ていく。この問題については7・2節で取り上げる。

6・5　合成数を法とする

ポーリグ＝ヘルマン暗号で素数を法として使わなければならないのは面倒と思われるかもしれない。きりのいい数の方が扱いやすく、たとえばブロックサイズが2のとき、３０００を法として用いたくなるかもしれない。他にも、最大のブロックと法との間に余分の数があるのは面倒で、当の２６２６を法として用いたいかもしれない。こうした数は複数の素数をかけ合わせた形でものとして表されるので、「合成数（コンポジット・ナンバー）」と呼ばれる。[11]

累乗を用いる暗号化は合成数を法としても何の問題もない。たとえば、アリスがボブに２６２６を法とし、鍵は先と同じ$e = 769$を使ってメッセージを送りたいとすれば、平文を数に置き換え、それをやはり７６９乗する。

平文	de	co	mp	os	in
数字	4, 5	3, 15	13, 16	15, 19	9, 14
合体	405	315	1316	1519	914
769 乗	405	1667	1992	817	1148

平文	gc	om	po	se	rs[12]〔製作者を解体する〕
数字	7, 3	15, 13	16, 15	19, 5	18, 19
合体	703	1513	1615	1905	1819
769乗	1405	603	1615	137	1819

この場合も解読が問題で、今回はフェルマーの小定理は助けにならない。6・2節にあったのと同じような例をおさらいすると問題点がわかる。13字のハワイ語の文字ではなく、15字のマオリ語のアルファベットを使うことにしよう。念を押すと、13は素数だが、15 = 3×5で合成数だ。15は素数ではないので、1から14までのすべての数が鍵として使えるわけではない。それでも2なら使える。15と2の最大公約数は1だからだ。

平文	数字	×2	暗号文
a	1	2	E
e	2	4	I
h	3	6	M
i	4	8	O
k	5	10	R
m	6	12	U
n	7	14	NG

o	8	1	A
p	9	3	H
r	10	5	K
t	11	7	N
u	12	9	P
w	13	11	T
ng	14	13	W
wh	15	15	WH

素数の場合、左右の数の列にある全ての数をそれぞれ、各列の最後の数を除いて（最後の数をかけると結果を0に縮退させてしまうので）かけ合わせた。それをここで行なうと、

$$1 \times 2 \times 3 \times \cdots \times 14 \equiv (1 \times 2) \times (2 \times 2) \times (3 \times 2) \times \cdots \times (14 \times 2) \pmod{15}$$

$$1 \times 2 \times 3 \times \cdots \times 14 \equiv (1 \times 2 \times 3 \times \cdots \times 14) \times 2^{14} \pmod{15}$$

両辺の $1{\times}2{\times}3{\times}\cdots{\times}14$ を約したいが、残念ながら、この数のすべてに乗法逆元があるわけではない。15との最大公約数が1のものだけに逆元があり、それだけが約せる。

これはだめな鍵の問題と同じである。$15 = 3{\times}5$ なので、やりなおして、3か5か両方の倍数を除く。

平文	数字	×2	暗号文
a	1	2	E
e	2	4	I
i	4	8	O
n	7	14	NG
o	8	1	A
t	11	7	N
w	13	11	T
ng	14	13	W

この場合も左側の数は右側の数と同じ構成だが順番が違う。これは、左側の数が3か5の倍数ならそれを2倍するとやはりその倍数になると予想されるので、まあまあ筋が通っている。そこで各列から同じ数を除外したことになる。

そのうえで列ごとのかけ算をすると、次のようになる。

$$1 \times 2 \times 4 \times 7 \times 8 \times 11 \times 13 \times 14$$
$$\equiv (1 \times 2) \times (2 \times 2) \times (4 \times 2) \times \cdots \times (14 \times 2) \pmod{15}$$
$$1 \times 2 \times 4 \times 7 \times 8 \times 11 \times 13 \times 14$$
$$\equiv (1 \times 2 \times 4 \times 7 \times 8 \times 11 \times 13 \times 14) \times 2^8 \pmod{15}$$

今度はたとえば $1 \times 2 \times 4 \times 7 \times 8 \times 11 \times 13 \times 14$ で、それぞれの逆元をかけることによって約せるので、最終的に次が得られる。

$$1 \equiv 2^8 \pmod{15}$$

ここでも2を選択したことが重要なのではない。良い鍵なら何でもよい。しかし、15を選んだことは明らかに違いをもたらす——法の15が指数の8を生み出し、どうしてそうなったかをつきとめれば、ボブがメッセージをどう解読するかを突き止める上で大いに前進するだろう。

6・6　オイラーの ϕ 関数

最後の例で8が出てくる事情をもう少し詳しく見てみよう。1から15までの数をすべて、

1, 2, 3, 4, 5, 6, 7, 8, 9, 10, 11, 12, 13, 14, 15,

と並べ、15との最大公約数が1ではない数をすべて除く。

1, 2, ~~3~~, 4, ~~5~~, ~~6~~, 7, 8, ~~9~~, ~~10~~, 11, ~~12~~, 13, 14, ~~15~~.

残るのは8個の数だ。言い換えれば、8とは15以下の数で15との最大公約数が1となる数の個数ということになる。

一般に、$\phi(n)$（ϕ（ファイ）はギリシア文字）を、n 以下で、n との最大公約数が1となる正の整数の個数と定

義できる。たとえばこうなる。

n	$\phi(n)$	n	$\phi(n)$
1	1	11	10
2	1	12	4
3	2	13	12
4	2	14	6
5	4	15	8
6	2	16	8
7	6	17	16
8	4	18	6
9	6	19	18
10	4	20	8

nが素数なら、それ自身以外の整数がすべてカウントされるのだから、$\phi(n)$がどうなるかはわかるはずだ。それ以外の点では、この関数はさっぱり何のことやらわからないように見える。

そのパターンをつきとめた人物は、ガウスを一九世紀の大天才、フェルマーを一七世紀の大天才とするなら、一八世紀の大天才数学者とされる人物だった[13]。その名はレオンハルト・オイラーで、スイス生まれだったが、その仕事の大半はロシアとプロシアの権威ある科学アカデミーで行なった。一七三六年、フェルマーの小定理の証明を初めて発表し、後には他の証明もいくつか発表した。そうした論文の一つで一七三六年に発表したもの[14]では、今なら$\phi(n)$と書き[15]、「オイラーのϕ関数[16]」と呼ぶ関数を導入した。そしてこの関数を使って、今は「オイラー＝フェルマー定理」と呼ばれる定理を証明する。

> 定理（オイラー＝フェルマーの定理）　任意の正の整数nと、1とnの間にあって、nとの最大公約数が1となる任意のkについて、
>
> $$k^{\phi(n)} \equiv 1 \pmod{n}$$

nが素数なら、$\phi(n)$は$n-1$となり、フェルマーの小定理となる。nが15なら、$\phi(n)$は8となり、先の例となる。今では、オイラーのϕ関数がどういうものかはわかっていて、それが何に使えるかもある程度わかっている。しかし1とnの間にある全ての数について最大公約数を確かめることによって$\phi(n)$を計算しなければならないとしたら、その進行は非常に遅くなるだろう。

幸い、もっと簡単な方法はある。先の例に戻って、「だめな鍵」を除外したところをもう少し詳しく見てみよう。15の約数は1、3、5、15なので、3の倍数となる数を除外しなければならない。

1　2　~~3~~
4　5　~~6~~
7　8　~~9~~
10　11　~~12~~
13　14　~~15~~

三つおきに除外するので、除外される数は15/3＝5個となる。5の倍数も除外しなければならない。

1　2　3　4　~~5~~
6　7　8　9　~~10~~
11　12　13　14　~~15~~

今度は五つごとに除外しているので、15/5＝3個が除外される。15の倍数は3の倍数でもあり（5の倍数でもある）、すでに除外されているので、ここではあらためて除外する必要はない。

では何個の数が除外されないでいるだろう。15－3－5＝7になるはずだが、先に見たときは8だった。なぜかと言えば、この計算では3と5の倍数である15を2度除外したことになるからだ。そこで1回分を戻さなければならない[17]。すると15－3－5＋1となり、8個の数が除外されないで残る。一般に、pとqが相異なる素数なら、次の式になる。

$$\phi(pq) = pq - p - q + 1$$

少々式計算をすれば、これをもっと一般的な形に整理できる。

$$\phi(pq) = (p-1)(q-1)$$

ボブとここでの暗号はどうなるか。この場合、$n = 2626 = 2 \times 13 \times 101$で、斜線で消していけば、

$$\frac{2626}{2}+\frac{2626}{13}+\frac{2626}{101}=13\times 101+2\times 101+2\times 13$$

個の数が除外されるが、

$$\frac{2626}{2\times 13}+\frac{2626}{2\times 101}+\frac{2626}{13\times 101}=101+13+2$$

個はだぶって除外されているので戻さなければならない。しかし1個だけ、つまり2626は3回除外され、3回戻されているので、1回分はあらためて除外しなければならない。言い換えれば、

$$\phi(2626)=2626-2\times 13-2\times 101-13\times 101$$
$$+2+13+101-1=1200$$

一般に、p、q、rが相異なる三つの素数なら、

$$\phi(pqr)=pqr-pq-pr-qr+p+q+r-1$$
$$=(p-1)(q-1)(r-1)$$

おそらく、他のどんな素数の積についても言えるパターンが見えてくるだろう。

6・7　合成数の法を使った解読

これでポーリグ＝ヘルマン暗号と合成数の法を用いて暗号化されたメッセージをどう解読するかが明らかにできるはずだ。$\phi(n)$ がわかれば、オイラー＝フェルマー定理から次のことがわかる。

$$p^{\phi(n)} \equiv 1 \equiv p^0 \pmod{n}$$

これはつまり、n を法とする等式を見ているなら、累乗を $\phi(n)$ を法として計算しているかのように扱えるということだ。これはフェルマーの小定理のときと同等で、$n = 2626$ の場合、次のようになる。

$$p^{1200} \equiv p^0 \pmod{2626}$$

暗号化指数 $e = 769$ なら、解読指数は e の１２００を法とする逆元があるとして、その逆元である。e が１２００を法とする逆元を持つには、e と１２００の最大公約数が1でなければならない。でなければ e はだめな鍵で、アリスはそもそもそれを選ぶべきではない。

そこで、ボブのメッセージ解読の第1段階は、互除法を使って１２００を法とする $e = 769$ の逆元を求めることとなる。(18)

$$
\begin{aligned}
1200 &= 769 \times 1 + 431 & 431 &= 1200 - (769 \times 1) \\
769 &= 431 \times 1 + 338 & 338 &= 769 - (431 \times 1) \\
 & & &= (769 \times 2) - (1200 \times 1) \\
431 &= 338 \times 1 + 93 & 93 &= 431 - (338 \times 1) \\
 & & &= (1200 \times 2) - (769 \times 3) \\
338 &= 93 \times 3 + 59 & 59 &= 338 - (93 \times 3) \\
 & & &= (769 \times 11) - (1200 \times 7) \\
93 &= 59 \times 1 + 34 & 34 &= 93 - (59 \times 1) \\
 & & &= (1200 \times 9) - (769 \times 14)
\end{aligned}
$$

$$59 = 34 \times 1 + 25 \qquad 25 = 59 - (34 \times 1)$$
$$= (769 \times 25) - (1200 \times 16)$$
$$34 = 25 \times 1 + 9 \qquad 9 = 34 - (25 \times 1)$$
$$= (1200 \times 25) - (769 \times 39)$$
$$25 = 9 \times 2 + 7 \qquad 7 = 25 - (9 \times 2)$$
$$= (769 \times 103) - (1200 \times 66)$$
$$9 = 7 \times 1 + 2 \qquad 2 = 9 - (7 \times 1)$$
$$= (1200 \times 91) - (769 \times 142)$$
$$7 = 2 \times 3 + 1 \qquad 1 = 7 - (2 \times 3)$$
$$= (769 \times 529) - (1200 \times 339)$$

となり、

$$1 = (769 \times 529) + (1200 \times -339)$$

であり、次のようになる。

$$1 \equiv 769 \times 529 \pmod{1200}$$

解読係数 $d = 529$ で、解読は次のように進む。

暗号文	405	1667	1992	817	1148
529 乗	405	315	1316	1519	914
分離	4, 5	3, 15	13, 16	15, 19	9, 14
平文	de	co	mp	os	in

暗号文	1405	603	1615	137	1819
529 乗	703	1513	1615	1905	1819
分離	7, 3	15, 13	16, 15	19, 5	18, 19
平文	gc	om	po	se	rs

実はここで少しずるをしている。オイラー＝フェルマー定理は、P と n の最大公約数が1であれば指数は望み通りにふるまうことだけを保証している。これは平文ブロックのいくつか、たとえば1316にはあてはまらない。実際、1316と2626の最大公約数は2だ。結局、n が異なる素数の積であっても、解読は必ずしかるべくできるのだが、本書でそうなる根拠は取り上げない。証明が見たいという人のために、巻末註に参考資料を挙げておいた[19]。

補足6・1　さらに一般的なϕ

nが複数回現れる素数の積の場合でも、$\phi(n)$を表す式を求めることができるが、ポーリグ＝ヘルマン暗号を容易に使うことはできなくなる。$n = 12 = 2^2 \times 3$としよう。12の約数は1、2、3、4、6、12である。だめな鍵をはじくとき、2と3の倍数をはじく必要があり、これは4と6と12の倍数を除去することにもなる。最初は2の倍数をはじこう。

~~2~~　~~4~~　~~6~~　~~8~~　~~10~~　~~12~~

1　3　5　7　9　11

それは$12/2 = 6$個ある。それから3の倍数を全て除く。

~~3~~　~~6~~　~~9~~　~~12~~

2　5　8　11

1　4　7　10

$12/3 = 4$個ある。しかし12と6はどちらも2と3いずれでも約せるため2回はじかれているので、これを戻さなければならない。つまり、$\phi(n) = 12 - 6 - 4 + 2 = 4$である。一般に、$p$と$q$が異なる素数である場合、次の式が得られる。

$$\phi(p^a q^b) = p^a q^b - \frac{p^a q^b}{p} - \frac{p^a q^b}{q} + \frac{p^a q^b}{pq}$$

これを整理してもっと一般的な形にすると、次のようになる。

$$\phi(p^a q^b) = \left(p^a - \frac{p^a}{p}\right)\left(q^b - \frac{q^b}{q}\right) = \left(p^a - p^{a-1}\right)\left(q^b - q^{b-1}\right)$$

$n = p^a q^b r^c$ が三つの異なる素数を含む積なら、

$$\phi(p^a q^b r^c) = \left(p^a - p^{a-1}\right)\left(q^b - q^{b-1}\right)\left(r^c - r^{c-1}\right)$$

以下同様。

たとえば、$n = 3000 = 2^3 \times 3 \times 5^3$ なら、

$$\phi(3000) = (2^3 - 2^2) \times (3 - 1) \times (5^3 - 5^2) = 800.$$

アリスは $e = 769$ と $n = 3000$ を使ってメッセージを暗号化できる。

平文	sy	st	em	er	ro	rx〔システムエラーx〕
数字	19, 25	19, 20	5, 13	5, 18	18, 15	18, 24
合体	1925	1920	513	518	1815	1824
769乗	125	0	2073	368	375	2424

ボブが互除法を使えば、800を法とする769の逆元は129であることがわかり、解読指数 $d = 129$ を使って解読しようとする。

暗号文	125	0	2073	368	375	2424
129乗	125	0	513	2768	375	1824
分離	1, 25	0, 0	5, 13	27, 68	3, 75	18, 24
平文？	ay	??	em	??	c?	rx

オイラー＝フェルマー定理は、pとnの最大公約数が1でない場合には解読が適切に行なわれることは保証していないことを思い出そう。ブロックのうち二つはうまくいっている。513は3000との最大公約数が1で、1824は3000との最大公約数が $24 = 2^3 \times 3$ だが、それでも何とかなっている。しかし、大半のブロックは、不適切な文字か文字に対応しない数字になっている。個々の26を法とした2桁の数なら助けになると期待されるかもしれないが、そうはならない。この方式が適切に動作していたら、ボブは当初のアリスのものと同じ数字を得るはずだ。$\varphi(n)$ についての一般式が使える状況は

他にはあるが、実はポーリグ＝ヘルマン暗号については使えない。

6・8　展望

そこで、累乗暗号は現代暗号の中でも最先端かと尋ねられるかもしれない。結果的に言うと、これは実際にはそんなに使われていない。ＡＥＳのような暗号は攻撃に対しても同等に強く、今述べたような累乗を高速にするための仕掛けを使っても、それよりずっと高速に動作するように見える。逆に、第7章と第8章で見るように、この暗号で使われている考え方、とくに離散対数問題の難しさは、公開鍵暗号法と呼ばれる実に驚きのアイデアにとっては非常に重要だった。

ポーリグとヘルマンは、自分たちの暗号を考えていたとき、一時、合成数を法とすることを考えたが、それで便利になるところが複雑さに見合わないということで、結局それを捨てた。二人は賭ける先を見逃した。[20] 合成数を法とする累乗は、7・4節で見る非常に重要な方式の鍵を握る成分となる。

他方、ポーリグとヘルマンは、自分たちの暗号を、4・5節で見た有限体演算の類で使うことも考えた。[21] こちらもやはり重要な考え方だということになった。2を法とする有限体演算は、同節で見たように、コンピュータがビットを操作するのに好都合の方法だったからだ。

第7章　公開鍵暗号

7・1　人目をはばからず——公開鍵暗号の考え方

　これまでの議論ではずっと、アリス、ボブ、イブについて、いくつかの暗黙の前提を立てていた。その一。アリスとボブがメッセージを送り始める前に、イブには盗聴できないところで合流して、あるいはイブが盗み聞きできないような通信方法を見つけて、使う鍵について合意をしておく必要がある[1]。これは当然で必要なことに思われる。二〇〇〇年以上にわたり、誰もそのことを本気で疑問視することはなかった。アリスとボブが安全に会うのは不便なこともあるかもしれないが、いつやりとりするかは自分たちで決められるし、長期間のことではないので、たいていの場合、実行可能である。歴史上にはときどき、アリスとボブがあらかじめ何の段取りもしていない場合があった。緊急時には、ボブはちゃんとわかって解読できるがイブにはできないことを期待して、アリスがともかく秘密のメッセージを送ってしまうこともあった。とはいえこれはリスクが大きく、安全性に優れた方式の土台とは言えない。

一九七四年の秋のこと、ラルフ・マークルはカリフォルニア大学バークレー校大学院の最終学期を迎えていて、計算機のセキュリティについての授業を取っていた。その授業には暗号法の話も少しあったが、DESはまだ公式に発表されておらず、暗号法には取り上げるべきことはあまりなかった。しかし取り上げられたことはマークルの関心を引き、誰もがあたりまえに立てていた仮定を回避する手はないか考え始めた。アリスがボブに、前もって鍵について同意しておかなくてもメッセージを送ることは可能か。当然、鍵はなければならないだろうが、アリスとボブはそれについて、イブがたとえ盗み聞きできたとしても理解できない何らかの処理を通じて合意できるのではないか。マークルは、後に自分で「単純だが非効率的」[2]と述べた予備的なアイデアを、2本の学期研究案（ターム・プロジェクト・プロポーザル）の一つとして提出した。[3]アイデアは実は1枚半で足りたが、マークルはさらに4枚半を使って問題の重要性を立証し、難しさを説明し、当初の概念を改善しようとした。また資料を挙げることもできなかった。どうやら誰もまだこのことを考えていなかったらしい。指導教授はどうしようもなく困惑し、マークルに第2志望の研究を進める方がいいと言ったのも意外ではない。[4]そうしなかったマークルはこの授業の単位を落としたが、その研究は続けた。

マークルのアイデアは一般に「マークルのパズル」と呼ばれ、何度かの書き直しを経ているが、[5]以下は最終的に発表された形のものだ。[6]図7・1にあるように、アリスはまず、多数の暗号化したメッセージ（パズル）を作り、それをボブに送る。暗号化関数は、どのパズルも総あたりで解くのは「面倒だが必ずできる」[7]ようなものを選ぶのがよい。マークルは128ビット鍵による暗号を使い、[8]使われる鍵としてありうるすべてのうちごくわずかだけを特定することを唱えた。例に用いるのはごく小規模のもので、加算暗号を用いることにする。

VGPVY	QUGXG	PVYGP	VAQPG	UKZVG
GPUGX	GPVGG	PBTPU	XSNHT	JZFEB
GJBAV	ARSVI	RFRIR	AGRRA	GJRYI
RFRIR	AGRRA	VTDHC	BMABD	QMPUP
AFSPO	JOFUF	FOUFO	TFWFO	UXFOU
ZGJWF	TFWFO	UFFOI	RCXJQ	EHHZF
JIZJI	ZNDSO	RZIOT	ADAOZ	ZINZQ
ZIOZZ	IWOPL	KDWJH	SEXRJ	IKAVV
YBJSY	DSNSJ	YJJSY	BJSYD	KNAJX
JAJSK	TZWXJ	AJSYJ	JSFNY	UZAKM
QCTCL	RFPCC	RUCLR	WDMSP	RCCLD
GDRCC	LQCTC	LRCCL	JLXUW	HAYDT
ADLUA	FMVBY	ALUVU	LVULZ	LCLUZ
LCLUA	LLUGE	AMPWB	PSEQG	IKDSV
JXHUU	VYLUJ	XHUUJ	UDDYD	UIULU
DJUUD	AUTRC	SGBOD	ALQUS	ERDWN

図7・1　マークルのパズルの始まり

RDUDM　SDDMS　VDMSX　RDUDM　SDDMM
HMDSD　DMRHW　SDDMR　DUDMS　DDMAW
BEMTD　MBEMV　BGBPZ　MMMQO　PBMMV
AMDMV　NQDMA　MDMVB　MMVUR　YCEZC

アリスはボブに、それぞれのパズルはアリスがランダムに選んだ3種類の数からなり、すべて同じ鍵で暗号化されていると説明する。最初の数はパズルを特定する識別番号。第2はある安全な暗号からとった秘密鍵を表す数の集合で、アリスとボブはこれを通信用に実際に使うことができる。マークルはここでも128ビットの暗号を提案したが、今度はありうるすべての鍵を許容する。この例のために2×2のヒル暗号を使おう。最後の数はすべてのパズルについて同じで、ボブが自分はパズルを正しく解いたことを確かめられる検査用である[9]。この例では、検査用の数は「17」とする〔ここでの暗号例ではアルファベットを用いるので、実際のやりとりでは、数はすべてアルファベットで書かれる（この場合なら「seventeen」）。以下同様〕。

図7・2　ボブはパズルを解く

最後に、パズルはランダムなヌル文字を詰め込んで、すべて同じ長さにする。

ボブはランダムにパズルの一つを選び、それを総あたりで解き、検査用の数字で正しく解いたことを確実にする。それから図7・2に示したように、アリスにパズルで暗号化されていた識別番号を送る。たとえば、一つのパズルに対するボブの答えが次のようになるとする。

twent ynine teent wenty fives evenf ourse vente enait puvfh

〔20 19 25 7 4 17 aitpuvfh〕

ボブは識別番号が「20」、秘密鍵が「19、25、7、4」であることを知り、アリスに「20」を送る。

アリスは識別番号で整理したパズルの平文の一覧を持っている。

識別番号	秘密鍵				検査用数字
zero	nineteen	ten	seven	twentyfive	seventeen
one	one	six	twenty	fifteen	seventeen
two	nine	five	seventeen	twelve	seventeen
three	five	three	ten	nine	seventeen
seven	three	twenty	fourteen	fifteen	seventeen
ten	two	seven	twentyone	sixteen	seventeen
twelve	twentythree	eighteen	seven	five	seventeen
seventeen	twenty	seventeen	nineteen	sixteen	seventeen
twenty	nineteen	twentyfive	seven	four	seventeen
twentyfour	ten	one	one	seven	seventeen

そこでアリスも秘密鍵を探せて、それが「19、25、7、4」であることもわかる。これでアリスとボブはともに暗号を安全にする秘密鍵を知り（図7・3）、暗号化したメッセージを送り始めることができる。

イブは秘密鍵を突き止められるか。こちらは例のごとく、アリスとボブの会話を盗聴している。どんな話が入ってきているかを見てみよう。図7・4にあるように、イブはパズルすべての暗号文と検査用数字を得ている。ボブが選んだパズルがどれかは知らないが、識別番号が「20」であることは

図7・3　アリスとボブはともに秘密鍵を得る

知っている。アリスの平文の一覧は持っていない。ボブがどのパズルを選んで秘密鍵を得たかを突き止めるには、すべてのパズルを解く必要があるらしい。これはもちろん可能だが、アリスやボブがとる手順よりは長い時間がかかる。アリスが持っていたパズルは10題。ボブはパズルを一つだけ、総あたり法で（最悪）25通り解読しなければならない〔ここでは加算暗号を使うことにしているので〕。しかしイブは（最悪）10題のパズルを25通りずつ解読しなければならない。つまり全部で250通りの解読だ。[10] 現代（２０１６年）のデスクトップコンピュータは、おおざっぱに言って1秒に１０００万題のパズルを暗号化あるいは解読するくらいのことができる。アリスが1億題のパズルを生成し、それぞれに1億通りの鍵がありうるとすると、アリスとボブのコンピュータで必要な作業は1分もかからずにできる。ところがイブは1京回〔1兆

図7・4　イブはついて行けない

回の1万倍）の解読をしなければならず、イブのコンピュータでは10億秒、つまり約32年かかるだろう。イブがもっと高速のコンピュータを持っているのではとアリスとボブが心配しても、ただパズルを増やし、ありうる鍵を増やせばよい。

アリスとボブが最初に秘密の会合をしなくても安全に通信できるようにする方式の研究は、「公開鍵暗号法」と呼ばれている。マークルのパズルは公開鍵方式だが、それ自身は符号でも暗号でもない。アリスもボブも最終的な秘密鍵がどれになるか予想できないので、それだけでは秘匿されたメッセージとして用いることはできない。むしろここで行なわれているのは「鍵合意方式[11]」だと言える。鍵合意方式は公開鍵暗号の一大分野だが、他の方式もあり、中には実際に暗号となっているものもある。

　マークルは初めからこの方式が理想的とは言えないことを認識していた。[12] アリスはパズルの準備に相当量の時間がかかるし、保存スペースの量も相当で、さらに送信用の時間もデータ転送量も相当に増える。同様にボブは相当量の時間をかけてパズルを解き、アリスとボブの所要時間はイブの所要時間の増え方とほぼ同じ率で増える。アリスとボブがイブに２倍の時間をかけさせたいとすれば、二人のうちどちらかが２倍かかる。[13] マークルは、イブに必要な時間の増え方がアリスとボブの増え方と比べてずっと速いような鍵合意方式が開発できれば、もっと実用的に使えることを承知していた。

７・２　ディフィー＝ヘルマン合意

　ラルフ・マークルが自分の考えを他の人にまともに取り上げてもらおうとしていた頃、他に二人の人物がやはり公開鍵について考えていた。一九七二年、ホイットフィールド・ディフィー[14]がスタンフォード大学人工知能研究所の研究員だった頃、つきあっていた彼女も同じ研究所の研究員で、ストリーム暗号に関係する研究を始めた。ディフィーは暗号法に関心を抱くようになり、その後、それに取り憑かれた。一九七二年から七四年にかけて全米を車で回り、ＮＳＡの仕事をしていなくて自分にこの分野について話してくれる、数少ない暗号法の専門家を探した。一九七四年、ディフィーは地元のスタンフォードの人物が自分と同種の問題を考えていることを耳にした。それは６・３節でお目にかかったマーティン・ヘルマンだった。ヘルマンは元ＩＢＭの研究員で、そこやＭＩＴで暗号法に関心を持つようになっていた。一九七一年、スタンフォードの助教授になり、そこで一九七四年、ディフィーとつながった。

後にディフィーが語ったところでは、自分とヘルマンの発見は、「二つの問題と一つの誤解[15]」の結果だという。第一の問題は、マークルが検討していたのと同じもので、前もって会っていない二人の人物が安全に会話を進める方法だった。第二の問題は、認証、あるいは「デジタル署名[16]」の問題だった。デジタルのメッセージを受け取った側が、送り手はこのメッセージが送り手だと言っている当人であることをどうやって自身や第三者に納得させるかということだ。この答えは8・4節まで先送りにするが、これは実は従来の暗号法の問題ではないことを言っておくべきだろう。ある暗号、あるいはメッセージ認証コード（MAC）の鍵を手にしているというだけで、メッセージの送り手が自分のいる組織の信頼できる一員であることをいくらか保証するものとして機能する。誤解とはこういうことだ。ディフィーとヘルマンは、暗号法方式の利用者は、自分たちの接続を完成するためにどこかの第三者を信頼しなければならない方式は望まないだろうと思っていた。ディフィーの後の言葉では、

暗号方式の利用者が、お互いの鍵を、盗みや捜査令状に屈するかもしれない鍵配布センターと共有せざるをえなかったら、それは鉄壁の暗号方式を考えるために有利に作用するかと私は推理した。[17]

たぶん、何千年かの間、誰もが公開鍵暗号法はありえないと思い込んでいたのは意外なことではないだろう。そして一九七〇年代の前半に、突如3人の人々が別個にそれについて考えるようになった。[18]

超小型コンピュータ〔マイコン〕革命が始まろうとしていた。事情通はすでに、いつか普通の人々がマイコンを通信や商取引や、さらには思いも寄らないことに使うようになると考えていた。同時に、アメリカは対抗文化（カウンターカルチャー）運動とウォーターゲート・スキャンダルのまっただ中にいた。政府など大きな組織に対する不信は強く、多くの人々の頭にはプライバシーや自立があった。もちろんホイットフィールド・ディフィーやマーティン・ヘルマンもそちらの側にいた。[19]

ディフィーとヘルマンは、何より公開鍵暗号法がどれほど使えるかや、それについてありうる検討方法を解説する論文[20]を書いた。しかし二人は自分たちが実はそれをどう実行すればよいかは知らないことを認めていた。一九七六年の初め、ディフィーとヘルマンの論文の下書きがラルフ・マークルの許にたどり着いた。[21] マークルは他にも自分が研究していることを理解している人がいるのを知って喜び、ディフィーとヘルマンに自身がマークルのパズルについて書いていた論文を送り、この方式の改善について一緒に研究したいと伝えた。ディフィー、ヘルマン、マークルは一九七六年の夏、手紙のやりとりをし、ディフィーとヘルマンはそのアイデアを実装する特定の方法として、鍵合意方式について考え始めた。[22]

ディフィーとマークル双方が何年か前から考えていたことの一つが、「一方向性関数」と呼ばれるものを使うことだった。[23] これは一方の向きに計算するのは易しいが、反対方向に計算するのは難しいというものだ。実は、6・4節ではすでに、eを使って、pを法としてP^eにする指数関数は簡単に計算できるが、P^e、P、pがわかっていても、eを求めるのは難しいことを見た——離散対数の問題だ。

アリス　　　　ボブ

秘密aを選ぶ　　　　秘密bを選ぶ

図７・５　ディフィー＝ヘルマンの始まり。

この関数は一方向性関数の一例である。マークルのパズルのボブの部分は一方向性関数と考えることもできる。暗号文を得て識別番号を引き出すのは（比較的）易しいが、識別番号を得てそれがどの暗号文に対応するのかを突き止めようとするイブの仕事は難しい。ディフィー、ヘルマン、マークルは、他も含めたいくつかの例を知っていて、一九七六年夏のある日、ヘルマンはそれをまとめ、累乗関数を今は「ディフィー＝ヘルマン鍵合意[24]」と呼ばれる方式にした。この新方式を告知する論文は「暗号法の新方向」というわかりやすい題で、「われわれは今、暗号法革命のとば口にいる[25]」といういささか芝居がかった文で始まっている。

　マークルのパズルのように、ディフィー＝ヘルマン方式は、アリスとボブがある基本ルールを設定するところから始まる。二人に必要なのは非常に大きな素数pを選ぶこと[26]。二〇一五年の段階で、納得できる安全性を得るために、専門家は６００桁以上を推奨している[27]。そうでないと、離散対数問題は十分に難しくならない。双方は、pを法とし、１と$p-1$の間にある生成元（ジェネレーター）gも必要で[28]、これを、pを法としてとった$g, g^2, g^3, \ldots, g^{p-1}$が１と$p-1$の

間にありうるすべての数を拾えるような数として見つけなければならない。たとえば、３は７を法とするときの生成元で、

$3^1 = 3,\ 3^2 = 9,\ 3^3 = 27,\ 3^4 = 81,\ 3^5 = 243,\ 3^6 = 729$

は、結局

$3, 2, 6, 4, 5, 1 \pmod 7$

となって、これはすべての可能性をつくしている。好都合なことに、すべての素数はこうした生成元を少なくとも一つは持つので、[29] とくに見つけにくいことはない。さらに、pとgは秘匿しておく必要はなく、数表を参照するだけでよい。[30]

さて、マークルのパズルにあったように、アリスは何らかの秘密の情報を選ぶ。この場合、１と$p-1$の間の数aだ。マークルのパズルとは違い、ボブも１と$p-1$の間の秘密の数bを選ぶ。これで図７・５に示したような状況になる。

それからアリスは$A \equiv g^a \pmod p$を計算し、ボブは$B \equiv g^b \pmod p$を計算する。図７・６にあるように、アリスはAをボブに送り、ボブはBをアリスに送る。

最後に、図７・７にあるように、アリスは$B^a \pmod p$を計算し、ボブは$A^b \pmod p$を計算する。アリスは$B^a \equiv (g^b)^a \equiv g^{ba} \pmod p$を得て、ボブは$A^b \equiv (g^a)^b \equiv g^{ab} \pmod p$を得た。ところが$ab = ba$なので、

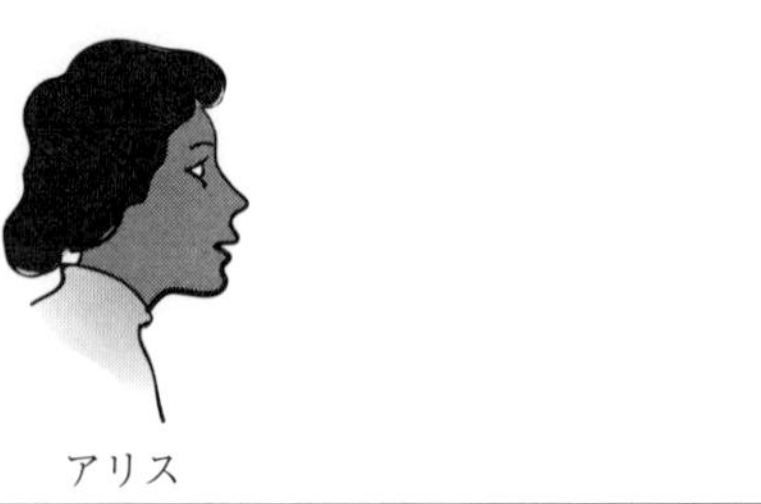

アリス　　　　ボブ

秘密 a を選ぶ　　　　秘密 b を選ぶ

$$A \equiv g^a \pmod{p} \qquad\qquad B \equiv g^b \pmod{p}$$

$$A \rightarrow$$

$$\leftarrow B$$

図7・6アリスとボブは公開の情報をやりとりする。

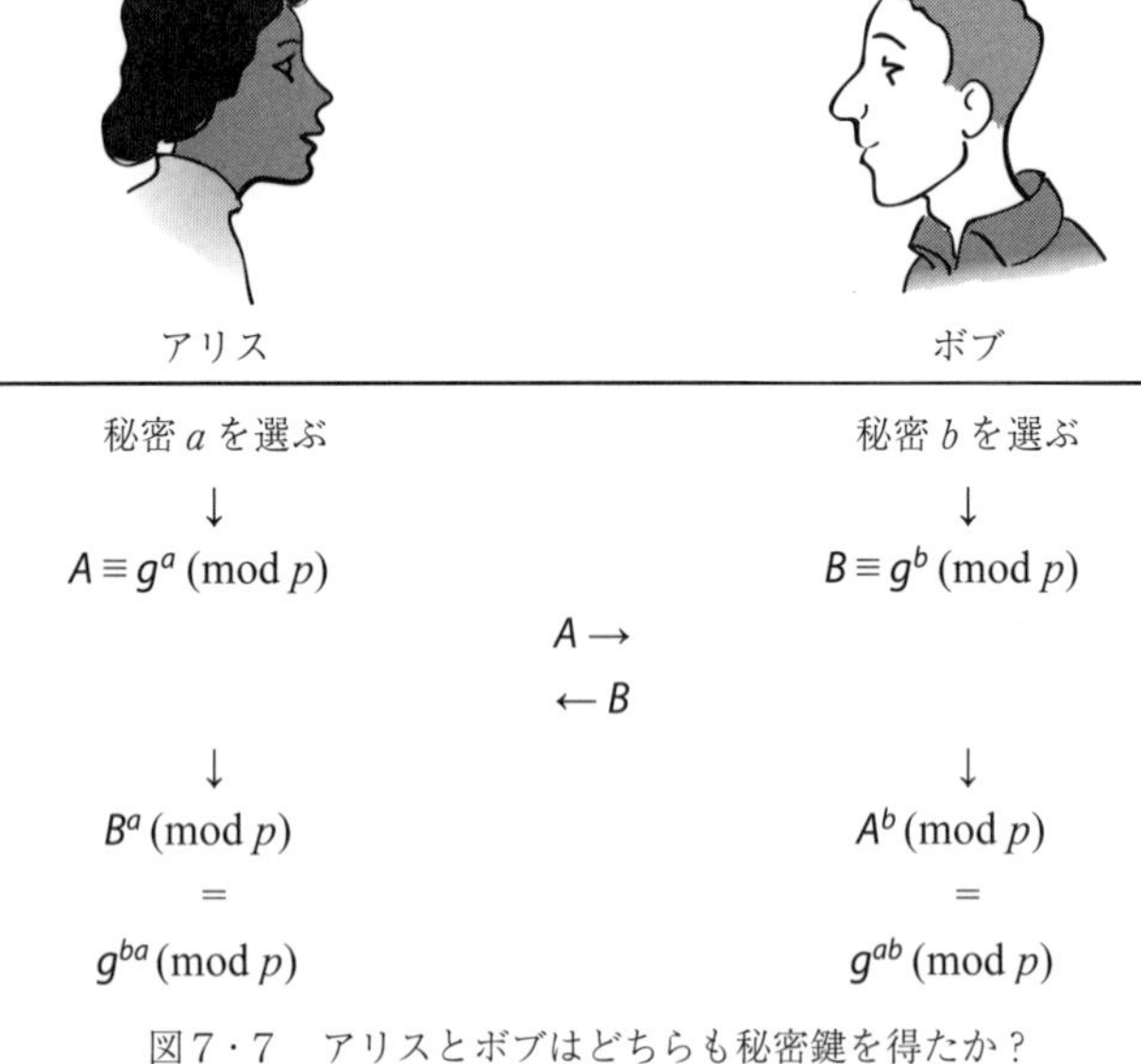

図7・7　アリスとボブはどちらも秘密鍵を得たか？

両者は同じである。これでアリスとボブはまずまず安全な暗号のための鍵として使える秘密の情報を共有したことになる。

たとえば、アリスとボブが６・１節で解説したようなポーリグ＝ヘルマン累乗暗号の秘密鍵について合意したいとする。この鍵は１と２８１８の間にある一つの数を必要とするので、この例ではディフィー＝ヘルマン方式での$p = 2819$を使うことにする。[31] たまたま2は２８１９を法とする生成元で、アリスとボブはそれを使うことにする。アリスとボブはそれぞれに秘密の鍵を選ぶ。それぞれ94と305とする。[32] するとこの方式は図７・８に示したように進行する。

これで、アリスとボブはどちらも秘密鍵747を知り、それを使って累乗暗号用に使うことができる。あらためて念を押すと、アリスとボブは秘密鍵がどうなるかはわかっていない。とくに、それは累乗暗号にとって良い鍵にもならないかもしれない。そういう場合、二人ともそのことがすぐにわかる。そうなれば、新しい秘密の数を使って、良い鍵が得られるまで繰り返すだけだ。

イブがこの秘密鍵を得るのはどれほど難しいだろう。アリスとボブは安全でない通信回線で合意したgとpはイブも知っている。aとbは知らないが、図７・９にあるように、$g^a \pmod p$と$g^b \pmod p$はわかる。pを法とするg^aとg^bから秘密鍵$g^{ab} \pmod p$を知るという問題は、「ディフィー＝ヘルマン問題」と呼ばれる。イブがaまたはbをつきとめることができれば秘密鍵はわかるが、それには離散対数問題を解かなければならず、６・４節で見たように、これはどうやら難問らしい。ディフィー＝ヘルマン問題を手早く解く方法は別にあるのかもしれない――しかしこれも、人々が35年試みている

アリス		ボブ
$a = 94$		$b = 305$
↓		↓
$2^{94} \equiv 2220 \pmod{2819}$		$2^{305} \equiv 1367 \pmod{2819}$
	2220 →	
	← 1367	
↓		↓
$1367^{94} \equiv 747 \pmod{2819}$		$2220^{305} \equiv 747 \pmod{2819}$

図7・8　ディフィー＝ヘルマン鍵合意の具体例。

が、成功はしていない。これまでのところ、ディフィー＝ヘルマン問題は難しいとされるものの一つだが、確かなことは誰も知らない。

二〇一六年六月段階では、ある大きな素数pを法とする離散対数を求めた最大の記録は、

$$p = \lfloor 2^{766}\pi \rfloor + 62762$$

という素数で、これは232桁、あるいは768ビットの長さがある。(33) 難しいのは、次の

$$y = \lfloor 2^{766} e \rfloor$$

を、生成元$g = 11$についてとることで、この結果は二〇一六年、ライプチヒ大学とスイス連邦工科大学ローザンヌ校の研究者チームにより発表された。この作業は完了

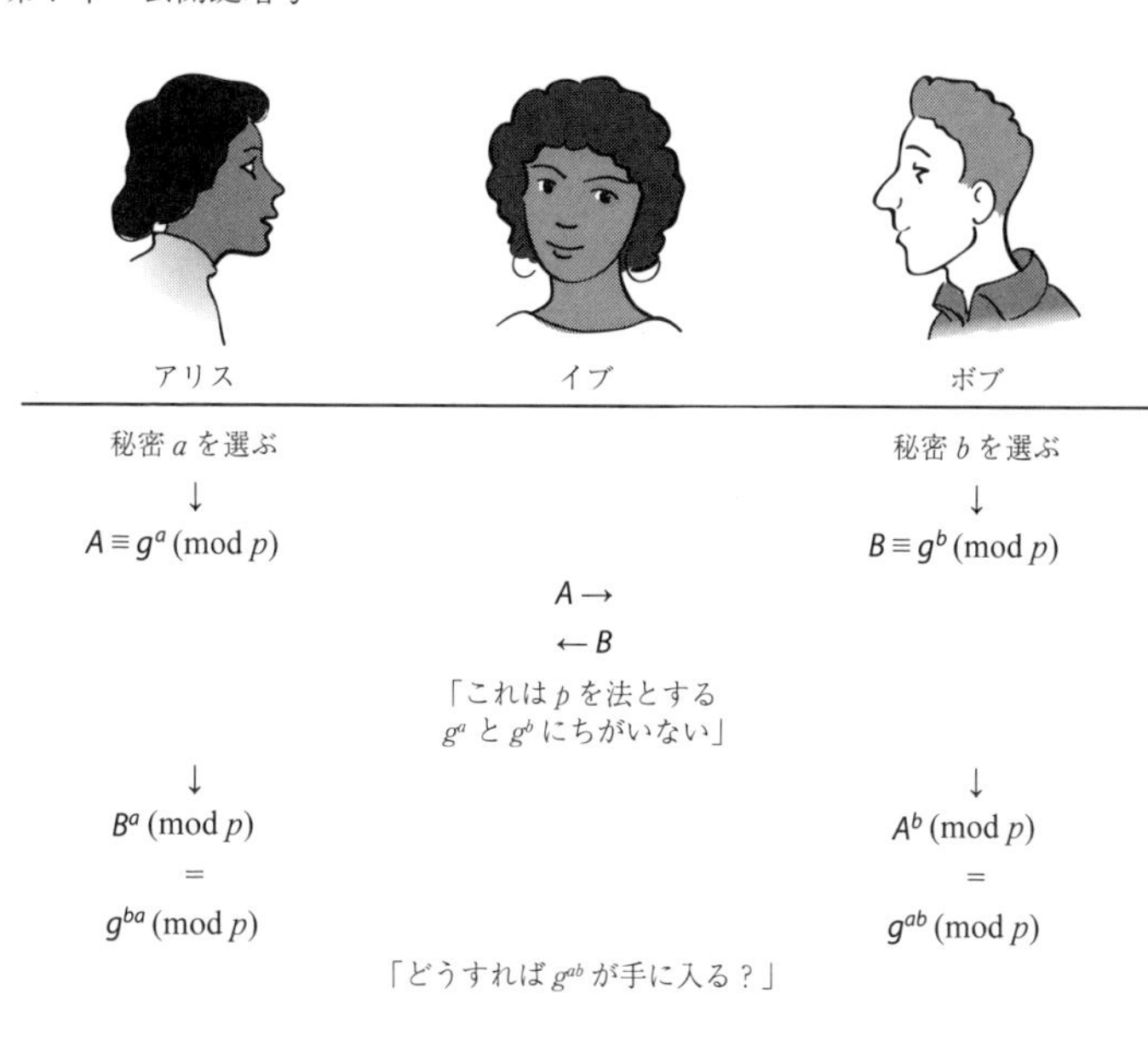

図７・９　イブは秘密鍵を突き止められるか。

まで約一六か月かかった[34]。

ディフィー＝ヘルマンの重要な使い方は、よくあるタイプのＶＰＮ〔仮想プライベート・ネットワーク〕でセキュリティシステムの一部として使うことである[35]。ＶＰＮは、団体に所属する構成員が、その団体のネットワークに、インターネット接続を誰かが盗聴していないことを確認できないところからでも安全にアクセスできるように作られたシステムだ。本書執筆段階では、データのインターネットでの流れ方を制御する新型の方式が徐々に配備されつつある。**IPv6**と呼ばれる新方式は、ディフィー＝ヘルマンに基づく同じセキュリティをもっと徹底して使い、通常の利用者のメッセージだけでなく、インターネットそのものを制御する通信も保護する。

7・3　非対称鍵暗号法

歴史的な位置をおさらいしよう。一九七六年の段階で、ディフィーとヘルマンは、マークルの助けも借りて、実用的な公開鍵暗号の鍵合意方式に到達していた。しかし二人はまだ別の方向で研究していた。一九七五年夏のある日、ラルフ・マークルが二人に鍵合意について考えるようしむける前、ディフィーは別の方式全体についての重大な見通しを得ていた。伝統的な暗号法は、アリスとボブが基本的に同じ鍵情報を使うという点で対称的になっている。DES、AES、シフトレジスタなど多くの暗号で、アリスが暗号化するための鍵と、ボブが解読するための鍵は同じである。アリスが暗号化するための鍵を使い、ボブが解読するために鍵の逆元のようなものを使う場合もある。加算暗号、乗算暗号、累乗暗号などがそうだ。鍵には二種類あるが、暗号化の方がわかれば、その逆元は簡単にわかるし、その逆も言える。こうした方式は「対称鍵方式」と呼ばれている。

ディフィーの新案は、「非対称鍵方式」を採ることだった。双方がそれぞれ二つの鍵、暗号化鍵と解読鍵を持っている。今度は両者間に、暗号化鍵を知っていても解読鍵を見つけるのは非常に難しいような関係がある。[36] これが非対称性だ。アリスが暗号化鍵だけを知っていて、ボブが解読鍵だけを知っているなら、アリスは暗号化できるだけで、ボブは解読できるだけということになる。もちろん、この鍵は魔法で現れるわけではない。ある時点では、誰かが両方を知っていなければならない。図

図７・10　非対称鍵暗号法

７・10には、この方式が実用となる概略が示されている。ボブはある秘密の情報から、暗号化鍵と対応する解読鍵の両方を作る。それからウェブサイトのような公共の場に暗号化鍵を置いておき、解読鍵の方は秘匿する（そのため暗号化鍵は「公開鍵」と呼ばれることも多く、解読鍵は「私有鍵（プライベート）」とも呼ばれる）。

アリスがボブにメッセージを送りたい場合、ボブの暗号化鍵を参照し、それを使ってメッセージを暗号化する。ボブにそれを送れば、そちらでは自分の解読鍵を使って解読できるが、他の人は解読できない。アリス自身にも、自分が送ったメッセージを解読することはできない。アリスが平文をなくしたらそれまでで、イブと同じことになる。

非対称鍵暗号法を表すために唱えられた喩えはたくさんあり、他ならぬディフィーとヘルマン自身によるものもある。[37] 私が好きなのは、図7・11にあるような郵便の投入口がある鍵のかかったドアという喩えだ。ボブが自分のドアの住所（暗号化鍵）を公開すると、誰でもその投入口を通して手紙を入れられる。しかしドアの鍵（解読鍵）を持っているのはボブだけなので、その手紙を取り出して読めるのもボブだけ。アリスが手紙をそこへ入れてしまうと、アリスにもそれに手出しはできない。

残念ながら、ディフィーとヘルマンには、非対称暗号化鍵と解読鍵を可能にするような方式を実際にどう作ればいいかについては曖昧な構想しかなかった。二人は一方向に計算するのは易しく、逆向きに計算するのは難しいという一方向性関数を得ていた。しかし必要なのはそれだけではなかった。アリスが一方に計算するのは易しく（暗号化鍵を使って暗号化する）、イブが逆算する（暗号化鍵を使って解読する）のは難しいような関数が必要なだけでなく、難しい方の向きは、ボブが追加の秘密情報を使って計算する（解読鍵を使って解読する）場合には易しくなければならない。これは「トラップドア一方向性関数」ということになる――追加の秘密情報がトラップドア（抜け道へ通じる隠し扉）のように動作して、ボブは秘匿された通路を使って平文に達することができる。さらに、イブがトラップドア情報をこの方式の残りから計算するのも難しくなくてはいけない。関数はその意味でも一方向性でなければならない。

マークルが見た一九七六年のディフィーとヘルマンの論文[38]は、基本的な考え方や、ひょっとするとトラップドア一方向性関数を作れそうないくつかの方法の概略を描いていたが、その論文にも「暗号法の新方向」にも、実用的な非対称鍵方式はなかった。一九七七年、マークルとヘルマンは、そのような方式の最初の例となる「ナップサック暗号[39]」を考えるが、結局その方式には、安全性を確保できない欠陥があることがわかり、最初の成功した非対称鍵方式の開発という栄誉は他の人の手に渡ることになる。

図７・11　数学によらない非対称鍵暗号法方式

7・4 RSA

この頃になると、公開鍵暗号法の発達はとてつもなく速くなった。一九七六年の終わり頃、ロン・リヴェストというMITの計算機科学助教授が「暗号法の新方向」を入手した。リヴェストはMITの二人の同僚、理論に傾くレナード・エードルマンと、イスラエルから来ていた客員のアディ・シャミアを引き入れた。リヴェストとシャミアはすぐに非対称鍵方式の展望に熱を上げたが、エードルマンはそれほどではなかった。[40] 3人はまもなく、リヴェストとシャミアが何かの方式を考えるとエードルマンがそれを崩すというパターンに収まった。[41] 最初はすぐに崩されたが、32回ほど繰り返した後、リヴェストとシャミアは、エードルマンが欠陥を見つけるのに一晩かかるほどのものを考えた。それからは3人で一緒に取り組んだ。

この頃、リヴェスト、シャミア、エードルマンはディフィーとヘルマンの累乗とは異なる一方向性関数を調べ始めていた。易しい方の向きは、二つの大きな数を選び、それをかけ合わせる。難しい方の向きは、それを因数分解することだった。つまり、大きな数を得て、その約数を求めることだ。1・3節では小さな数を因数分解して、おそらくそんなに難しくは見えなかっただろうが、大きな数となると、因数分解はきわめて難しくなることがあるのもわかるだろう。

因数分解関数に欠けているのは抜け道に通じるトラップドアで、リヴェスト、シャミア、エードルマンは、それをどう組み込むかがすぐには見えなかった。[42] 一九七七年四月三日、3人はある大学院生の実家でのユダヤ教の行事に出かけた。[43] 伝統にのっとって相当量の酒が飲まれ、リヴェスト夫妻が帰宅したのは夜も更けてからだった。ロン・リヴェストは、妻がベッドを整える間、ソファに横になって問題のことを考えていた。[44] 床に入る前には後に「ＲＳＡ暗号体系」と呼ばれるようになるものの重大な突破口を開いていた。因数分解という一方向性関数は、累乗という一方向性関数でのトラップドアになるということだった。[45]

ボブが非対称鍵を設定する方法は以下のようになる。ボブは二つの非常に大きい素数を選ぶ。これはふつう p、q と呼ばれ、これが秘密のトラップドア情報となる。この二つの積を n とし、これが合成数型累乗暗号（６・５節）の法となる。現行の考え方は、n をディフィー＝ヘルマン方式で使われる法と同程度のサイズにすべきだということになっている。でないと因数分解問題の難度が十分でなくなる。先に触れたように、この数は２０１５年時点で認められる安全性のためには、６００桁以上ないといけない。[46] ６００桁の n を得るための最も易しい方法は、３００桁以上の p と q を選ぶことだ。

これでボブは $\phi(n) = \phi(pq) = (p-1)(q-1)$ を、６・６節にあった公式を使って求めることができる。暗号化指数 e を、e と $\phi(n)$ の最大公約数が１となるように選び、解読指数 $d = \bar{e} \pmod{\phi(n)}$ を求める。法の n と暗号化指数の e がボブの公開鍵となり、これは公表できる。解読指数 d がボブの私有鍵で、これは秘密にしておかなければならない。$p, q, \phi(n)$ も秘密にしておく必要がある。実は、ボブはもうこの数は必要としないので、望むなら記録を破棄してよい。

実際に使われるのよりずっと小さい数を使った例題を見てみよう。ボブが素数として $p = 53$ と $q =$

ボブ
秘密のpとqを決める
pとqを使って公開の暗号化鍵（n, e）を作る
pとqを使って私有の解読鍵dを作る
暗号化鍵（n, e）を公開

図７・12　ＲＳＡの準備

71を選んだとすると、$n = 53 \times 71 = 3763$で、$\phi(n) = (53 - 1) \times (71 - 1) = 3640$となる。暗号化指数として、$e = 17$を選ぶことができる。[47] 互除法を使って、17と３６４０の最大公約数は１であること、３６４０を法とする17の逆元は１７１３であることが確かめられる。詳細を埋めるのは読者にお任せする。そんなに長いものではないはずだ。図７・12に示したように、ボブはeとnを公共の場に置き、p、q、$\phi(n)$、dは秘匿する。

アリスがボブにメッセージを送りたいときにすることは、ボブの公開の法nと、公開の暗号化指数eを参照して、累乗暗号を用いてメッセージを暗号化するだけだ。たとえば、ここでの$e = 17$と$n = 3763$を使うと、アリスは次のような暗号文を送れる。

平文	ju	st	th	ef	ac	to	rs	ma	am[48]〔因数だけをお願いします、奥さん〕
数字	10, 21	19, 20	20, 8	5, 6	1, 3	20, 15	18, 19	13, 1	1, 13
合体	1021	1920	2008	506	103	2015	1819	1301	113
17乗	3397	2949	2462	3290	1386	2545	2922	2866	2634

ボブは解読鍵dと公開の法nを知っているので、暗号文をnを法としてd乗することで解読できる。
この例で言えば、

暗号文	3397	2949	2462	3290	1386	2545	2922	2866	2634
1713乗	1021	1920	2008	506	103	2015	1819	1301	113
分離	10, 21	19, 20	20, 8	5, 6	1, 3	20, 15	18, 19	13, 1	1, 13
平文	ju	st	th	ef	ac	to	rs	ma	am

方式全体の図解は図7・13のようになる。

　これを見て関係する数学を把握してしまえば、ＲＳＡの考え方は実に単純だ。四月四日の朝、リヴェストがこの方式を書き表したものをシャミアとエードルマンに見せたときには、それまでの夜更けの多くのアイデアとは違い、良さそうだった。原稿の著者名は、アルファベット順でエードルマン、リヴェスト、シャミアとなっていたが、これは数学ではよくある慣行で、計算機科学でも異例のことではない。エードルマンは反対した。自分がこのアイデアを考えたとは思えなかったからだ――自分がしたのは、他のアイデアではできたような撃墜に失敗したことだけだった。リヴェストは言い張り、

アリス

ボブ

秘密の p と q を決める
p と q を使って公開の暗号化鍵（n, e）を作る
p と q を使って私有の解読鍵 d を作る

暗号化鍵（n, e）を公開

ボブの暗号化鍵（n, e）を参照する

$$P$$
$$\downarrow (n, e)$$
$$C \equiv P^e \pmod{n}$$

$$C \rightarrow$$

$$C$$
$$\downarrow (n, d)$$
$$P \equiv C^d \pmod{n}$$

図７・13　RSA 方式の全体像

最終的に３人全員の名を載せるが、順番はリヴェストが最初でエードルマンは最後にすることになった。[49] こうして「リヴェスト、シャミア、エードルマン」が、同日の『ＭＩＴテクニカル・メモ』[50]、結果を記述して発表された論文[51]、認められた特許[52]に記載される名前順となる。さらに、それを略記したＲＳＡがこの方式の通称となった。

しかし学術論文が発表されたり特許が認められる前から、ＲＳＡは大々的に知られるようになった。リヴェストは技術内容報告書のコピーをマーティン・ガードナーに送った。ガードナーは『サイエンティフィック・アメリカン』誌の「数学ゲーム」のコーナーを書いていた。この連載記事は数学の専門家にもアマチュアにもよく知られていた。そこでは、一九五六年から八一年にかけての連載期間中、フレクサゴン、ポリオミノ、タングラム、ペンローズ充填、M・C・エッシャーの絵、フラクタル、数学マジックの仕掛など、数学ゲーム、玩具、パズル、絵が取り上げられていた。ガードナーはすぐさまRSAに関心を抱き、リヴェストの助けを借りて、それについて説明する記事を書き始めた。[53]記事が掲載されたのは一九七七年八月号で、公開鍵暗号法は「実に革命的で、これまでの暗号が、それを破る技も含め、すべてすぐに忘れ去られてしまうかもしれない」と謳っている。この記事にはワンタイムパッド、「暗号法の新方向」の目次、RSAの短い解説が収められていた。そのうえで読者に問題を出す。RSAの129桁の法を使って暗号化したメッセージで、解読一番乗りには、リヴェスト、シャミア、エードルマンから100ドルの賞金が出るという。リヴェストは、一九七七年当時の100万ドルもする計算機を使っても、この暗号を破るには四京年かかると推定していたと言われる。[54]この記事には、MITのリヴェストに送り先の住所を書いて切手を貼った封筒を送れば、技術内容報告書のコピーを送ってもらえるという案内もあった。リヴェストによれば、最終的に要請は3000通を超えたという。[55]

RSAへの関心は、ほぼ数学者、一部の計算機学者、暗号法を趣味にしている人々に限られていたが、その後ワールドワイドウェブが考案され、一九九〇年代にはインターネットでの商取引が爆発的に増えた。そうなると、インターネットを通じて誰かに自分のクレジットカード番号を送信するのは、まさしく直接会ったことのない人に秘密の通信をしたいと思う場合の例であることに人々は気がついた。今日、安全対策つきのウェブサーバに接続する場合には、自分のコンピュータがそのウェブサーバに公開されているRSA用の鍵を参照し、それを使ってこちらからの接続を暗号化している可能性が非常に高い[56]。

しかしウェブページそのものも、送ろうとするクレジットカード番号も、たいていはRSAを使って直接暗号化されるわけではない。それは非対称鍵暗号法が対称鍵暗号法に比べるとほとんど必ず遅いからだ。実際には、こちらのコンピュータがサーバの公開鍵を使って、双方のコンピュータがAESのような対称的暗号のための鍵を生成するのに使える何らかの秘密の情報を暗号化する。これは「混合暗号法方式」と呼ばれ、実際には鍵合意方式によく似ている[57]。混合鍵方式を単純にすると図7・14のようになるだろう。アリスが利用者のコンピュータ、ボブがサーバの役をしている。

7・5 下準備——素数判定法

イブがRSAで暗号化されたメッセージを破ろうとする方法を見る前に、ボブが鍵を設定するのにどれだけの時間がかかるかについて少し話しておきたい。何よりもまず念を押しておくと、ボブが鍵を設定するには二つの素数を見つける必要がある。素数はどうすれば見つかるだろう。最もわかりやすい方法は、何かの数を選んで、それに何かの因数があるかを確かめることだが、因数分解は難しい問題であることは述べた。実際、イブが n を因数分解できるなら、ボブの秘密のトラップドア情報である p と q がわかってしまう。するとイブは d を求めることができ、その鍵を使ってボブに送られた

アリス

ボブ

秘密の p と q を決める
p と q を使って公開の暗号化鍵（n, e）を作る
p と q を使って私有の解読鍵 d を作る

暗号化鍵（n, e）を公開

秘密の AES 鍵 k を選ぶ

ボブの暗号化鍵（n, e）を参照する

k
$\downarrow (n, e)$
$k^e \pmod{n}$

$k^e \pmod{n}$ $\rightarrow$

$k^e \pmod{n}$
$\downarrow (n, d)$
$k \equiv (k^e)^d \pmod{n}$

P
$\downarrow k$
C

$C \rightarrow$

C
$\downarrow k$
P

図7・14　混合 RSA-AES 方式

メッセージをすべて読めることになる。ボブが新しい鍵を用意するのにも、イブがそれを復元できるのにかかるほどの時間がかかったのではまずい。そうだったらイブが前もって得ておく必要があるのは、ボブよりも高速のコンピュータだけということになる。

幸い、因数分解を試みなくても素数を求める方法はある。そのような判定法は少なくとも一七世紀から知られていたが[58]、一般則としては実用的ではなかったらしい。あまりにも遅く、場合によってはただ因数分解を試みるよりも遅かったからか、特殊な場合にのみ使えたからか、はたまた間違った答えを出したり、そもそも答えが出なかったりすることがあったからだろう。ガウスは素数判定という問題を因数分解の問題から切り離したと言われることが多い。この問題についてのガウスの言葉は、数学者の間では今や有名だが、少々曖昧だ。

素数を合成数から区別する問題、合成数を素因数分解するという問題は、数論でも有数の重要で役に立つものであることが知られている。これについては古代から現代の幾何学者の知恵と勤勉がかけられてきたので、この問題について今さら長々と論じるのは余計なことかもしれない。それでも我々は、これまで唱えられてきた方法はすべてごく特殊な場合のみに限られるか、面倒なあまり、立派な人々によって構築された数表の範囲を超えない数についてさえ、計算に経験を積んだ人の忍耐力を試すほどのものであるか、いずれかだということを認めざるをえない。……さらに、学問そのものの尊厳からして、これほどエレガントで名だたる問題については、それを融くためにありとあらゆる手段を調べる必要がありそうだ。そうした理由のために、以下の二つの方法は、その効率と短さは長い経験から認めることができ、数論の愛好者には満足できるものとなることを我々は疑わない。[59]

ガウスが言っているのは一つの問題か、それとも二つか。ガウスが述べる二つの方法を見てみると、第一の方法は合成数が因数分解されるのと、それが合成数であることがわかるのが同時となる。第二の方法の第一変種もそうだ。ガウスが述べる最後の変種について、本人はこう述べる。「……第二のものは、そちらの方が計算が速いという点で優れているが、何度も繰り返さないと、合成数の因数が得られない。それでも合成数と素数を区別することはできる」[60]。この推薦は、良く見ても長短相混じっている。

RSAを実用的にした必要な躍進は、高速な素数判定法は必ず正解を出すわけではないとしても使えるという認識だった。このことが最初に言われたのは、一九七四年、ちょうどマークル、ディフィー、ヘルマンが公開鍵暗号法について考え始めた頃の、ロバート・ソロヴェイとフォルカー・シュトラッセンによるらしい[61]。二人のアイデアは、確率的素数判定法[62]、つまり手順の中のどこかでランダムな選択を行なうということだった。このランダムな選択は、非常に速く検査できるようにするが、得られた答えが間違っている可能性がある。

フェルマーの小定理に基づいた確率的判定法を紹介しよう。この判定法はソロヴェイとシュトラッセンによるものと似ているが、二人のものの方が複雑で、その分正確に判定できる。重要な点の第一。フェルマーの小定理は「合成数判定法」として使える――ある数が素数でないことは確実に教えてくれる。たとえば、仮に15が素数か合成数かわからないとしてみよう。15が素数なら、フェルマーの小定理は1と14の間のどの数についても $k^{14} \equiv 1 \pmod{15}$ であることを教えてくれる。そこでただ数を試すことから始めることもできる。$k = 2$ なら、$2^{14} \equiv 4 \pmod{15}$ となる。しかし15が素数だったら、こうはならないはずだ。つまり15は合成数であることがわかり、2は15が合成数であることを「証言」していると言える。

試す数のすべてがそう整然と機能するわけではない。たとえば $k = 4$ なら、$4^{14} \equiv 1 \pmod{15}$ となる。15は合成数であることはわかっているというのに。4はフェルマー判定法にとっては「偽証」していることになる。[63] 15は素数ではないのに、素数なのだろうかと思わせるからだ。つまり、数 n を検査して $k^{n-1} \equiv 1 \pmod{n}$ であっても、n が素数なのか、k が偽証をしているのか、はっきりとはわからない。そこにランダムな選択が入ってくる。1と $n-1$ の間でいろいろな k の束を選ぶ。一つが証言なら、すぐに n が合成数であることがわかる。いずれも証人とならなければ、n はおそらく素数だと言えるだろう。k のチェックが増えるほど、n が素数である可能性は高くなる。しかし k の数を非常に多くしなければ、n が素数であることは確信できない。また、調べる k が多すぎると、判定の早さが十分ではなくなる。不満に見えるかもしれないが、暗号学者にとっては十分優れている。何と言っても、計算を行なうのが人間でも計算機でも完璧ではない。間の悪いときに宇宙線が飛来して、コンピュータの間の悪いところに当たる可能性は必ずある。自分の判定が間違っている可能性がそれ以上に小さいかぎり、実際にはそれは問題にならない。

それが素数であるかどうか、おそらく直ちにわからない数をいくつか検査してみよう。それぞれのnについて10個のランダムなkを選ぶ。それより早く証言が出てくれば打ち止め。

$n = 6601$ は素数か。

k	k^{6600} (mod 6601)
1590	1
3469	1
1044	1
3520	1
4009	1
2395	1
4740	1
4914	3773

$k = 4914$ が証言となり、$n = 6601$ は絶対に素数ではない。

$n = 7919$ は素数か。

k	k^{7918} (mod 7919)
1205	1
313	1
1196	1
1620	1
5146	1
2651	1
3678	1
2526	1
7567	1
3123	1

証言は出てこなかったので、$n = 7919$ はおそらく素数だ。間違う可能性を減らしたければ、検査する k の数を増やす必要があるだけだ。

先に述べたように、ソロヴェイ＝シュトラッセン判定法はフェルマー判定法より複雑だが、証言も多く、同じ時間でも合成数を捕捉する可能性が高い。しかし今日いちばんよく使われる判定法は、この二つよりも正確で、フェルマー判定法と同じくらい簡単である。一九八〇年、マイケル・レビン[64]が、ゲーリー・ミラーのアイデア[65]に基づいて考案した。[66]そしてまさしく総仕上げとして、二〇〇二年、因数分解よりも有意に高速で、ランダム化しないで必ず正しいことが証明できる初の素数判定法がとうとう考案された。考案したのはカンプールのインド工科大学教授、マニンドラ・アグラワルと、その下にいた二人の大学院1年生、ニラジ・カヤルとナイティン・サクセナだった。[67]多くの数学者は、そんな展開があるとしてもずっと先だと予想していたので、これは驚きで迎えられた。しかし、レビン＝ミラー判定法は、暗号法ではなおいっそうあたりまえに使われている。正確さが十分で、実用でも高速になっているからだ。ＲＳＡで使われるような300桁の数なら、ほんの数秒のうちに、誤判定率 10^{-30} 未満で簡単に検査できる。

決定的なことに、ボブは二つの素数を雑作もなくすばやく見つけることになる。そのかけ算は確かに速くできるし、後は n との最大公約数が１になるようにおなじみの e を選び、逆元を求めるだけだ。これはただ互除法を使うにすぎない。１・３節で、互除法は手早く実行されることを述べた。実際、一八四四年にはガブリエル・ラメが、割る手順の回数は二つの数のうち小さい方の桁数の５倍を超えないことを証明した。ＲＳＡ用に使われる600桁について考えると、それは割り算３０００回以下ということで、現代のコンピュータなら、あるいは高性能の電卓でも、何分の一秒でできてしまう。ボブが不運だと、最初に試す e がだめな鍵になるかもしれないが、よほど運が悪くないと、さらに２回、３回必要になることはない。安全なＲＳＡ鍵を作る手順全体は、平均的なパソコンならたいてい15秒もかからない。[68]

７・６　なぜＲＳＡは（優れた）公開鍵方式なのか。

これまでの話からイブはどうなるか。図７・15にあるように、イブはボブの公開情報をアリスと同じように参照できるので、n と e はわかる。そしてイブは、何らかの P について、$P^e \pmod{n}$ である

アリス

イブ

ボブ

秘密の p と q を決める
p と q を使って公開の暗号化鍵（n, e）を作る
p と q を使って私有の解読鍵 d を作る

暗号化鍵（n, e）を公開

（n, e）を参照する

P
$\downarrow (n, e)$
$C \equiv P^e \pmod{n}$

$C \rightarrow$

「これは $P^e \pmod{n}$ にちがいない」

（n, e）を参照する

「d も $\phi(n)$ もわからない」
「関数をどうやって逆転するか」

C
$\downarrow (n, d)$
$P \equiv C^d \pmod{n}$

図 7・15　イブが見ること

ことがわかっているCも見える。その関数を逆転してPを得ることはできるだろうか。これはＲＳＡ問題と呼ばれる。ディフィー＝ヘルマン問題と同じく、誰も確かなところは知らないが、これは難しいと考えられている。

イブがＲＳＡ問題を攻略する最もわかりやすい方法は、nを因数分解することだ。pとqがわかるので、$\varphi(n)=(p-1)(q-1)$が計算できて、ボブと同じようにdがわかる。因数分解は難しいことを何度か言ったが、離散対数問題と同様、誰も確かには知らない。他方、人々は離散対数問題よりも長く因数分解は調べてきている。フェルマー、オイラー、ガウスなど、現代のコンピュータができる前からこれを研究している。三五年にもわたり、数学者は計算機を使っても研究している。そうして、それぞれの素数を交互に割ろうとするわかりやすい方法よりもずっと良いことをする方法[69]が見つかったが、イブはまだボブのnをボブが生成する速さなみの速さで因数分解することはできない。

一九九三年八月、数人の学生と一人のプロの数学者が調整した国際的なボランティアチームが、インターネットの力を利用して、マーティン・ガードナーの記事にあった129桁の数を法とする因数分解ができるかどうかを確かめることにした。このときは一九七七年当時より計算機も速く、方法も上回っていたが、もっと重要なことに、計算機の数も増えていた。一九九四年四月二六日に活動が成功裏に終了したとき、作業は世界中の600人の人々が使う、クレイのスパコンからファックス機まで、１６００台以上の計算機に分割されていた。計算機は他の処理に使われていないときにだけこの問題を解く作業をするようプログラムされていた。八か月の作業の後、調整チームは問題に答えが出たことを発表した。ロン・リヴェストはチームに100ドルを出し、チームはこれをフリーソフトウェア財団に寄付し、解読されたメッセージを発表した。

the magic words are squeamish ossifrage[70]〔魔法の呪文は気むずかしいミサゴ〕

これを書いている時点で、最新の因数分解記録は232桁（768ビット）の数で、その因数分解は二〇〇九年一二月一二日に終了した[71]。このときは16人の研究者グループが、作業をインターネットでオープン参加してもらうのではなく、八つの研究機関で専用の計算機を使って行なった。作業全体は、一つの研究機関で二〇〇五年の夏の三か月をかけ、次の研究機関でも二〇〇七年春に同程度の時間をかけ、二〇〇七年八月から二〇〇九年一二月まで約一六か月、集中的に計算した。研究者は、ＲＳＡで法として使う１０２４ビット（おおよそ300桁）の数は今後五年で因数分解できるかもしれず、ＲＳＡの使用そのものがそのときまでには廃れているかもしれないとした。これを書いている時点で、誰もそのような因数分解ができたことを発表していないが、まもなくそういうことになっても私は驚かない。

nを因数分解する以外にイブに試せることはあるだろうか。何か他の方法で$\phi(n)$を求めようとすることはできるだろう。それができれば、秘密の pと qを知らなくてもdを計算できる。イブは$\phi(n)$が n以下で nとの最大公約数が1である正の整数の個数を表すことは知っているが、そうした数の一つずつについて互除法を試すことは、力任せにnを因数分解するよりも時間がかかるだろう。

こんなこともある、イブに$\phi(n)$が求められれば、イブは自動的にnを因数分解できる。これはどういう仕掛けだろう。イブは次のことを知っている。

$$\phi(n) = (p-1)(q-1) = pq - p - q + 1 = n - (p+q) + 1$$

イブが$\phi(n)$とnを知っているなら、この式によってイブは$p+q$を求めることができる。その場合、

$$(p-q)^2 = p^2 - 2pq + q^2 = p^2 + 2pq + q^2 - 4pq = (p+q)^2 - 4n$$

なので、$p+q$とnがわかれば$p-q$が求められる。最後に$p+q$と$p-q$がわかり、すると次のようになる。

$$\frac{(p+q)+(p-q)}{2} = p \quad \text{および} \quad \frac{(p+q)-(p-q)}{2} = q$$

人々はこうやってnの因数分解を試みていて、それがうまくいったようには見えないので、これはおそらく、イブにとって分のある手ではないだろう。

イブは$\phi(n)$を求めなくても直接dを求められるだろうか。これもイブにnの因数分解のしかたを教えることになる。dとeがわかれば、$de-1$を計算し、$de \equiv 1 \pmod{\phi(n)}$なので、

$$de - 1 \equiv 0 \pmod{\phi(n)}$$

しかしこれは$de-1$が$\phi(n)$の倍数である場合にのみ起こりうる。結局、$\phi(n)$の倍数がわかっている

だけで$\phi(n)$そのものはわかっていなくても、nを因数分解する確率的アルゴリズムがあることがわかった[72]。

これはまさしく、イブに、次の方程式

$$C \equiv P^e \pmod{n}$$

を、dを知らずにどうにかして解けるようにする。それはありうるだろうか。そんなことはありそうにないが、三〇年試しても、できるかできないか、いずれとも確かめられていない。標準化された判定法について言われたことになぞらえれば、ＲＳＡ問題にとっての因数分解問題はディフィー＝ヘルマン問題にとっての離散対数問題のようなものだ。どちらの場合にも、二つの問題は同等と考えられていて、どちらも難しいと思われているが、そのことについて確信は得られていない。

7・7　ＲＳＡの暗号解読法

今言ったように、イブが使い物になるほどの速さでＲＳＡを破る方法は誰も知らないのだとしたら、本節は何を語ろうというのだろう。もっと正確に言えば、ＲＳＡ一般を破る方法はまったく知られていない。しかし場合によってはイブがこの方式を破ることはありうる。とくにアリスとボブが不注意な場合には。

まず気をつけなければならないのは、短文攻撃である。ボブが先の例のように$n = 3763$を法とするが、アリスの暗号化の手間を省こうとして、暗号化指数には $e=3$ を使うことにして、ｚを表すのは26ではなく０だと伝えるとしよう。０は他の文字を表すためには使っていないのだし。

不運なことに、アリスはボブに「zero zebras in Zanzibar zoos」〔ザンジバルの動物園にはゼブラはゼロ〕だと知らせなければならないとしよう。なぜこれが不運かと言うと、暗号化は次のようになる。

平文	ze	ro	ze	br	as	in
数	0, 5	18, 15	0, 5	2, 18	1, 19	9, 14
合体	005	1815	005	218	119	914
3乗	125	2727	125	693	3098	1614

平文	za	nz	ab	ar	zo	os
数	0, 1	14, 0	1, 2	1, 18	0, 15	15, 19
合体	001	1400	102	118	015	1519
3乗	1	1585	42	2364	3375	581

さて、$e=3$ は公開情報なので、イブはそれを知っている。また３は３７６３に比べると小さい。そこで、すべてのブロックは実際には３７６３を超えてまとめられていないのではないかとにらむかもしれない。実際、イブが各ブロックの1/3乗〔立方根〕を、通常の〔合同算術ではない〕算術でとれば、イブは次のようなものを得る。

暗号文	125	2727	125	693	3098	1614
1/3 乗	5.00	13.97	5.00	8.85	14.58	11.73
平文数	005	??	005	??	??	??
平文	ze	??	ze	??	??	??

暗号文	1	1585	42	2364	3375	581
1/3 乗	1.00	11.66	3.48	13.32	15.00	8.34
平文数	001	??	??	??	015	??
平文	za	??	??	??	zo	??

イブは確かにメッセージ全体を読むことはできないが、用件は「ザンジバルのゼブラ」のことではないかという当たりがつけば、これはアリスとボブにとってはまずいことになりかねない。教訓は、メッセージのブロックには十分な長さ確保し、暗号化指数には十分な大きさを確保し、あるいはその両方を行なうことだ。

同様に解読指数が小さすぎると機能することがある「選択暗号文攻撃[73]」もある。ボブが法として $n = 4089$ を用いていて、暗号化指数に $e = 2258$ を使っていることをイブは知っていて、ボブの解読指数 d を知りたいとしよう。イブは本物のメッセージを送らず、正しく暗号化されたブロックと、ランダムな小さな数による「暗号文」を送り、それがどう解読されるかをつきとめることを期待する。たとえば、こんなふうに。

「暗号文」	2221	2736	1011	3	5	1474	1110	2859
d 乗	1612	501	1905	243	3125	2008	114	1119
「平文」	pl	ea	se	b?	?y	th	an	ks〔b??y してください。よろしく〕

ここでボブがしてしまう最悪のことは、イブに、そちらの公開鍵を使って暗号化したこんな返信をすることだ。「文章の中程に2ブロック読めないところがあります。243 3125 はどう文字に変換するのですか」。さすがにそんな返信はしないとしても、他の方法で解読数をつかんでしまえば困ったことになりかねない。

さて、イブは $243 \equiv 3^d \pmod{4098}$ であり、$3125 \equiv 5^d \pmod{4089}$ であることを知る。[74] そこで243について通常の算法で底が3の対数をとろうとして、次を得る。

$$\log_3(243) = 5$$

これが d らしい。さらに追加の確認をして、3125の5を底とする対数を試し、次を得る。

$$\log_5(3125) = 5$$

これで d はわかった。ここには教訓が二つある。誰かからの暗号文を解読し、平文が読めないらしいという場合、届いた平文が何だったかを相手に教えてはならない。これは史上ほとんどすべての暗号について言える。選択暗号文攻撃は他にいくつもあるからだ。もう一つは、小さすぎるdを選んではならない[75]ということ。他にも、イブが選択平文攻撃を使えなくても危険にする「小さい解読指数攻撃」がある。

「共通法数攻撃（コモンモデュラス）」という攻撃もありうる。ボブとデーブは互いに信用しているが、二人のメッセージが混じり合うのは望んでいないとしよう。同じ法nを使うがeの値は別にすることに決めたりすると、これはまずい。

たとえば$n = 3763$で、ボブは$e = 3$、デーブは$e = 17$を使い、アリスは二人に同じメッセージを送るとする。

平文	hi	gu	ys〔どうも、お二人さん〕
数	8, 9	7, 21	25, 19
合体	809	721	2519
3乗	2214	3035	964
17乗	2019	1939	2029

イブはまず、二つのeについて互除法を使う。二つの数が互いに素なら、1・3節にあったように、1と「何かの3倍」の部分と「何かの17倍」の部分を書くことができるだろう。

$$17 = 3 \times 5 + 2, \qquad 2 = 17 - 3 \times 5,$$
$$3 = 2 \times 1 + 1, \qquad 1 = 3 - 2 \times 1$$
$$= 3 \times 6 - 17 \times 1$$

となり、次が得られる。

$$1 = (3 \times 6) + (17 \times -1)$$

イブは最初の平文ブロックについて、次のことを知る。

$$2214 \equiv P^3 \pmod{3763} \qquad \text{および} \qquad 2019 \equiv P^{17} \pmod{3763}$$

$2214^6 \times 2019^{-1} \pmod{3763}$ を計算すると[76]、次が得られる。

$$2214^6 \times 2019^{-1} \equiv (P^3)^6 (P^{17})^{-1} \equiv P^{(3\times6)+(17\times-1)} \equiv P^1 \equiv P \pmod{3763}$$

するともちろん、

暗号文１	2214	3035	964
暗号文２	2019	1939	2029
暗号文１を６乗	229	1946	897
暗号文２を -1 乗	2682	1178	523

かける	809	721	2519
分離	8, 9	7, 21	25, 19
平文	hi	gu	ys

ここの教訓は、信頼しあう相手でも、同じ法を使わないこと。

「関連平文攻撃」というのもある。アリスがボブに、同一ではないが似ている二つのメッセージを、同じnとeを使って送る。この攻撃は、eが3を超えるとたんに難しくなる。それが$e = 17$あるいは$e = 2^{16} + 1 = 65537$を選ぶ理由の一つである。

関連平文と言えば、同報（ブロードキャスト）攻撃と呼ばれる攻撃がある。これはe人の人がみな同じ指数eと異なる法を使い、アリスがこの人たちそれぞれに同じあるいは似たメッセージを送る場合に使える。3とか17といった小さなeを使うと早さの面で利点があり、それが一般的になっているので（7・4節）、不注意に同じメッセージを複数の人に送らないのがよい。メッセージをあまり似ないようにする一つの方法は、暗号化の前に注意深くランダムな埋め草ビットを加え、解読した後はそれを無視することである。

ランダムなところを加えると「事前探索攻撃」にも勝つ助けになる。これは、非対称鍵方式一般でも問題になりうる、「ありそうな単語」攻撃の一種である。イブがアリスからボブへのある暗号文で行なわれる平文について推測がつくとしよう。暗号化にランダムなところがないなら、自分の推測が当たっているかどうか確かめることができる。イブは他の誰とも同じようにボブの公開鍵を使って暗号化できるからだ。暗号化にランダムなところがなく、イブがアリスと同じ平文で始めれば、同じ暗号文が得られるだろう。逆に、ランダムな埋め草があり、うまく拡散ができていれば、同じメッセージを暗号化しても、二つの暗号文は同じようには見えないはずだ。ランダムな選択に基づく暗号化は「確率的暗号化」と呼ばれ、さらに別の例を7・8節で見る。

以上がRSAに対するいくつかの攻撃とそこから引き出すべき教訓についてのまとめである。教訓のほとんどは「手を抜くな」の範囲内に収まり、そうであれば覚えるのも易しい。もっと詳細を見たいなら、巻末註の参考資料を。(77)

7・8　展望

マークルのパズルはどこまでも、「概念実証」と呼ばれるようなもので、マークル自身、それが実用にはならないことを知っていた。それでもディフィー＝ヘルマン鍵合意の考案に直接の影響を及ぼした。実際、マーティン・ヘルマンは、この方式は実はディフィー＝ヘルマン＝マークル方式(78)と呼ばれてしかるべきものだと言ったことがあり、この方式の特許は3人全員の名で取られている。(79)

呼び方はどうあれ、ディフィー＝ヘルマンは、インターネット上の様々な安全確保手段の一部として、今もよく使われている。それでも忘れてはならない。これは鍵合意方式であって暗号方式ではないので、単独では使えないということだ。その後、離散対数問題に基づく非対称鍵暗号化方式が得られ、第8章でその一部を見ることにする。

RSAもインターネット上で今大いに使われており、おそらくディフィー＝ヘルマンより使われている。それでも、この二つの方式には難題もある。共通する欠陥は、非常に大きな鍵を必要とすることだ。8・3節では、楕円曲線暗号法と呼ばれるアイデアを見る。これはディフィー＝ヘルマンやRSAと同じ利点や安全性を得つつ、鍵を小さくし、計算を速くしようとする。楕円曲線暗号法に基づく新方式に向かう動きはあるが、当面、古い公開鍵方式の方が一般に使われている。

二〇一三年に公表されたスノーデン文書はディフィー＝ヘルマンの安全性について別の懸念を生み出した。NSAのいくつかの内部文書は、同局が、7・2節で述べたディフィー＝ヘルマンに基づく安全性で暗号化されたVPN通信を解読していることをうかがわせた[80]。二〇一五年には、フランスと合衆国の研究者によるチームが、これを成り立たせる、なるほどと思える方法を発表した。攻撃は「ログジャム」[81]と呼ばれ、二つの部分から成る。一方は、7・2節で私が述べたことが完全には成り立たないという認識である。数表を秘匿しておく必要はないので、それを参照しても大丈夫と私は言った。落とし穴は、離散対数問題を突破するときの作業の大半は、pを知っているだけで行なえて、g、A、Bではないというところだ。それはつまり、イブが多くの人が同じ小さな素数pを同じ表から参照していることを知れば、メッセージが送られる前からその素数について用意された計算結果を手にすることができる。メッセージが送られると、ゼロから始めるよりもずっと早くそれを解読できる。研究者がこの「事前計算攻撃」を分析すると、225桁まで[82]の素数を使ったディフィー＝ヘルマンはおそらく学者チームに弱く、300桁までなら、NSAや、おそらく他の政府機関にも弱いだろうということに気づいた。また、このチームがスキャンできたVPNのうちほぼ三分の二が、一般に知られている300桁またはそれより小さい素数を使うことにしていたこともわかった。

攻撃のもう一つの部分は暗号化されたウェブ閲覧のみに成り立つ。ＲＳＡはウェブ接続を暗号化する方法としては最も一般的だと私は言ったが、ディフィー＝ヘルマンも使われている。この研究者チームは、ウェブサーバがディフィー＝ヘルマンを使っていれば、イブはシステムを騙して、アリスとボブが望むよりも小さな素数 p を使うようしむける形にメッセージを変えることができるのを発見した。これは「強度低下攻撃（ダウングレード）」の例で、事前計算攻撃と組み合わせれば、ウェブサーバは、設定で大きな素数を使っていたとしても脆弱になる。調べたウェブサイトのうち約25％は最も一般的な300桁の素数10個のうちの一つにダウングレードできて、約８％は150桁の素数[83]にダウングレードできた。

ついでながら、二〇一五年、ＲＳＡを用いるウェブサーバに対する強度低下攻撃も発見されている。これはＦＲＥＡＫ攻撃と呼ばれる〔FREAK は Factoring RSA Export Keys〔因数分解ＲＳＡエクスポート鍵〕を表す）[84]。ＦＲＥＡＫはログジャムとは違い、一定のソフトウェアのバグを抱えたブラウザやサーバに対してのみ機能する。一般に、ディフィー＝ヘルマンの鍵と300桁未満のＲＳＡの鍵はいかなる状況でも使うべきではないことは明らかになってきた。ソフトウェア・メーカーは、バグに対するパッチを提供するだけでなく、そうした鍵を全面的に使わせないで、少なくとも600桁の鍵を使うのを奨励する方向へ進んでいる。

ディフィー＝ヘルマンとＲＳＡにはさらに、量子コンピュータに関係する課題もある。この点については第9章で取り上げる。量子コンピュータがあたりまえになれば、ディフィー＝ヘルマンもRSAもまったく安全ではなくなるだろう。第9章では代わりの方式について二つの広い区分があることも見る。これは少々混乱する名がついている。一方の「量子化以後暗号法」は量子攻撃に耐えられるようなコンピュータ用のシステムを設計する試みがかかわるが、もう一つの「量子暗号法」は、当の量子物理学の利点を利用して新しい暗号方式を設計しようとする。

付録A　公開鍵暗号法秘史

たぶんふさわしいことに、公開鍵暗号法には公知の歴史と秘密の歴史の両方がある。一九九七年、この変わったアイデアを一九七〇年代初期に考えたのが、マークル、ディフィー、ヘルマンだけだったのではないことが、世の中に知らされた。実は、3人のうちの誰もまだ名声への道を進み始めていない一九六九年、ジェームズ・エリスも公開鍵暗号法がありうることを示していた[85]。その発見は、3人の場合とは違い、三〇年近くの間、機密事項として秘匿されることになる。

ジェームズ・エリスは英政府通信司令部（GCHQ）という、ほぼアメリカのNSAに相当する機関に勤務していた。とくに、電子通信安全局（CESG）の仕事をしていた。これは英政府に電子通信やデータの安全性について助言するのが担当だった（今もそうだ）。マークルやディフィーと違い、エリスは最初、双方が秘密のメッセージを秘密に設定しておいた鍵なしにやりとりすることは本当に必要かという問いから考え始めた。エリスはディフィーとは違って、鍵の配布について第三者を信用することについては心配していなかった。何と言っても自分はその種のことを専門にする組織に勤めているのだ。心配したのは鍵配布という後方支援の問題だった。大きな組織に勤める何千という人が通信しなければならず[86]、どの二人もやりとりを他の誰に対しても秘匿する必要があるとしたら、何百万という異なる鍵を扱わなければならない。

エリスは他の誰とも同じく、最初はこの状況は避けられないと想定していた。しかしエリスは予備的な資料を調べているときに、ベル電話社による一九四〇年代の音声スクランブル装置研究について書かれた無署名の論文を見つけた。これはアナログ電話回線用のシステムだった。要は、アリスがボブに安全な回路でメッセージを送りたければ、アリスではなくボブが、伝送中の回線にランダムなノイズを加える担当になるということだった。ボブがどんなノイズを加えたかを記録しておけば、自分の側で混ぜ合わせた信号を処理してノイズを取り除き、メッセージを復元できるだろう。イブはノイズ混じりの信号を理解できないだろうし、アリスはボブが何をしたかを正確に知る必要もない。エリスはこのアナログ装置がそれだけでは実用にならず、デジタルで使えるようにすることもできないことを理解していたが、重要なアイデアは得た。暗号化方式にボブが能動的に参加するのであれば、アリスは解読鍵を知らなくてもメッセージを暗号化して送ることができるかもしれない。

奇妙なことに、エリスがこの飛躍を思いついたのは、ロン・リヴェストがそうだったように、横になっているときだった。エリスはある夜ベッドに横になり、音声スクランブル装置研究に似た、デジタル通信用の非対称鍵方式を構築することは可能かと考え始めた。可能なら、関係者一人一人に一つずつの私有鍵だけですむ――対称鍵方式よりもはるかに扱いやすい。この問題を適切に立ててしまうと、ほんの数分で答えが得られた。それは可能で、どうすればいいかも思いついた。

　マークルのパズルと同様、エリスの当初のアイデアは「単純だが非効率的」だった。エリスは「そのような方式が理論的に可能であることを示すだけで、実際に使える形式が存在することを示すのではない[87]」と言った。エリスは三つの大規模な数表があると想定した。エリスはそれをすぐ後で明らかにする理由から機械と考え、M_1、M_2、M_3とした。私はそれを巨大な本、あるいは本の集合と考えたい。実際、M_2を暗号表（コードブック）で一杯の大きな部屋全体と考えてみよう[88]。コードについてはあまり語ってこなかったが、コードブックといっても実は、単語や語句がアルファベット順に並んでいる辞書にすぎない。各項は、その語句の定義ではなく、その語句に対応するコード群、たとえば5桁の数字を教えてくれる。M_2号室にある巨大なコードブックそれぞれは、何から何まで相異なり、それぞれに巻の番号がついている。この部屋は暗号化室になる。M_3号室は解読室で、よく似ているが、こちらのコードブックは、アルファベット順ではなく、コード群の順に並んでいる。M_2にあるそれぞれの暗号化コードブックに対応する解読コードブックがM_3にあり、その逆も言える。すぐ後で明らかになる理由で、巻番号のつけ方は、M_2とM_3とでは全然違っている。アリスとボブにとって幸運なことに、司書がどんなにおかしな番号のつけ方をしても、一方では巨大な索引も用意している。それがM_1だ。M_1は解読コードブックの巻数を参照し、対応する暗号化コードブックの巻数がわかるようになっている。しかしここが重要なのだが、反対方向の逆索引はない。

そこで今度はアリスがボブにメッセージを送るとき、まず、ボブに暗号化鍵を尋ねる。[89] ボブは解読コードブックの巻数 d をランダムに選び、それを M_1 で調べ、正しい暗号化鍵 e をアリスに送るが d は秘匿しておく。アリスは M_2 号室へ行き、解読コードブック第 e 巻を見つけ、それを使って自分が送るメッセージを暗号化し、ボブに送る。ボブは M_3 へ行き、解読コードブック第 d 巻を見つけ、それを使ってメッセージを解読する。図７・16がこの手順を示している。これまで見たことの多くが思い浮かぶはずだ。

イブはどうだろう。会話を聞いていたら e と暗号文はわかる。そこで三つの選択肢があるが、どれも優れてはいない。M_2 へ行き、第 e 巻を見つけ、暗号文にあるコード群を探してまわることはできる。コード群は特定の順番にはなっていないので、イブはおそらくそのコードブックの全部とは言わなくても大部分を探さなければならないだろう。あるいは M_3 号室へ言って、暗号文をありうるコードブックすべてを使って解読しようとして、意味のある平文が得られるコードを探す。あるいはまた、M_1 号室の索引を見て、それを探しまわって暗号化第 e 巻に対応する解読第 d 巻を見つける。M_1 には逆索引はないので、イブはやはり、運が良くなければほとんどを探さなければならないだろう。巻数もそれぞれの巻の大きさも非常に大きいので、以上の選択肢は全然うまくない。

この方式はコンピュータ化したとしても、まったく実用的な方式にはならない。大型コードブックがコンピュータ上にあれば保存するのは易しくなるだろうが、イブの検索も早くなるだろうから、それは役に立たない。エリスが M_1、M_2、M_3 を「機械」と呼んだとき、一部の「処理」が、情報を実際に

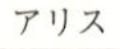

ボブ

「あなたに連絡することがある」

私有復号鍵 d を選ぶ
d と M_1 を使って
公開暗号化鍵 e を見つける

$\leftarrow e$

P
$\downarrow (M_2, e)$
C

$C \rightarrow$

C
$\downarrow (M_3, d)$
P

図7・16　エリスの公開鍵方式

すべて保存しなくてもコードブックあるいは表と同じようにふるまうことがわかることを期待していた[90]。「機械」という言葉を使うとはいえ、この処理はおそらく機械的というより数学的だ。それでもエリスは根っからの工学系で、必要と思われる数学の細かいところが自分でわかるとは実は思っていなかった。後に「私は数論に弱かったので、実用的な実装は他の人に委ねられた[91]」と言っている。

この研究はCESGでもGCHQでもその後の何年かはあまり高い優先順位は与えられなかった。何人かの数学者が推論に誤りがないか見つけようとしたが、成果はなかった。何人かは実現するための実用的数学的方式を見つけようとしたが[92]、これまた成果はなかった。そういう状況だった一九七三年も遅くなって、クリフォード・コックスがCESGに採用された[93]。コックスはエリスとは違って数学科出身で、ケンブリッジを出て、一年間オックスフォードの大学院に通っていた。配属先の上司がある日、お茶の時間にエリスの考えのことを言った。

コックスはこの問題を攻略しようとして、いくつか自分が向いているところがわかった。まず、コックスは数学の教育を受けただけでなく、勉強した数学は、公開鍵暗号法の基礎となったどんぴしゃの分野だった[94]。第二に、コックスはエリスの論文も、それまでにこの問題について行なわれていた他の研究もまったく見ていなかったので、新規に始めることができた。第三に、この問題は宿題というよりパズルだったので、締切などの圧力がなかった。最後に、後の本人の弁では、「その晩は他に予定がなかったことも確かに役に立ったのではないかと思う[95]」。その夜、仕事を終えて下宿に戻ると、後にRSAと呼ばれるようになった方式と基本的には同じことだった方式を考え出した[96]。ボブが私有するpとqが、エリス式の解説で言う解読コードブックの巻番号のことであり、ボブの公開されるnが暗号化コードブックの巻番号のことだ。コックス版のRSAでは、暗号化指数eはnに等しいので、暗号化鍵は一つだけである。「機械」M_2とM_3は合同算術による累乗で、M_1はpとqをかけ合わせてnを得ることだ。

コックスの仕事にかかわる機密保護規則によって、コックスは自宅にいる間は関係する作業を書き出すことはできなかった。幸いこの方式は単純だったので、朝になってもおぼえていて、出勤してから短い論文[97]を書き上げた。コックスの上司は喜び、エリスもそれを聞いて喜んだが、あくまで慎重だった。関心を抱いた第三の人物は、コックスとは子どもの頃からの友人でやはりCESGに勤めていたマルコム・ウィリアムソンだった。[98] ウィリアムソンはエリスのアイデアについては聞いておらず、とくに懐疑的だった。懐疑的なあまり、コックスがそのアイデアについて話した後、帰宅するとそれが成り立たないことを証明しようとした。もちろんそれはできなかったが、その夜遅く、八時間か一二時間たって、自分がエリスに似たアイデアを実装するまったく別の方法を得たことに気づいた。ウィリアムソンは今では「3段階プロトコル（スリーパス）」と呼ばれるものを発見していた。これは公開鍵方式をポーリグ＝ヘルマン暗号と密接に結びつけるものだ（スリーパス・プロトコルについては8・1節）。やはりウィリアムソンは翌日出勤するまで何も書けず、論文[99]を仕上げるのに何か月もかかり、書き上げるのは一九四七年の一月になってからのことになる。その間、スリーパス・プロトコルについてエリスと話し合った。その頃はエリスも懐疑的でなくなり始めていて、アイデアを仕上げた。さらに何度か話した後、ウィリアムソンはさらに別の公開鍵暗号の「安価で高速な」方法を得て、これが結局、ディフィーとヘルマンが得たのとまったく同じ考え方だった。

安くて高速な方法探しは潜在的に重要だということになった。GCHQの一般的な姿勢では、以前は公開鍵暗号、あるいはエリスが名づけたところでは「非秘匿暗号」を不可能と見ていたが、それが、この頃には、非実用的と見る方に移っていた。他方ウィリアムソンは、全体について別の考えを得つつあった。この頃には鍵合意方式についての第二の論文[100]を書き上げ、「非秘匿暗号の理論全体を疑うようになった」と言っている。ウィリアムソンを悩ませた問題は、離散対数問題や因数分解問題の難しさを証明も反証もできないことだった。そのため、本人の弁では、この第二の論文を書き上げるのが二年遅れたという。結局、ＧＣＨＱ内部では誰も、現実の公開鍵方式を実装しようとしなかった。[101]

後から見れば、それはそんなに驚くことではない。政府の保安当局はおそらく公開鍵方式にとっては場違いだったのだろう。それは鍵配布問題については確かに役立っただろうが、公開鍵方式の本当の利点は二人の人物が前もって会わなくても通信できることだ。同じ政府機関に勤めている二人の人物なら、そういう問題はないだろう。またそのような機関は、新しい、未踏の暗号法方式には普段よりも慎重になる。一九七七年に誰かが数を因数分解したり離散対数問題を解いたりする高速な方法を発見していたら、ＭＩＴやスタンフォードには非常に残念に思う人々はいたことだろう。しかしＧＣＨＱやＮＳＡがその方式を公開鍵に転じ、一年後に破られてしまったら、国家安全保障上の災厄にもなりかねなかった。

実際には何も起きなかった。一九七七年、リヴェスト、シャミア、エードルマンが特許を申請したとき、ウィリアムソンはそれを阻止しようとしたが、上層部は何もしないことにした。一九八七年、エリスは「機密指定継続からこれ以上得られる利益はない」[102]と判断して、自分の見た経緯を論文にして書き上げた。上司は認めず、論文はさらに一〇年間機密指定された。やっと一九九七年一二月二三日、ＧＣＨＱは5本の論文を同機関のウェブサイトに掲載した。[103]エリスの最初の論文、コックスの論文、ウィリアムソンの2本の論文、エリスの「非秘匿暗号の歴史」だった。残念ながらエリスにとっては遅すぎた。自分のしたことを世間が知る一か月足らず前の一一月二五日に亡くなっていたのだ。

第8章　その他の公開鍵方式

8・1　スリーパス・プロトコル

　ここまでの話で、アリスがボブと前もって安全に会わなくても、秘密のメッセージを安全に送れる方法が二つ得られている。二人は鍵合意方式を使って対称鍵暗号用の秘密鍵を選ぶことができる。あるいは非対称鍵方式を使うこともできる。この場合、アリスはボブの公開暗号化鍵を知っているが、私有解読鍵を知っているのはボブだけだ。対称鍵暗号法を用いて、アリスがボブに、公開でも私有でも鍵について打合せや合意がなくても、メッセージを送れるようにする第三の方法がある。それは3段階（スリーパス）プロトコルと呼ばれる。一般に使用するには効率が悪すぎるが、興味深い方式であり、便利な場合もある。

　非対称鍵暗号法を郵便受のあるロックされたドアと考えることができるなら、対称鍵暗号法を喩えると、図8・1にあるような、錠が一つと二つの同一の鍵のあるスーツケースということになるかもしれない。アリスがボブにメッセージを送りたいなら、アリスはそれをスーツケースに入れて錠をか

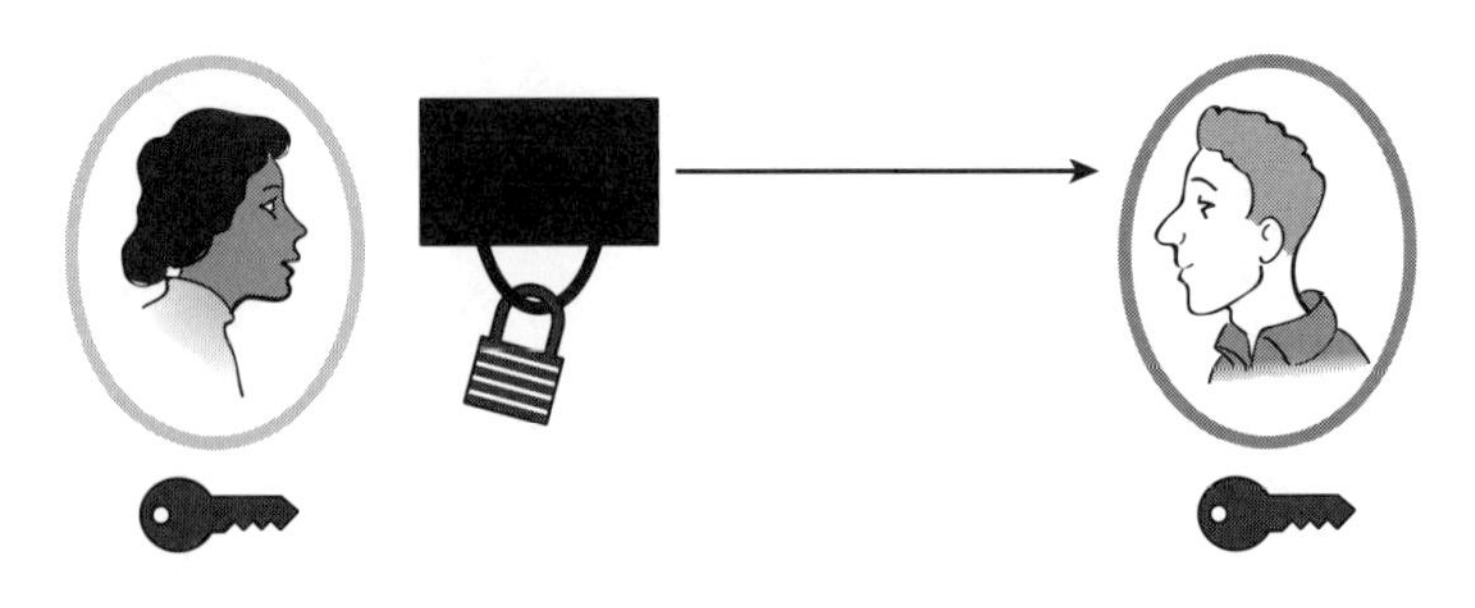

図8・1　対称鍵暗号法

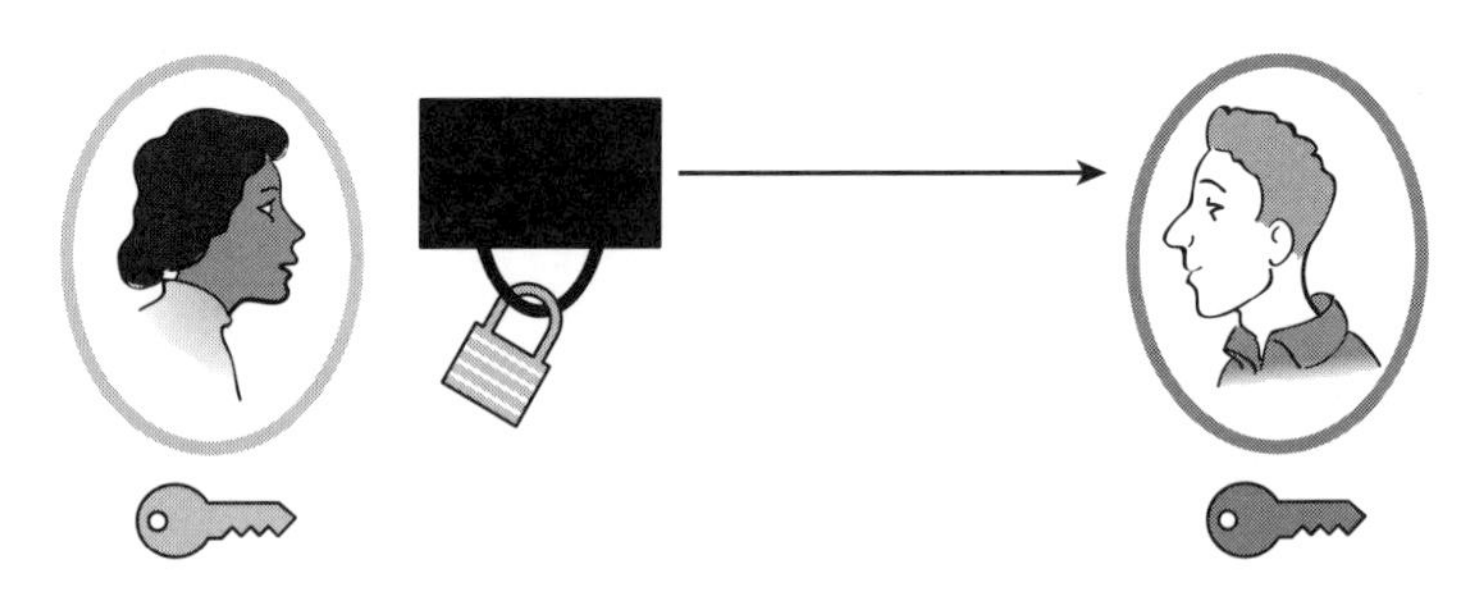

図8・2　スリーパス・プロトコルのパス1

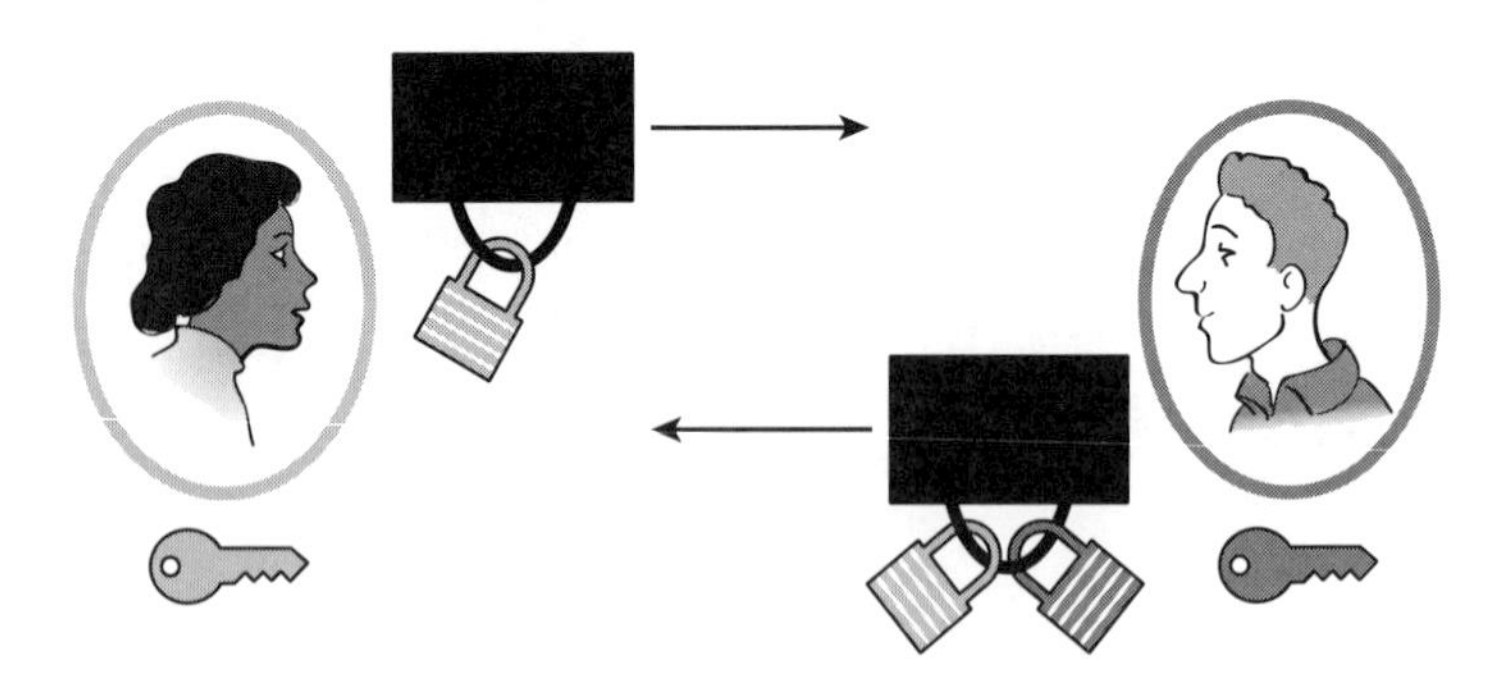

図8・3　スリーパス・プロトコルのパス2

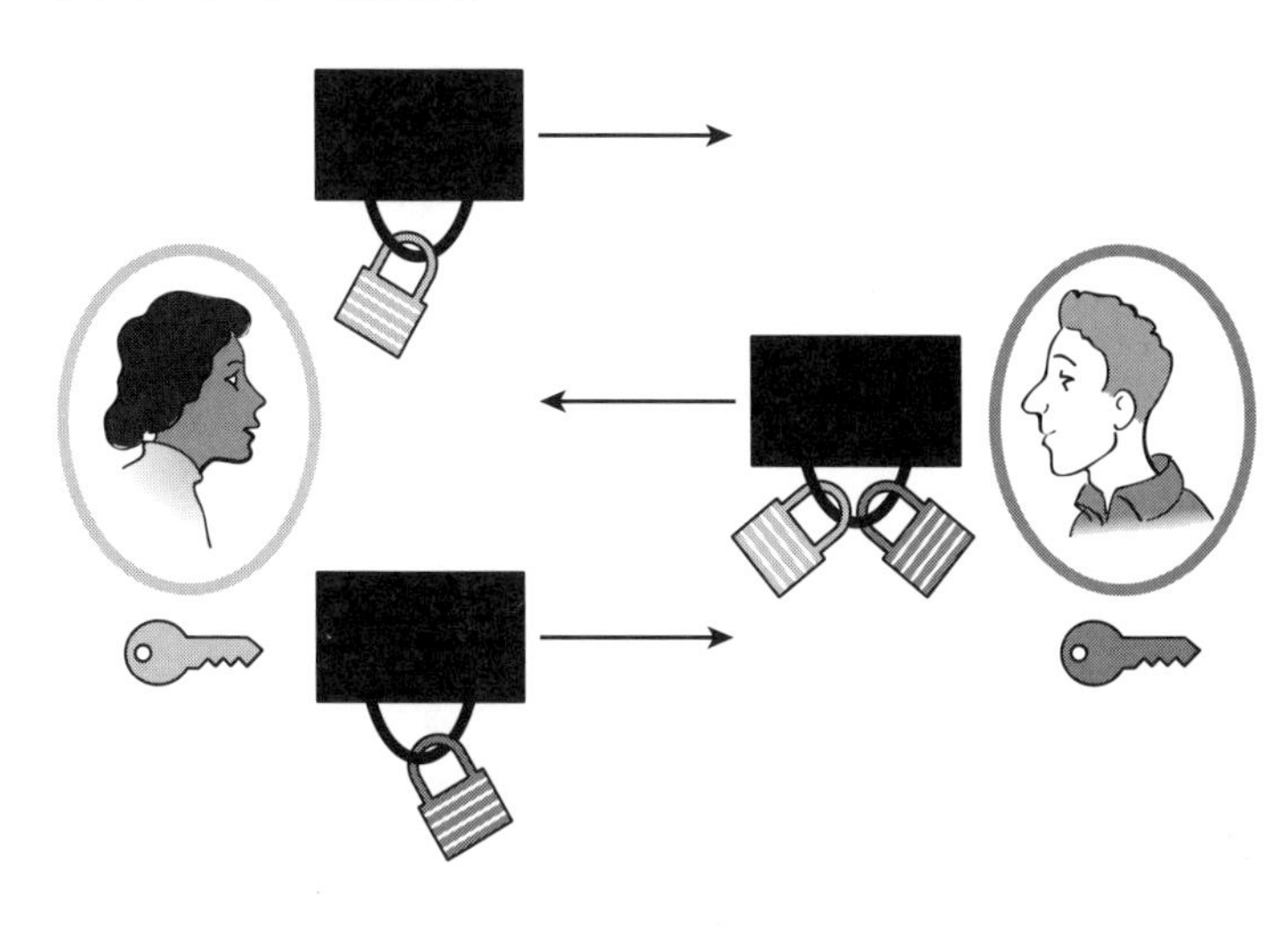

図８・４　スリーパス・プロトコルのパス３

ける。ボブはスーツケースを受け取り、もう一つの鍵で錠を外し、メッセージを取り出して読む。

さて、スーツケースの留め金に二つの錠のいずれかあるいは両方をつける余地があり、アリスとボブはそれぞれ別の鍵で開く錠を持っているとしよう。図８・２にあるように、アリスはメッセージをスーツケースに入れ、自分の錠をかけ、それをボブに送る。これがスリーパス・プロトコルの第一のパスだ。

ボブはアリスの錠を開けることはできない。自分が持っている鍵は違うからだ。そこで、ボブは自分の錠をかけ、スーツケースをアリスに送り返す。これが図８・３にある第二のパスとなる。

そこでアリスは図８・４のように、自分がかけた錠を外し、スーツケースをボブに送り返す。これが第三のパスだ。念のために言うと、スーツケースはボブの錠がかかっているので、イブはそれを開けることはできない。これでボブは自分の錠を自分の鍵で開けることができ、メッセージを読むことができる。この間、スーツケースはまったく鍵のかかっていない状態で送られることはなく、アリスとボブはいかなる鍵も共通にしてやりとりする必要はない。

これが機能するには、二つの特定の性質がある対称鍵暗号を必要とする。第一に、ボブの暗号化とアリスの暗号化が相手の邪魔をしてはいけない。専門用語で言うと、アリスの暗号化とボブの暗号化は、3・4節で取り上げた可換でなければならない。まずアリスが暗号化し、それからボブが暗号化しても、逆の順であっても同じ結果にならなければならない。これまで見てきた暗号のうち、この性質を持っているのはわずかで、加法暗号、乗法暗号、多アルファベット暗号と、これらに基づくストリーム暗号がそれに当たる。アフィン暗号、ヒル暗号、転置暗号が使える場合もあるが、アリスとボブが限られた鍵だけを使う場合のみとなる。これまでに見た現代のコンピュータで利用するのが前提の対称鍵暗号では、ポーリグ＝ヘルマン累乗暗号以外には、この性質がない。

必要な他の性質を見るために、アリスとボブが加算暗号を用いるとどうなるかを考えてみよう。aをアリスの鍵、bをボブの鍵とし、Pを平文の最初の文字とする。するとスリーパス・プロトコルは図8・5のようになる。

問題はこうなる。第一パスと第二パスの後イブは、26を法として$P+a$と$(P+a)+b$を得ている。そこでイブは既知平文攻撃をかけて、$b \equiv ((P+a)+b)-(P+a) \pmod{26}$を復元できる。すると第三パスを経たメッセージを解読して、図8・6にあるように、$P \equiv (P+b)-b \pmod{26}$を得ることができる。つ

アリス		ボブ
秘密 a を決める		秘密 b を決める
平文 P		
↓		
$P+a \pmod{26}$	→	
		↓
	←	$(P+a)+b \pmod{26}$
↓		
$((P+a)+b)-a \equiv P+b \pmod{26}$	→	
		↓
		$(P+b)-b \equiv P \pmod{26}$

図８・５　加算暗号によるスリーパス・プロトコル

まりアリスとボブの暗号化は、可換であるだけでなく、既知平文攻撃に強くなければならない。結果、ここで見た暗号の中には選択肢は一つしかない。つまりポーリグ＝ヘルマン暗号だけだ。

図８・７は、スリーパス・プロトコルがポーリグ＝ヘルマン暗号を使って適切に実行できるのを示している。アリスとボブは同じ大きな素数 p について合意が必要だが、それですべてだ。いくつかの点で、これはポーリグ＝ヘルマン累乗暗号とディフィー＝ヘルマン鍵合意の組合せと考えられる。

アリスがボブにこの方式でメッセージを送りたいとしよう。二人はブロック長として２を使い、６・１節と同じ方法で文字を数に変換することに合意する。また、同節で使った同じ素数の法 $p=2819$ を用いることにも合

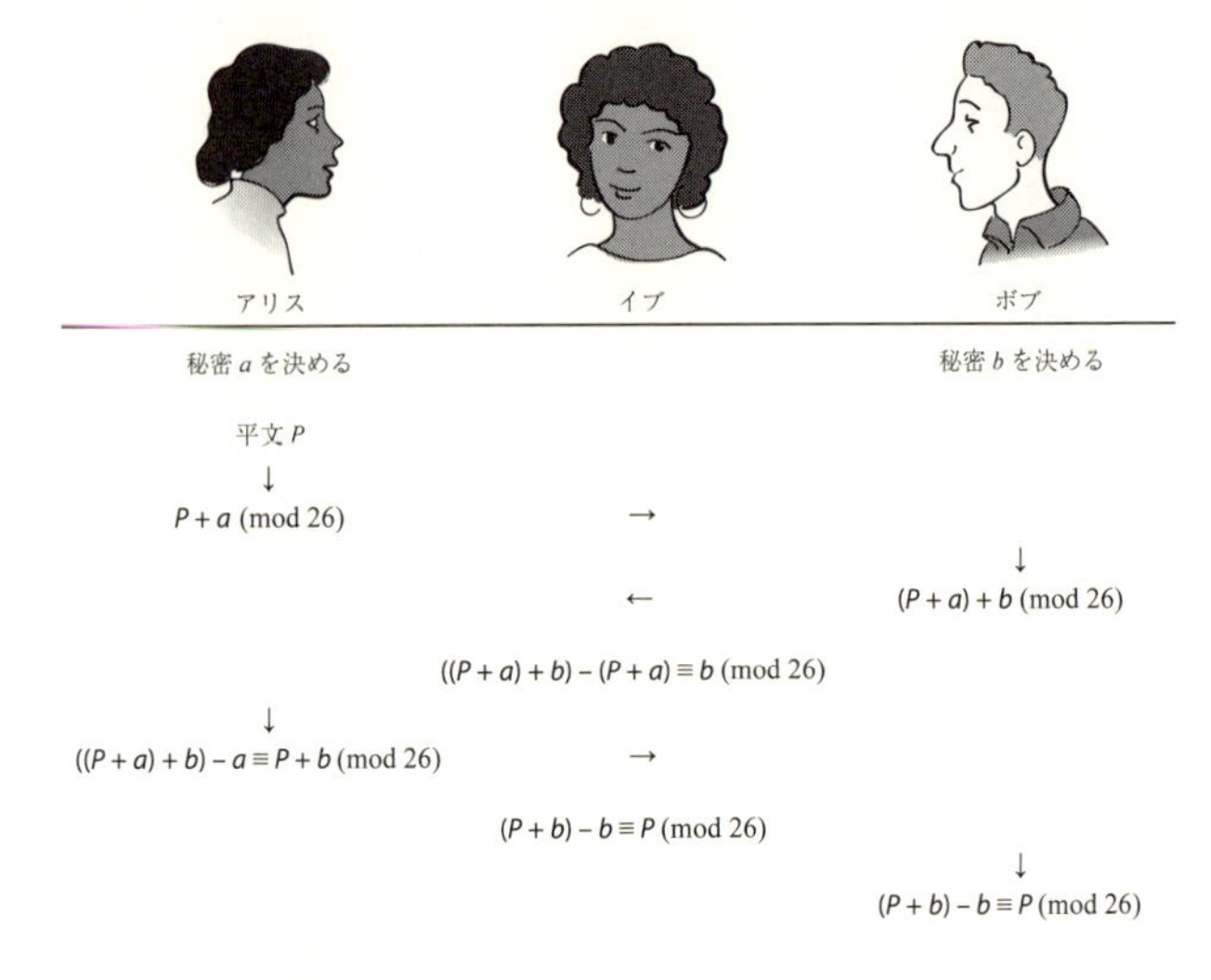

図８・６　加算暗号によるスリーパス・プロトコルは安全ではない。

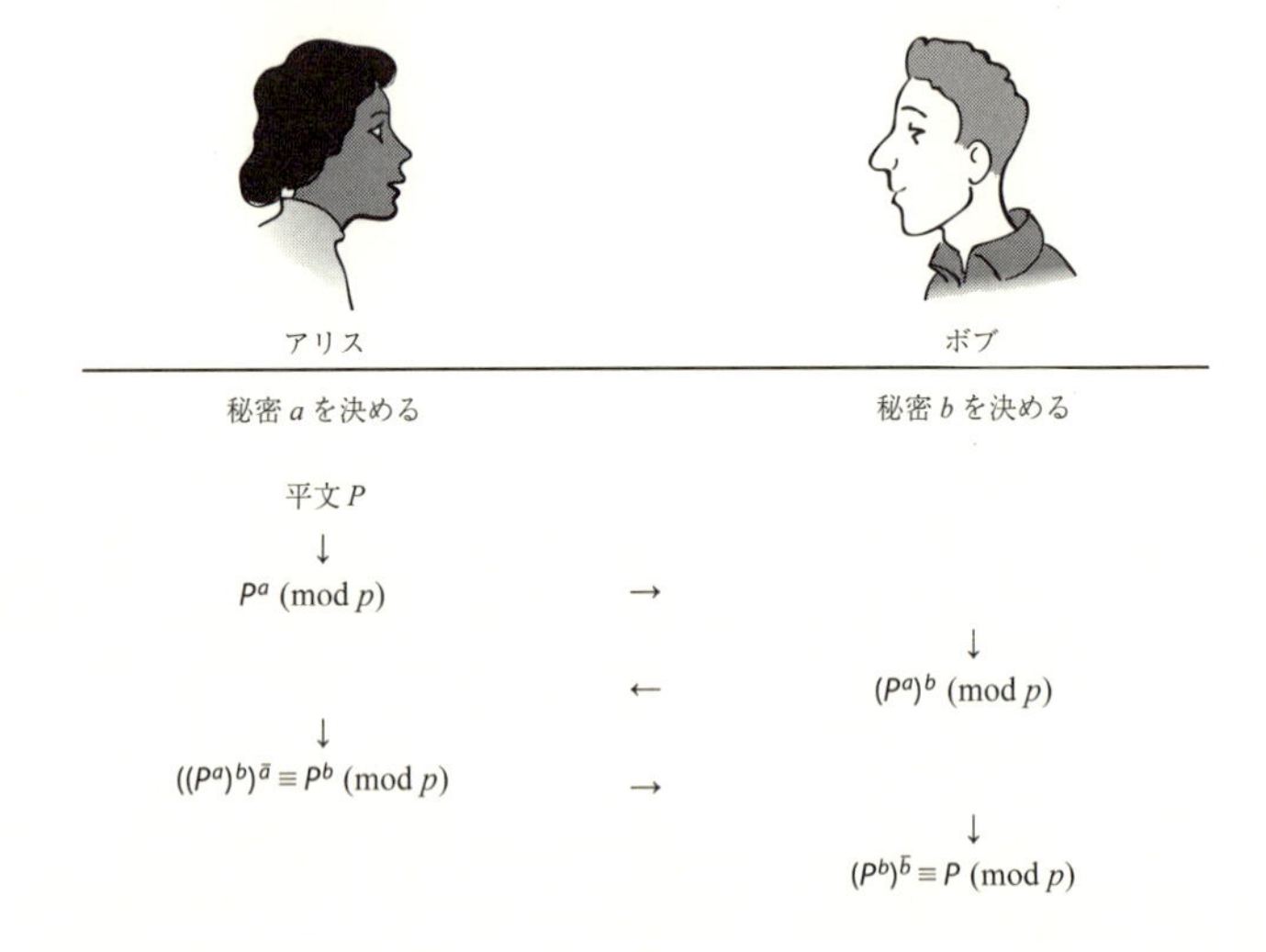

図８・７　ポーリグ＝ヘルマン暗号化によるスリーパス・プロトコル

意する。アリスは自分の秘密鍵として $a = 113$ を選び、a には 2818 を法とする逆元、つまり $\bar{a} = 2419$ があることを確認する。ボブは自身の秘密鍵として $b = 87$ を選び、やはり b には 2818 を法とする逆元、つまり $\bar{b} = 745$ があることを確認する。すると手順は次のように進行する。

平文	te	ll	me	th	re	et	im	es[1]〔3回言ってください〕
数	20, 5	12, 12	13, 5	20, 8	18, 5	5, 20	9, 13	5, 19
合体	2005	1212	1305	2008	1805	520	913	519

アリスからボブへ

113乗	1749	1614	212	774	2367	2082	2156	1473

ボブからアリスへ

87乗	301	567	48	1242	1191	1908	2486	986

アリスからボブへ

2419乗	1808	2765	289	692	2307	2212	1561	2162

745乗	2005	1212	1305	2008	1805	520	913	519
分離	20, 5	12, 12	13, 5	20, 8	18, 5	5, 20	9, 13	5, 19
平文	te	ll	me	th	re	et	im	es

ここで使うのが累乗暗号となると、イブがこのメッセージを読むのはどれほど難しいだろう。先と同様、既知平文攻撃をかけることはできるだろうが、それには離散対数問題を解く必要がある。ディフィー＝ヘルマン問題のときと同様、イブはここで追加の情報を持っている。やはりディフィー＝ヘルマン問題のときと同じく、スリーパス・プロトコルを離散対数問題を解かなくても破れるかもしれない。ただその方法は今は誰も知らないし、誰かが知ることにはなりそうにない。実は、結局のところ、一定の正確な意味では、ディフィー＝ヘルマン問題を解くのと、スリーパス・プロトコルを破るのとは、同じくらいの難しさだった。[2] イブが一方を手早く解けるなら、もう一つも手早く解けるし、逆も言える。

ここで「スリーパス・プロトコル」と呼んでいる暗号化方式にはいくつかの名がある。シャミアのスリーパス・プロトコル、マッシー＝オームラ方式、無鍵暗号法など。アディ・シャミアがこの方式を考案したのは、「カードなしポーカー」をする方法という脈絡でのことだった。[3] つまりアリスとボブは電話越しに、カードの現物をやりとりせず、どちらのプレーヤーもずるができない形でポーカーをしたい。このことは一九七九年に専門的な報告書で発表され、一九八一年にはマーティン・

ガードナーに献じられた論文集でも発表された[4]。それからまもなくして、当時ＵＣＬＡの電気工学教授だったジェームズ・オームラが、シャミア方式の基本的な考え方のことを聞いたが、ポーリグ＝ヘルマン暗号を使うことは知らず、独自に残りの詳細を明らかにした[5]。オームラはその後、ＵＣＬＡの元同僚でスイス連邦工科大学に転じていたジェームズ・マッシーと研究し、このプロトコルをポーリグ＝ヘルマン暗号の２を法とする有限体の形のもの用に変形し、この体でのコンピュータによる計算速度も改善した。マッシーはこの組合せ案について、一九八三年のヨーロッパで行なわれた大規模な暗号法学会で発表したが[6]、この学会の紀要は発行されなかった。この方式のマッシーとオームラによる形のものが初めて活字になったのは一九八二年に提出され、一九八六年に認められた特許申請[7]でのことだったらしい。

スリーパス・プロトコルには多くの合同算術の累乗が必要で、そのためこの方式は、ディフィー＝ヘルマンを使ってＡＥＳのような暗号用の鍵について合意し、ＡＥＳによるメッセージをやりとりするよりも相当に遅くなる。これにはやりとりする情報量も多くなり、何やかやで、「カードなしポーカー」のようなごく特殊なわずかな状況以外ではあまり実用的ではない。それでも考え方としてはなかなか良い。

８・２　エルガマル暗号

すでに見たように、最初の実用的公開鍵暗号法方式（ディフィー＝ヘルマン鍵合意）は離散対数問題の難しさをその安全性の根拠として用いたが、最初の非対称鍵暗号法方式は、因数分解問題の難しさを利用した。タヒル・エルガマル（Elgamal）というスタンフォードのマーティン・ヘルマンの下にいたエジプト人の大学院生が、離散対数による非対称鍵方式にたどり着いたのは、一九八四年になってからのことだった[8]。これほど遅くなったのはあまり意外ではないことはわかるだろう。エルガマル（ElGamal）[9]暗号は、以前の公開鍵方式にはなかったアイデアをいくつか必要としたからだ。

これは非対称鍵方式なので、ボブはまず鍵を設定するところから始める。ディフィー＝ヘルマンの場合と同様、ボブは非常に大きな素数pと、pを法とする生成元を選ぶ。それから1とp–1の間にある私有鍵を一つ選び、$B \equiv g^b \pmod{p}$を計算する。数p、g、Bはボブの公開鍵となり、ボブはそれを公開する。ディフィー＝ヘルマンのように、pとgは秘匿される必要はなく、ボブは他の誰かが使っているものを使っても害はない[10]。

ボブはこの例では手抜きをして、7・2節でアリスとボブがディフィー＝ヘルマン用に使ったp＝2819[11]とg＝2を使い続ける。ボブは私有鍵b＝2798を選び、$B \equiv 2^{2798} \equiv 1195 \pmod{2819}$を計算する。$p$、$g$、$B$を公開の場所に置き、$b$は秘密にする。

アリスがボブに平文Pのメッセージブロックを送りたければ、ボブの公開鍵を調べる。そうして1とp–1の間のランダムな数rを一つ選ぶ。この数は一度（ワンス）だけ使われるものという意味の「nonce（ナンス）」という語で表す。アリスはrを使ってさらに二つの数、$R \equiv g^r \pmod{p}$と、$C \equiv PB^r \pmod{p}$を計算する。この二つの数RとCで、アリスがボブに送る暗号文ブロックを作る。アリスはrを秘密にしておく。

実際にはそれを使い終わったら記録を破棄してしまってもよい。

ボブはなぜ暗号文を解読するために二つの数が必要なのだろう。要は、B^rは「ブラインド」あるいは「マスク」で、平文Pを変装させている。ボブは暗号文からブラインド部分を分離するために、「ヒント」としてRを必要とする。(12) このブラインドとヒントという考え方が、エルガマルのような方式を考えつくために必要だった新案の一つだ。

そこでアリスは次のように手順を進める。

ナンス r	1324	2015	5	2347	2147
ヒント g^r	2321	724	32	1717	2197
ブラインド B^r	93	859	1175	229	1575
平文	al	lq	ui	et	fo
数	1, 12	12, 17	21, 9	5, 20	6, 15
合体	112	1217	2109	520	615
× ブラインド	1959	2373	174	682	1708
暗号文	2321, 1959	724, 2373	32, 174	1717, 682	2197, 1708

ナンス r	1573	2244	2064	2791	1764
ヒント	1050	941	1336	1573	188
ブラインド B^r	2395	798	1192	1215	1786
平文	rt	he	no	nc	ex〔全員ナンスについては沈黙 x〕
数	18, 20	8, 5	14, 15	14, 3	5, 24
合体	1820	805	1415	1403	524
× ブラインド	726	2477	918	1969	2775
暗号文	1050, 726	941, 2477	1336, 918	1573, 1969	188, 2775

アリスが得る暗号文は、選んだランダムなナンスによって決まることに注意しよう。そのためエルガマル暗号は7・7節で見たような確率的暗号化法となる。エルガマル暗号のナンスは特定の攻撃を防ぐために必要だが、それはまた同節で触れた一般事前探索攻撃に対する保護でもある。

ボブは解読するために $CR^b \pmod p$ を計算する。$R \equiv g^r$ なので、

$$R^b \equiv (g^r)^b \equiv (g^b)^r \equiv B^r \pmod p$$

となり、

$$C\overline{R^b} \equiv (PB^r)\overline{B^r} \equiv P \pmod p$$

であり、ボブは平文を復元できる。

ここでの例では、ボブの解読は次のようになる。

暗号文	2321, 1959	724, 2373	32, 174	1717, 682	2197, 1708
ヒント R	2321	724	32	1717	2197
ブラインド R^b	93	859	1175	229	1575
$C\overline{R^b}$	112	1217	2109	520	615
分離	1, 12	12, 17	21, 9	5, 20	6, 15
平文	al	lq	ui	et	fo

暗号文	1050, 726	941, 2477	1336, 918	1573, 1969	188, 2775
ヒントR	1050	941	1336	1573	188
ブラインドR^b	2395	798	1192	1215	1786
$\overline{CR^b}$	1820	805	1415	1403	524
分離	18, 20	8, 5	14, 15	14, 3	5, 24
平文	rt	he	no	nc	ex

ボブはアリスが使ったナンスを知らないままであることに留意しよう。これはいずれにせよ一般に重要ではない。方式全体の図は図８・８のようになる。

エルガマル暗号については、ボブの公開鍵をディフィー＝ヘルマン鍵合意の前半と考えるという見方もある。アリスのランダムなナンスとヒントが鍵合意の後半をなし、作られた鍵は、pを法とする乗算暗号の１回限りの鍵ストリームとして用いられる。ボブはヒントを使って自分の側で鍵ストリームを生成し、それから乗算暗号を復号する。[13] イブは、アリスが同じナンスあるいはナンスの列を複数回使っていると考えるだけの理由があるなら、鍵ストリームにも反復があることを知る。これは基本的にワンタイムパッドを使いまわしているのと同じで、イブは５・２節で見たような攻撃を行なうことができる。アリスはナンスを使い回さないと仮定すると、イブは公開されたp、g、Bと暗号文RとCを得るのは、p、g、$B \equiv g^b \pmod{p}$、$R \equiv g^r \pmod{p}$から$B^r \equiv g^{rb} \pmod{p}$を得ることと同等となる。つまり、ディフィー＝ヘルマン問題とぴったり同じということだ。

エルガマルはディフィー＝ヘルマンやＲＳＡとは違って特許を取らなかったので、ＰＧＰ（プリ

p と g を決める
秘密 b を決める
b を使って公開の $B \equiv g^{b} \pmod{p}$ を作る

公開の暗号化鍵（p, g, B）を公開

ボブの暗号化鍵（p, g, B）を調べる
ランダム鍵 r を決める

r
$\downarrow (p, g)$
$R \equiv g^{r} \pmod{p}$

平文 P
$\downarrow (p, B, r)$
$C \equiv PB^{r} \pmod{p}$

$(R, C) \rightarrow$

(R, C)
$\downarrow (p, b)$
$P \equiv C\overline{R^{b}} \pmod{p}$

図８・８　エルガマル暗号方式

ティ・グッド・プライバシー）や、GPG（GNUプライバシー・ガード）といったフリーやオープンソースの暗号化プログラムの選択肢として広まった。[14] 今はディフィー＝ヘルマンやRSAの特許が切れているので、それはもう大きな問題ではなくなり、こうしたプログラムはRSAとエルガマルの両方を暗号化のオプションに入れている。エルガマル・デジタル署名方式はエルガマル暗号化に関係し、同時期に開発され、非常に有力になって、いくつか人気の変種を生んでいる。これについては8・4節でもう少し見る。

8・3　楕円曲線暗号法

一九八五年頃、ニール・コブリッツとヴィクター・ミラーという二人の数学者がそれぞれ別個に、これまで見てきた公開鍵方式の多くが「楕円曲線」と呼ばれる数学的対象で使えるよう手直しができることに気づいた。楕円曲線についてまず知っておく必要があるのは、似た名であるにもかかわらず、また楕円も曲線であるにもかかわらず、楕円曲線は楕円ではないということだ。楕円は図8・9に見られるように、つぶれた円のような形で、２本の対称軸があり、全体で一つとなっている。これに対して楕円曲線は図8・10にあるように、対称軸は1本だけ、両端が閉じておらず、一体のこともあれば二つに分かれることもある。

楕円曲線は次のような形の式で与えられる。[15]

$$y^2 = x^3 + ax^2 + bx + c$$

これが最初に考えられたのは一七世紀、数学者が楕円の弧の長さを調べるようになったときだった。楕円曲線については数学者はいろいろと興味深いことを見つけたが、本書の話に使えるのは、これに「加法法則」があるところだ——曲線上の二点を「足す」と、第三の点が得られるのだ。その動作は実際に数を足すのとはほとんど関係ないが、そこには加算にあるものと予想される性質がある。

まず例で図解するのがわかりやすいだろう。次の楕円曲線があるとする。

$$y^2 = x^3 + 17$$

まず

$$3^2 = (-2)^3 + 17$$

と

$$5^2 = 2^3 + 17$$

なので、点$P = (-2, 3)$と$Q = (2, 5)$は曲線上にある（図8・11）。点$P+Q$を得る方法についての規則が必要だ。まずPとQを通る直線を引く。この直線はつねに曲線と第三の点で交わり（もちろん「ほとんどつねに」ということで、いくつかの例外に気づかれているかもしれないが、それにはすぐにお目にかかる）、これ

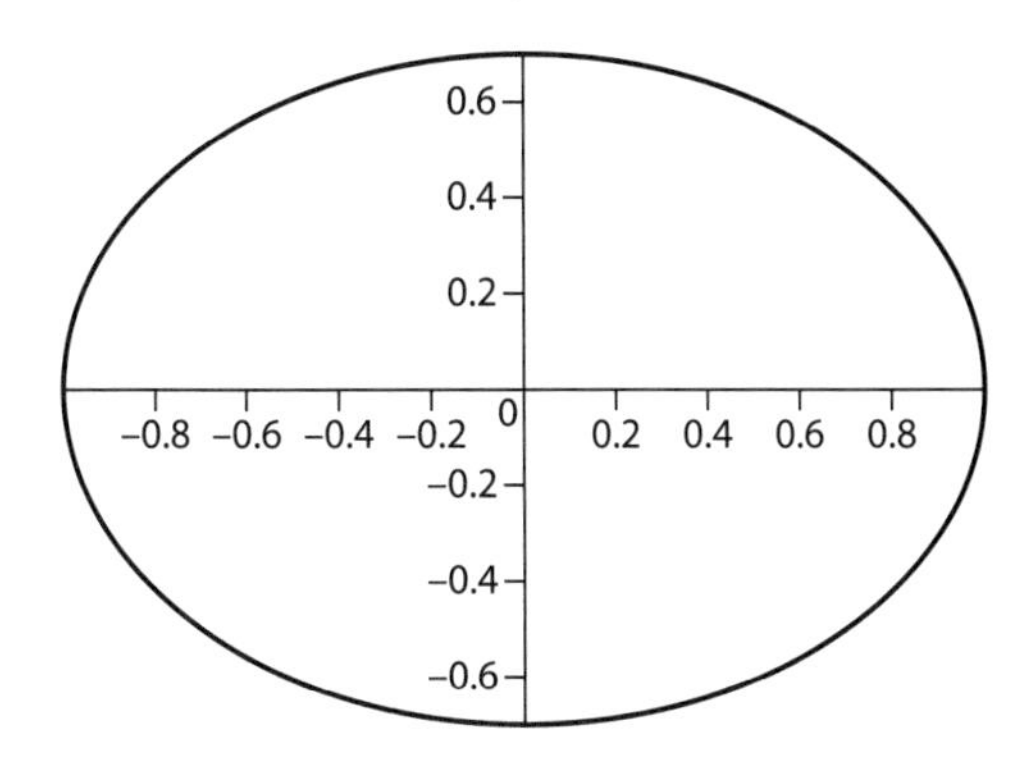

図８・９　楕円（楕円曲線ではない）

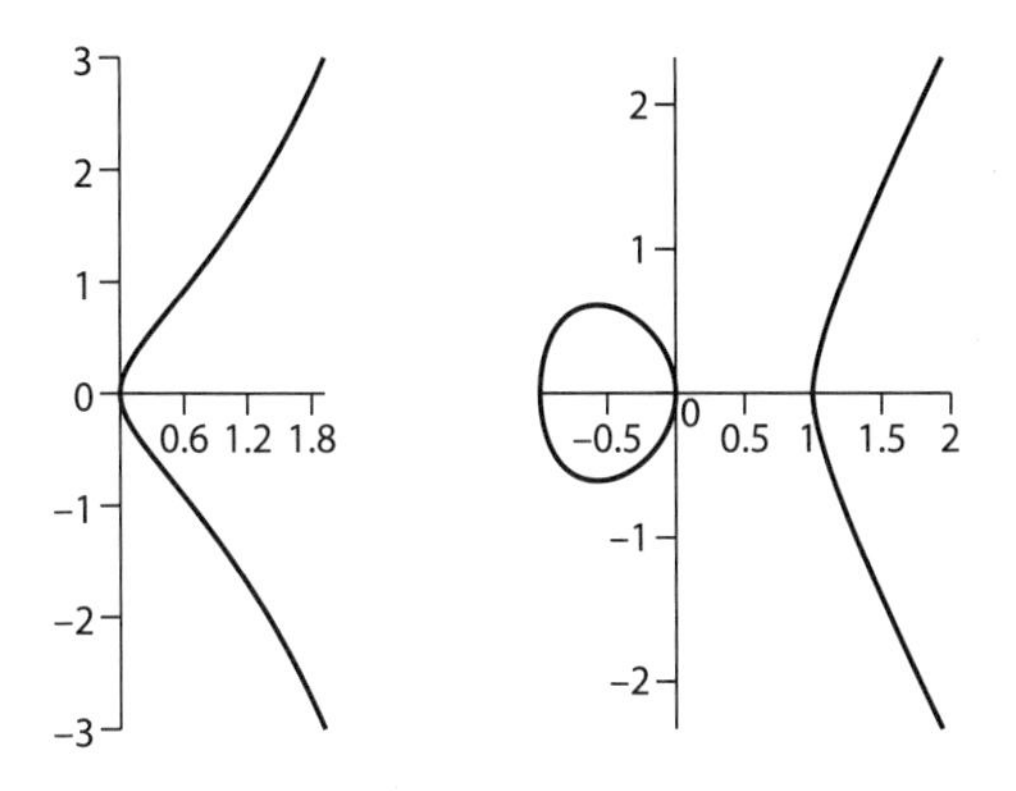

図８・10　楕円曲線 $y^2 = x^3 + x$ と $y^2 = x^3 - x$

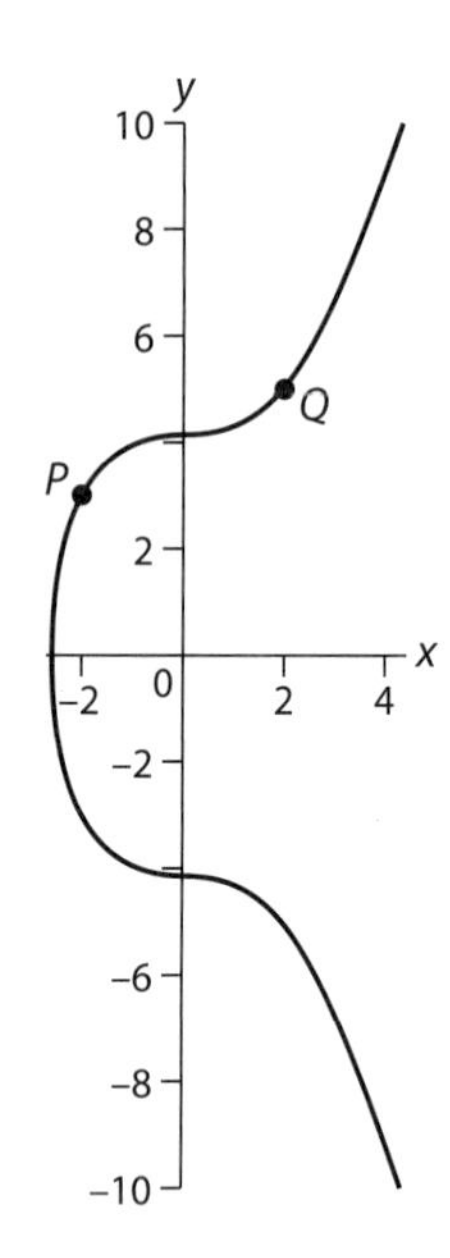

図8・11　$y^2 = x^3 + 17$ と点 $P = (-2, 3)$ および $Q = (2, 5)$

を R と呼ぶ（図8・12）。そこに対称軸が登場する。R から x 軸をはさんで鏡像となる新しい点が得られる。図8・13に見られる R の鏡像が、ここで $P+Q$ と呼んでいる点である。

今度は式について。ここでの例では、$P = (-2, 3)$ と $Q = (2, 5)$ で、中学の数学を使えば、両者を通る直線の方程式を勾配と切片の形で計算できる。

$$y - 3 = \frac{5 - 3}{2 - (-2)}(x - (-2))$$

つまり、

$$y = \frac{1}{2}x + 4$$

すると、これが $y^2 = x^3 + 17$ と交わる点がわかる。

$$y^2 = x^3 + 17 \qquad \text{および} \qquad y = \frac{1}{2}x + 4$$

となり、

$$\left(\frac{1}{2}x + 4\right)^2 = x^3 + 17$$

つまり、

$$x^3 - \frac{1}{4}x^2 - 4x + 1 = 0$$

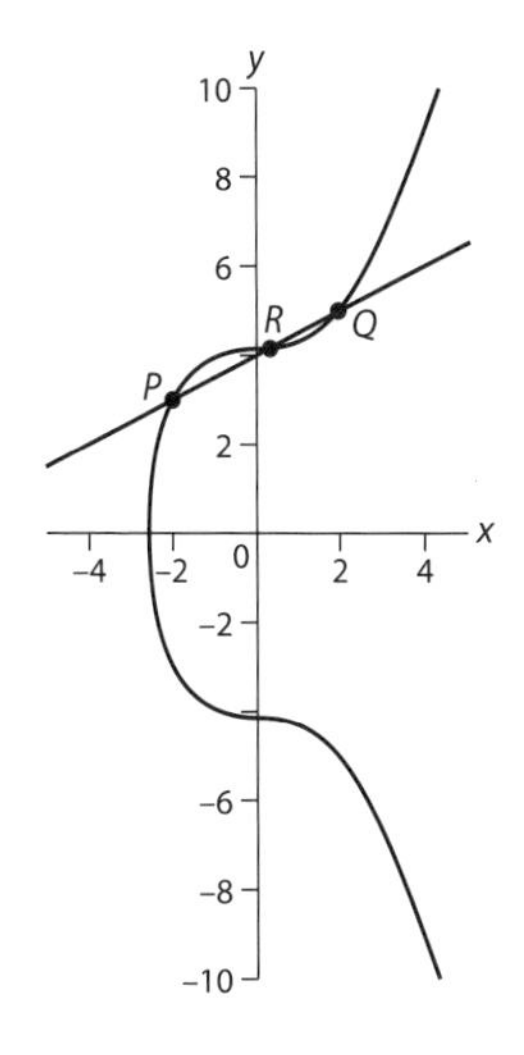

図８・12　$y^2 = x^3 + 17$ と点 P, Q, R

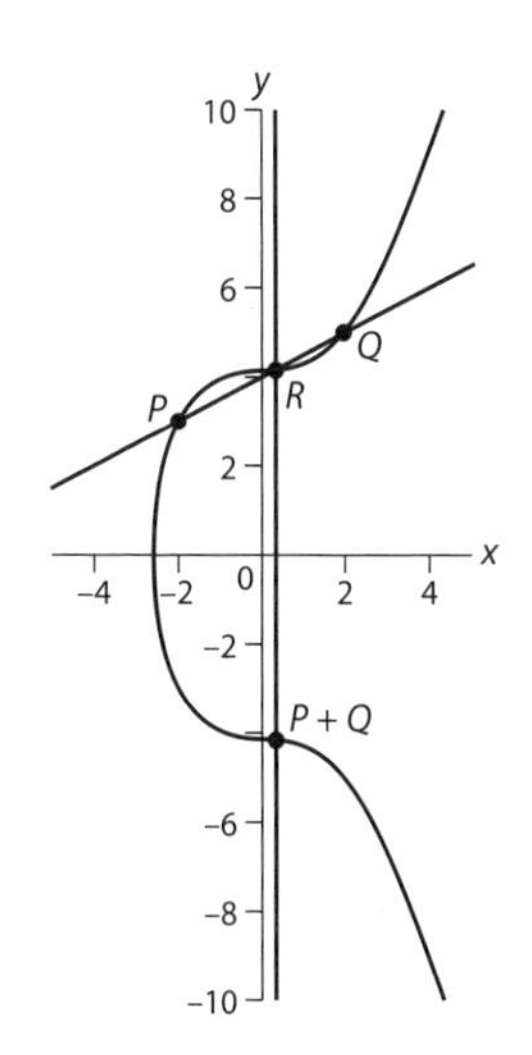

図８・13　$y^2 = x^3 + 17$ と点 $P, Q, R, P+Q$

これには次の解がある。

$$x = 2, \qquad x = -2, \qquad x = \frac{1}{4}$$

x座標が2と-2の点はすでにわかっているので、Rはx座標が1/4の点でなければならない。すると、

$$y = \frac{1}{2}x + 4 = \frac{1}{2} \times \frac{1}{4} + 4 = \frac{33}{8}$$

つまり、$R = (1/4, 33/8)$で、x軸をはさむ鏡像は、y座標に-1をかけることと同じなので、結局、$P+Q = (1/4, -33/8)$となる。

どうしてわざわざ最後の鏡像を考えるのだろう。それを言うなら、そもそもこの手順がなぜ関心の対象になるのだろう。数学者がこの「加法」に関心を向ける理由は、多くの点で数の加法と同じふるまいをするからだ。たとえば、PとQが楕円曲線上の任意の点なら、2点間に直線を引く順序は関係なく、次のことが言える。

$$P + Q = Q + P$$

言い換えると、楕円曲線上の加算は数の加法や乗法と同じように可換であり、3・4節で見た転字の合成とは違っている。少々難しくなるが、任意の3点、P、Q、Sについて、

$$(P+Q)+S=P+(Q+S)$$

となることが示せて、この加法は「結合的」である。

今度は例外の方を取り上げよう。いちばん扱いやすいところから。何かの点、先の例のQとしておくと、これをそれ自身に足すとどうなるだろう。ここでほんの少しだけ微分をする必要がある。微分では、2点があって、両者が合致するまでそれぞれを近づけるなら、2点間を結ぶ直線は接線になるのだった。そこで2点を結ぶ直線を引くのではなく、図8・14にあるように、Qを通る接線を引き、そのうえで先と同様に進める。曲線上にもう一つ交点ができるのでその鏡像が$Q+Q$になる。$Q+Q$の

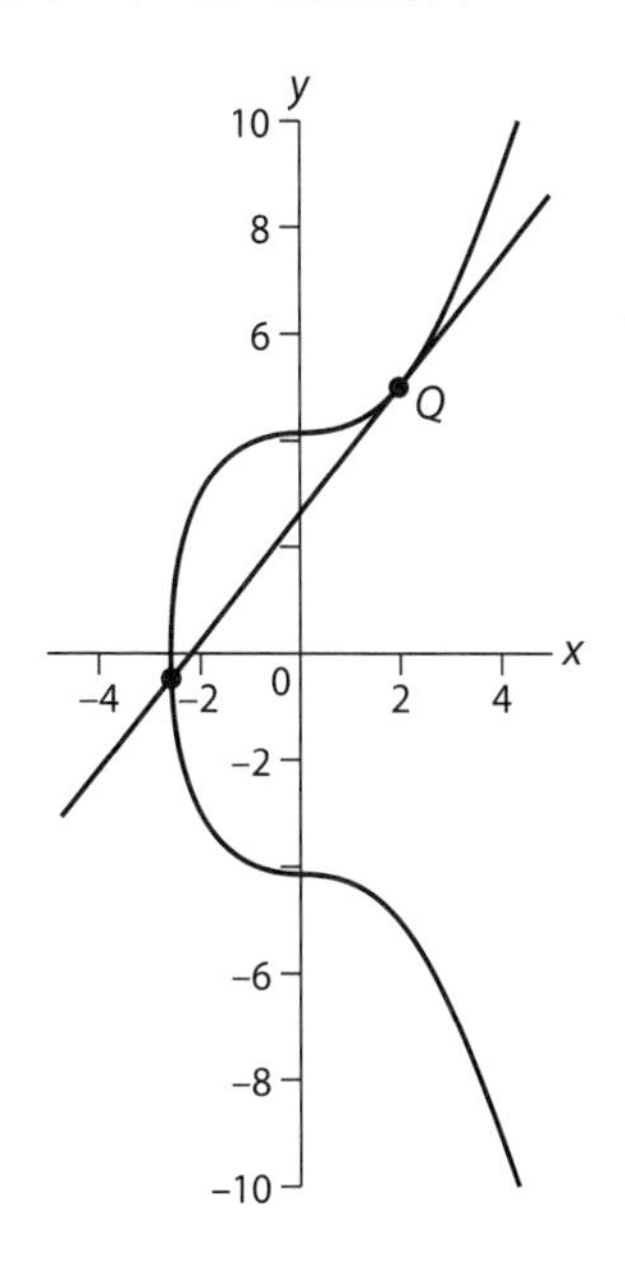

図8・14　$y^2=x^3+17$と、Qを通る接線

点は通常の式計算と同じく2Qとも呼ばれ、このことを図8・15に示した。同じ論理は異なる2点を通る直線を引いて第三の点を見つけるとき、それが交点ではなく、2点のいずれかの接線になる場合にも成り立つ。

接線の傾きを求めるのに少し微分が必要である以外は、この場合にも式は同じように成り立つ。$Q=(2, 5)$で、接線の傾きは陰関数微分によって求められる。

$$y^2 = x^3 + 17$$

なので、

$$2yy' = 3x^2$$

つまり、

$$y' = \frac{3x^2}{2y}$$

すると、点(2, 5)を通る接線は、

$$y - 5 = \frac{3 \times 5^2}{2 \times 2}(x - 2)$$

つまり、

$$y = \frac{6}{5}x + \frac{13}{5}$$

前と同様、これが曲線 $y^2 = x^3 + 17$ と交わるところが求められる。

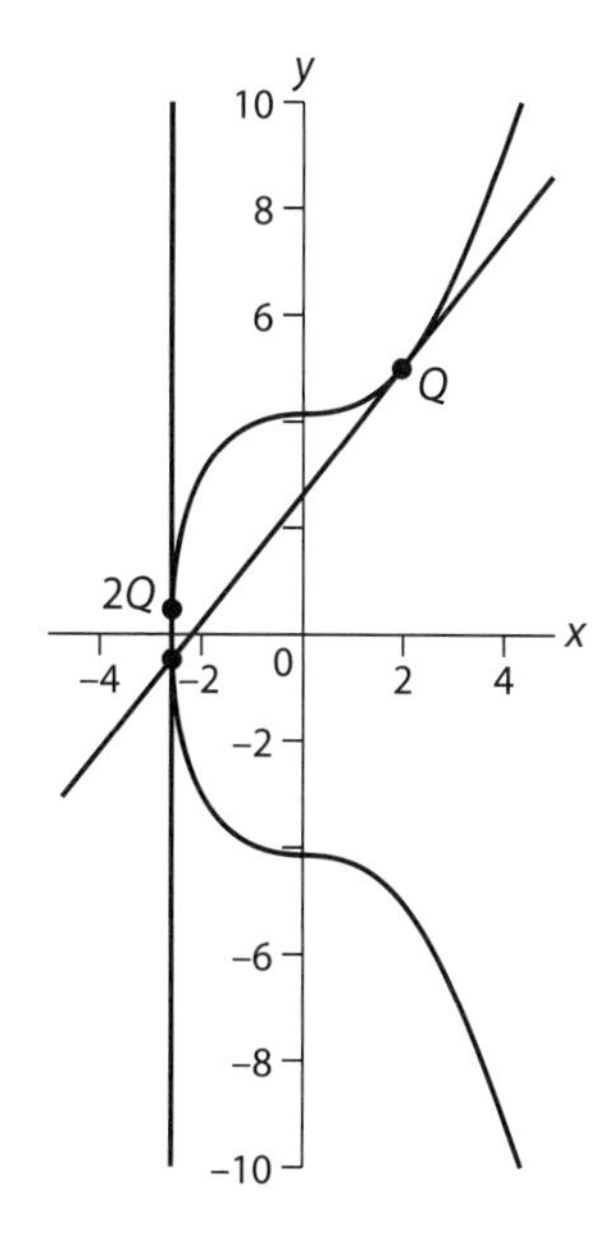

図8・15　$y^2 = x_3 + 17$ と点 Q および $2Q$

$$y^2 = x^3 + 17 \qquad \text{および} \qquad y = \frac{1}{2}x + 4$$

の解は、

$$x = 2, \qquad x = 2, \qquad x = -\frac{64}{25}.$$

すると交点の x 座標は $-64/25$ で y 座標は

$$\frac{6}{5}x + \frac{13}{5} = -\frac{59}{125}$$

となって、最終結果は、$2Q = (-64/25, 59/125)$ となる。

次の例外はもう少し理解しにくいかもしれない。縦の線上にある2点PとQを足そうとする場合には、第三の交点がない。しかしここでも点Pに近づく点P'を考え、P'とQを結ぶ直線を引くと、第三の交点R'の y 座標がどんどん大きくなる、あるいは状況によってはマイナスが増えることがわかる。このことは図8・16に示した。P'がPに重なるとき、交点は無限遠にあって、それを$P+Q=\infty$と書く。無限遠点はそれ自身の鏡像と考えられ、ここではその部分について考える必要はない。

さらに、縦の線についてはいつでも∞を曲線との交点の一つと考えることにする。対称性によって、残りの二つは x 軸をはさんだ互いの鏡像でなければならない。そこで図8・16を、$P+\infty$ はQの x 軸をはさんだ鏡像、つまりPそのものであることを示していると考えることもできる。これは楕円曲線加法が数の加法に似ている点をさらに二つ明らかにする。[16] まず、「単位元」としてふるまう、つまり加法での０のように、別の点に足してもその点が変わらないような点がある。言い換えれば、任意のPについて、$P+\infty=P$である。次に、すべての点に加法逆元、つまり差し引きゼロとなる点がある。QがPの鏡像なら、$P+Q$は単位元となるからだ。負の数との類似を強調するために、$-P$でPの鏡像を表すことにしよう。すると$P+(-P)=\infty$、つまり、$P-P=\infty$となる。

楕円曲線の加法法則がわかってしまえば、それが暗号法でどう使えるかが見えてきたのではないだろうか。しかし本当に使えるようになるためには、もう一つ、第１章で見た「先頭に戻る（ラップアラウンド）」という考え方を導入する必要がある。そのために、素数pを一つ選び、二つの点の座標がpを法として同じな

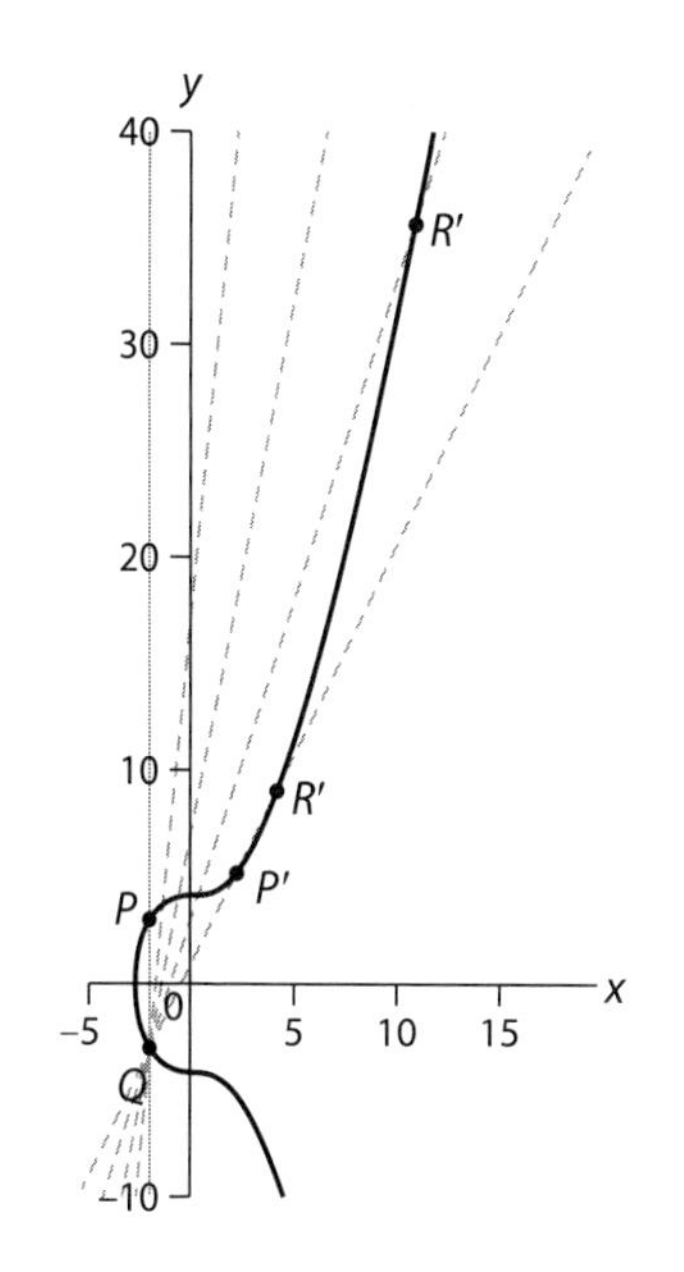

図８・16　$y^2=x^3+17$と縦の線上に並ぶ点P, Q

らその2点を同じと扱うことにする。

たとえばあらためて曲線

$$y^2 = x^3 + 17$$

を考え、素数 $p = 7$ としよう。点 $P = (-2, 3)$ は曲線上にあることは見たが、7を法とすると、これは点 $(5, 3)$ と同じになる。このまま使った

$$3^2 = 5^3 + 17$$

は成り立たないが、

$$3^2 \equiv 5^3 + 17 \pmod 7$$

は成り立つので、$(5, 3)$ は7を法として曲線上にある。同様にして、点 $Q = (2, 3)$ は7を法として曲線上にある。$P + Q = (1/4, -33/8)$ はどうなるだろう。7を法として1/4と同等なのは $\overline{4}$ で、これは2のこと。$-33/8$ と同等になるのは、

$$-33 \times \overline{8} \equiv 2 \times \overline{1} \equiv 2 \times 1 \equiv 2 \pmod 7$$

なので、$P + Q \equiv (2, 2) \pmod 7$ となり、検算もできる。

$$2^2 \equiv 2^3 + 17 \pmod 7$$

これは$P+Q$が7を法として楕円曲線上にあることを確認する。何かの逆元を求める必要があって、それができない[17]点に遭遇したら、その点は∞と考える。pを法とする作業をしているときには、出発点にした楕円曲線の幾何学的な形にはもはやあまり意味はないが、加算を行なうために必要な公式はやはりすべて成り立っているし、先に解説した性質もすべてやはり成り立つ。そこでpを法とする楕円曲線[18]での加法について問題なく語ることができる。

ここで見た楕円曲線上で点を組み合わせる方法は加法と呼ばれたものの、それはある重要な点で、数の加法というより乗法に似ている。それは楕円曲線での加法には離散対数問題があるからだ。数についての離散対数問題は、イブが数CとPと、素数pを与えられて、次が成り立つ整数eを求めるということだった。

$$C \equiv P^e \pmod p$$

本節ではこの先、これから紹介するものと区別するために、この元の形のものを「合同算術累乗離散対数問題」と呼ぶ。

さて、$2P$とは、楕円曲線についての加法法則を用いた$P+P$のことだった。一般に、ePはPどうしを加法法則を用いてe個足し合わせることであり、加法規則の単位元は∞なので、$0P$は∞ということになる。すると、「楕円曲線離散対数問題」は、イブが楕円曲線の方程式と、点CとP、素数pを与えられていて、次が成り立つような整数eを求めるということになる。

$$C \equiv eP \pmod p$$

合同算術累乗離散対数問題と同様、楕円曲線離散対数問題は難しいが、[19]確かに難しいかどうかはわかっていない。実際には、合同算術累乗離散対数問題を解くために知られている方法のいくつかは楕円曲線には使えそうには見えないので、楕円曲線版の方が難しそうだ。

これで楕円曲線暗号法用の成分がすべて手に入った。ニール・コブリッツが語るところによると、[20]一九八四年、コブリッツはワシントン大学教授のときに楕円曲線研究にかかわるようになった。別の数学者から、大きな整数を楕円曲線を使って因数分解する方法についての手紙を受け取ったのだという。コブリッツは整数の因数分解がＲＳＡの安全性にとって重要だということは重々承知していたので、この手紙で楕円曲線と因数分解について考えるようになった。しかし結果を得る前に、以前から予定されていたソ連出張に出かけ、そちらで何か月か過ごした。ソ連滞在中にコブリッツは楕円曲線離散対数問題を使ってある暗号法方式を構築するというアイデアを思いついたが、もちろんソ連にはアメリカ人と暗号法について語れる人物はいなかった。[21]コブリッツは合衆国の別の数学者に自分のアイデアを書き送り、一か月後に返事が来た。コブリッツのアイデアは優れていただけでなく、ＩＢＭにいたヴィクター・ミラーが独自に同じアイデアを得るほど注目すべきものだった。結局、コブリッツとミラー[22]はこのテーマで書かれた論文を一九八五年に発表した。

ミラーの論文はアリスとボブが「楕円曲線ディフィー＝ヘルマン鍵合意」を行なえることを説明していた。二人は何らかの公開情報、つまり特定の楕円曲線と非常に大きな素数 p を選ぶ必要がある——しかし合同算術累乗ディフィー＝ヘルマン方式ほど大きくなくてもよい。楕円曲線版の方が解きにくいからだ。専門家は、７・２節で触れた合同算術累乗ディフィー＝ヘルマン用の600桁の素数に相当する安全度は、楕円曲線方式については「ほんの」70桁で得られると考えている[23]。

そのうえでアリスとボブは点 G を求める必要がある。p を法とする数の場合とは違い、楕円曲線上にある点すべてを生成する点を見つけることはできないかもしれないが、多数を生成するものをとるべきだろう。合同算術累乗ディフィー＝ヘルマン方式（７・２節）のために必要とされる、p を法とする生成元と同じように、この項目についてわざわざ計算したくないというのであれば、アリスとボブは数表を参照してもよいだろう[24]。

秘匿情報については、アリスは数 a を選びボブは数 b を選ぶ[25]。それからアリスは楕円曲線上の点 $A \equiv aG \pmod p$ を計算してボブに送り、ボブは $B \equiv bG \pmod p$ を計算してそれをアリスに送る。最後にアリスは $aB \pmod p$ を計算するが、これは $abG \pmod p$ と同じで、ボブは $bA \pmod p$ という $baG \equiv abG \pmod p$ と同じものを計算して、あらためてアリスとボブは二人が秘密鍵として使える秘密情報[26]を共有できた。この方式の進行図は図８・17のようになる。

イブは共有されている秘密を得るために、楕円曲線ディフィー＝ヘルマン問題を解かなければならない。つまり、aG と bG から abG をつきとめるということだ。pを法とする数の場合のように、これはおそらく、難しいと思われている楕円曲線離散対数問題なみに難しいだろうが、いずれについても確かにそうかどうかはわかっていない。こうした問題は、ここで取り上げた他の難しい問題と同じくらい前から考えられているが、もう25年以上たっていて、イブはそれほど運がよかったわけではない。楕円曲線上での離散対数を求めた現時点での記録は34桁、つまり112ビットになる、次の素数を法とする曲線についてである。[27]

$$p = \frac{2^{128} - 3}{11 \times 6949}$$

計算は、ゲーム機のプレイステーション3を200台以上集めた計算機群で行なわれ、（中断を伴って）約六か月続いた。

楕円曲線に相似なものをもつ公開鍵暗号法方式はディフィー＝ヘルマン方式だけではない。RSAはそうではない。素数や素の多項式はあっても、楕円曲線上に素数点を定義するうまい方法がなさそうだからだ。したがって、因数分解問題には、よくできた同等のものがないらしい。これに対して、スリーパス・プロトコルとエルガマル暗号は離散対数に基づいていて、したがってコブリッツの論文[28]で解説されているように、楕円曲線に対応するものがある。「楕円曲線エルガマル暗号[29]」は合同算術累乗版の素直な脚色で、図8・18に示した。

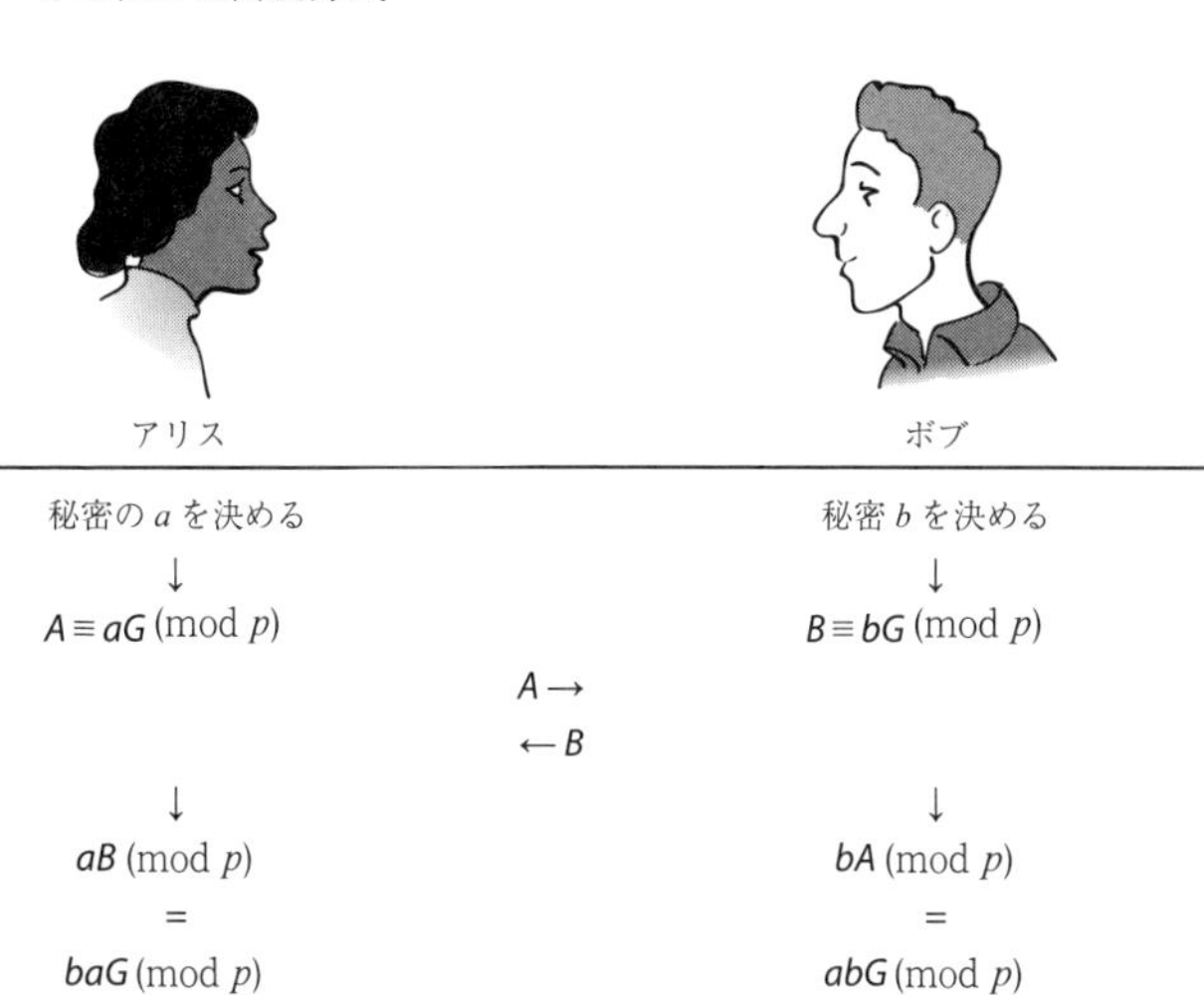

図8・17　楕円曲線ディフィー＝ヘルマン鍵合意

これに対して「楕円曲線スリーパス・プロトコル」にはちょっとした落とし穴がある。すでに取り上げたことに加えて、今度はアリスとボブがpを法とする楕円曲線上の点の数を知っている必要がある。これは次のオイラー＝フェルマーの定理に相当するものが必要だからだ。

定理（オイラー＝フェルマー楕円曲線定理）　任意の楕円曲線と任意の素数pについて、曲線上の（∞を含む）pを法として区別される点の数をfとすると、楕円曲線上の任意の点Pについて、

$$fP \equiv \infty \pmod{p}$$

ここでもアリスとボブがfを計算したくなくても、参照できる曲線とpを求めることができ[30]、fを計算したいなら、そのためのそれなりに高

アリス

ボブ

楕円曲線、p、G を決める
秘密 b を決める
b を使って私有解読鍵 $B \equiv bG \pmod{p}$ を作る
公開暗号化鍵
（曲線, p, G, B）を公開

ボブの暗号化鍵
（曲線, p, G, B）を調べる
ランダムな秘密 r を決める

r
↓ (曲線, p, G)
$R \equiv rG \pmod{p}$

平文 P
(楕円曲線上の点として表される)
↓ (曲線, p, B, r)
$C \equiv P + rB \pmod{p}$

$(R, C) \rightarrow$

(R, C)
↓ (曲線, p, b)
$P \equiv C - bR \pmod{p}$

図8・18　楕円曲線エルガマル暗号方式

速な手法がある。[31]

オイラー＝フェルマーの楕円曲線定理は、次の理由で役に立つ。

$$fP \equiv \infty \equiv 0P \pmod{p}$$

なので、nを法とする式k^aでのaについての計算が実際には$\varphi(n)$を法として機能するのと同じように、pを法とする楕円曲線上の式aPは、実際にはfを法として動作するからだ。つまり図８・19でのaとbはfを法とする逆元を持っている必要があり、同図のaとbはfを法とすると解する必要がある。そうであれば、すべては期待どおりに進む。

楕円曲線暗号法方式は、把握するには手間がかかるが、近年では関心が高まりつつある。なぜそうなるかについては、本章末の展望のところでさらに述べる。

８・４　デジタル署名

７・２節では、ホイットフィールド・ディフィーが自分とマーティン・ヘルマンによる公開鍵暗号法の考案は「二つの問題と一つの誤解」の結果だと言ったことを引いた。第二の問題についてはまだ話していない。それは認証の問題だった。デジタルのメッセージを受け取った側は、その送り主が誰かをどうやって確かめるのか。対称鍵暗号法はこの問題を解決するが、限定的な解決にすぎない。アリスとボブは他の誰も知らない共有の秘密鍵を持っていて、ボブがその鍵を使って暗号化されたメッ

アリス		ボブ
秘密 a を決める		秘密 b を決める
平文 P （楕円曲線上の 点で表される） ↓		
$aP \pmod p$	→	
		↓
	←	$b(aP) \pmod p$
↓		
$\bar{a}(b(aP)) \equiv bP \pmod p$	→	
		↓
		$\bar{b}(bP) \equiv P \pmod p$

図８・19　楕円曲線スリーパス・プロトコル

セージ[32]を得るなら、それを送れたのはアリスしかないはずだということがわかる。しかし、それでは十分でない場合もある。アリスとボブが秘密鍵を交換できなかったら、それを使っていても、秘密を保持するためにそれを使える人であるという以上のことは証明できない。さらに、アリスとボブが秘密鍵を持っていて、ボブはそれを使ってアリスが特定のメッセージを送ったのを確かめることができるとする。そこで、ボブはアリスがそのメッセージを送ったことを、第三者に対して証明したいとしたらどうだろう。少なくともボブは秘密の暗号化鍵を明かす必要があるだろうが、それは望ましくない場合が多い。それからボブは、アリスが本当に鍵を持っていて、それを他人に与えていないということを証明しなければならないことになるが、これはアリスの協力がないと難しいかもしれない。さらに、ボブがそれをやりおおせたとしても、そのメッセージを書いたのはボブ自身ではないことは証明できていない。何せ、ボブもアリスと同じ鍵を知っているのだ。

必要なのはデジタル署名で、これは書面の手書きの署名のように作用する。偽造が難しく、文書から除去したり他の文書に付与したりしにくいものが良い。手書きの署名をスキャナーで画像化してメールやファイルの最後に添付するというのでは十分ではない。ファイルのその部分をコピーして別のところに添付するのは易しいからだ。あるいは、誰かの署名がついた文書を手に入れて、スキャナーにかけて、自分で添付することもできる。

ディフィーとヘルマンの最初の論文は非対称鍵暗号化方式の作り方を知る前のことだが、そこではすでに、そのような方式を使って「過去の署名が見られていても偽造できない、時刻とメッセージに依存するデジタル署名」[33]を提供できることが理解されていた。必要な前提は二つ[34]。まず、平文が暗号文であるかのように扱えること。もう一つは、暗号化と解読の順序が逆になっても、同じメッセージを取り戻せること。これはつねに成り立つわけではないが、成り立つこともある。

アリスがボブに署名入りのメッセージを送るなら、メッセージがあたかも暗号文であるかのように解読鍵を適用する。アリスの解読鍵は私有なので、それができるのはアリスしかいない。ボブがメッセージを受け取ると、アリスの暗号化鍵を適用し、これが解読鍵を相殺する。アリスの暗号化鍵は公開なので、ボブは署名を確認するためにアリスと秘密を共有する必要はない。意味のわかるメッセー

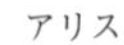

ボブ

pとqを決める

pとqを使って公開検証鍵（n, v）を作る

pとqを使って私有署名鍵σを作る

検証鍵（n, v）を公開

$$M \downarrow (n, \sigma)$$

$$S \equiv M^{\sigma} \pmod{n}$$

$S \rightarrow$

アリスの検証鍵（n, v）を調べる

$$S \downarrow (n, v)$$

$$M \equiv S^{v} \pmod{n}$$

図８・20　ＲＳＡデジタル署名方式

ジが復元できたら、それはアリスからのものにちがいないと判断できる。場合によっては、アリスが署名入りのメッセージだけでなく、ボブが比較できるように無署名のメッセージを送るのがいいこともあるかもしれない。念を押すと、ここではメッセージを秘匿しようとしているのではなく、ただ認証しようとしているだけだ。加えて、ボブは第三者、たとえばキャロルに、このメッセージに署名したのがアリスであることを示すことができる。アリスの公開暗号化鍵は誰でも入手できるので、キャロルはボブが偽の鍵を与えているわけではないことも納得できる。そしてボブはアリスの秘密解読鍵は持っていないので、ボブが自分でそのメッセージに署名しておいてアリスが署名したのだと言うのは無理であることも、キャロルにはわかる。

　このようなデジタル署名用に実際に使える最初の方式はＲＳＡ方式だったので、それをここでの例に使ってみよう。アリスはボブに署名入りのメッセージを送ろうとしている。私有の素数は $\mathbf{p} = 59$ と $\mathbf{q} = 67$ で、公開の法 $\mathbf{n} = 3953$ を作る。この場合のアリスの暗号化鍵は、検証（ヴェリフィケーション）鍵と呼んだ方がふさわしいかもしれないので、これからそれを v で表す。アリスはこの鍵を速さのために小さくしたいので、$v = 5$ を選ぶ。それから $\phi(n) = (p-1) \times (q-1) = 3828$ を出す。すると、私有解読鍵、あるいは署名鍵は、$\bar{5} \pmod{3828} \equiv 2297$ となる。これを σ と呼ぶことにする（ギリシア文字シグマで、署名〔signing〕を表す）。例の如く、アリスは n と v を公共の場に置き、他は秘匿する。それからメッセージ M に署名するために、ボブに署名 $S \equiv M^{\sigma} \pmod{p}$ を送る。

メッセージ	ev	er	yw	he	re	as	ig	nx[35]〔至るところサインx〕
数字	5, 22	5, 18	25, 23	8, 5	18, 5	1, 19	9, 7	14, 24
合体	522	518	2523	805	1805	119	907	1424
2297乗	2037	2969	369	3418	3746	1594	1551	1999

ボブはメッセージを復元し、$M \equiv S^v \pmod{n}$ を計算することによって署名を確認する。

署名	2037	2969	369	3418	3746	1594	1551	1999
5乗	522	518	2523	805	1805	119	907	1424
分離	5, 22	5, 18	25, 23	8, 5	18, 5	1, 19	9, 7	14, 24
メッセージ	ev	er	yw	he	re	as	ig	nx

メッセージが意味をなすので、ボブはこれは本当にアリスからのメッセージ[36]であると判断する。RSAデジタル署名方式の全体は図8・20のようなものだ。

この方式に加えることができる望ましいところが他にいくつかある。誰でも署名を検証し、メッセージを復元できるので、デジタル署名では秘匿性は得られない。それでも、アリスがボブ宛のメッセージに署名し、暗号化もしたいとしても、問題はない。アリスは私有のpとqと公開のnとvを持っている。ボブは私有のp、q、bと公開のnとeを持っている。アリスのp、q、nはボブのものとは違うことに注意しよう。アリスが自分の私有署名鍵σを適用してから、全体をボブの公開暗号化鍵eで暗号化することができる。[37] ボブがメッセージを受け取ると、まずそれを自分の私有解読鍵で解読し、それからアリスの公開検証鍵vで署名を確かめる。

デジタル署名を公開鍵暗号化と組み合わせる一般的な方法には、「証明書[38]」というのもある。実はまだ取り上げていない問題が一つある。それはボブがアリスの暗号化か検証かいずれかのための公開鍵がアリスのものであることをどうやって知るかという問題だ。イブが自分に読めるメッセージを送るように人を騙すために公開したものではないことを確かめる必要がある。アリスが公開鍵を公開する前に、トレントという信頼される機関によって署名してもらうのが一法だ。トレントはアリスに証明書を発行する。これは要するにアリスの公開鍵が何かを伝える文書だ。証明書はトレントの私有署名鍵によって署名されている。ボブがトレントの公開検証鍵を持っていれば、ボブはその署名を検証してアリスの公開鍵が正しいことにある程度安心する。ボブがトレントの鍵をまだ持っていなければ、他の誰かが署名したトレントにつながる証明書を得ることができる。以下同様。これは「証明書チェーン」と呼ばれる。ウェブブラウザは、安全なウェブサイトが本当にそれが所属していると言っている団体に所属していることを確かめるために同様の証明書を使っている。証明書チェーンはブラウザに組み込まれていて、ブラウザソフトが書かれたときに確認された（と期待される）公開鍵集にある一つに達すると停止する。

ついでながら、ウェブ上ではＲＳＡデジタル署名に基づく証明書が群を抜いて普及している。[39] これはおそらく、証明書を初めて使ったウェブブラウザであるネットスケープが、組込み証明書を一つだけ持っていて、それがRSAデータセキュリティ社によって署名されていたからだろう[40]。RSAデータセキュリティ社の証明書サービス部門は後にベリサインという名の会社に発展し、そこは今シマンテック社の所有となっている[41]。シマンテックはウェブ証明書を発行する会社を他にいくつか所有しており、今でも、少なくとも二〇一三年の段階では、インターネット上では先頭に立つ証明書発行元である。インターネット・エクスプローラ、ファイアーフォックス、クローム、サファリなど、普及しているブラウザは、別の方式による証明書、デジタル署名アルゴリズムもサポートしている[42]。デジタル署名アルゴリズムについてはすぐ後でもう少し述べる。

デジタル署名が、偽造者(フォージャー)フランクの、メッセージをでっち上げてボブにアリスからのものと思わせる見えすいた攻撃からアリスとボブを守る様子を見た。もっとわかりにくい攻撃もあり、それから身を守るにはこの方式に他にいくつか追加する必要がある。一つは「リプレイ攻撃」と呼ばれる。フランクは、アリスがボブに署名されたメッセージを送っているところに聞き耳を立て、それを記録する。それから後で同じメッセージを再生(リプレイ)してそれをアリスからを装ってボブに送る。ボブは署名を検証してそれがアリスからのものと判断する。それはもともとアリスが署名したものなのだ。メッセージが8時に会いましょうとか、ファイルXを送ってくださいのような単純なものなら、ボブは異なる時刻に同じメッセージが二つ届いてもおかしいとは思わないかもしれず[43]、それが将来大いにトラブルの元になる。あるいはフランクはまずメッセージを横取りできたかもしれない。そうなるとボブが受け取るのは一度だけになる。ただ時刻が間違っている。標準的な解決策は、単純にメッセージの一部として「タイムスタンプ」を入れておき、メッセージがだぶったり、遅れたりしないようにすることだ。このタイムスタンプは、フランクが署名を無効にしないことには変えられないよう、署名前のメッセージに加える必要がある。するとアリスとボブは同期した時計を持っていなければならない。[44] これがまたややこしいことになる。

「実在偽造（エグジステンシャル）」と呼ばれる種類の攻撃もある。イブはどんな平文でも暗号化できることが事前探索攻撃の元だということは先に見た。実在偽造攻撃は、フランクはどんな署名でも検証できるという対応する事実によって可能になる。この攻撃では、フランクはランダムな数字あるいはビットの列をとり、それにアリスの検証鍵を署名であるかのように適用する。それからボブに検証鍵で作られた「メッセージ」と、自分がつけておいた「署名」を送る。メッセージはランダムな数あるいはビットの束で、英語（でもどんな言語でも）には見えない。しかし、署名はアリスのものと正しく検証される。ボブがただの署名された公開鍵以外は含まない証明書を予想しているなど、状況によっては、これでボブは大いに面倒なことになりかねず、さらにはセキュリティ違反にもなりかねない。事前探索攻撃に対する防御は暗号化処理にランダムさを加えることだ。一方、実在偽造に対する防御は、構造を加えてランダムさを減らすことだ。たとえば、ボブが証明書には公開鍵だけでなくアリスの名、タイムスタンプ、あるいはその両方もあるはずだと承知していたら、フランクが、ボブが信じそうなメッセージを生み出すほどのランダムに多くの署名を試みるというのは非常にありそうにない。

ＲＳＡデジタル署名方式は「可逆デジタル署名」の例で、「メッセージ復元式デジタル署名」と呼

アリス

ボブ

p と g を決める
秘密 a を決める
a を使って公開の $A \equiv g^a \pmod{p}$ を作る

公開の検証鍵（p, g, A）を公開

ランダムな秘密 r を決める

r
$\downarrow (p, g)$
$R \equiv g^r \pmod{p}$

メッセージ M
$\downarrow (p, a, r, R)$
$S \equiv \bar{r}(M - aR) \pmod{p-1}$

$(R, S, M) \rightarrow$

アリスの検証鍵（p, g, A）を調べる
(R, S, M)
$\downarrow (p, g, A)$
Is $A^R R^S \equiv g^M \pmod{p}$ か？
そうなら署名は正当

図８・21　エルガマル・デジタル署名方式

ばれることもある。検証処理は署名処理を逆転させて、元のメッセージを回復するからだ。「不可逆デジタル署名」方式もある。これは元のメッセージを復元するのには使えない署名を生み出す。この場合、アリスはつねにメッセージと署名の両方をボブに送る必要がある。こちらの方式は、署名が本文に対する付録（アペンディクス）として送られるので、「アペンディクス付きデジタル署名」と呼ばれることもある。

署名を逆転できないのは不便に思われるかもしれないが、利点もある。一つは署名はメッセージよりずっと短くてよく、[45]そのため計算は速くなる。また、アリスはボブにある時点でメッセージの署名を与えて、自分は一まとまりの情報を知っていることを証明し、その後になってからその情報を含むメッセージを明らかにすることもできる。

不可逆デジタル署名の例は、「エルガマル署名方式[46]」で、これはエルガマル暗号と密接に関連し、同時に開発された。この方式は図８・21に図解してある。エルガマル署名方式は非常に有力になり、「デジタル署名アルゴリズム」（ＤＳＡ）など、普及した変種もいくつか生んでいる。ＤＳＡは一九九四年、初めてＮＩＳＴが支持したデジタル署名方式となり、今でも合衆国標準である。最初に提案されたときは異論もあったが、[47]今では広く受け入れられているようだ。「楕円曲線エルガマル・デジタル署名方式」や「楕円曲線デジタル署名アルゴリズム（ＥＣＤＳＡ）」というのもある。ＥＣＤＳＡは二〇〇〇年から、ＤＳＡのように合衆国標準である。

二〇一〇年の暮れ、ある会社がＥＣＤＳＡを使用（誤用）したことで、少なくとも暗号法に関心がある人々の間では大きな波紋が生じた。ソニーが二〇〇六年発売のテレビゲーム機プレイステーション3にECDSAを使った。デジタル署名はソニーによって同機で動作することを承認されていたプログラムを確認し、承認されていないプログラムは動かせないようにするために用いられていた。残念なことに、ソニーはECDSAの重要な事実を見落としていたらしい。エルガマル暗号やエルガマル・デジタル署名のように、DSAとECDSAはランダムなノンスを使う。8・2節で述べたように、ノンスを使い回すと、この方式は安全性が保てなくなる。二〇一〇年の終わり、あるハッカー集団がソニーはすべての署名に同じノンスを使っていることを明らかにした[48]。これによってソニーの私有署名鍵を復元でき、独自にプレイステーション3で動くソフトを作れるようになる。まもなく別のハッカーがそのキーを復元し、それをウェブサイト上に公開した[49]。ソニーはこうしたハッカー全員に対して訴訟を起こしたが、二〇一一年四月、和解で決着した[50]。

8・5 展望

スリーパス・プロトコルは、今のところ低速すぎて、現実にはめったにない、非常に特殊な状況以外では使えないことは述べた。可換で既知平文攻撃に強いうえに、速さの点で現代のブロック暗号に対抗できる対称鍵暗号が考えられれば、それが突如としてスリーパス・プロトコルを魅力的にするかもしれない。今のところ、そうなる可能性はあまり高くなさそうだ。

エルガマル暗号は、元の形のものも楕円曲線型のものも、アリスがボブに送った暗号文をイブが読もうとする適応的選択暗号文攻撃[51]を受けやすいことがわかっている。イブがボブを騙して類似の暗号文を解読させ（これが「適応的」の部分）、それが何に解読されたかを明らかにできれば、イブは元のメッセージを復元できる。エルガマル暗号に基づくいくつかの変種がこの点に対応すべく唱えられている。単純な方の一つ、「ディフィー＝ヘルマン組込暗号化方式（ＤＨＩＥＳ）」は、エルガマルと同じブラインドとヒントを使うが、合同算術の乗法ではなく、対称暗号化を用いてブラインドとメッセージを組み合わせる。それの楕円曲線版である「楕円曲線組込暗号化方式（ＥＣＩＥＳ）」は、楕円曲線鍵が短くても鍵が長いＲＳＡや合同算術累乗離散対数問題依拠鍵なみの安全度をもたらし、楕円曲線方式を高速で同水準の保護には好都合のものになる可能性があるらしいということで、関心を集めている。ＥＣＩＥＳは日本政府の委員会や産業界のいくつかの委員会に支持されているが、米政府は支持していない[52]。

先に楕円関数を使う利点は鍵のサイズが短くなることだと言った。このことは多くの場面で好都合だが、とくにＩＣカードや無線自動識別（ＲＦＩＤ）タグのようなメモリが非常に小さい場合に便利だ。鍵が小さく分けられて、全部が一度に動作する必要がないようにできたらさらに好都合だろう。これは超楕円曲線と呼ばれる、もっと一般的な形の曲線で行なわれる[53]。超楕円曲線は次のような形の式で与えられる。

$$y^2 = x^n + a_{n-1}x^{n-1} + a_{n-2}x^{n-2} + \cdots + a_2x^2 + a_1x + a_0$$

ただし、nは４より大きい。楕円曲線と比べると、こうした曲線は加法法則がさらに複雑になり、一度に一つの点ではなく、いくつかの点の集合に作用することになる。鍵を構成する点の集合全体のサイズは楕円曲線の鍵のサイズと同じくらいだが、「超楕円曲線暗号法」に必要な計算の一部を一度に一つの点ずつ行なえる。

楕円曲線には、加法法則以外の追加の便利な構造が得られる場合があるという利点もある。たとえば、一部の楕円曲線には「対」関数がある。[54] これには（とりわけ）楕円曲線上のある点 G と任意の二つの整数 a と b について、次の関係が成り立つという性質がある。

$$f(aG, bG) = f(G, G)^{ab}$$

これは「三部式ディフィー＝ヘルマン鍵合意」[55] で、3人が一つの秘密情報について合意するために用いられる。アリスが秘密の a と公開の $A = aG$ を選び、ボブが秘密 b と公開の $B = bG$ を選び、キャロルが秘密の c と公開の $C = cG$ を選ぶと、

$$f(B, C)^a = f(A, C)^b = f(A, B)^c = f(G, G)^{abc}$$

となり、3人とも秘密を計算できる。対関数は「IDベース暗号〔識別情報式暗号〕」でも使える。これはアリスがボブにメッセージを送りたいとき、ボブの公開鍵を参照するのではなく、アリスがボブのメールアドレスなど他の公開情報から自分で作れるというものだ。これは便利であるだけでなく、アリスが鍵をどこから得ているかを探っているイブのことをあまり心配しなくてもよくなる。アリス

はエルガマル暗号に似た一群の計算を行なうが、ボブの公開鍵と信頼される機関であるトレントの公開鍵とをからませる。ボブはその対と、自分に独自だがトレントがその秘密鍵を使って生成する秘密鍵を使ってメッセージを解読する。詳細については巻末の参考文献を見られたい[56]。

二〇〇五年、ＮＳＡは、機密データなど米政府内部あるいは米政府宛の取扱注意のデータを通信するために承認された暗号法アルゴリズムについて「スイートＢ」[57]を告知した。このアルゴリズムはもともと、対称鍵暗号法としてＡＥＳ、鍵合意として楕円曲線ディフィー＝ヘルマン他一つの楕円曲線アルゴリズム、楕円曲線デジタル署名アルゴリズム、短い不可逆デジタル署名を作る補助となる一つのアルゴリズムを含んでいた[58]。ＡＥＳと短い署名アルゴリズム[59]はすでに政府だけでなく商用でも標準となっていて[60]、ＮＳＡは明らかに、楕円曲線系のアルゴリズムがそれに続くことを期待していた。ＮＳＡはとくに楕円曲線暗号法の鍵の小ささによる速さと安全性の利点を挙げた[61]。

こうした利点やＮＳＡの後押しにもかかわらず、楕円曲線暗号法は商業的な採用は遅い。理由の一つは、暗号業者は本来的に保守的で、破られたように見えなければ現行の方式に執着する傾向があることだ。この世界では、ある方式を破ろうとして成功しない時期が長ければ、その分、ある朝突然不意を打たれて困る可能性は低くなると考えられる傾向がある。

最近の二つの展開が楕円曲線アルゴリズムの採用にさらに疑問符をつけた。一つは、秘密鍵の生成、公開鍵方式用の秘密情報、確率的暗号化のランダムな選択に使える乱数を生成する方式に関係するものだ。二〇〇四年には、「二重（デュアル）楕円曲線決定論的ランダムビット生成法」（Dual EC DRBG）[62]という方式が初めて発表され、二〇〇六年には、他の三つの乱数生成方式とともにＮＩＳＴ推奨規格として採用された。名前からうかがえるように、Dual EC DRBG は二つの楕円曲線を使う。そのため、この方式は他の三つと比べてはるかに遅く、中途半端に見えた。また研究者は早くから、その乱数にはわずかな偏りがあり、他に優越する点がはっきりしなければ標準の資格を満たせないことを発見していた。最後に、標準で使うためのデフォルトの設定には、説明のついていない恣意的な選択が含まれていた。ＤＥＳのＳボックス以来、ある方式の中に説明のない選択があると、それを弱体化するためのことがなされたのではないかという疑念を暗号学者に起こしてきた。

さらに二〇〇七年、マイクロソフトの二人の研究者が、この二つの選択の間にある一定の関係を知った人なら、それを用いて、ほんの短時間出力を見れば、この方式で生まれる乱数と考えられてる数を予測できることを示した。[63] その種の抜け道があると、その関係を知っている人なら誰でも、秘密情報を生成するためにその方式を使ったどんな暗号法方式でも破れることになる。

その段階で、ＮＳＡは自らそれを破れるようにするために標準を用意したのではないかと疑われていた。しかしその疑念は、二〇一三年にスノーデンの暴露があるまで背景にとどまっていた。その暴露にあった文書[64]からは、ＮＳＡが最初に Dual EC DRBG に到達し、それを標準や国際規格の中に押し込むことに成功したことがうかがえる。その後ＮＩＳＴはこの方式を推奨規格からはずしたが、[65] それまでに少なくとも一人の暗号学者が楕円曲線方式は全面的に捨てるべきだと唱え、「ＮＳＡがいつでも影響を及ぼせる定数がある[66]」と言っている。

二〇一五年、もう一つの展開が楕円曲線アルゴリズム採用論を弱めた。その年の八月、ＮＳＡはスイートＢに代えて、次章で取り上げる量子コンピュータの類に対抗するような新しいアルゴリズム群にする予備的計画を発表した[67]。残念ながら、この種のコンピュータが実用化されれば、楕円曲線アルゴリズムのほとんどはそれには弱い。それに代わるものとして検討されているアルゴリズムがどういうものかは明らかになっていないが、いくつかの候補は９・２節で見る。一方、まだ楕円曲線アルゴリズムを採用していない人々のために、ＮＳＡは「現時点ではそれを取り入れるためにあまり大きな出費をしない」よう奨めている。その代わりにディフィー＝ヘルマンとＲＳＡが、機密や取り扱い注意のデータ用に納得できる移行期アルゴリズムのリストに加えられた。ＮＩＳＴはそれに沿って、量子に強い暗号法の現状についての、最終的に二〇一六年四月に完成した報告を出した[68]。その報告によると、量子に強いアルゴリズムの新規格が、ＡＥＳコンペと同様の手順で開発されるという。ただしＮＩＳＴは様々なカテゴリーの複数の候補を支持することになる可能性が高い。応募の締切は二〇一七年末が予定されていて、最終的な規格が発表されるのは三年から五年の公開審査を経てのことになる。

第9章　暗号法の未来

9・1　量子コンピュータ

何度か述べたように、現行の公開鍵暗号の安全性は、離散対数問題や因数分解といった、よく知られたいくつかの数学の問題が解きにくそうだということに依拠している。こうした問題を簡単に解く方法はまだ誰も見つけることができてきないが、それがないことも証明できていない。そのため、明日にも誰かが、そうした暗号をすべて破る新しい数学の手法に達し、その発見を発表する可能性はつねにある。

数学の新手法が登場しなくても、新種のコンピュータがあれば、今の暗号の安全は確保できなくなるだろう。最も可能性が高いのは、量子物理学に基づいたコンピュータだ。答えが自明でないような問題を解ける量子コンピュータが公に実証されたことはないが、この二〇年の研究者は、そのようなコンピュータ用のプログラムの書き方を明らかにするようになっている。この新分野は量子計算と言われ、暗号法の世界にも重大な影響を及ぼすことになるかもしれない。

図9・1

量子物理学と古典物理の違いで最も有名なところは、おそらく重ね合わせ（スーパーポジション）だろう。量子レベルの粒子は、シュレーディンガーが仮想した猫のように、同時に複数の状態をとれるという考え方だ。一九三五年、物理学者のエルヴィン・シュレーディンガーは、外からは中が見えず、音も聞こえない密閉した箱に猫を入れたらどうなるかと問うた。箱にはごく微量の放射性物質も入れられ、1時間経過する間に1個の原子が崩壊する確率が50％、何も起こらない確率が50％になるよう設定されている。箱の中のガイガーカウンターが1回の崩壊を検出すると、それによって自動給餌装置が動作する。検出しなければ何も起こらない[1]。1時間が経過した後、猫は空腹か、餌をもらっているか（図9・1）。量子物理学によれば、箱を開けて確かめるまでは、原子は崩壊しており、かつ崩壊していないので、猫は空腹でもあり、かつ餌をもらっている。猫が同時に二つの異なる状態をとれるように、量子ビット、略してq(キュー)ビットは、0か1かいずれかなのではなく、0と1の両方をとることができる。

量子計算の解説は、これであらゆる問題が即解決されるかのように思わせていることが多い。量子コンピュータで、たとえば4の因数分解をしたいとしよう。まずキュービットの束を4の二進表記である100にセットする。次に別のキュービット群をとって、そこにありうる因数をセットする。しかしありうる因数を一つずつ試すのではなく、因数キュービットを次のようにセットする。

$$\begin{Bmatrix} 0 \\ \text{or} \\ 1 \end{Bmatrix} \begin{Bmatrix} 0 \\ \text{or} \\ 1 \end{Bmatrix}$$

つまりどのキュービットも同時に0かつ1であり、合わせて「量子的数(キューナンバー)」

$$\begin{Bmatrix} 00 \\ \text{or} \\ 01 \\ \text{or} \\ 10 \\ \text{or} \\ 11 \end{Bmatrix}$$

を構成し、これは0、1、2、3を表す。4より小さい因数を探しているので、ここまででよい。それから4をキューナンバーで割り、結果が4より小さい整数ならその数を保持し、そうでなかったら0を出力する。結果はキュービット表記ではこうなる。

$$\begin{Bmatrix} 00 \\ \text{or} \\ 00 \\ \text{or} \\ 10 \\ \text{or} \\ 00 \end{Bmatrix}$$

今度はシュレーディンガーの思考実験のもう一つの部分を思い出さなければならない。箱を開けるまでは、猫が餌をまだもらってない状態か、もらった状態かはわからないが、開けて中を覗けば、猫は直ちにいずれかの状態に「収縮」する。これを量子因数分解にあてはめると、量子コンピュータの出力を調べると、答えが00になるときがあるが、これは求めている約数ではないので役に立たない。また答えが10と出ることがあるが、これは2、つまり約数なので有効だ。しかしこれなら確率的アルゴリズムで行なうことができて、重ね合わせを利用することで得られる利点はまだ何もない。

ところが、量子物理学には利用できる面が他にもある。図9・2の設定を考えよう。電子や光子のような原子より小さい単独の粒子をビームスプリッターに向けて送る。たとえば光子の場合には、ビームスプリッタはハーフミラーでよいだろう。これを何度か繰り返すと、粒子は半分が同じ方向に抜け、半分はもう一つの方向にはね返り、それが二つの検出器で観察される（図9・3）。これまでのところ、粒子は全面的に確率論の原理に従ってふるまっている。

今度は図9・4の設定を考えよう。こちらにはビームスプリッター2台と、粒子がつねに反射するように、完全に銀を貼るなどして全反射する障壁が2枚ある。それぞれのビームスプリッターが粒子の半数を通すなら、それぞれの検出器へ向かう経路が2通りあり、それぞれになる可能性は等しい。

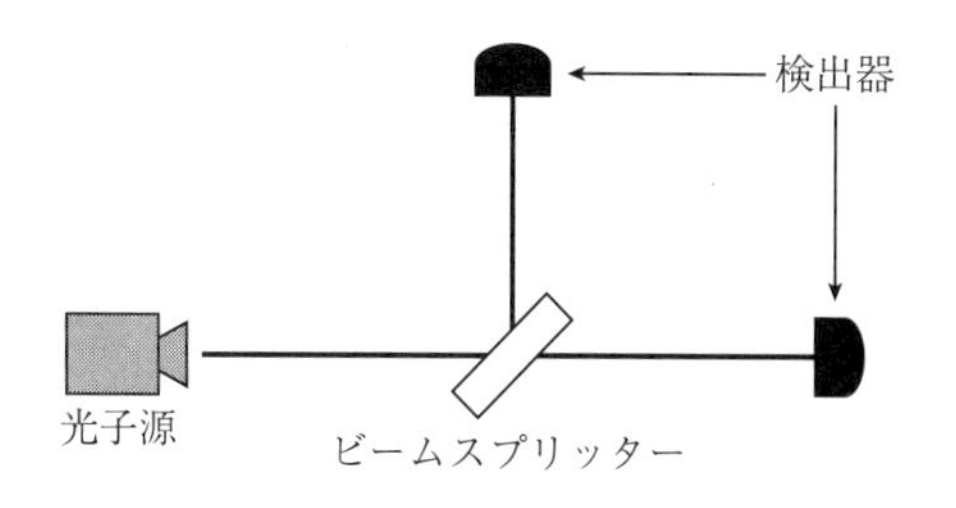

図9・2　ビームスプリッター1台による実験

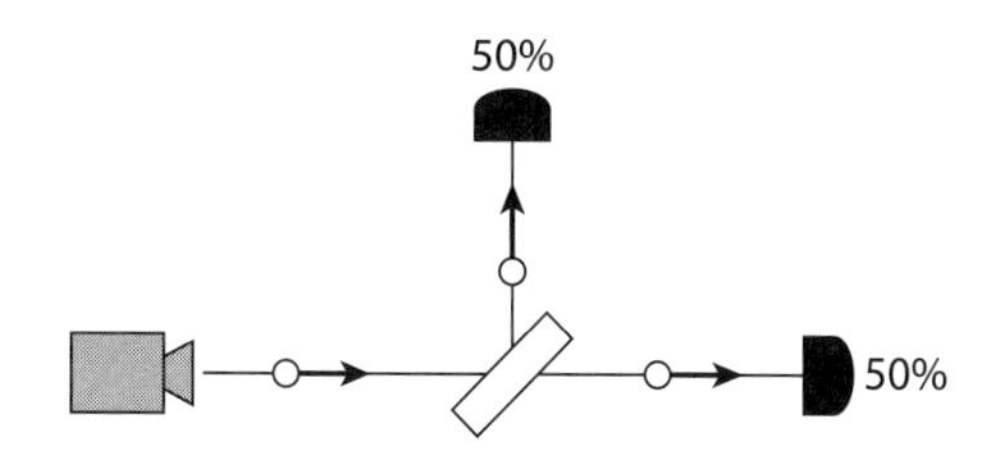

図9・3　各検出器は半数の場合に検出を記録する

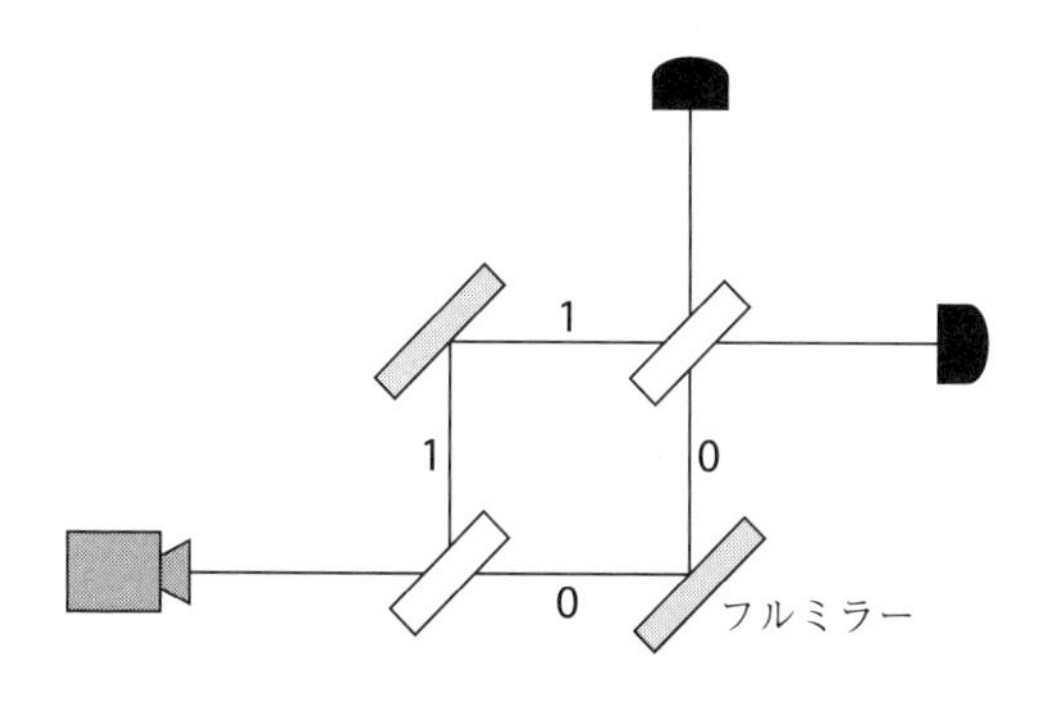

図9・4　ビームスプリッター2台による実験

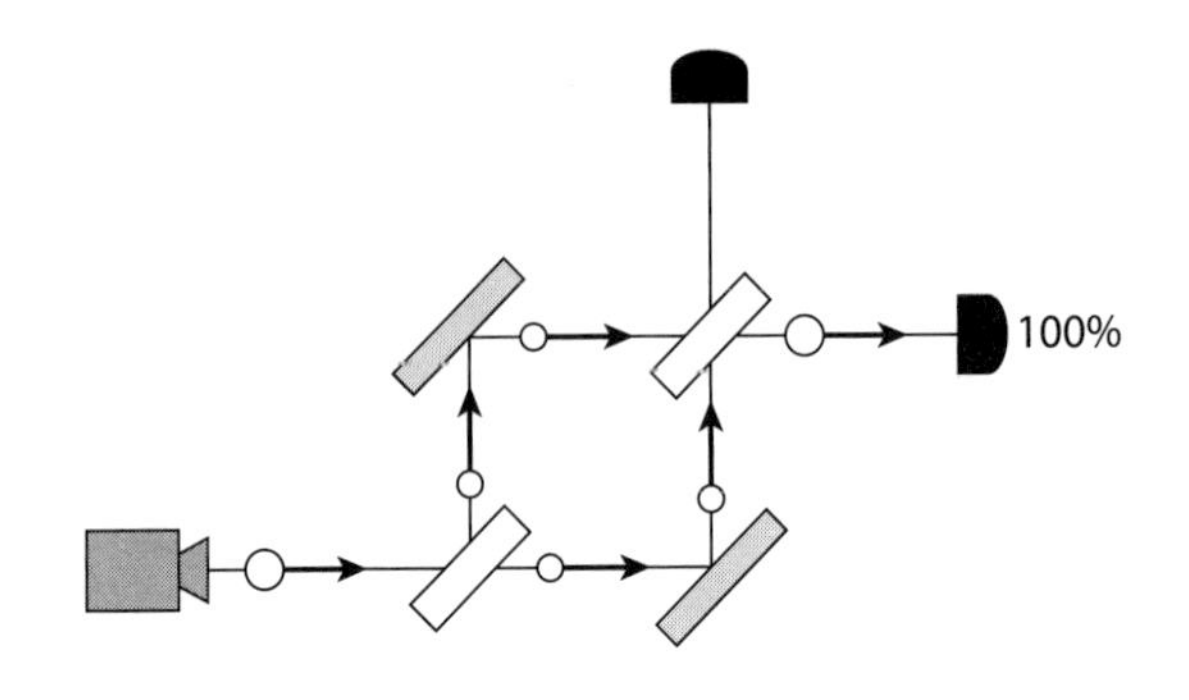

図９・５　一方の検出器ではまったく検出せず、もう一方は必ず検出する

そこで、粒子は両検出器に半分ずつ届くと予想される。しかし必ずしもそうはならない。逆に、細かい設定によっては、すべてどちらか一方の検出器で粒子を見ることになることもある（図９・５）。

これについての説明は、それぞれの粒子はそれぞれのスプリッターで通過と反射の両方をして、経路が合流したときそれ自身と干渉を引き起こすということだ。鏡は、ある場合には干渉が粒子自身を相殺してしまい、ある場合にはそれ自身を強めるようにして、一方の検出器は粒子を決して検出せず、もう一方は必ず検出するように配置することができる。量子計算を十全に利用するためには、重ね合わせだけでなく干渉も利用する必要があるのだ。

ここでは詳細には立ち入らない。一九八五年、物理学者のデーヴィッド・ドイチュが、量子コンピュータを使って従来のコンピュータを使って解くより高速に計算問題を解ける、初の量子アルゴリズムを記述したと言っておけばよいだろう。[2] 個別の問題はあまり興味深いものではないが、手法がきわめて重要だった。それが直接の元になって、一九九四年の最初の「使える」量子アルゴリズムが登場する。ピーター・ショアが、従来型コンピュータ用の既知のどのアルゴリズムよりも速い量子コンピュータを使う因数分解の（確率的）アルゴリズムを発見した。[3] 実際、このアルゴリズムが因数分解する速さは、量子、従来型を問わず、どんなアルゴリズムでも、それで大きな素数を見つけるのとおおよそ同程度になる。このアルゴリズムが広く使われるようになると、ＲＳＡはまったく安全でなくなる。ショアの論文は、離散対数を高速で解く方法も示したので、ディフィー＝ヘルマンなど、離散対数やそれに基づく楕円曲線離散対数問題などの変種による他の方式も安全性が確保できなくなる。

大型の量子計算機に向かう歩みはこれまでのところ遅いが、最近は加速しているらしい。現時点で制約になっている因子は、構成して安定を保てるキューービットの数だ。二〇〇一年、ＩＢＭの科学者とスタンフォード大学の大学院生によるチームが、７キューービットの量子コンピュータを使って、ショアのアルゴリズムが使える中では最小の数、[4] 15を因数分解したと発表した。[5] 二〇一二年には、イギリスの研究グループが、それよりキューービットの数を減らして21を因数分解する方法を見つけ、[6] さらに中国のチームが別のアルゴリズムを使い、わずか４キューービットで143を因数分解した。[7] 二〇一四年には、143を因数分解した４キューービットの計算と同じ計算を使って、特定の形をしたものだけとはいえ、５万６１５３という大きな数まで因数分解できたことが発表された。[8]

量子コンピュータが、普及している公開鍵暗号法すべての安全性を崩せるとすれば、対称鍵方式についてはどうだろう。そちらの状況はそれほど劇的ではないが、量子コンピュータならやはり影響を及ぼすだろう。一九九六年、AT&Tベル研究所のインド系アメリカ人計算機学者、ロヴ・グローヴァーが、古典的計算機でできるよりもはるかに高速にデータベースを（確率的に）検索する量子アルゴリズムを考案した。[9] とりわけ、検索対象がたとえば対称鍵方式用のN通りの鍵のようにN件あるとするなら、グローヴァーのアルゴリズムはそれをわずか$\sqrt{N}$ステップで行なえる。話を明瞭にするために言うと、最小サイズのAES鍵は128ビットなので、従来型のコンピュータによる総あたりの攻撃では2^{128}通りの鍵を検索しなければならない。グローヴァーのアルゴリズムなら、$\sqrt{2^{128}} = 2^{64}$通りの鍵を調べるのに相当する検索でよい。量子コンピュータを使えば、総あたりの検索に関するかぎり、直ちに対称鍵暗号の実質的な鍵のサイズを半分にしてしまう。NSAは今、8・5節で触れた量子に強い新しいアルゴリズム群になるまでの移行措置の一環として256ビットのAES鍵を推奨している。[10]

9・2　量子化後暗号法

量子コンピュータがあたりまえになったら暗号学者はどうするのだろう。対称鍵方式については、鍵のサイズを上げれば当面は十分らしい。公開鍵方式については、よく「量子化後暗号法（ポストクオンタム）」[11]と呼ばれるが、もっと名が体を表すようにすれば、「量子に強い暗号法（クオンタム・レジスタント）」とでも言えそうなものの研究が行なわれている。これは量子コンピュータを使っても簡単な解き方が知られていない問題[12]に基づいている。因数分解や離散対数によるのではなく、連立多変数多項式を解く、n次元斜交格子上で2点間の最短距離を見つける、ビット列の集合に最も近いビット列を見つけるなどの問題によっている。こうした

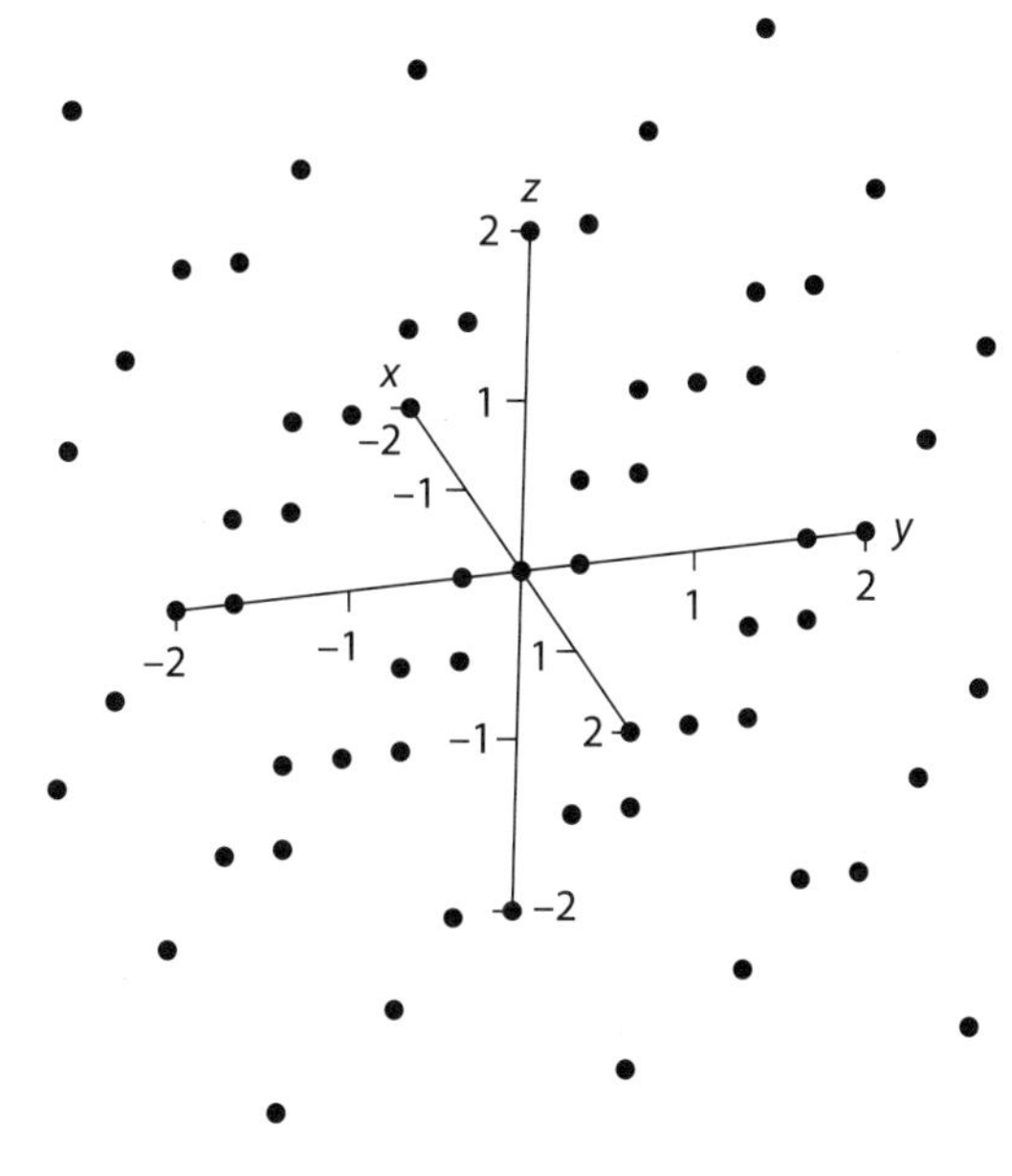

図9・6　3次元格子

方法がこれまで用いられていないのは、あまり効率的ではないからだ。しかしこの方法が向上しつつあり、8・5節で見たように、少なくともNSAとNISTは、こうした問題を採用してもいい時期だと考えている。

一例として、「格子暗号法」を見てみよう。格子は座標軸が与えられたn次元空間での等間隔の点の集合である。たとえば3次元の格子を図9・6に示した。量子コンピュータでも難しいと考えられている標準的な格子問題が二つある。どちらの場合も、格子は図9・7に示すように、それを形成するn個の点で特定される。格子を生成するとは、座標軸の原点から初めて、与えられた点を規則正しい間隔に広げる

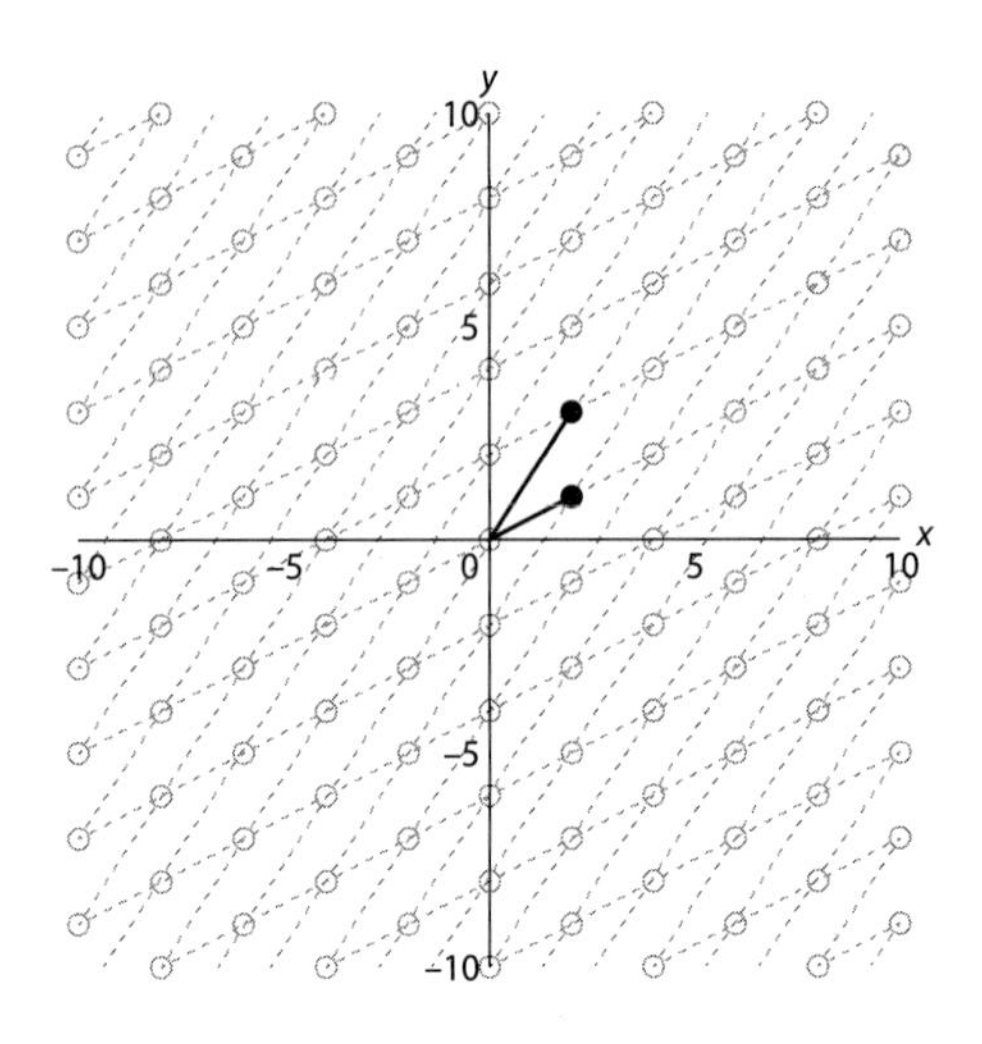

図９・７　２点（●）とそれによって生成される格子（○）

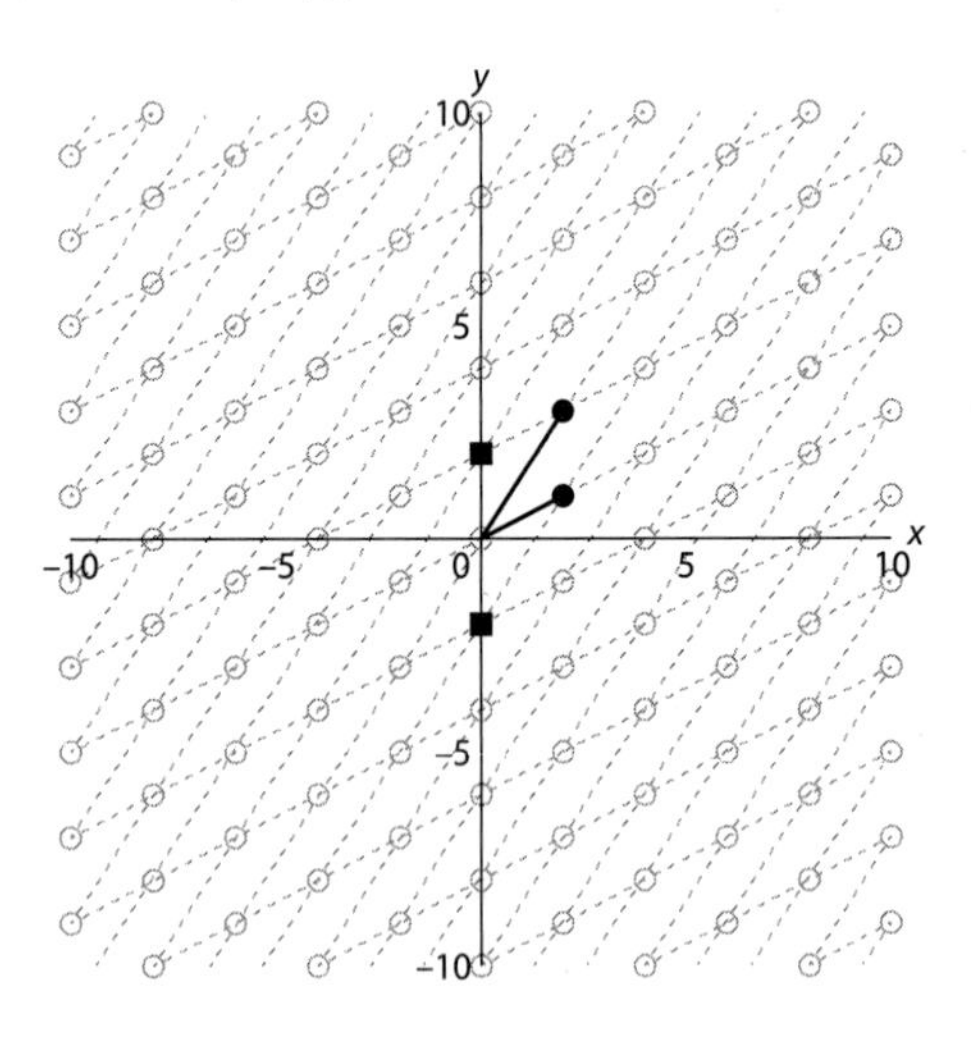

図９・８最短ベクトル問題―二つの生成元（●)、それによって生成される格子（○)、原点に最も近い格子点（■)

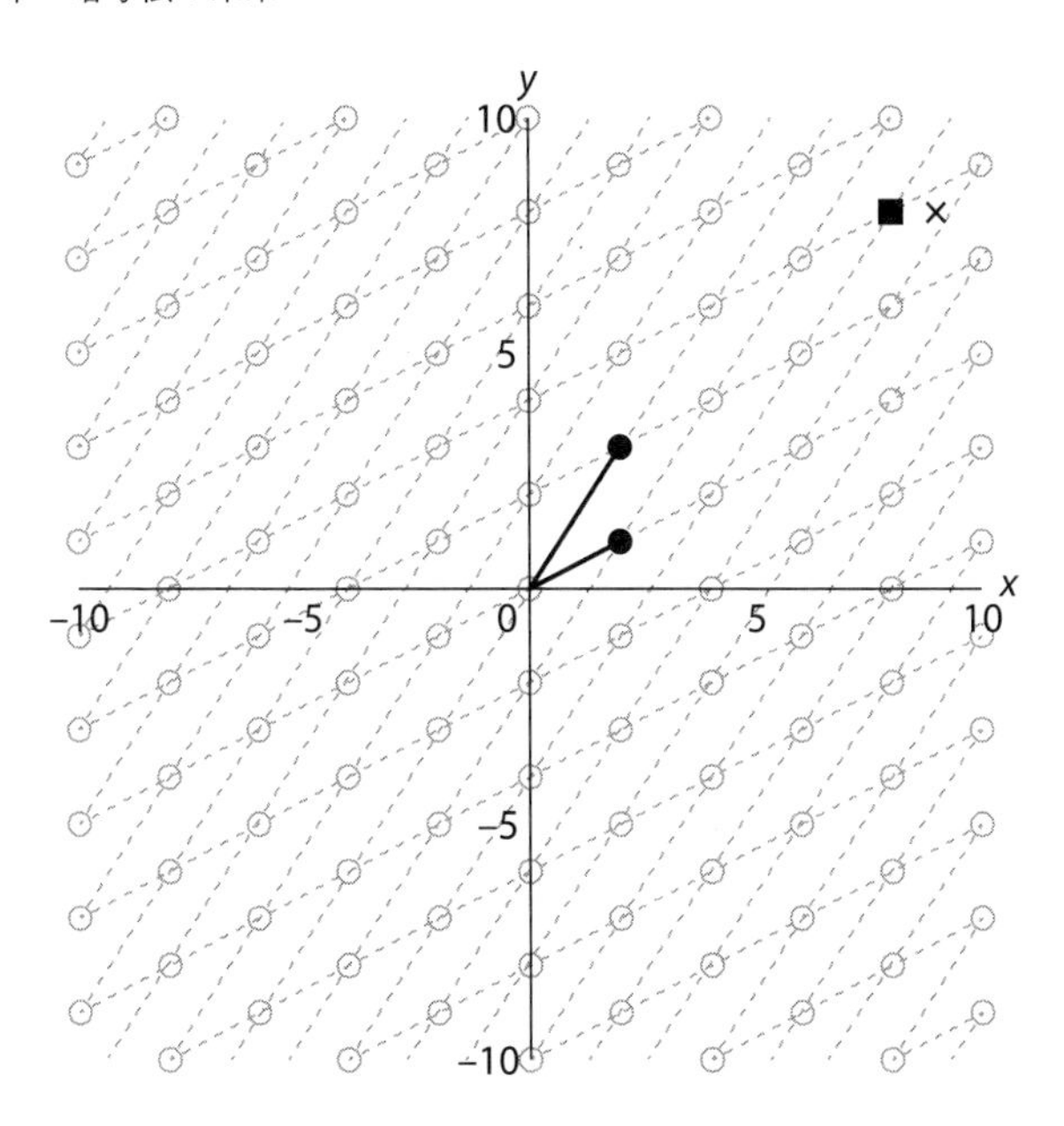

図９・９　最近傍ベクトル問題—二つの生成元（●）、それによって生成される格子（○）、格子にない１点（×印）、それに最も近い格子点（■）

ということだ。「最短ベクトル問題」は、格子の生成元がわかっている中で、格子の中で原点にできるだけ近い点を求めるという問題である。２次元の場合を図９・８に示した。「最近傍ベクトル問題」では、格子の生成元とその格子にはない別の１点が与えられる。目標は、与えられた点にできるだけ近い格子にある点を求めることだ。２次元の場合を図９・９に示してある。

以上二つの格子問題はおそらくとくに難しそうには見えないだろうし、ここに示した場合には確かに難しくはない。格子問題を難しくするには二つのことが必要となる。一つは次元の数を増やすこと。実用的な暗号

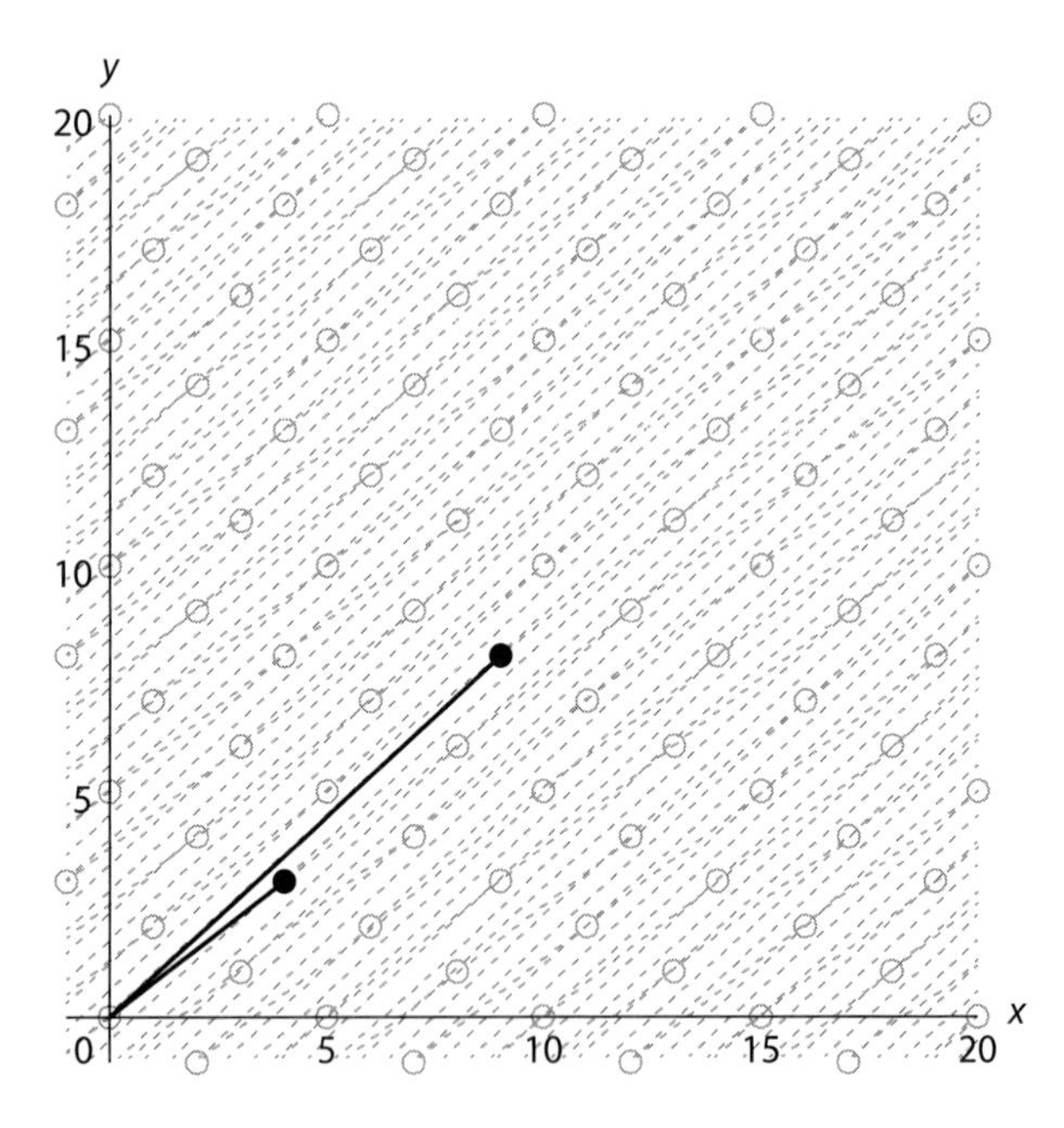

図９・10　格子をなす線の角度が直角から大きく外れた角度の格子

法方式となると、500次元以上の格子を使う必要がある。[13]それでも、格子の線がなす角度が90度に近ければ、求める点を見つけるのはあまり難しくない。そこで次に必要なことは、図９・10にあるように、角度を直角から大きくはずすということになる。２次元なら、おそらく目視でも、同じ格子について別の生成元の組合せをとれば、もっと扱いやすい角度の格子が得られることがわかるだろう。しかし図のような角度で500次元の格子を想像できれば、格子問題を解くことが暗号法にかかわる問題が見えてくるかもしれない。[14]

最近傍ベクトル問題を暗号法方式の例に用いることにするので、こちらに注目しよう。一九八四年、ラースロー・ババイは、格子生成と、１・６節のヒル暗号を取り上げたときに見たのと同種の方程式との関連を利用すれば、問題を近似的に解くのは易しいことを指摘した。[15] ２次元のままにしておいて、格子が点 (k_1, k_3) と (k_2, k_4) によって生成されるとしよう。すると、格子にあるどの点も二つの整数 s と t をとり、次の点を見つけることで表せる。

$$s(k_1, k_3) + t(k_2, k_4) = (sk_1 + tk_2, sk_3 + tk_4)$$

他方、格子にある点 (x, y) があって、それがどうすれば得られるかを知りたければ、

$$(x, y) = (sk_1 + tk_2, sk_3 + tk_4)$$

として、次の方程式を解けばわかる。

$$x = sk_1 + tk_2$$

$$y = sk_3 + tk_4$$

これは基本的に未知数が二つで２本の方程式による、１・６節で見たのと同じ連立方程式で、そこで使った解き方はここでも使える。それで格子点を表す整数 s と t が復元できる。n 次元であれば、未知数 n 個の n 本の方程式ができて、同じようにして解くことができる。

これを格子にない点で試すとどうなるだろう。s と t は求められるが整数ではない。s と t をそれ

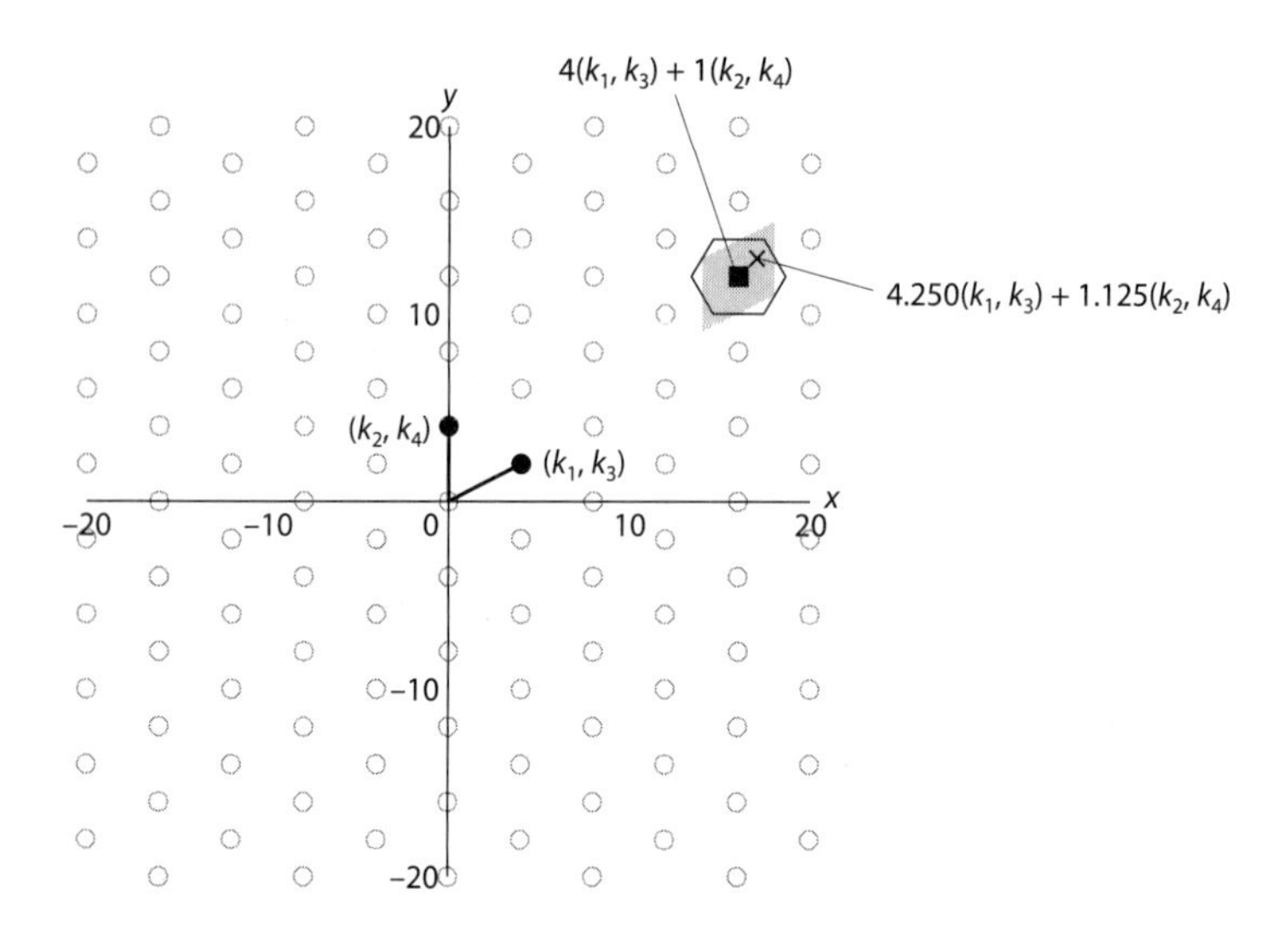

図9・11　最近傍ベクトル問題をババイ法を使って解く。ババイ法は格子にはない与えられた点（×）を言わば四捨五入して、最も近い格子点（■）にする。これは指定された点の場合には正解となる。実際には、この方法でグレーの平行四辺形内にあるすべてが同じ黒四角に丸められる。囲った六角形内の点は実際に■に最も近い点となる。重なる部分が広いことが、この格子ではババイ法がたいてい正しいことを示している。

ぞれ最も近い整数に丸めれば、当の格子にない点の最近傍格子点の有望な候補が得られる。たとえば、図9・11では、×で表された点は $4.250\,(k_1, k_3) + 1.125\,(k_2, k_4)$ と書くことができる。これは $4(k_1, k_3) + 1(k_2, k_4)$ に丸められ、■で指定される。

さて、格子線の角度が直角に近ければ、この丸められた点はおそらく与えられた点にいちばん近い格子点になるだろう。格子線がなす角が図9・12に示したように直角から遠ければ、ババイ法は、格子上にある、与えられた点に

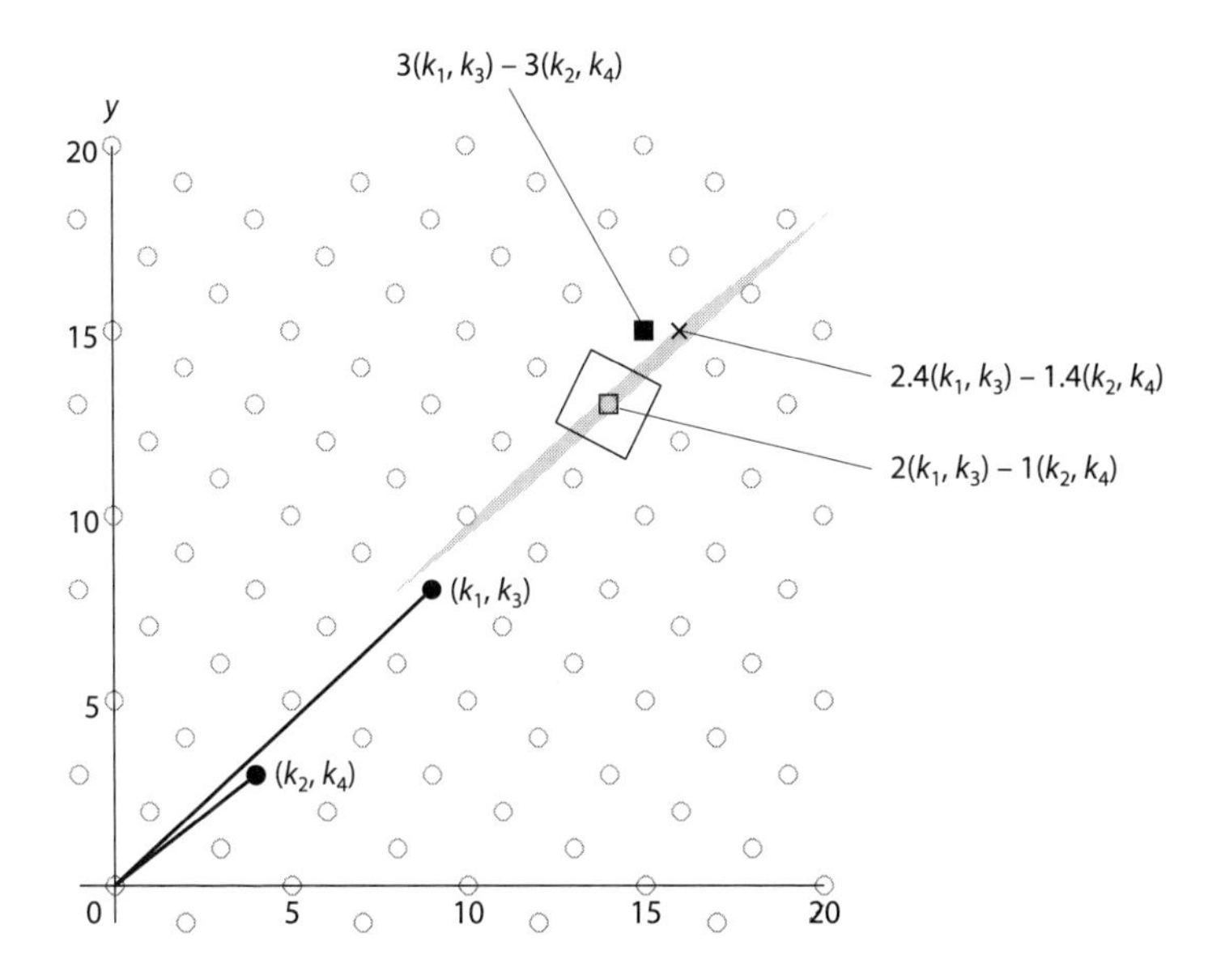

図9・12　ババイ法をだめな格子に適用。■は格子内で与えられた点（×）に最も近い点だが、与えられた点をババイ法で丸めると、□になる。これはここで与えられている点については正解ではない。実は、この方法はグレーの平行四辺形内にあるすべての点を□に丸める。正方形で囲った部分の点は、実際に□に最も近い点である。重なった部分が小さいことが、この格子ではババイ法がたいてい正しくないことを示す。

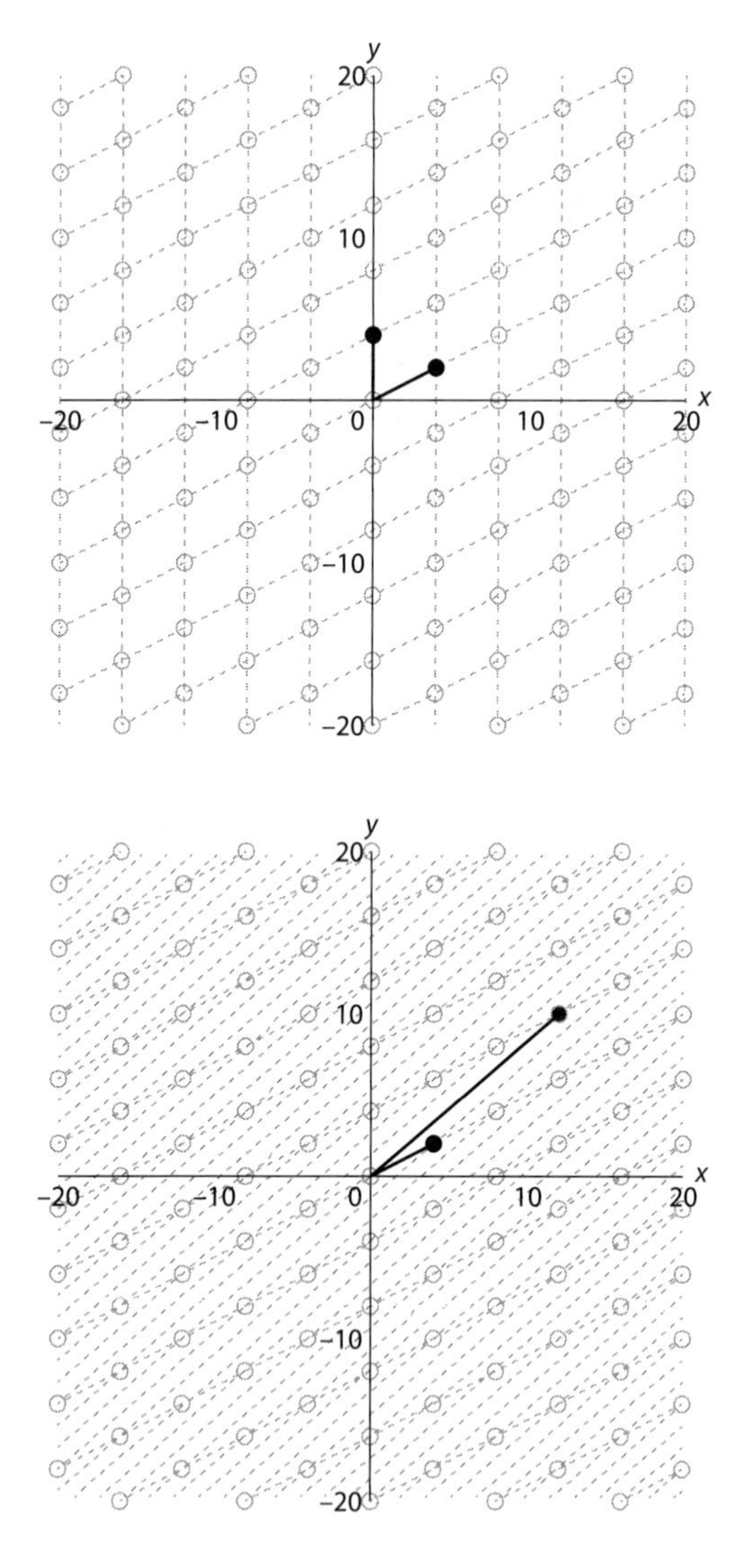

図9・13　同じ格子についての良い生成元集合（上）と悪い生成元集合（下）

近い――とはいえ最近傍ではない――点である可能性が高い。図では、×で指定された点は、$2.4(k_1, k_3) - 1.4(k_2, k_4)$ と書くことができる。これは $2(k_1, k_3) - 1(k_2, k_4)$ に丸められ、□で指定される。しかし実際に×に最も近い点は黒四角で指定される点で、これは $3(k_1, k_3) - 3(k_2, k_4)$ で表される。同じ考え方は n 次元でも成り立ち、次元が増えるほど、正しい点を見つけるのは難しくなる。

このことをどうやって非対称鍵暗号法方式にするのか。ボブが図9・13にあるような同じ格子について、「良い」生成元集合と「悪い」生成元集号の両方を知っているとしよう。[16] 良い集合は格子線のなす角が直角に近い。悪い集合は同じ点に基づく格子線がなす角は直角にはほど遠い。悪い生成元はボブの公開鍵になり、良い生成元は私有鍵になる。2次元の例については公開鍵は (50, 40) と (58, 46) でよいだろう。これがなす角は0・24度だ。私有鍵は (2,4) と (4, −2) でよいだろう。これは両者がなす角が90度となる。実世界では、次元の数はもっとはるかに多いことを忘れないように。

アリスがボブにメッセージを送りたい場合、アリスはメッセージを数に変え、数と悪い生成元を用いて格子の中の点を見つける。この暗号とこれまでに見た暗号との違いの一つは、各「ブロック」が非常に少量の情報でできているなら、[17] この暗号は実はもっと安全になるところだ。そこで、ここでの例では、各文字を二つの十進数に分けていて、それを二つの別の数として扱う。数の各対は格子点を与える。

平文	l	a	t	t	i
数	12	1	20	20	9

分離	1, 2	0, 1	2, 0	2, 0	0, 9
格子点	166, 132	58, 46	100, 80	100, 80	522, 414

平文	c	e	n	o	w[18]〔今度は格子〕
数	3	5	14	15	23
分離	0, 3	0, 5	1, 4	1, 5	2, 3
格子点	174, 138	290, 230	282, 224	340, 270	274, 218

そこでアリスは各点にランダムに小さな点を加える。8・2節のエルガマル方式でブラインドを使うのに似ている。その結果、格子点の近くにあるが格子点ではない点ができる。これがアリスがボブに送る暗号文である。たとえば、こんなふうに。

平文	l	a	t	t	i
数	12	1	20	20	9
分離	1, 2	0, 1	2, 0	2, 0	0, 9
格子点	166, 132	58, 46	100, 80	100, 80	522, 414
ナンス	1, 1	1, 1	−1, 1	1, −1	1, 1
暗号文	167, 133	59, 47	99, 81	101, 79	523, 415

平文	c	e	n	o	w
数	3	5	14	15	23
分離	0, 3	0, 5	1, 4	1, 5	2, 3
格子点	174, 138	290, 230	282, 224	340, 270	274, 218
ナンス	1, 1	1, 1	1, 1	−1, 1	−1, −1
暗号文	175, 139	291, 231	283, 225	339, 271	273, 217

格子点を解読するために、ボブはババイ法と私有鍵の良い生成元を使って格子点を求める。これはアリスが使ったものであることはほぼ確実である。[19] するとボブは逆算して元の平文が求められる。

暗号文	167, 133	59, 47	99, 81	101, 79	523, 415
ババイの s と t	43.3, 20.1	15.3, 7.10	26.1, 11.7	25.9, 12.3	135.3, 63.1
整数に丸める	43, 20	15, 7	26, 12	26, 12	135, 63
格子点	166, 132	58, 46	100, 80	100, 80	522, 414
数	1, 2	0, 1	2, 0	2, 0	0, 9
合体	12	1	20	20	9
平文	l	a	t	t	i

暗号文	175, 139	291, 231	283, 225	339, 271	273, 217
パパイの s と t	45.3, 21.1	75.3, 35.1	73.3, 34.1	88.1, 40.7	70.7, 32.9
整数に丸める	45, 21	75, 35	73, 34	88, 41	71, 33
格子点	174, 138	290, 230	282, 224	340, 270	274, 218
数	0, 3	0, 5	1, 4	1, 5	2, 3
合体	3	5	14	15	23
平文	c	e	n	o	w

イブは正しい格子点を求めようとすることはできるが、手にしているのは悪い生成元のみである。ババイ法を用いようとすることはできるが、間違った格子点に達する可能性が高い。

暗号文	167, 133	59, 47	99, 81	101, 79	523, 415
イブの s と t	1.6, 1.5	.6, .5	7.2, −4.5	−3.2, 4.5	.6, 8.5
整数に丸める	2, 2	1, 1	7, −5	−3, 5	1, 9
格子点	216, 172	108, 86	60, 50	140, 110	572, 454
数	2, 2	1, 1	7, −5	−3, 5	1, 9
合体	22	11	??	??	19
平文？	v	k	??	??	s

暗号文	175, 139	291, 231	283, 225	339, 271	273, 217
イブの s と t	.6, 2.5	.6, 4.5	1.6, 3.5	6.2, .5	1.4, 3.5
整数に丸める	1, 3	1, 5	2, 4	6, 1	1, 4
格子点	224, 178	340, 270	332, 264	358, 286	282, 224
数	1, 3	1, 5	2, 4	6, 1	1, 4
合体	13	15	24	61	14
平文？	m	o	x	??	n

格子にある正しい点を見つけるには、イブは最近傍ベクトル問題を解かなければならない。生成元が十分に悪く、次元の数が十分に大きければ、イブが量子コンピュータを持っていても、これは非常に難しいと信じられる。

この方式はゴルトライヒ＝ゴルトヴァッサー＝ハレヴィ、あるいは「GGH暗号[20]」と呼ばれる。この方式を一九九七年に考案したイスラエル人計算機学者オデート・ゴルトライヒ、シャフリラ・ゴルトヴァッサー、シャイ・ハレヴィの名による。方式全体は図9・14のようになる。あいにく一九九七年には、この方式は実用的には安全が確保できないことがわかった[21]。アリスのブラインドは格子の大きさに比べて小さくなければならない。そうでないとボブが見つける最近傍点が元のアリスの点にならない。しかし、イブはその情報を使ってこの問題を標準的な最近傍ベクトル問題よりもずっと容易に解けるようになることがわかった。

アリス

ボブ

（ボブ）
- 次元 n を決める
- 生成する点の秘密集合 $\mathbf{b}_1, \cdots, \mathbf{b}_n$ を決める
- $\mathbf{b}_1, \cdots, \mathbf{b}_n$ を使って生成する点の公開集合 $\mathbf{B}_1, \cdots, \mathbf{B}_n$ を同じ格子について作る
- 公開の暗号化鍵 $\mathbf{B}_1, \cdots, \mathbf{B}_n$ を公開

（アリス）
- ボブの暗号化鍵 $\mathbf{B}_1, \cdots, \mathbf{B}_n$ を調べる
- ランダムな小さな秘密点 r を決める
- 平文の数字 $P_1, \cdots, P_n$ から始める

↓

- 暗号点を計算する
  $\mathbf{C} = P_1\mathbf{B}_1 + P_2\mathbf{B}_2 + \cdots + P_n\mathbf{B}_n + \mathbf{r}$

$\mathbf{C} \rightarrow$

（ボブ）
$\mathbf{C}$

↓

- バパイ法と $(\mathbf{b}_1, \cdots, \mathbf{b}_n)$ を使って丸めた C を得る

↓

- 解く
  $(\text{丸めた } \mathbf{C}) = P_1\mathbf{B}_1 + P_2\mathbf{B}_2 + \cdots + P_n\mathbf{B}_n$
  から $P_1, \cdots, P_n$ を得る

図９・14　GGH暗号化方式

まだ破られていない他の格子による暗号法方式があり、その多くはGGHに似た成分を用いる。[22] 最も有望な格子による方式[23]は「NTRU[24]」と呼ばれる。これはブラウン大学の３人の研究者、ジェフリー・ホフスタイン、ジル・パイファー、ジョセフ・シルバーマンによって考えられた。NTRUはもともと他の種類の数学を用いて記述されたが、後に格子を使う方式と同等であることが示された。NTRUが何を表すのか、明瞭に明らかにされたことはないが、噂では、「Number Theorists aRe Us」〔我々が数論学者である〕、あるいは「Number Theorists aRe

Useful」〔数論学者は役に立つ〕ではないかとも言われる。[25] それについて聞かれたジェフ・ホフスタインは「みんなが思いたいものを表していますよ」と答えたことがある。[26]
ＧＧＨもＮＴＲＵも、それに対応するデジタル署名方式がある。詳細については巻末を参照のこと。[27]

９・３　量子暗号法

量子コンピュータを作れるようにする同じ量子物理学が、量子コンピュータによる攻撃に強くしてくれるという可能性もある。量子暗号法は量子物理学の法則と暗号の巧妙さを組み合わせて暗号法の方式を生み出そうという研究だ。その第一の例は、一九六〇年代、コロンビア大学で物理学の大学院生だったスティーヴン・ウィースナーによって最初に唱えられた。ウィースナーは二つの案を唱えた。第一は、同時に二つのメッセージを送って、受信側がいずれか一方を選べるが、両方はできないようにするという方式。もう一つは、複製できず、したがって偽造もできないシリアルナンバーつきの通貨を作る方法だった。ラルフ・マークルと同様、ウィースナーも教授や仲間のほとんど誰からも理解されず、信じてもらえなかった。論文も学術誌から何度も却下され、一九八三年になるまで発表されなかった。[28]
ウィースナーの論文の意義を理解した一人がチャールズ・ベネットだった。ベネットはウィースナーと一緒にブランダイス大学の学部生だった頃からの知り合いで、化学、物理学、数学を勉強して、計算機科学に落ち着いた。つまり、ベネットは量子暗号法を理解するのに理想的に向いていたという

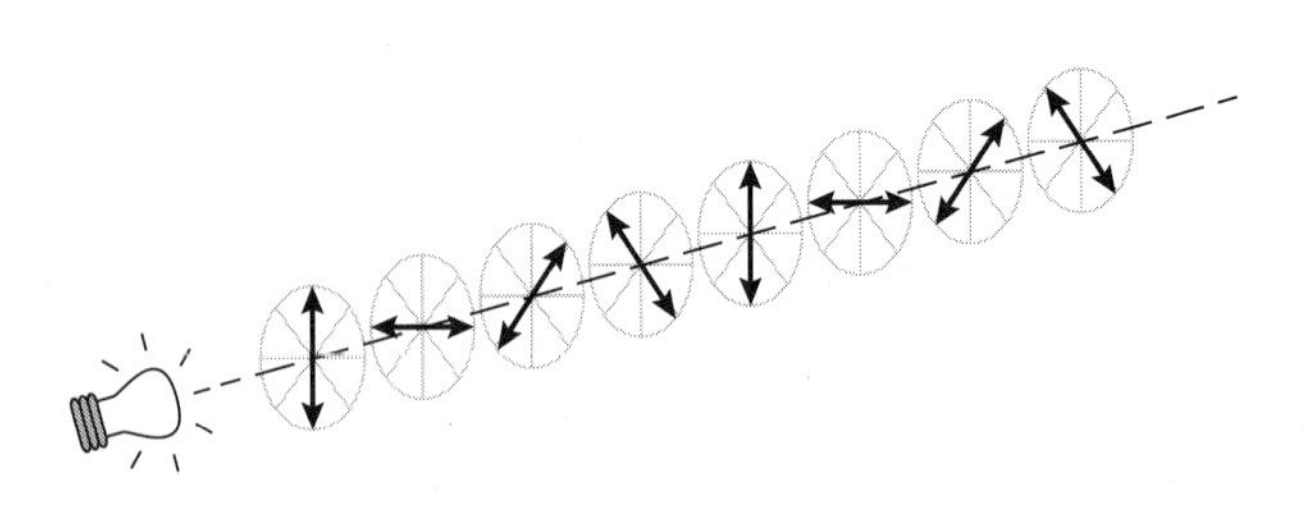

図９・15　偏光光子

ことだ。研究途上のどこかで、ウィースナーはベネットに原稿のコピーを見せた。ウィースナーの期待どおり、ベネットはそれに魅了された。ベネットはその後の一〇年ほど、間欠的にそれについて考えたが、一九七九年の学会のとき、ホテルのビーチで泳いでいてジル・ブラサールと出会うまでは、そのアイデアでどうすればいいかは本当にはわかっていなかった。[29] ベネットはブラサールが暗号法について発表することを知って、その場でウィースナーの考えを説明し始めた。ブラサールはベネットの業績についてマーティン・ガードナーが書いた記事による解説を読んだことがあったが、その名と目の前の人物の名とを結びつけることができなかった。その後二人はしかるべき紹介を得て、量子暗号法について共同研究を始めた。それが何より、「ＢＢ８４プロトコル[30]」という手順となった。

ＢＢ８４はベネットとブラサールの頭文字と最初に発表された年によって名がついた鍵合意方式で、ウィースナー方式もそうだが、偏光光子を用いて情報を送る。光子の偏光とは、振動する方向のようなものと考えることができる。光子が相手に向かって地面に平行に進んで行くのを見るとするとすると、その光子は上下左右、その中間のどこか、のいずれかの方向に振動している[31]（図9・15）。光子の偏光を検出するには、偏光フィルターが必要となる。そのようなフィルターは、特定の光子と同じ方向に振動している場合だけ光子を通すように作られている。たとえば図9・16では、フィルターは上下方向に振動する光子だけを通し、水平方向に振動するものは通さない。

興味深い部分は、光子が斜めに、たとえば45度の角度で振動しているとどうなるかということだ。量子物理学によれば、斜めの振動は上下の振動状態と横の振動状態との重ね合わせと考えられ、フィルターは、光子をランダムにどちらかの状態に収縮させるものと考えられる。つまり、光子の集団が斜めに振動していれば、半分は通り抜け、半分は通り抜けない。これは意外なことではない。しかし、通り抜けてもまだ傾いていたり、半分の強さだったり、その類のものがあると予想されるかもしれないが、そうはならない。光子が縦方向の偏光フィルターを通過すれば、それは上下に偏光したもの以外には見えない。元が上下方向に偏光していたのか、斜めに偏光していたのかを知るすべはない。同様にして、光子が通り抜けなければ、それが元は横に偏光していたのか、斜めに偏光していた中の運が悪かった方なのか、知るすべはない。図9・17は図9・16と同じ光子を示しているが、それがフィルターをくぐろうと試みた後の様子だ。

もう一つだけ注意書きを述べて、それで準備完了となる。斜めに偏光した状態は縦と横の偏光状態の重ね合わせだったのと同様、横と縦の偏光光子も二つの斜め方向（左上から右下と左下から右上の各方向）に偏光した状態の重ね合わせと考えることもできる。たとえば、縦あるいは横に偏光した光子が

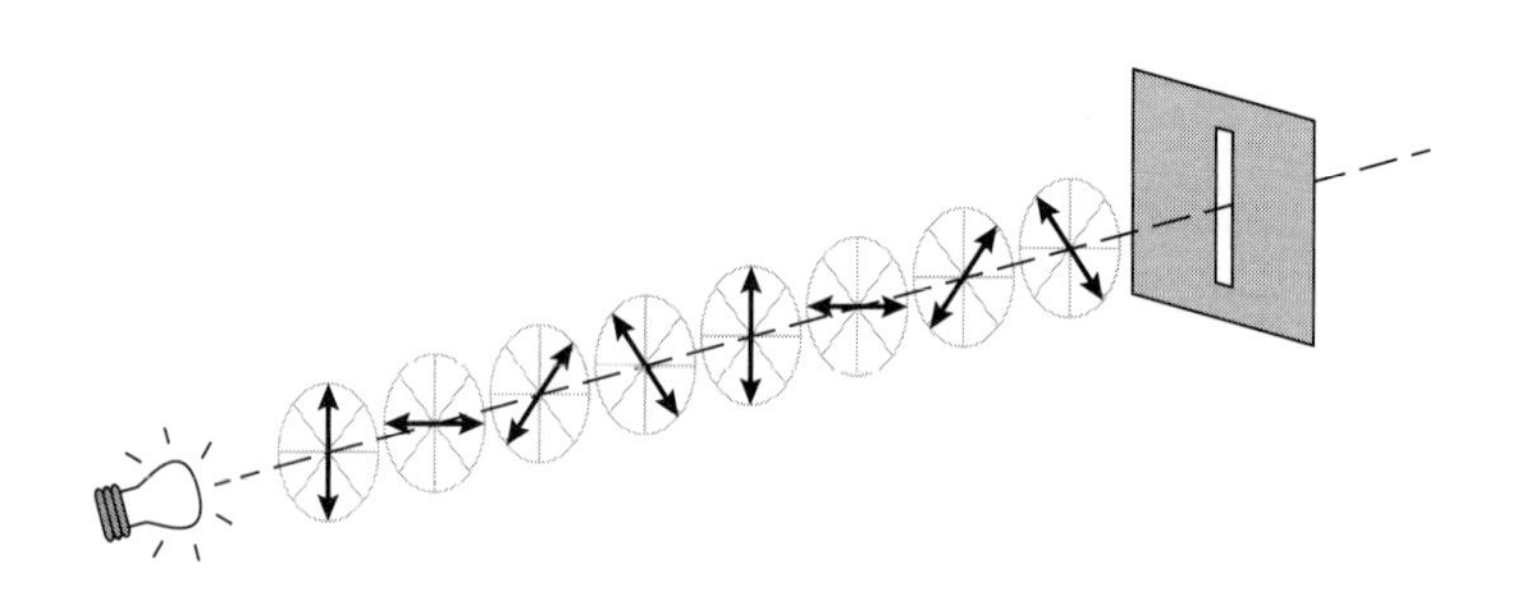

図9・16　偏光光子がフィルターに近づく

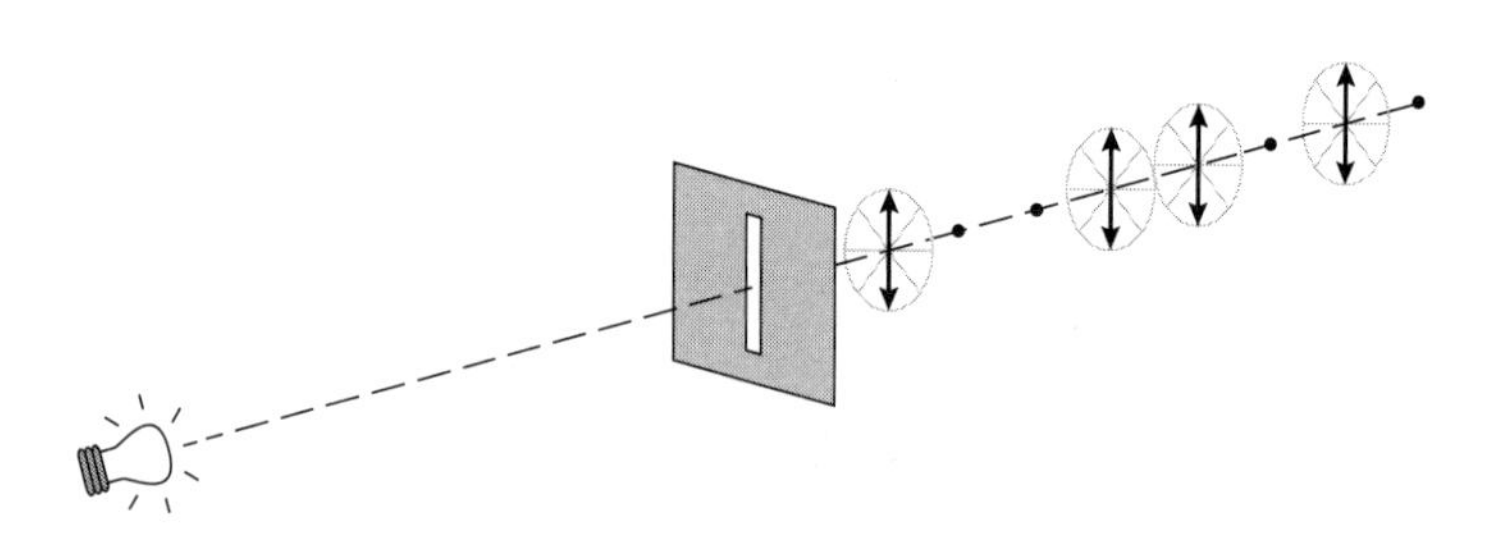

図9・17　フィルターを通り抜けた後の偏光光子

図9・18にあるような斜めに偏光したフィルターをくぐろうとすると、半分はくぐり、半分は止められる。通り抜けたものは他の斜めに偏光した光子と区別できない。

　これでＢＢ８４の準備ができた。アリスとボブはアリスがボブに偏光光子を1個ずつ送れる通信回線と、通常の（つまり必ずしも光子1個ずつの品質でなくてもよい）回線による双方向通信手段を必要とする。イブはどちらの回線も盗み聞きできる可能性がある。アリスはまず、ランダムなビット集合を二つ選ぶ。最初の集合はアリスが縦横の方式（田で表記）を使うか、それとも斜め方式（⊠で表記）を使うかを制御する。＋方式

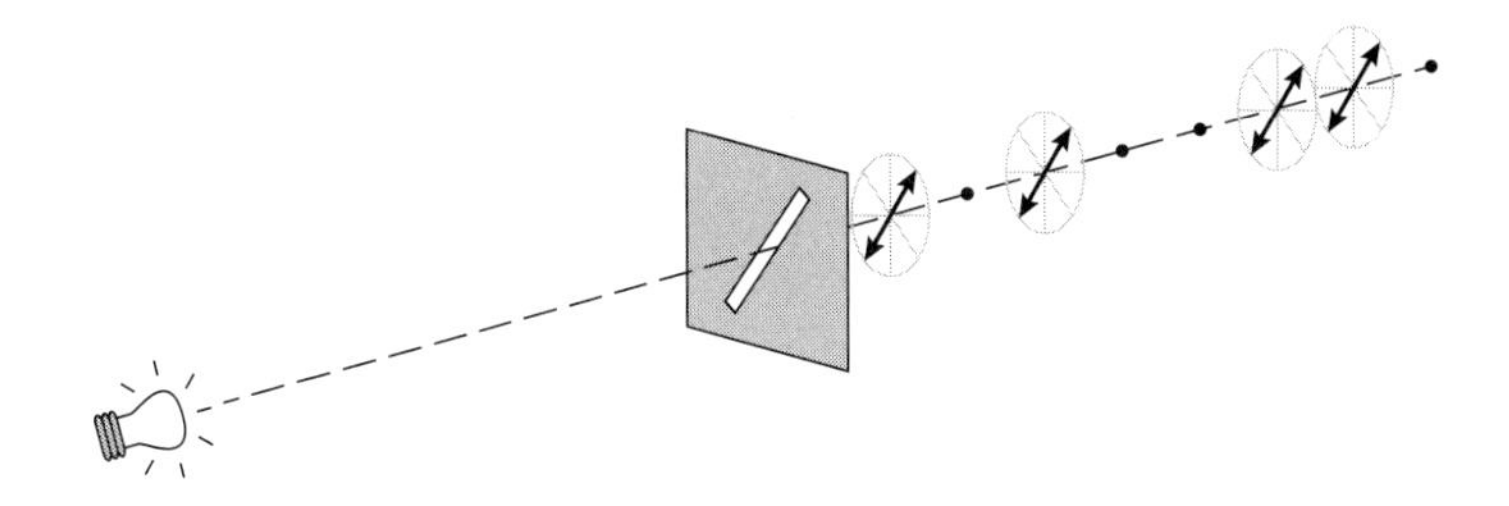

図９・18　斜めのフィルターをくぐった後の偏光光子

では、縦方向の偏光光子（↕）がビット1を表し横方向の偏光光子（↔）がビット0を表す。斜め方式では左下から右上方向の偏光光子（／）が1を表し、左上から右下方向の偏光光子（＼）が0を表す。第二のランダムなビット集合は、選ばれた方式を使って送られるビットを制御する。次の例では、第一のビット集合は出さない。肝心なのはどの方式が選ばれたかだけだからだ。

アリスの方式	⊠	⊠	⊠	⊠	⊞	⊞	⊞	⊠	⊞	⊠
アリスのビット	0	1	0	0	0	0	0	1	0	0
アリスの光子	⤡	⤢	⤡	⤡	↔	↔	↔	⤢	↔	⤡

さて、ボブもランダムなビット集合を選ぶ。ボブはこの集合を使って、偏光フィルターによって光子を検出する方式を選ぶ。ある光子についてボブの方式がアリスの方式と合致すれば、ボブはその光子を正しく検出し、それを正しいビット値に戻す変換をする。そうでなければ、光子はランダムな状態に収縮し、ボブはそのビットのランダムな値を受け取る。その値はアリスの送った値と合致することもあれば合致しないこともある。

アリスの方式	⊠	⊠	⊠	⊠	⊞	⊞	⊞	⊠	⊞	⊠
アリスのビット	0	1	0	0	0	0	0	1	0	0
アリスの光子	⤢	⤡	⤢	⤢	↕	↕	↕	⤡	↕	⤢
ボブの方式	⊠	⊠	⊞	⊞	⊞	⊞	⊞	⊞	⊠	⊠
ボブの光子	⤢	⤡	↔	↕	↕	↕	↕	↔	⤢	⤢
ボブのビット	0	1	1	0	0	0	0	1	0	0

念を押すと、この段階ではアリスもボブも、どのビットが正しく受信されているかはわからない。アリスとボブは双方向の通信回線を開く。各ビットについて、アリスはボブに、使った方式を教えるが、送ったビットが何かは教えない。ボブは同じ方式を使っていたかどうかを教え、方式が合致していればそのビットを保持する。そうでなければそのビットは捨てる。

アリスの方式	⊠	⊠	⊠	⊠	⊞	⊞	⊞	⊠	⊞	⊠
アリスのビット	[0]	[1]	~~0~~	~~0~~	[0]	[0]	[0]	~~1~~	~~0~~	[0]
アリスの光子	⤢	⤡	⤢	⤢	↕	↕	↕	⤡	↕	⤢
ボブの方式	⊠	⊠	⊞	⊞	⊞	⊞	⊞	⊞	⊠	⊠
ボブの光子	⤢	⤡	↔	↕	↕	↕	↕	↔	⤢	⤢
ボブのビット	[0]	[1]	~~1~~	~~0~~	[0]	[0]	[0]	~~1~~	~~0~~	[0]

例からわかるとおり、ところどころ、ランダムな可能性で当たったビットを捨てなければならない。それは避けられない。それでも平均すると約半分の方式は合致するので、アリスとボブは約半分のビットは保持できる。[32]それからこのビットを、どんな鍵合意方式とも同じように、安全な、非量子的対称鍵暗号に対する秘密鍵として使う。たまたま捨てるビットが多すぎて、選ばれた対称鍵暗号にとっては十分でない場合、この手順に戻り、同じことをしてビットを増やすことができる。

イブが二人の通信回路を盗聴している場合はどうなるだろう。[33]やはりランダムな方式の集合を選び、ボブと同じようにして光子の検出を試みることができる。

アリスの方式	⊠	⊠	⊠	⊠	⊞	⊞	⊞	⊠	⊞	⊠
アリスのビット	[0]	[1]	~~0~~	~~0~~	[0]	[0]	[0]	~~1~~	~~0~~	[0]
アリスの光子	⤢	⤡	⤢	⤢	↕	↕	↕	⤡	↕	⤢
ボブの方式	⊠	⊠	⊞	⊞	⊞	⊞	⊞	⊞	⊠	⊠
ボブの光子	⤢	⤡	↔	↕	↕	↕	↕	↔	⤢	⤢
ボブのビット	[0]	[1]	~~1~~	~~0~~	[0]	[0]	[0]	~~1~~	~~0~~	[0]
イブの方式	⊞	⊞	⊞	⊠	⊠	⊞	⊞	⊠	⊞	⊠
イブの光子	↕	↕	↔	⤢	⤡	↕	↕	⤡	↕	⤢
イブのビット	0	0	1	0	1	0	0	1	0	0

イブはアリスとボブの会話を聞いて、自分の方式のどれがアリスあるいはボブの方式と合致したかを

明らかにできる。イブにとってはあいにくなことに、イブの役に立つビットはアリスとボブの方式両方と合致する場合のものだけだ。

アリスの方式	⊠	⊠	⊠	⊠	⊞	⊞	⊞	⊠	⊞	⊠
アリスのビット	[0]	[1]	~~0~~	~~0~~	[0]	[0]	[0]	~~1~~	~~0~~	[0]
アリスの光子	⤢	⤡	⤢	⤢	↕	↕	↕	⤡	↕	⤢
ボブの方式	⊠	⊠	⊞	⊞	⊞	⊞	⊞	⊞	⊠	⊠
ボブの光子	⤢	⤡	↔	↕	↕	↕	↕	↔	⤢	⤢
ボブのビット	[0]	[1]	~~1~~	~~0~~	[0]	[0]	[0]	~~1~~	~~0~~	[0]
イブの方式	⊞	⊞	⊞	⊠	⊠	⊞	⊞	⊠	⊞	⊠
イブの光子	↕	↕	↔	⤢	⤡	↕	↕	⤡	↕	⤢
イブのビット	0	0	~~1~~	~~0~~	1	[0]	[0]	~~1~~	~~0~~	[0]

イブがアリスに合致してボブには合致しなければ、そのビットは捨てられる。ボブがアリスに合致しイブとは合致しなければ、イブは自分のビットが正しいかどうかはわからない。平均すると、イブはアリスとボブが最終的に用いるビットの約半分を正しく盗聴できる。そしてたまたま、残りの半分が正しくても、イブはどれがそうかはわからず、したがってそれについてできることはあまりない。イブはアリスとボブの鍵の実効的サイズを半分に下げることはできたが、アリスとボブがそれを計算に入れていれば、二人は大丈夫。

実際には、イブにとっては見かけ以上に事態はまずい。ここまでは、イブが間違った検出器を使って光子を捉えると、それは別の状態に収縮し、ボブが受信するものに影響を与えるという事実を無視していた。実際には次のようなことになる。

アリスの方式	⊠	⊠	⊠	⊠	⊞	⊞	⊞	⊠	⊞	⊠
アリスのビット	[0]	[1]	~~0~~	~~0~~	[0]	[0]	[0]	~~1~~	~~0~~	[0]
アリスの光子	↗	↘	↗	↗	↕	↕	↕	↘	↕	↗
イブの方式	⊞	⊞	⊞	⊠	⊠	⊞	⊞	⊠	⊞	⊠
イブの光子	↕	↕	↔	↗	↘	↕	↕	↘	↕	↗
イブのビット	0	0	~~1~~	~~0~~	1	[0]	[0]	~~1~~	~~0~~	[0]
ボブの方式	⊠	⊠	⊞	⊞	⊞	⊞	⊞	⊞	⊠	⊠
ボブの光子	↗	↗	↔	↕	↔	↕	↕	↔	↗	↗
ボブのビット	[0]	[0]	~~1~~	~~0~~	[1]	[0]	[0]	~~1~~	~~0~~	[0]

イブが推測を間違え、光子を収縮させると、ボブは受信する半分が間違いになる。アリスとボブがイブが盗聴しているかもと思いあたる節がある場合、二人がしなければならないのは、合意すべきビットをランダムに抽出して、それを公開の回路で明らかにすることだけだ。合意ができれば、そのビットを捨てて、残りを鍵として使う。イブは聞いていないか、ものすごく運が良かったかいずれかだ。二人が合意できなければ、イブが聞いているということで、[34]やり直すか、別の通信経路を見つけ

るかを行なう必要がある。

ＢＢ８４が発表されてから五年ほどは、量子暗号法の分野には大したことは起きなかった。その後、ベネットとブラサールは、このアイデアを真剣に考えてもらうために、実際に動く試作品を作る必要があると判断した。[35] ベネットとブラサールは、３人の学生の手も借りて、一九八九年一〇月の終わり、ふたりが出会って一〇年の節目に、量子暗号法による初の鍵合意を実演した。[36] 量子伝送は３２・５センチの距離で行なわれ、実用的な価値はほとんどなかったが、それでもできることは証明した。

ベネットとブラサールは研究者の関心を引くという目標は達成し、まもなく実用的な規模で装置が作られるようになった。二〇一四年には、ジュネーブ大学とコーニング社のチームが量子鍵配布手順を長さ307キロの光ファイバーケーブルごしに実施できた。[37] これは今日用いられているほぼすべての光ファイバー網で実用になるほどの長さだった。秘密鍵ビットは毎秒1万２７００ビットで生成され、これだけあれば、ワンタイムパッドについても十分になりうるだろう。他方、二〇〇六年には、ヨーロッパやアジアの様々な研究機関のチームが、カナリア諸島の二つの島の間の144キロの距離で、空中をレーザー送信し、ＢＢ８４を実行した。[38] この研究者グループは、この結果は地上と低軌道衛星の伝送にまずまず近いと言う。衛星との距離は長くなるだろうが、大気の干渉は少なくなる。

この実験の前にも、量子暗号法の商業的可能性の実証実験――本当に役に立つよりもたぶんもっと劇的な性質のもの――が、二〇〇四年四月二一日に行なわれた。量子暗号法によって保護された銀行取引で、オーストリアのウィーン市役所から、同市内のオーストリア銀行本店に送信された。[39] 必要な光ファイバー・ケーブル（長さ約1.5キロ）は専用のものがウィーンの下水道網を通って敷設された。今では数社が販売用あるいは開発中の量子暗号法用設備[40]を持っていて、量子暗号法で保護された様々な複数建築物間のコンピュータネットワークがアメリカ、オーストリア、スイス、日本、中国などの研究者によって構築されている。[41]たとえば日本のネットワークは、長さ１キロから90キロにわたる六つの接続がある。二〇一〇年、毎秒30万４０００ビットで生成された秘密鍵のビットを使って、長さ45キロの距離でワンタイムパッドを用いたライブ動画を暗号化した。現時点では高価な装備が必要で、おそらくほとんどの団体の安全性要求には見合わないだろうが、二〇一三年、オハイオ州の非営利研究開発事業者が、アメリカ初の商用での量子鍵配布（ＱＫＤ）方式と呼ぶものを実施した。「誰もが［ＱＫＤを採用するか］どうかわかりませんが、きわめて価値の高いデータを持っている会社や組織は採用すると思います」と、この団体の研究者の一人は言っている。[42]

もちろん、量子暗号法の採用は暗号解読法の終了を意味しない。本書で取り上げた暗号解読法による攻撃の大半は、「純粋暗号解読法[43]」と呼ばれることがあるものに収まる。このおおざっぱに定義された言葉は、当該の平文や暗号文と、たぶん平文が書かれている言語以外には、情報をほとんどあるいはまったく必要としない手法のことを指す。まず、「ありそうな単語」攻撃は排除される。この場合一般にイブがメッセージそのものに加えて、そのメッセージの背景について何かのことを知っていなければならないからだ。こうした手法は、アリスとボブの暗号法の技や装置の内部の仕組みについて、イブには情報を得る方法がなく、知りうるのは入力と出力のみだということも前提にしている。

また純粋暗号解読法は、アリスとアリスが使うどの機械も、暗号化の作業を定められているとおりに行なっているものと仮定する。暗号法による処理の内部動作についての知識を用いる暗号解読法による攻撃、たとえばアリスが犯しそうな、あるいはイブが追い込む間違いは、「実装攻撃」と呼ばれる。

アリスとボブの装備の内部動作をイブには知りようがなければ、またすべてが想定されているとおりに進んでいるなら、ＢＢ８４はイブが試みることのできる何に対しても安全だということには広い合意がある。必ずしも想定されているとおりには動かないことの一つに、確実に1回に1個の光子だけを生み出す送信機を作るということがある。多くの装置は非常に弱いレーザーを用いる。レーザーを発射しても、たいていの場合、光子はまったくできない。時々1個の光子を生むこともあるし、複数の光子を生むこともある。パルスに光子がなければ、ボブは何も受け取らないし、アリスとボブは、ボブが間違った検出方式を選んだのと同じように、そのビットは捨てることに合意する。パルスに複数の光子があれば、すべては同じ偏光をして、ボブが何個検出したか、どれを検出したかは問題にならない。

それでも、イブは「光子数分離攻撃(44)」を用いて光子の数にあるばらつきを利用することができる。この攻撃は、イブには光子を乱さずにその偏光を求めることはできなくても、パルス中にある光子の数は、偏光を変えなくても求めることができるという事実に基づいている。つまり、アリスのレーザーが1回に複数の光子を送れば、イブは注意深くそのうちの一つを分離し、残りはボブに送るようにすることができる。現実世界では、もともと伝送過程で光子の一部は失われるので、アリスもボブも、イブがしていることに気づかない可能性は十分にある。イブは捕捉した光子を何らかの量子記憶装置に保持し[45]、アリスとボブによる検出方式のやりとりに耳をすまし、それを聞いてから、正しい光子に正しい検出方式を用いることができる。

めったにない複数光子パルスだけを使うのでは、イブは鍵についてあまり多くのビットを得ることはないが、事態は悪くなる。イブは１個の光子によるパルスの一部あるいはすべてを単純にブロックすることもできる――ここでもアリスとボブはこれが意図的に行なわれたのか、偶発的な喪失なのか知ることはない。イブが適切な個数の単独光子パルスをブロックし、適切な数の複数光子パルスを傍受していれば、アリスとボブの最終的な鍵の大部分あるいはすべてを、二人に気づかれることなく入手できる。

アリスとボブがこの攻撃を防御する方法はいくつかある。光子発生器の性能を上げることや、ＢＢ８４を修正することもそうだ[46]。「おとり（デコイ）パルス」を使う[47]という有望な防御法もある。これはアリスが意図的にふだんより光子の数を増やしたり減らしたりする。アリスは光子を送りながら、規定のパルスにランダムな追加を入れ、このデコイ・パルスも含めて通常どおり鍵を計算する。アリスとボブの通信の偏光方式を明らかにするのに加えて、双方向の非量子部分の間に、アリスはどのパルスがデコイだったかも明らかにする。イブが光子数分離を使っていたら、デコイパルスが伝送中に「失われる」率は、通常のパルスの喪失率とは違うことになる。違いが大きければ、アリスとボブはイブが聞いていたと判断して、しかるべき行動をとれる。

光子数分離は基本的には「受動的攻撃」で、アリスとボブの通信に対してイブが行なう介入は最小限にとどまる。量子暗号法に対する他の攻撃の中には、アリスとボブが用いる装置の癖を利用するが、イブはアリスやボブの装備あるいは通信回線にもっと積極的に介入しなければならないものもある。こうした「能動的攻撃」のいくつかは、商業的に販売された装置に対して成功したものもある。たとえば、「ライトアップ攻撃」では、イブはボブの検出装置を専用の明るいレーザー光のパルスで攻撃する。[48] いくつかの検出装置は眼をくらまされ、さらにはその検出装置はアリスの光子をこれで拾っているのだと思い込ませられることもある。

9・4 展望

エドガー・アラン・ポーは「おおよそ、人間の巧妙さは人間の巧妙さで解けない暗号を考えることはできないと断言していいだろう」と書いたことが知られる。[49] 理論的にはポーは間違っていた。しかるべき条件の下でしかるべく実行されれば、ワンタイムパッドやBB84のような手法は、イブにできるどんな攻撃に対しても安全だということは証明できる。それでも現実の状況では、ポーが正しかったことに疑いはない。「解読不可能」な方式が実際に用いられるようになるたびに、何らかの予想外の不運な偶然がそのうちイブにそれを破るチャンスを与えてしまう。暗号法学者と暗号解読者の間の競争は続く。人々が秘密のメッセージを送ろうとし続けるかぎり。そして人々が権力、金、関係のようなことに関心を維持するかぎり、秘密のメッセージは生まれ続けることに間違いない。

訳者あとがき

この本は、Joshua Holden, *The Mathematics of Secrets: Cryptography from Ceasar Ciphers to Digital Encryption* (Princeton University Press, 2017) を訳したものです（文中、〔 〕でくくった部分は訳者による補足です。原書には註番号はなく、該当箇所をフレーズで参照していましたが、本訳書では番号を付しました。また参照されている文献に邦訳がある場合は適宜その旨を補足しましたが、本書での訳文には、本書訳者による私訳を用いています）。

著者のホールデンは、計算機学や数論、さらにもちろん暗号学が専門で、アメリカのインディアナ州にあるローズ＝ハルマン工科大学の数学教授を務めています。本書はその著者が、暗号法を数論や離散数学の好例として取り上げ、数学を専門としない人々（とくに学生）に向けて解説した本です。現実の細かく大規模な数理には立ち入っていませんが、エッセンスとして紹介される合同算術の仕組みや、それが逆元、離散対数、楕円曲線……と拡張、展開されていくところ、またそのエッセンスが、単純な形であってもおもしろいように暗号に利用されるところなどは、あらためてなるほどと思える解説です。本書はそのような積み重ねを通じて、現代応用数学のこの方面での重要なテーマや応用を覗き、さらには今後の展望も得られるように書かれた暗号学入門となっています。

現代のネットワーク社会では、暗号は必須のものとなっていますが、私たちはたいてい、多くの技術と同様、仕組みはブラックボックスに入れて、必要な結果だけをやりとりしています。携帯電話やスマホの仕組みは知らなくても使うことはできてしまいます。現代はほとんどコンピュータが自動的に処理してくれているので、自分が何かをクリックしたりタップしたりした先に暗号にかかわる処理がある（あるいはない）のを意識することさえないかもしれません。

ただ、ふだんそれに気づかないからといって、その処理の部分がないわけではなく、そこを覗き込んで暗号にかかわる処理を見ると、安全確保はやはり実に面倒な作業だということもわかります。そしてそれは、コンピュータがやってくれているから安心してばかりもいられないことでもあります。ブラックボックスの一部なりとも、いわれや仕組みを知ること、あるいは意識しないで使っているときに思い出すことは、自分のしていることや依存しているシステムの全体的な構図をおさえるという意味で大事なことなのだろうと思います（本書を読むと、ときどきどこかを、場合によっては間違って、クリックやタップをしたときに浮かび上がる謎のようなウィンドウの意味に思い当たったりすることもあるでしょう）。それもまた、安心しっぱなしではない、安全につながる一歩なのかもしれません。

著者も言っている通り、この分野を専門として身につけるのであれば、もっと深い奥がありますが、極端にまとめればほとんどは算数の延長、せいぜい高校の代数や基礎解析（いささか古い用語かもしれませんが）程度の範囲で把握できるところであれば、専門としてでなくても垣間みることができ、そこでつかめるイメージというのもあるでしょう。著者が紹介するのはそういう部分で、まずはその範囲で見えることをぜひつかみ、クリックやタップの先で進行する様々なことの一端をイメージしていただければ、そして著者が望むように、それが気に入っていただければと思います（もちろん、意欲のある読者には、単純な形でつかんだものをきちんと拡張してもらうことも、著者は陰に陽に勧め、望んでいます）。

本書の翻訳は、青土社の篠原一平氏の勧めで担当することになりました。このような機会を与えてもらい、出版までの実務もすべて見てもらって支援していただきました。また装幀は岡孝治氏に担当していただきました。記して感謝します。

訳者識

二〇一七年四月

暗号の数学
シーザー暗号・公開鍵・量子暗号…

二〇一七年四月二八日　第一刷印刷
二〇一七年五月一二日　第一刷発行
ISBN978-4-7917-6984-1, Printed in Japan

著者　ジョシュア・ホールデン
訳者　松浦俊輔
発行者　清水一人
発行所　青土社
東京都千代田区神田神保町一―二九　市瀬ビル　〒一〇一―〇〇五一
（電話）三二九一―九八三一（編集）三二九四―七八二九（営業）
（振替）〇〇一九〇―七―一九二九五五

印刷・製本　ディグ

装幀　岡孝治

註

まえがき

1. Stephen W. Hawking, *A Brief History of Time: From the Big Bang to Black Holes* (Toronto; New York: Bantam, 1988), p. vi.〔ホーキング『ホーキング、宇宙を語る』林一訳、ハヤカワ文庫 NF（1995）〕
2. J・W・S・「イアン・」カッセルズ (1922–2015) は元ケンブリッジ大学純粋数学科長。引用は、Bruce Schneier, *Applied Cryptography*, 2d ed. (New York: Wiley, 1996), p. 381.〔シュナイアー『暗号技術大全』安達真弓ほか訳、ソフトバンクパブリッシング（2003）〕

第 1 章　暗号入門と換字

1. David Kahn, *The Codebreakers*, rev. ed. (New York: Scribner, 1996), p. xvi.〔カーン『暗号戦争』秦郁彦／関野英夫訳、ハヤカワ文庫 NF（1972、初版の部分訳）〕
2. Edgar C. Reinke, "Classical cryptography," *The Classical Journal* 58:3 (1962).
3. Suetonius, *De Vita Caesarum, Divus Iulius* (*The Lives of the Caesars, The Deified Julius*; 紀元前 110 頃), paragraph LVI.〔スエトニウス『ローマ皇帝伝』国原吉之助訳、岩波文庫（1986）上巻所収〕
4. シーザーの頃のローマ字アルファベットには、実際には w や z はなかったが、考え方は変わらない。
5. ラテン語では "Et tu, Brute." William Shakespeare, *Julius Caesar* (1599), 第 3 幕 , 第 1 場 , line 77.〔シェイクスピア『ジュリアス・シーザー』諸訳あり〕
6. Carl Friedrich Gauss, *Disquisitiones arithmeticae* (New Haven and London: Yale University Press, 1966), Section I でのこと〔ガウス『ガウス整数論』足立恒雄 , 杉浦光夫 , 長岡亮介編、朝倉書店（2003）〕。
7. 合同算術を暗号法に応用することを考える人が出てくるまでには、わかっているかぎりでは、ガウスから数十年かかっている。チャールズ・バベッジ（第 2 章で何度かお目にかかる）は 1830 年代からそうしている史料が残っている（Ole Immanuel Franksen, "Babbage and cryptography. Or, the mystery of Admiral Beaufort's cipher," *Mathematics and Computers in Simulation* 35:4 (1993), p. 338–39）。合同算術と暗号法についての著述を発表した最初の人物は、1888 年のヴィアリ伯爵ガエタン・アンリ・レオンらしい。同伯爵は初の暗号印刷装置をいくつか考案したことでも知られる（Kahn, *The Codebreakers*, p. 240）。
8. 「復号する（デコード）」と「デクリプト」も、「エンコード」と「エンクリプト」と似たような定義がされる。古めの本には、現代なら「暗号解読する（クリプタナ

ライズ)」と言う場面で「デクリプト」を用いるものがある——この古い用法は、他の言語でも標準になっている場合があるので、英訳された本でも見られるかもしれない。

9. シーザーがときどき3字以外のずらし方やもっと複雑な暗号を用いていたらしい証拠もある（Reinke, "Classical cryptography"）。
10. Auguste Kerckhoffs, "La cryptographie militaire, I," *Journal des sciences militaires* IX (1883).
11. ケルクホフス論文のタイトルから見当がつくかもしれない。「軍用暗号法」である。
12. 方式を秘密にしておかないことには別の利点もあり、これはもっと近年になってから広く認められるようになった。当該の方式を使った人が増えれば、その何らかの欠陥が発見される〔それに対処する〕可能性も高まるということだ。これと同じ基本姿勢が、オープンソース・ソフトウェア運動の重要な部分となっている。
13. Suetonius, *The Divine Augustus*, paragraph LXXXVIII.〔前掲の『ローマ皇帝伝』上巻所収〕
14. 複数の名を持つ暗号は多い。合同算術を用いた説明でも、それなしでの説明でも可能な場合にはとくにそうだ。私はだいたい、特定の意味を明瞭にしたい場合以外は、合同算術がらみの名称を用いる。
15. 乗算暗号と言っても、実はデシメーション法の別名に他ならない。
16. あるいは右へ $26 - k$ 字シフトしてもよい。$26 - k$ は26を法として $-k$ と同じだからだ。
17. 実際には、この数を表す標準的な表記法が一つ決まっているわけではない。$\overline{3}$も 3^{-1} もよく使われる。ガウスは単純に 1/3 (mod 26) と呼んだ（Gauss, *Disquisitiones arithmeticae*, Article 31）。
18. ヘブライ語のアルファベットでは、第1字はアレフで、これは最後の文字タブに置き換えられ、第2字ベトは最後から2番めのシンに暗号化される。ヘブライ語でこの4文字をつづると「アトバッシュ」となる。
19. Kahn, *The Codebreakers*, pp. 77–78. アトバッシュ暗号は小説『ダ・ヴィンチ・コード』にも登場した（Dan Brown, *The Da Vinci Code*, 1st ed. (New York: Doubleday, 2003), Chapters 72–77〔ブラウン『ダ・ヴィンチ・コード』越前敏弥訳、角川文庫（上中下、2006)〕）。
20. Ibrahim A. Al-Kadi, "Origins of cryptology: The Arab contributions," *Cryptologia* 16 (1992).
21. Lester S. Hill, "Cryptography in an algebraic alphabet," *The American Mathematical Monthly* 36:6 (1929).
22. 加算段階は各文字に独自に別の作用をするので、本書第2章で見るような多アルファベット暗号と考えてよいだろう。
23. Parker Hitt, *Manual for the Solution of Military Ciphers* (Fort Leavenworth, KS: Press of the Army Service Schools, 1916), Table IV.
24. Hitt, *Manual*, Table V.

25. Louis Weisner and Lester Hill, "Message protector," United States Patent: 1845947, 1932. http://www.google.com/patents?vid=1845947
26. 第二次世界大戦でドイツ軍が使ったエニグマ装置がその例で、これについては本書２・８節でもう少し詳しく見る。
27. たとえば本書４・５節を参照。
28. ヒル・アフィン暗号は鍵が６個の数なので、イブには６本の方程式、つまり平文３ブロックが必要となる。一般に、ヒル・アフィン暗号を破るには、ブロックサイズよりも一つ多い平文ブロックが必要となるが、これはそれほど大きな改善ではない。

第２章　多アルファベット換字暗号

1. Al-Kadi, "Origins of cryptology".
2. Kahn, *The Codebreakers*, 107.
3. Kahn, *The Codebreakers*, 108.
4. Henry Beker and Fred Piper, *Cipher Systems* (New York: Wiley, 1982), Table S1.
5. Ronald William Clark, *The Man Who Broke Purple: The Life of Colonel William F. Friedman, Who Deciphered the Japanese Code in World War II* (Boston: Little Brown, 1977).〔クラーク『暗号の天才』新庄哲夫訳、新潮社（1981)〕
6. つづりは Elizebeth で､z の後は e になっている。これは娘が「Eliza（イライザ)」と呼ばれることを母が嫌ったからだという。Clark, *Man Who Broke Purple*, p. 37.
7. フリードマンが一致指数を考案したことに違いはないが、ここに示した形のものは、助手のソロモン・カルバックによるという点は言っておくべきだろう。
8. 暗号文の文字数が違えば実際に得られる数値は異なるが、基本的な考え方は同じ。
9. 実際、２回とも同じ文字を選べるとしてもかまわないように見える。もちろんその場合も合致するからだ。逆に、先に見た場合では、大量のテキストを見ているという前提なので、両方ともまったく同じ文字という可能性はごく小さく、１回選んだ１字分は除くという心配はしなかった。
10. William Friedman, *Military Cryptanalysis. Part III, Simpler Varieties of Aperiodic Substitution Systems* (Laguna Hills, CA: Aegean Park Press, 1992), p. 94. フリードマンとカルバックは、一致した実際の数を表すために ϕ を用いた。つまりここでの一致指数の分子、あるいは指数の 322 × 321 倍を指していた。
11. 平文は Mark Twain, *The Adventures of Tom Sawyer* (1876), Chapter 2 から取った〔トウェイン『トム・ソーヤーの冒険』諸訳あり〕。
12. 平文は Twain, *Adventures of Tom Sawyer*, Chapter 5 から取った。
13. この技はおそらく前から知られていたが、公表はされていなかった。Kahn, *The Codebreakers*, p. 127.
14. アルベルティの頃のラテン語アルファベットは 24 字だったし、本人は暗証番号用の数字の区画もいくつか使っていたが、ここでは装置の多アルファベットの部分に集中するために、そうした点は気にしないことにする。
15. Kahn, *The Codebreakers*, p. 128.

16. これは先に見た乗法暗号になっている。
17. アルベルティ暗号の弱点については、Kahn, *The Codebreakers*, p. 136.
18. これが実際に $kP+m$ 暗号で、ただ先のような、まずかけてから足すのではないことを示すのは、関心のある読者の練習問題にしておく。この種のことについては本書３・３節でもっと見る。
19. 1485年に出版された *De Re Aedificatoria.*〔アルベルティ『建築論』相川浩訳、中央公論美術出版（1982）〕
20. たとえば、Thomas Ernst, "The numerical-astrological ciphers in the third book of Trithemius's Steganographia," *Cryptologia* 22:4 (1998); Jim Reeds, "Solved: The ciphers in book III of Trithemius's Steganographia," *Cryptologia* 22:4 (1998) を参照。
21. 実はトリテミウスは最終行を省いていたが、いずれ必要になる。
22. C. J. Mendelsohn, "Blaise de Vigenère and the 'Chiffre Carré,' " *Proceedings of the American Philosophical Society* 82:2 (1940), p. 118.
23. ベラーソの人生については、Augusto Buonafalce, "Bellaso's reciprocal ciphers," *Cryptologia* 30:1 (2006).
24. 現代のほとんどの著述では、まず平文アルファベットにＡのラベルをつけ、最後の行は使わない。私がこのようにした理由はすぐに明らかになるはずだ。いずれにせよ、ベラーソは鍵文字の並べ方にはよらないことを知っていた。
25. ベラーソ家の紋章は「青地に三つの赤い舌を出した金のライオンの横顔」だった。Augusto Buonafalce, "Bellaso's reciprocal ciphers," *Cryptologia* 30:1 (2006).
26. 言い換えれば、暗号化式は $C \equiv P + k \pmod{26}$ である。逆転表を使えば次のようになる。

$$C \equiv k - P \pmod{26} \equiv 25P + k \pmod{26}$$

27. Buonafalce, "Bellaso's reciprocal ciphers".
28. 実際には、誰が最初に両者を組み合わせることを考えたのかははっきりしない。ベラーソが考えて、自身で考えたもっと複雑な方式の方を採って、こちらはすぐに捨てたという可能性は大いにある。
29. ここからさらに言えることは、本書５・２節で見る。
30. バベッジについては、Franksen, "Babbage and cryptography".
31. カシスキーについては、Kahn, *The Codebreakers*, p. 207.
32. 因数 (factor) は約数 (divisor) と同じ意味だが、カシスキー・テストの話をするときは、何らかの理由で因数を使う方が一般的になっている。
33. フリードマンが実際に κ テストを考えたのは、少し異なる暗号を解くためで、これについては５・１節で見る。
34. A. A. Milne, *Winnie-the-Pooh*, reissue ed (New York: Puffin, 1992), Chapter 1.〔ミルン『クマのプーさん』石井桃子訳、岩波少年文庫（2006）など〕
35. Milne, *Winnie-the-Pooh*, Chapter 3.
36. 相異なる鍵による二つの暗号文なら、まったくのランダムによる一致度になると

は言えないが、このテストについては十分に近いと言える。

37. もちろん、平文の選び方が非常に幸運だったということだ。50のうちの3.8%、つまり「およそ2」と、50のうちの6.6%、つまり「およそ3」の違いは、通例の誤差の範囲内で、安心して区別できるほどではない。少なくとも100文字の文章を使うべきだし、それを2回か3回繰り返せばもっと良いだろう。

38. 上側の文が末尾に達したら最初に戻してもいるが、どちらの方向でもここでの話には影響しない。しかし少し長い文章ができはする。

39. 「スライド」はたいてい、様々な換字暗号で用いられるある装置を指す。「シフト」は一般に加算暗号を表すのに使われる。

40. William Friedman, *Military Cryptanalysis. Part II, Simpler Varieties of Polyalphabetic Substitution Systems* (Laguna Hills, CA: Aegean Park Press, 1984), pp. 21, 40. 実は、これはχテストの特殊例だ。これについては本書5・1節で見て、成り立つことを確かめる。

41. 実際には、イブの選択肢が比較的限られたものになるかぎり、暗号が加算かどうかはどうでもよい。

42. 平文は、Lewis Carroll, |*Alice's Adventures in Wonderland*| (1865), Chapter 1による〔キャロル『不思議の国のアリス』諸訳あり〕。

43. Franksen, "Babbage and cryptography," p. 337. 反復鍵暗号の複数の合成を破るためのもっと現代的な技は、重ね書きを含み、鍵の一つの長さを使って、列の「差」を調べる。鍵の一つは相殺され、単純な鍵で暗号化された平文の差が残る。本書5・1節の技に関係するものは、「差をとった」平文を分析して第二の鍵を抽出するのに使える。詳しい解説については、Alan G. Konheim, *Cryptography, A Primer* (New York: Wiley, 1981), Sections 4.11–15を参照。

44. Kahn, *The Codebreakers*, pp. 425–26.

45. Robert Morris, "The Hagelin cipher machine (M-209): Reconstruction of the internal settings," *Cryptologia* 2:3 (1978) は、「この装置は1950年代初期まで、米陸軍で戦術目的で広く用いられた」と言う。Kahn, *The Codebreakers*, photo facing p. 846 (described on p. 1151) には、アメリカ兵が1951年10月、朝鮮半島のハプチョンでM-209を使っている写真が出ている。

46. 私が見たC-362 (Jerry Proc, "Hagelin C-362," http://www.jproc.ca /crypto/c362.html) の写真では、実際には、非動作位置があるとしてもそれが何個かはしっかりとは見えない。要するにC-36にはいくつかのバージョンがあって、突起やポジションの数が違うらしい。M-209は明らかに非動作ポジションが二つある。

47. 細かく言えば、最初の換字は逆転表により、他は多表式。さらに重要なことに、合成暗号も反復鍵暗号で、実際には反転逆転表換字暗号となっている。

48. これは固定突起のC-36型用の実際の突起配置で、Frédéric André, "Hagelin C-36," http://www.fredandre.fr/c36.php?lang=en による〔翻訳時点では開けないが、URLを検索語として検索すると、アーカイブしたサイトが見つかる〕。

49. ABC, "The Muppet Show: Sex and Violence," Television, 1975.〔意味不明な言葉の象徴となる台詞〕

50. 厳密に言うと、ホイールの最初の位置は同じままでよく、その代わりピンをすべて変えることができる。しかし最初の位置を変える方がはるかに易しい。そのため、それが鍵に余分のばらつきを与える一般的な方法となった。
51. 一つの方法は χ テストで、これについては本書5・1節で見る。
52. 暗号文単独攻撃については、Wayne G. Barker, *Cryptanalysis of the Hagelin Cryptograph* (Laguna Hills, CA: Aegean Park Press, 1981), とくに Chapter 5; Beker and Piper, *Cipher Systems*, Section 2.3.7 には、突起の設定を求める少し違う方法が出ている。
53. 既知平文攻撃については、Barker, *Cryptanalysis of the Hagelin Cryptograph*, とくに Chapter 6; また、Beker and Piper, *Cipher Systems*, Section 2.3.5–2.3.6; 後者は Morris, "The Hagelin cipher machine" に忠実に従っている。Barker, *Cryptanalysis of the Hagelin Cryptograph* には、様々な情報を用いた他の攻撃法もいくつか出ている。
54. Karl de Leeuw, "The Dutch invention of the rotor machine, 1915–1923," Cryptologia 27:1 (2003).
55. この4人の時系列については、Friedrich L. Bauer, "An error in the history of rotor encryption devices," *Cryptologia* 23:3 (1999) を参照。ただ、これはファン・ヘンヘルとスペングラーの成果が明らかになる前に書かれていることに留意。
56. de Leeuw, "Dutch invention". シェルビウスが自分で特許を申請する前にオランダの特許を見ることができたかについては、私はよくわからない。
57. ダムのローターはとくに、他のとは動作がまったく違っていた。たとえば、Friedrich Bauer, *Decrypted Secrets*, 3rd, rev., updated ed. (Berlin [u.a.]: Springer, 2002), Section 7.3 を参照。
58. ローターで乗算暗号を用いることにとくに理由はないし、実は使わない理由ならいくつかある——まず、実際に十分なローターがないなど。しかし式には表しやすいし、一般原理はあまり違わない。
59. 式を簡単にしたければ、これは実はアフィン暗号であることがわかるだろうが、それはここでの話には重要ではない。
60. もちろん、有名なドイツのエニグマ型ローター装置ではたいてい、動きはこれほど単純ではなかった。エニグマ型の何種類かと、ローターの動きなどの違いについては、David H. Hamer, Geoff Sullivan, and Frode Weierud, "Enigma variations: An extended family of machines," Cryptologia 22:3 (1998) を参照。
61. ローターの配線が複雑になれば、式はもっと複雑になるだろう。乗算を片づけて式を少し簡単にしたいところかもしれないが、もっと実用的な方式では、それもできない。
62. エニグマとその初期の歴史については優れた解説がたくさんある。私が参照したのは、Józef Garliński, *The Enigma War: The Inside Story of the German Enigma Codes and How the Allies Broke Them*, hardcover, 1st American ed. (New York: Scribners, 1980), Chapters 1–2 と Appendix; Bauer, *Decrypted Secrets*, Section 7.3; Konheim, *Cryptography, Sections* 5.6–5.7 である。

63. 後の複雑化には、8通りのローターを用意してそのうち三つ（場合によっては四つ）が使えるようにし、配置を換えられるリフレクターを入れ、二番以降のローターがどれだけの頻度で回転するかを決める装置の変化があった。

64. Kahn, *The Codebreakers*, pp. 973–74; また、Garliński, *Enigma War*, Appendix; Bauer, *Decrypted Secrets*, Section 19.6 も参照。もう少し特殊な状況用に、他のも多くの方法が工夫された。

65. Kahn, *The Codebreakers*, pp. 975–76; また、Garliński, *Enigma War*, Appendix; および Bauer, *Decrypted Secrets*, Section 19.6 も参照。「ありそうな単語」攻撃については、たとえば Bauer, Section 19.7 を参照。ポーランドとイギリスでは、必要な総あたり探索を行うために、現代的なコンピュータの重要な先駆形態がいくつか開発された。

66. この技については、本書5・1節でもう少し詳しく見る。

67. 詳細は、Konheim, *Cryptography,* Sections 5.4–5.5 および 5.8–5.9 を参照。

68. de Leeuw, “Dutch invention”.

69. Kahn, *The Codebreakers*, pp. 417–20.

70. Kahn, *The Codebreakers*, pp. 421–22; David Kahn, *Seizing the Enigma*, 1st ed. Boston: Houghton Mifflin, 1991, pp. 31–42.

71. ダムとハーゲリンの話は、Kahn, *The Codebreakers*, pp. 425–27.

72. やはりローター式で有名なイギリスのタイペックスは、あからさまに第2次大戦中のエニグマに基づいていた（Louis Kruh and C. A. Deavours, “The Typex Cryptograph,” Cryptologia 7:2 (1983)）。同様に、ソ連は 1956 年、フィアルカ式ローター式を導入した（Paul Reuvers and Marc Simons, “Fialka,” http://www.cryptomuseum.com/crypto/alka/）。おそらく両国とも、元のローター型装置の考案者に報いようとは考えなかった。日本では、アメリカ側から「レッド」と呼ばれた暗号装置がローター型で、ダムのものに似た素子がついていた。しかしもっと有名な「パープル」暗号装置は、別の原理を用いていた。日本の装置についての詳しい話は、たとえば、Alan G. Konheim, *Computer Security and Cryptography* (Hoboken, NJ: Wiley-Interscience, 2007), Chapter 7 を参照。

第3章　転置暗号

1. スキュタレーが本当にあったかどうかについては、Thomas Kelly, “The myth of the skytale,” *Cryptologia* 22 (1998). スキュタレーは確かにあったが、使い方は違っていたという可能性もある。たとえば、Reinke, *Classical cryptography* を参照。

2. Plutarch, Plutarch’s Lives (London; New York: Heinemann; Macmillan, 1914), Lysander, Chapter 19.〔プルタルコス『英雄伝』ちくま学芸文庫（上中下、1996)〕

3. ヘロドトスはケオスのシモニデスのものとする。William Lisle Bowles の英訳で、Edward Strachey, “The soldier’s duty,” *The Contemporary Review* XVI (1871) に引用されたもの。

4. 3と11ではなく、素数でない数を使ったら、もう少し増える。何通りできるかわかるだろうか。

5. Hitt, *Manual*, Chapter V, Case 1, p. 26–27.
6. William Friedman, *Advanced Military Cryptography* (Laguana Hills, CA: Aegean Park Press, 1976).
7. Hitt, *Manual*, Chapter V, Case 1-i, p. 29.
8. Hitt, *Manual*, Chapter V, Case 1, p. 30.
9. David W. Gaddy, "The first U.S. Government Manual on Cryptography," *Cryptologic Quarterly* 11:4 (1992).
10. Kahn, *The Codebreakers*, Chapter 7, p. 215. また、この暗号方式の由来についてさらに細かいことは、David W. Gaddy, "Internal struggle: The Civil War," pages 88–103 of *Masked Dispatches: Cryptograms and Cryptology in American History, 1775–1900,* 3rd ed. National Security Agency Center for Cryptologic History, 2013 を参照。
11. Al-Kadi, "Origins of cryptology".
12. Al-Kadi, "Origins of cryptology".
13. 例は、Kahn, *The Codebreakers*, p. 96 による。
14. Al-Hasan ibn Hani al-Hakami Abu Nuwas, "Don't cry for Layla," Princeton Online Arabic Poetry Project, https://www.princeton.edu/~arabic/poetry/layla.swf.
15. なお、元の文字の位置ではなく、文字が移る先による表記を好む数学者もいるが、本節の後の方や第４章で、とくにいくつかのメッセージの成分を繰り返したり落としたりする暗号演算を見る場合には、本書のものの方が都合がいいことがわかるだろう。
16. Abu at-Tayyib Ahmad ibn al-Husayn al Mutanabbi, "al-Mutanabbi to Sayf al-Dawla," Princeton Online Arabic Poetry Project, http://www.princeton.edu/~arabic/poetry/al_mu_to_sayf.html.
17. 数字「4132」が再び現れるが、これはたまたまではない――つながりがわかるだろうか。
18. 解読して得られる平文は、al Mutanabbi, "al-Mutanabbi to Sayfal-Dawla" による。
19. 確かに中学や高校で習う関数とは違って、これは実数ではなく、文字やその位置に作用する。このことについては本書４・３節でもう少し述べる。
20. 自明な転字をどう書けばよいか、おわかりだろうか。
21. 実際、暗号学者はこの関数を、まったく転字ではないのに、拡張転字と呼ぶことも多い。私は拡張関数というのが落としどころとして良いと思う。
22. あるいは圧縮転字。
23. さらにもう少しややこしい話をすると、すべての数学者が転字合成を同じ順番に書くわけではない。ここで行なった順番とは逆に、右の転字を先にして、それから左の転字をする人々もいる。読者がそちら側の方だったとしても、苦情の手紙は書かないように。
24. 本書４・３節で見るような技巧を凝らしたことをするのではないなら。
25. 間違いではない。今度の鍵語と転字数字は同じになる。なぜかおわかりか。

26. John (J. F.) Falconer, {*Rules for Explaining and Decyphering All Manner of Secret Writing, Plain and Demonstrative with Exact Methods for Understanding Intimations by Signs, Gestures, or Speech*..., 2nd ed. (London: Printed for Dan. Brown ... and Sam. Manship ... , 1692), p. 63.
27. ファルコナーについては、Kahn, *The Codebreakers*, p. 155.
28. たとえば、Kahn, *The Codebreakers* に挙げられている多くの資料を参照。
29. 「靴と靴下」原理に注意しよう。アリスは平文を鍵は使わずに書き、暗号文をキーを使って読み取る。ボブは手順を逆にして、暗号文を鍵を使って書き、鍵を使わずに読み取る。
30. Kerckhoffs, "La cryptographie militaire, I," pp. 16–17. ニヒリストの転置暗号はニヒリストの換字暗号という別のものと混同してはいけない。
31. Kahn, *The Codebreakers*, p. 539. 正確に言うと、これは後の164頁の補足で解説する、「不完全充填長方形」と呼ばれるものだ。イギリスや連合国が第二次世界大戦中に用いた暗号についてさらに詳しい話は、Leo Marks, *Between Silk and Cyanide*, 1st US ed (New York: Free Press, 1999) も参照。
32. あまり使わない文字によるヌル文字を加える場合は除外。
33. 数えている母音字はa、e、i、o、uだけで、これは必ず母音字と数える〔語尾のeのように母音として発音しない場合も数えるということ〕。細かい話もできるが、規則にのっとっていれば細かいことは気にしなくてよい。
34. 標準偏差を知っていれば、分散は標準偏差の二乗のことだが、ここでは分散を考えた方が少し扱いやすくなる。
35. 実際のところ、そんな10字の単語を見つけることはできていない。11字の単語は見つかったが、「twyndyllyng」だけだった。幼い双子を表す古い単語だ。他の単語を知っている人もいるかもしれない。
36. これが鍵式縦組転置ではなく転字暗号なら、絶望的にごちゃごちゃというのはおそらく言い過ぎになるだろう。可能性が高いのは、各暗号文の段に平文の連続していない2段か3段が混じっていることだ。それでも、この統計学的方法はまだ非常にうまくいく。
37. もちろん、実際には列Iが最後の列である可能性を検討すべきだろう。その場合には、その前の列を求めるか、先頭に戻る列を求めるかできる。後者の場合、列のそれぞれの文字を1段下にシフトすることになる。
38. 先の1・6節の場合のように、Hitt, *Manual*, Table IV を用いている。
39. William Friedman, *Military Cryptanalysis. Part IV, Transposition and Fractionating Systems* (Laguna Hills, CA: Aegean Park Press, 1992), p. 5.
40. Friedman, *Military Cryptanalysis. Part IV*, p. 6.
41. Friedman, *Military Cryptanalysis. Part IV*} p. 6, note 5 では、これは「部局にいる部下の暗号解読官、A・W・スモール氏のおかげによる案。この原理によって、アナグラムの過程で列の照合を加速し、容易にする目的で、タビュレーティング・マシンを使用するのが実用的になる」と言われている。タビュレーティング・マシンとは、ここではコンピュータのことと思っていただければよい。

42. 0の対数は定義されておらず、使えない。
43. 0は1の対数であるため。
44. あるいはもしかすると、一順して次の行に移って第V列かもしれない。
45. 平文はHoward Roger Garis, *Uncle Wiggily's Adventures* (New York: A. L. Burt, 1912), Story I から取った。
46. 転字数字を作るために使う鍵語が何かを知る術はない。たとえば、word を鍵語にしても idea を鍵語にしても同じ暗号になる——試して確かめてみること。
47. 実は、転字暗号に連結法を用いるのは、反復鍵暗号のところで見た重ね書きを使うのとよく似ている。またこれから見ようとしている複式アナグラムの技は、本書5・1節で見る形の重ね書きによく似ている。
48. 平文は Howard Garis のシリーズ本のタイトル。
49. 下段の先頭に k ではなく k+1 を入れる理由は、ばかげた鍵が $k = 0$ になるようにすると都合がいいからだ。
50. W. E. Madryga, "A High Performance Encryption Algorithm," in *Proceedings of the 2nd IFIP International Conference on Computer Security: a Global Challenge*, edited by James H. Finch and E. Graham Dougall (Amsterdam: North-Holland, 1984).
51. Ronald L. Rivest, "The RC5 encryption algorithm," in Bart Preneel (ed.), *Fast Software Encryption* (Springer Berlin Heidelberg, 1995).
52. Ronald L. Rivest et al., "The RC6TM block cipher," NIST, August 1998, series AES Proposals. ついでながら、RC5 と RC6 は、ロン・リヴェスト—— RC6 の場合は助けも借りて——によって考案された。この人物には第7章でもお目にかかる。RC6 は、本書第4章で取り上げる AES コンペの最終選考に残った。
53. Gonzalo Alvarez et al., "Akelarre: A new block cipher algorithm," in Stafford Tavares and Henk Meijer (eds.), *Proceedings of the SAC '96 Workshop* (Kingston, ON: Queen's University, 1996).
54. Alex Biryukov and Eyal Kushilevitz, "From di erential cryptanalysis to ciphertext-only attacks," in Hugo Krawczyk (ed.), *Advances in Cryptology—CRYPTO '98* (Springer Berlin Heidelberg, 1998).
55. B. S., Kaliski and Yiqun Lisa Yin, "On the security of the RC5 encryption algorithm," RSA Laboratories (September 1998).
56. James Nechvatal et al., Report on the development of the Advanced Encryption Standard (AES), NIST (October 2000).
57. Alvarez et al., "Akelarre".
58. Niels Ferguson and Bruce Schneier, "Cryptanalysis of Akelarre," in Carlisle Adams and Mike Just (eds.), *Proceedings of the SAC '97 Workshop* (Ottawa, ON: Carleton University, 1997); Lars R., Knudsen and Vincent Rijmen, "Ciphertext-only attack on Akelarre," *Cryptologia* 24:2 (2000). 後の方の論文には、基本的に回転以外はすべてすり抜けた攻撃の例が出ている。同論文の初期の形のものでは、強い暗号二つを組み合わせて弱い暗号にするせいで、「正しいこと二つが間違いになること

がある」と言われていた。

59. ただし、二つの理由で実際にはもう少し易しい。まず、列の数が変化する暗号はコンピュータで実装するのが比較的難しいので、列の数がわかる。次に、転字は回転であることがわかっているので、試すべき可能性はずっと少ない。

第４章　暗号とコンピュータ

1. Polybius, *The Histories*, Cambridge, MA: Harvard University Press, 1922–1927, Book X, Chapters 43–47.〔ポリュビオス『歴史』、城江良和訳、京都大学出版会（全４巻 2004 ～ 2013）、参照されている部分は第３巻所収〕
2. この方法は長く用いられた――アメリカ人にとって最も有名な例は、「陸路なら（ランタン）一つ、海路なら二つ」だろう〔独立戦争当時の英軍の動きを独立軍に伝えるために用いられた合図〕
3. Polybius, *Histories*, X. 45. 7–12.
4. 公平を期すなら、ポリュビオスがメッセージを秘匿することを考えていたかどうかは明らかではない――最大の関心は、ただメッセージを手早く正確に遠くへ伝えることだった。
5. あるいは３次元の表も使えるが、この本のような本で印刷するのが難しい。
6. 底が９の表と似ているのは偶然ではない。第 r 行第 c 列にある文字を表す $r9 + c$ と $r \cdot 9 + (c_1 \cdot 3 + c_2)$ が似ていることに由来する。
7. ベーコンはアルファベットのうちｉとｊ、ｕとｖは同じものとして扱い、24 字だけにして、00001 からではなく、00000 から始めた。また、記号としては０と１ではなく *a* と *b* を使った。実は、ベーコンが *a* と *b* の列を数と思っていたかどうかも明らかではない。他方、二進数が収まるのと同じ順番で並べている。
8. Francis Bacon, *Of the Advancement and Proficience of Learning* (Oxford: Printed by Leon Lichfield, Printer to the University, for Rob Young and Ed Forrest, 1640), Book VI, Chapter I, Part III.〔ベーコン『学問の進歩』服部英次郎、多田英次訳、岩波文庫（1974）〕
9. William V. Vansize, “A new page-printing telegraph,” *Transactions of the American Institute of Electrical Engineers* 18 (1902), p. 22.
10. Vansize, “New page-printing telegraph,” p.22.
11. 正確に言えば、これはボードーが考えた元の符号ではなく、その改訂版だった。
12. 非算術的加法は、知っている人にとっては、２を法とするベクトルの加算とも考えられる。コンピュータ・プログラムの経験があれば、ビット処理排他的論理和、つまり XOR という名で知っているかもしれない。
13. Gilbert Vernam, “Secret signaling system,” U. S. Patent: 1310719, 1919, http://www.google.com/patents?vid=1310719
14. 例のごとく、実際の方式は、文字や数字を何らかの鍵によって混ぜ合わせることになる。
15. Friedman, *Military Cryptanalysis*. Part IV, p. 97.
16. Michael van der Meulen, “The road to German diplomatic ciphers—1919 to

1945," *Cryptologia 22:2* (1998), p. 144.

17. David Kahn, "In memoriam: Georges-Jean Painvin," *Cryptologia* 6:2 (1982), p. 122. 最初の導入時のマスは５×５で、使われた文字は ADFGX だけだった。暗号文用の文字は初期のエラー訂正の例とも言うべきものが選ばれている。この文字に対応するモールス符号が大きく違っていて混同しにくくかったからだ。
18. Kahn, *The Codebreakers*, p. 344. 現代の言い方では、これを差分攻撃と言い、本書４・４節でも見る。
19. Friedman, *Military Cryptanalysis*. Part IV, pp. 123–24.
20. M. Givierge, *Cours de cryptographie* (Paris: Berger-Levrault, 1925) の原書にある。
21. C. E. Shannon, "Communication theory of secrecy systems," *Bell System Technical Journal* 28:4 (1949).
22. Shannon, "Communication theory". 攪拌の通説的定義は年月を経るうちに突然変異してきた。たとえば、Schneier, *Applied Cryptography*, p. 237 は、それを、たとえば換字などによって「平文と暗号文の関係を隠すこと」と定義する。
23. そうでなければ、暗号文のどの文字が行を表しどの文字が列を表すかを区別できるかもしれない。この情報を母音字と子音字に同じように使えば列数を求めることができる。すると列のアナグラムによって、ϕテストによる一致指数が単一アルファベット暗号に合致するような「２字組」にすることが試せる。詳しい解説は、Friedman, *Military Cryptanalysis*. Part IV, pp. 124–43.
24. Shannon, "Communication theory," p. 712.
25. 安全性のために、*U*と *V*も二つの異なる鍵によっていることもある。
26. 少なくとも公開された記録によれば。ＮＳＡのような組織がこの時期にどんなことをしていたかについてはまだほとんどわかっていない。
27. 1944 年までのファイステルについては、Steven Levy, *Crypto*, 1st paperback ed. (New York: Penguin (Non-Classics), 2002), p. 40.〔レビー『暗号化』斉藤隆央訳、紀伊國屋書店（2002)〕
28. 1944 ～ 67 年までのファイステルについては、Kahn, *The Codebreakers*, p. 980.
29. Whitfield Diffie and Susan Landau, *Privacy on the Line*, updated and expanded edition (Cambridge, MA: MIT Press, 2010), p. 57.
30. ファイステルは同じことを考えていたらしいが、当時の人々はほとんどが 64 ビットで十分と考えていた。Horst Feistel, "Cryptography and computer privacy," *Scientific American* 228:5 (1973) を参照。
31. Feistel, "Cryptography and computer privacy".
32. その例にはＳＰＮ構造に対する小さな例外があり、その話もする。
33. Feistel, "Cryptography and computer privacy," p.23.
34. Kwangjo Kim, Tsutomu Matsumoto, and Hideki Imai, "A recursive construction method of S-boxes satisfying strict avalanche criterion," in CRYPTO '90: *Proceedings of the 10th Annual International Cryptology Conference on Advances in Cryptology*, edited by Alfred Menezes and Scott A. Vanstone. (Berlin/Heidelberg, New York: Springer-Verlag, 1991).

35. 本書を書いている段階では8ビットのSボックスが一般的で、16ビットでも聞いたことがないが、高速の128ビットSボックスの製造やプログラムが容易になる頃には、もっと大きなものが必要になっていると予想される。
36. ラウンド鍵が他の数を法として加えられたり、何らかの他の方法と組み合わされたりすることもある。
37. Levy, *Crypto,* p. 41. どうやらルシファー〔悪魔の名〕は、それ以前の名称「demon〔デモン＝悪魔〕」による駄洒落らしい。デモンの方は「demonstoration〔デモンストレーション＝実証〕」の短縮形にすぎないのだが。短縮した理由も単純で、使っていたコンピュータのOSが13字のファイル名を使えなかったからだった。
38. Diffie and Landau, *Privacy on the Line,* p. 251.
39. 実際には、IBMは1973年にあった当初の締切りをパスし、IBMの科学担当重役がDSD-1を候補としてNBSに提出したのは1974年になってからだった。NBSの最初の募集に応じたものはどれも標準には遠く及ばなかったので、NBSは直ちに再募集を行なった。 Levy, *Crypto,* pp. 51–52.
40. Diffie and Landau, *Privacy on the Line,* p. 59.
41. Schneier, *Applied Cryptography,* p. 266.
42. Levy, *Crypto,* p. 58, IBM製品開発グループを率いるウォルト・タックマンの言葉を引いている。
43. とくに数学チームを率いていたアラン・コンハイム。Levy, *Crypto,* p. 59.
44. やはりウォルト・タックマン。Levy, *Crypto,* p. 58.
45. Thomas R. Johnson, *American Cryptology during the Cold War, 1945–1989; Book III: Retrenchment and Reform, 1972–1980* (Center for Cryptologic History, National Security Agency, 1995), p. 232. 該当箇所は、NSAのウェブサイトに掲示されている版では編集されているが、http://cryptome.org/0001/nsa-meyer.htm に掲示されているものでは見ることができる。
46. Eli Biham and Adi Shamir, *Differential Cryptanalysis of the Data Encryption Standard* (New York: Springer, 1993), p. 7. この差分攻撃は、4・2節で述べたADFGVX暗号への攻撃に似たところがあるが、高水準の拡散のおかげで、実行はずっと難しくなっていた。
47. Biham and Shamir, *Differential Cryptanalysis,* pp. 8–9.
48. Eli Biham, "How to make a di erence: Early history of di erential cryptanalysis," *Fast Software Encryption,* 13th International Workshop, 2006での招待講演でのスライド, http://www.cs.technion.ac.il/~biham/Reports/Slides/fse2006-history-dc.pdf〔翻訳時点ではこのURLは開けない〕に引用されたDon Coppersmithのメールによる私信で、D. Coppersmith, "The Data Encryption Standard (DES) and its strength against attacks," *IBM Journal of Research and Development* 38:3 (1994)で公開されている。
49. Coppersmith, "Data Encryption Standard". NSAがSボックスに何らかの「バックドア」を仕掛けて弱くしているのではないかという疑念は残ったが、このカパー

スミス将軍の説明は、暗号学の世界では受け入れられている。
50. Schneier, *Applied Cryptography*, p. 271.
51. Schneier, *Applied Cryptography*, p. 293.
52. あるいは知られていたとしても、何らかの理由でそれについては何もしないことにした。Coppersmith, "Data Encryption Standard".
53. The Electronic Frontier Foundation, "Frequently Asked Questions (FAQ) about the Electronic Frontier Foundation's 'DES cracker' machine," http://w2.eff.org/Privacy/Crypto/Crypto_misc/DESCracker/HTML/19980716_eff_des_faq.html による。下は1536個から上は1856個までの数字を挙げる資料もある。
54. 時間とコストについては、Electronic Frontier Foundation, "'DES cracker' machine".
55. Susan Landau, "Standing the test of time: The Data Encryption Standard," *Notices of the AMS* 47:3 (March 2000).
56. "Announcing request for candidate algorithm nominations for the Advanced Encryption Standard (AES)," Federal Register 62:177 (1997).
57. Susan Landau, "Communications security for the twenty-first century: The Advanced Encryption Standard," *Notices of the AMS* 47:4 (April 2000). AESの選考過程が始まったときには、長さが40ビットを超える鍵を使う暗号ソフトウェアは、DESであっても、合衆国外に輸出するのは一般に違法だった。しかしNISTは外国籍の人物でも、NISTに登録し、アルゴリズムを洩らさないことを約束すれば、AES候補の実装ソフトウェアを得られるようにした。
58. 一度は国外、イタリアのローマで開かれた。
59. Landau, "Communication security".
60. 察しはついているだろうが、設計した二人は自分たちの名を合わせて名称にした〔つづりはRijmenとDaemen〕。ライメンによれば、「オランダ人、フランドル人、インドネシア人、スリナム人、南アフリカ人の方なら、ご本人が当然そうなると思う読み方で〔各地のオランダ語の読み方で〕読めばいいでしょう。それ以外の方は、「レインダール」、「レインドール」、「ラインダール」と読んでもかまいません。「レジョン・ディール」のような音でなければ」。Vincent Rijmen, "The Rijndael page," http://www.ktana.eu/html/theRijndaelPage.htm. Wade Trappe and Lawrence C. Washington, *Introduction to Cryptography with Coding Theory*, 2nd ed. (Upper Saddle River, NJ: Prentice Hall, 2005), pp. 151–152にも引用されている。英語圏の人はたいてい「ラインダール」と言うか、ただ「エーイーエス」と言うかするようだ。
61. 元のラインダールの応募案では、128ビットだけでなく、192ビットや256ビットも認められていたが、NISTは標準にはその二つを入れないことにした。念のために言うと、ブロックサイズを大きくしても必ずしも暗号の強度を高めることにはならない。
62. とりわけ、現代暗号で大きなPボックスを実装することのコストの高さが挙げられる。たとえば、Joan Daemen and Vincent Rijmen, *The Design of Rijndael*, 1st

ed. (Berlin/Heidelberg, New York: Springer, 2002) の p. 75 および p. 131 を参照。

63. これは一種の拡散とも考えられるだろうが、今はきわめて望ましいと考えられている雪崩効果はない。また、先に３・２節で述べた長方形を使った転置暗号も思い当たるはずだ。

64. AES の設計ではこの変換は拡散（ディフュージョン）から取って、D ボックスと呼ばれた。 Daemen and Rijmen, *The Design of Rijndael*, p. 22. 最終ラウンドはヒル暗号の段階を飛ばす。専門的な理由から、これによって解読アルゴリズムの効率的な実装ができる。Daemen and Rijmen, pp. 45–50.

65. Coppersmith, "Data Encryption Standard".

66. これには結局、少々異論があった。AES の S ボックスは差分攻撃や線形攻撃に対しては優れた防御を提供しているが、AES の S ボックスが、次元を高くすると単純になることを利用できると言われた他の攻撃もあった。たとえば、Daemen and Rijmen, *The Design of Rijndael*, p. 156 を参照。

67. 整式は、通常の算法では因数分解できなくても、合同算術では因数分解できることがありうる。たとえば、x^2+1 は通常の算法では素だが、次のようになるので、２を法とする場合は素ではない。

$$(x+1)\times(x+1) = x^2+2x+1 = x^2+1$$

68. Joan Daemen and Vincent Rijmen, AES Proposal: Rijndael (NIST, September 1999), series AES Proposals. , p. 25 によれば、設計の際には R. Lidl and H. Niederreiter, *Introduction to Finite Fields* (Cambridge, UK: Cambridge University Press, 1986), p. 378 にあるリストを使ったという。

69. Daemen and Rijmen, *The Design of Rijndael*, p. 16. DES の S ボックスをめぐる騒動以来、暗号を設計する際には、恣意的な数や多項式などを選ぶ際にそれにした理由について必ず説明を加えることが重要と考えられている。これによりバックドアを忍び込ませていないことを納得してもらいやすくなる。そうした説明がついている数は、「種も仕掛けもない」数と呼ばれることがある。

70. このタイプの多項式と素数を法とする多項式の算法を表す専門用語は、「有限体算術」という。

71. Nechvatal et al., "Report on the Development of the AES," p. 28.

72. Carlos Cid and Ralf-Philipp Weinmann, "Block ciphers: Algebraic cryptanalysis and Gröbner bases," in Massimiliano Sala, Shojiro Sakata, Teo Mora, Carlo Traverso, and Ludovic Perret (eds.), *Gröbner Bases, Coding, and Cryptography* (Springer Berlin Heidelberg, 2009), p. 313.

73. Cid and Weinmann, "Block Ciphers," p. 325.

74. たとえば、Niels Ferguson, et al., *Cryptography Engineering* (New York: Wiley, 2010), p. 55 およびそこに挙げられている参考文献を参照。

75. 既知鍵攻撃が使える状況の例については、たとえば、Schneier, *Applied Cryptography*, p. 447 を参照。無線 LAN に当初使われていた WEP（有線なみプライバシー）アルゴリズムに対する関連鍵攻撃の例については、Ferguson et al.,

Cryptography Engineering, pp. 323–24 を参照。

76. Andrey Bogdanov, Dmitry Khovratovich, and Christian Rechberger, "Biclique cryptanalysis of the full AES," in Dong Hoon Lee and Xiaoyun Wang (eds.), *Advances in Cryptology—ASIACRYPT 2011* (Springer Berlin Heidelberg, 2011). この攻撃についてのいくつかの報告では、2^{88} 通りのテキストの集合は一度にメモリに保存されている必要があり、これはきわめて実用的でないと言われている。実際にはそうでもなさそうだ。
77. Dave Neal, "AES encryption is cracked," *The Inquirer* (August 17, 2011).
78. NIST, Announcing the Advanced Encryption Standard (AES), NIST, November 2001. 公式の再評価が行なわれたかどうか、明らかではない。
79. NBS, "Guidelines for Implementing and Using the NBS Data Encryption Standard," April 1981.
80. Morris Dworkin, "Recommendation for block cipher modes of operation: Methods for format-preserving encryption," NIST, July 2013.
81. Morris Dworkin and Ray Perlner, Analysis of VAES3 (FF2), 2015. この報告はNIST の二人の研究者によるもので、次のようにしめくくられている。「著者は国家安全保障局が、NIST に、一般論として、FF2 は NIST の安全性基準を満たさないのではないかと知らせてくれたことに感謝する」。
82. Ronald L. Rivest, Len Adleman, and Michael L. Dertouzos, "On Data Banks and Privacy Homomorphisms," in Richard A. DeMillo, David P. Dobkin, Anita K. Jones, and Richard J. Lipton (eds.), *Foundations of Secure Computation* (New York: Academic Press, 1978).
83. Craig Gentry, "Fully homomorphic encryption using ideal lattices," in *Proceedings of the Forty-first Annual ACM Symposium on Theory of Computing*, Association for Computing Machinery Special Interest Group on Algorithms and Computation Theory (ACM, 2009). 著者のジェントリーと何人かの共同研究者は、まもなく元の枠組みのもっと単純な形のものを開発した。この第二の方式についての、原材料を盗めるようにせずに宝飾品を作れるようにするという、広く知られるきれいなたとえによる解説は、Craig Gentry, "Computing arbitrary functions of encrypted data," *Communications of the ACM* 53:3 (2010) にある。どちらの方式も、またその後提案された完全に準同型的な方式のほとんどは、本書７・３節で取り上げる非対称鍵暗号方式である。こうした方式は、数学的な操作が容易なので、準同型にしやすいという傾向がある。しかしジェントリーの指摘では、完全準同型暗号化方式は対称的でも非対称的でもありうる。比較的単純な（実用的ではないが）対称的方式については、Jeffrey Hoffstein et al., *An Introduction to Mathematical Cryptography*, 2nd ed. (New York: Springer, 2014), Example 8.11 を参照。
84. NSA Research Directorate staff, "Securing the cloud with homomorphic encryption," *The Next Wave* 20:3 (2014).
85. Spiegel Staff, "Prying eyes: Inside the NSA's war on Internet security," *Spiegel Online* (2014).

86. NSA, "Summer mathematics, R21, and the Director's Summer Program," *The EDGE: National Information Assurance Research Laboratory (NIARL) Science, Technology, and Personnel Highlights, 2008*, http://www.spiegel.de/media/media-35550.pdf.

第5章　ストリーム暗号

1. Mendelsohn, *Blaise de Vigenère and the "Chiffre Carré"*, p. 127 など。
2. 当時の資料からすると、はっきりしている鍵文として用いられた最初の例は、アーサー・ハーマンの1892年の作品らしい。André Lange and Émile-Arthur Soudart, Treatise on Cryptography (Washington, D.C.: US Government Printing Office, 1940), pp. 31, 87.
3. L. Frank Baum, *The Wonderful Wizard of Oz* (Chicago: George M. Hill, 1900), Chapter 1.〔ボーム『オズの魔法使い』諸訳あり〕
4. Lewis Carroll, *Through the Looking-Glass, and What Alice Found There* (1871), Chapter 2.〔キャロル『鏡の国のアリス』諸訳あり〕
5. Rudyard Kipling, *The Jungle Book* (1894), Chapter 1.〔キプリング『ジャングルブック』諸訳あり〕
6. 念のために言うと、手にしている暗号文が多いほど、文字頻度分析が有効になる。これは2・6節の「頻度和」の手法による総あたりにも言える。
7. 正確に言うと、フリードマンとカルバックは、私が「クロス積和」と呼んでいるものを指すためにギリシア文字のχを用いた〔「クロス」は乗算記号「×」を指す〕。ϕテストと同様、χテストとクロス積和が最初に登場したのは、Solomon Kullback, *Statistical Methods in Cryptanalysis* (Laguna Hills, CA: Aegean Park Press, 1976) でのことだった。代数的等価性は、Friedman, *Military Cryptanalysis*. Part III, pp. 66–67 で示されている。
8. 平文は Robert Louis Stevenson による有名な本の章タイトルからとった。すべてが元のタイトルの頭から始まっているわけではないし、二つのタイトルの部分を合わせたものもある。
9. 実はただ変化をつけるためだけではない。少しだけ話を簡単にするのだが、それは実は重要ではない。この技は多表式でも有効だ。ただもう少し試行錯誤が必要なだけだ。
10. 鍵テキストと平文は、Rudyard Kipling, *Just So Stories* (1902), Chapters 1 and 7 からとった〔キプリング『ゾウの鼻が長いわけ』藤松玲子訳、岩波少年文庫（2014）など〕。
11. この例で平文をどこから取ったかすでにおわかりなら、最高の好きな言葉を考えたくなるだろう。
12. Steven M. Bellovin, "Frank Miller: Inventor of the one-time pad," *Cryptologia* 35:3 (2011). ミラー方式は本書236頁で述べるドイツ外務省方式に似ていたが、合同算術を使っていないところが違う。
13. Kahn, *The Codebreakers*, pp. 397–401 によれば、モーボルニュが決定的な判断を

したとしている。Steven M. Bellovin, "Vernam, Mauborgne, and Friedman: The one-time pad and the index of coincidence," Department of Computer Science, Columbia University, May 2014 は、ヴァーナムとモーボルニュ両方という説を取り上げ、ヴァーナムの側に立っている。

14. ある型のテレタイププライターには実際、読取り後にテープを半分に切る刃があり、使い回しができないようになっていた。Kahn, *The Codebreakers*, p. 433.
15. ヴェルナー・クーツェ、ルドルフ・シャウフラー、エーリヒ・ラングロッツ。Kahn, *The Codebreakers*, p. 402.
16. Kahn, *The Codebreakers*, p. 402–3.
17. Bellovin, "Vernam, Mauborgne, and Friedman" は、その理由を最初に本当に理解したのはフリードマンとしている。
18. Shannon, "Communication theory". これはシャノンが攪拌と拡散を定義したのと同じ有名な論文である（本書４・２節と４・３節を参照）。どうやら、ウラディーミル・コテリンコフも、1941 年のソ連で、完全な安全性の理論を考えたらしいが、その成果は今も機密扱いされている。Natal'ya V. Kotel'nikova, "Vladimir Aleksandrovich Kotel'nikov: The life's journey of a scientist," *Physics-Uspekhi* 49:7 (2006); Vladimir N. Sachkov, "V. A. Kotel'nikov and encrypted communications in our country," *Physics-Uspekhi* 49:7 (2006); Sergei N. Molotkov, "Quantum cryptography and V. A. Kotel'nikov's one-time key and sampling theorems," *Physics-Uspekhi* 49:7 (2006).
19. 進行鍵暗号と違い、アリスとボブがともに同じ本の同じ版に決めるということはできない〔ランダムでなくなるから〕。
20. Kahn, *The Codebreakers*, p. 401.
21. Kahn, *The Codebreakers*, p. 715–16.
22. Kahn, *The Codebreakers*, p. 663–64.
23. カルダーノが数学者に知られているのは、たいてい、３次方程式の解の公式を発見した最初期の人物の一人としてだろう。
24. Blaise de Vigenère, *Traicté des Chiffres, ou Secrètes Manières d'Escrire* (Paris: A. L'Angelier, 1586).
25. ヴィジュネルは暗号解読を、「脳の計り知れない無駄遣い」と見ていた。Vigenère, *Traicté des Chiffres*, p. 12r.
26. ヴィジュネルは鍵ストリームを足した後で再び暗号文を変える場合も紹介した。
27. これも暗号解読の実践についてのヴィジュネルの意見。Vigenère, *Traicté des Chiffres*, p. 198r, Mendelsohn, *Blaise de Vigenère and the "Chiffre Carré"* に引用されたもの。
28. 先の補足４・１を参照。
29. もちろん、進行暗号、反復鍵、鍵自動鍵の違いは少々流動的である。
30. これは非算術的加法と考えることもできる。
31. Alex Dettman et al., Russian *Cryptology During World War II*. (Laguna Hills, CA: Aegean Park Press, 1999), p. 40. ここで用いた初期化ベクトルと鍵は、スター

リングラードの戦いが始まりと終わりの日付〔17742 = 1942年7月17日、20243 = 1943年2月2日〕。平文はこの戦いのことを指している。

32. 初期化ベクトルが加わるが、この方式をしつらえた形では、アリスとボブは必ずしも初期化ベクトルは秘匿しなくてもよい。ただし、メッセージごとに別にすべきだろう。Ferguson, Schneier, and Kohno, op. cit., p.69.
33. Ferguson et al., *Cryptography Engineering*, p. 71.
34. Ferguson et al., *Cryptography Engineering*, p. 70.
35. Schneier, *Applied Cryptography*, p. 206.
36. フィボナッチがフィボナッチ数列を最初に解説したときは、うさぎの増え方という問題を使っていた。
37. Gromark は GROnsfield with Mixed Alphabet and Running Key〔混合アルファベットと進行鍵によるグロンズフィールド〕を表す。W. J. Hall, "The Gromark cipher (Part 1)," *The Cryptogram* 35:2 (1969). Gromark 暗号は、ここで見た、あるいは前節で見た鍵自動鍵暗号のように、文字ではなく数を鍵として用いる多表式暗号の変種の名にすぎない。ここで用いた例では混合アルファベットは使っていないし、進行鍵と自動鍵とは区別している。つまり、これは「Grotrak」あるいは「Grolfak」暗号と呼ぶ方が正確かもしれない〔lf = lagged Fibonacci = 遅延フィボナッチ、tr = tabula recta = 多表式のこと〕。
38. David Kahn, "Two Soviet Spy Ciphers," in *Kahn on Codes* (New York: Macmillan, 1984).
39. ヒル暗号も一次方程式を使うことに注目。これはLFSRの暗号解読について語る際に効いてくる。
40. これは平文フィードバック・モード、暗号文フィードバック・モード、出力フィードバック・モードでも起きる。
41. この変種の詳細は、たとえば、Schneier, *Applied Cryptography*, p. 378を参照。
42. もしかするともっと早いかもしれない。1940年代終わりのAFSAY-816音声暗号化装置は、「シフトレジスタ」を使っていて、LFSRだった可能性が高い。Thomas R. Johnson, *American Cryptology during the Cold War, 1945–1989; Book I: The Struggle for Centralization, 1945–1960* (Center for Cryptologic History, National Security Agency, 1995), p. 220; David G. Boak, "A history of U.S. communications security" (Volume I). National Security Agency, July 1973, p. 58.
43. Melville Klein, *Securing Record Communications: The TSEC/KW-26* (Center for Cryptologic History, National Security Agency, 2003).
44. アリスは必ずしも平文をアスキー符号に戻せないかもしれない。一部の数（9など）は印字可能な文字を表していないからだ。
45. 見つけられるだろうか。
46. たとえば、Solomon Golomb, *Shift Register Sequences*, Rrev. ed. (Laguna Hills, CA: Aegean Park Press, 1982), Section III.3.5.
47. $2j$ 対は、周期の長さ 2^j-1 対と比べると、大きくはないことに注意。実際には、j は100より小さいことが多いが、$2^{30}-1$ でさえ、10億ほどになる。

48. 以下の方程式を使うのは、実際には初期化ベクトルの最速の求め方ではないが、簡単だし、有効だ。
49. たとえば、Schneier, *Applied Cryptography*, p. 412 を参照。
50. 非線形性の加え方については、最後の二つの選択肢のいろいろな例が、Schneier, *Applied Cryptography*, Section 16.4 にある。
51. A5暗号には少なくとも3種類あり、A5/1 は欧米で使われることが意図されていた。A5/2はそれより弱い形のもので、OECD諸国の他の市場向けと考えられていた。Elad Barkan and Eli Biham, "Conditional estimators: An effective attack on A5/1," in *Selected Areas in Cryptography* (Berlin/Heidelberg: Springer, 2006). A5/3は3G電話用に設計されたまったくの別物で、LFSRは使っていない。A5/4 はA5/3と同じだが鍵が長くなるらしい。
52. Ross Anderson, "A5 (Was: HACKING DIGITAL PHONES)," 1994年6月17日にuk.telecom (Usenet group) に投稿されたもの。http://groups.google.com/group/uk.telecom/msg/ba76615fef32ba32.
53. Ross Anderson, "On Fibonacci Keystream Generators," in *Fast Software Encryption* (Berlin/Heidelberg: Springer, 1995).
54. Schneier, op. cit., p. 389.
55. Anderson, "A5 (Was: HACKING DIGITAL PHONES)".
56. Alex Biryukov, Adi Shamir, and David Wagner, "Real Time Cryptanalysis of A5/1 on a PC," in *Fast Software Encryption* (Berlin/Heidelberg: Springer, 2001), Abstract and Introduction を参照。リバースエンジニアリングは、Smart Card Developers Association の Marc Briceno によって行なわれた。
57. 実際のGSM電話では、鍵の準備はもう少し複雑だが、そこは本書の目的にとっては重要ではない。Barkan and Biham, "Conditional estimators" 参照。
58. ビットの組合せごとの現れやすさは同じと仮定している。
59. W. G. Chambers and S. J. Shepherd, "Mutually clock-controlled cipher keystream generators," *Electronics Letters* 33:12 (1997).
60. W. Chambers, "On random mappings and random permutations," in *Fast Software Encryption* (Berlin/Heidelberg: Springer, 1995).
61. Anderson, "A5 (Was: HACKING DIGITAL PHONES)".
62. Jovan Dj. Golic, "Cryptanalysis of alleged A5 stream cipher," in *Advances in Cryptology—EUROCRYPT '97*, edited by Walter Fumy (Konstanz, Germany: Springer-Verlag, 1997).
63. いろいろな論文の要旨については、Barkan and Biham, "Conditional estimators" を参照。
64. オーディオデータやファイル転送には念入りな同期が必要となる。なまのデジタルデータ集合は当の電話やそれに接続しているコンピュータに素早くアクセスできる必要がある。
65. Barkan and Biham, "Conditional estimators".
66. Elad Barkan, et al., "Instant ciphertext-only cryptanalysis of GSM encrypted

communication," in *Advances in Cryptology— CRYPTO 2003* (Berlin/Heidelberg: Springer, 2003).
67. Chris Paget and Karsten Nohl, "GSM: SRSLY?" 26th Chaos Communication Congress, 2009 での発表の際のスライド。http://events.ccc.de/congress/2009/Fahrplan/events/3654.en.html.
68. Frank A. Stevenson, "[A51] Cracks beginning to show in A5/1...," 2010 年 5 月 1 日、A51 のメーリングリストに送られたメール。http://lists.lists.reflextor.com/pipermail/a51/2010-May/000605.html.〔翻訳時点では開けない〕
69. GSM Association, "GSMA statement on media reports relating to the breaking of GSM encryption," Press release, December 30, 2009, http://gsmworld.com/newsroom/press-releases/2009/4490.htm.〔http://www.gsma.com/newsroom/press-release/gsma-statement-on-media-reports-relating-to-the-breaking-of-gsm-encryption/〕
70. NSA, "GSM Classification Guide," September 20, 2006, https://s3.amazonaws.com/s3.documentcloud.org/documents/888710/gsm-classification-guid-20-sept-2006.pdf.〔https://assets.documentcloud.org/documents/888710/gsm-classification-guide-20-sept-2006.pdf〕
71. Craig Timberg and Ashkan Soltani, "By cracking cellphone code, NSA has ability to decode private conversations," *The Washington Post* (December 13, 2013).
72. Ashkan Soltani and Craig Timberg, "T-Mobile quietly hardens part of its U.S. cellular network against snooping," *The Washington Post* (October 22, 2014).
73. The ECRYPT Network of Excellence, "Call for stream cipher primitives, version 1.3," 2005, http://www.ecrypt.eu.org/stream/call.
74. eSTREAM プロジェクトについては、Matthew Robshaw and Olivier Billet (eds., New Stream Cipher Designs: The eSTREAM Finalists (Berlin, New York: Springer, 2008) および、プロジェクトのウェブサイト、"eSTREAM: the eSTREAM stream cipher project". http://www.ecrypt.eu.org/stream/index.html を参照。
75. NIST Computer Security Division, "Computer Security Resource Center: Current modes". http://csrc.nist.gov/groups/ST/toolkit/BCM/current_modes.html.
76. この認証モードのいくつかはメッセージ一般用ではなく、特殊な状況用のものだ。認証のいろいろについては本書 8・4 節で取り上げる。
77. Computer Data Authentication, NIST, May 1985.
78. CBC と CBC-MAC について同じ鍵を使うと、MAC は安全でなくなる。たとえば、Ferguson et al., *Cryptography Engineering*, p. 91 を参照。
79. トリヴィウムの設計と仕様については、Christophe De Cannière and Bart Preneel, "Trivium," in Matthew Robshaw and Olivier Billet (eds.), *New Stream Cipher Designs* (Berlin, New York: Springer, 2008) を参照。

80. これが非線形なのは、定数をかけて足すのではなく、鍵ストリームのビットが直接にかけられるからだ。

第6章　累乗を含む暗号

1. これがあまり数学的に見えないなら、平文ブロックを数 $100P_1 + P_2$ で表すと考えてみよう。しかしそれは実際には大した差ではない。
2. Michael Mahoney, *The Mathematical Career of Pierre de Fermat (1601–1665)* (Princeton NJ: Princeton University Press, 1973).
3. フェルマーはガウスによる合同算術の考え方は知らなかったし、おそらく暗号学についてもあまり知らなかっただろうから、その頭の中にあったのはおそらく別のことだっただろう。しかしそれは知りようがない。最初に発表された証明は、1741年のレオンハルト・オイラーによるものらしい。以下で示す証明は、おおむね、James Ivory, “Demonstration of a theorem respecting prime numbers,” *New Series of The Mathematical Respository*. Vol. I, Part II (1806) による。
4. あるいは、お好みなら、両辺に $\overline{1 \times 2 \times 3 \times \cdots \times 12}$ をかけてもよい。
5. M. E. Hellman and S. C. Pohlig, “Exponentiation cryptographic apparatus and method,” United States Patent: 4424414, 1984, http://www.google.com/patents?vid=4424414.
6. 暗号を解説した論文は、最初1976年に書かれたが、1978年まで発表されず、その頃にはそこに書かれていたアイデアは暗号学の世界ではよく知られていた。S. Pohlig and M. Hellman, “An improved algorithm for computing logarithms over GF(p) and its cryptographic signi cance (corresp.,” *IEEE Transactions on Information Theory* 24 (1978). 遅れた事情については、Martin Hellman, “Oral history interview by Je rey R. Yost,” Number OH 375. Charles Babbage Institute, University of Minnesota, Minneapolis, 2004, pp. 43–44, http://purl.umn.edu/107353 を参照。ポーリグもヘルマンも、今は公開鍵暗号に関する別のアイデアでの方が知られている。ヘルマンは本書の7・2節で見るディフィー＝ヘルマン鍵合意方式にその名があることで知られる。ポーリグがいちばん知られているのは、離散対数（本書6・4節）を計算するためのシルヴァー＝ポーリグ＝ヘルマン・アルゴリズムに加わっていることだ。このアルゴリズムは最初、ポーリグとヘルマンによって、累乗暗号と同じ論文で発表されたが、その論文によると、これはローランド・シルヴァーも独立して発見していたという。Pohlig and Hellman, “Improved algorithm”.
7. 確かに、769を二進数に変換するともっとうまくやれるが、要点をつかむには、本文のようにしても十分だろう。
8. 実際、最もよく知られた技を使えば、イブはこれよりも少々早く進められるが、アリスとボブにはとうてい及ばない。
9. コンピュータ以前の研究を数えるなら、もっと古い。たとえばガウスは離散対数の数値表を作って、それを「指数」と呼んだ。Gauss, *Disquisitiones arithmeticae*, Articles 57–59.

10. 実際には、知っていて言わない人がいることはありうる。そうだとすれば、NSAあたりはあやしいが、他の国の政府あるいは組織ということもありうるだろう。本書7・2節で見るディフィー＝ヘルマン問題や、7・4節の因数分解問題、7・6節のRSA問題にも同じことが言える。
11. 先に1・3節で示唆したように、すべての正の整数は素数の積として書ける。したがって、1以外のすべての正の整数は、素数か合成数かのいずれかとなる。数学者は1を素数でも合成数でもないと考えている。
12. Monty Python, "Decomposing composers," *Monty Python's Contractual Obligation Album*. Charisma Records, 1980.
13. 少なくとも本章に出てくるような数学者の中では。
14. Leonhard Euler, "Theoremata Arithmetica Nova Methodo Demonstrata," *Novi Commentarii Academiae Scientiarum Petropolitanae* 8 (1763).
15. この表記は後にガウスによって導入されたようだ。Gauss, *Disquisitiones arithmeticae*, Article 38.
16. 先の2・2節に出てきたフリードマンのϕと混同しないこと。
17. この除外したり戻したりの手順は「包除原理」と呼ばれることが多い。
18. アリスが間違ってだめな鍵を選んだとしたら、そのことはこの手順でわかる。
19. ほとんどの本は二つの素数の積の場合についてのみ証明している。RSA暗号に必要なのはそれだけだからだ（7・4節）。しかし、S. C. Coutinho, *The Mathematics of Ciphers* (Natick, MA: AK Peters, Ltd., 1998), pp. 166–67 (Section 11.3)〔コウチーニョ『暗号の数学的基礎』林彬訳、丸善出版（2012)〕や Robert Edward Lewand, Cryptological Mathematics (The Mathematical Association of America, 2000), pp. 156–57 (Theorem 4.1) の証明は読みやすく、素数の数が多い場合にも一般化しやすい。Thomas H. Barr, *Invitation to Cryptology* (Englewood Cliffs, NJ: Prentice Hall, 2001), pp. 280–81 (Theorem 4.3.2) の証明も読みやすいが、一般化はそれほど易しくはない。
20. 結局、ある素数がPとnの両方を割り切るなら、Pについてはnと少なくとも同じ回数は割り切らなければならないことがわかる。ここでも証明はしないが、先の註で挙げた参考書が役に立つかもしれない。
21. Hellman, *Oral History Interview* by Jeffrey R. Yost, pp. 43–44.

第7章　公開鍵暗号

1. また、ケルクホフスの原理をどれだけ本気で採用するかにもよるが、たぶん暗号方式についても必要。
2. Arnd Weber (ed.), "Secure communications over insecure channels (1974)" (January 16, 2002), http://www.itas.kit.edu/pub/m/2002/mewe02a.htm.
3. マークルによる元の研究案は、"CS 244 project proposal" (Fall 1974), http://merkle.com/1974/CS244ProjectProposal.pdf として投稿されている。
4. マークルが取った計算機セキュリティの授業については、Levy, *Crypto*, pp. 77–79.
5. Weber (ed.), "Secure communications".

6. Ralph Merkle, "Secure communications over insecure channels," *Communications of the Association for Computing Machinery* 21:4 (1978). 査読者と何度もやりあったうえで、3年半後に掲載された。Weber (ed.), "Secure communications"; Levy, *Crypto*, p. 81.
7. Merkle, "Secure communications over insecure channels," p. 296.
8. とくに言えば、マークルはホルスト・ファイステルが1973年に発表していたルシファー暗号の一つを薦めていた（Feistel, "Cryptography and computer privacy"）。現代的に実装するならAESを使うことになるかもしれない。
9. 検査用の数はここでの例にはほとんど必要ない。すべての数がアルファベットでつづられているので、ボブはパズルを解いてしまえば、自分が解けたかどうかは明らかなはずだからだ。しかし数の暗号化がこれと違えば、検査用の数がないと確信は持てないかもしれない。
10. ここでの例では厳密にはそうは言えない。もっと高速な既知平文攻撃があって、イブはそれぞれのパズルについてそれを試せるからだ。そのためマークルは既知平文攻撃にもっと強く、ブロックサイズも大きい暗号を使うことを唱えたが、鍵の集合は制限した。ここでもそうすることもできただろうが、それだと例がもっとややこしくなってしまう。
11. これは「鍵交換方式」と呼ばれることも多いが、これは実際には正確ではない。交換されるものは秘密鍵としては使えず、アリスとボブが最終的に合意するのは秘密鍵の方だ。
12. Levy, *Crypto*, pp. 82–83.
13. あるいはそれぞれがともに約1.4倍かかる。
14. ディフィーについては、Levy, *Crypto*, pp. 20–31.
15. Whitfield Diffie, "The first ten years of public-key cryptography," *Proceedings of the IEEE* 76:5 (1988).
16. マークルもこの問題を考えたが、あまり成果はなかった。Merkle, "CS 244 Project Proposal".
17. Diffie, "The first ten years of public-key cryptography," p. 560.
18. 章末の付録で見るように、それに少なくとももう一人いる。
19. Levy, *Crypto*, p. 34 など。
20. Whitfield Diffie and Martin E. Hellman, "Multiuser cryptographic techniques," in Stanley Winkler (ed.), *Proceedings of the June 7–10, 1976, National Computer Conference and Exposition* (New York: ACM, 1976).
21. Levy, *Crypto*, p. 81–82. インターネットがまだない当時、多くの分野の研究者は、未発表の論文の写しを関心がありそうな同業者に送るのが慣行だった。これは計算機科学のような、進み方が急で、論文が書かれた時期と掲載される時期の間にもう古くなってしまいかねない分野では、とくに重要だった。今日では、こうした原稿はウェブサイト上に掲載されることが多い。
22. Levy, *Crypto*, pp. 76–83.
23. ディフィーとヘルマンについては、Levy, *Crypto*, p. 28; マークルについては、

Ralph Merkle, "CS 244 project proposal" (Fall 1974).

24. Levy, *Crypto*, p. 84.

25. Whitfield Diffie and Martin E. Hellman, "New directions in cryptography," *IEEE Transactions on Information Theory* 22:6 (1976).

26. ディフィー＝ヘルマン方式は、ポーリグ＝ヘルマン暗号と同じく、２を法とする有限体算術を使っても行なえる。アリスとボブの計算はコンピュータ上で行なうと早くなるが、イブも同じなので、結局は実用上の有利さはさほどない。Schneier, *Applied Cryptography*, p. 515.

27. これは 2048 ビットのこと。David Adrian et al., "Imperfect forward secrecy: How Diffie-Hellman fails in practice," in *22nd ACM Conference on Computer and Communications Security*, Association for Computing Machinery Special Interest Group on Security, Audit and Control (New York: ACM Press, 2015).

28. これを p を法とする原始根と呼ばれているのを見ることもあるだろう。

29. 最初に証明したのはこれまたガウスだった。Gauss, *Disquisitiones arithmeticae*, Articles 54–55.

30. ただし、この点についての重要な但書きについて、本書７・８節を参照。

31. もちろん実際のセキュリティにとってはこれは十分な大きさではない。あくまで解説用の具体例である。

32. 「94305」はスタンフォードの郵便番号。

33. Thorsten Kleinjung, "Discrete Logarithms in GF(p)—768 bits," NMBRTHRY のメーリングリストに出されたメール , 2016. https://listserv.nodak.edu/cgi-bin/wa.exe?A2=NMBRTHRY;a0c66b63.1606.

34. 有限体についてはもっと大きな数の計算が行なわれている。本書を書いている段階での記録は、29234 個の元がある体についてのもので、この体の大きさは 2779 桁、あるいは 9324 ビットに相当する。Jens Zumbrägel, "Discrete logarithms in GF(2^9234)," NMBRTHRY のメーリングリストに出されたメール , 2014, https://listserv.nodak.edu/cgi-bin/wa.exe?A2=NMBRTHRY;9aa2b043.1401.

35. VPN や IPv6 で用いられているセキュリティシステムは、インターネットプロトコル・セキュリティ、略して IPsec と呼ばれる。William Stallings, *Cryptography and Network Security: Principles and Practice*, 6th ed. (Boston: Pearson, 2014), Section 20.1.〔スターリングス『暗号とネットワークセキュリティ』石橋啓一郎 , 三川荘子 , 福田剛士訳、ピアソン・エデュケーション（2001、原書初版の翻訳）〕. IPsec で用いられる暗号方式はディフィー＝ヘルマンに基づき、セキュリティと認証を加えている。Stallings, *Cryptology and Security*, Section 20.5.

36. 逆が成り立つことも多いが、本章での方式にとっては、それは必要ではない。

37. Diffie and Hellman, "New directions in cryptography," p. 652.

38. Diffie and Hellman, "Multiuser cryptographic techniques".

39. Simson Garfinkel, *PGP: Pretty Good Privacy* (Sebastopol, CA: O'Reilly Media, 1995), pp. 79–82.〔Garfinkel『PGP: 暗号メールと電子署名』ユニテック訳、オライリー・ジャパン／オーム社（1996）〕

40. Levy, *Crypto*, pp. 92–95.
41. Levy, *Crypto*, pp. 95–97.
42. ディフィーとヘルマンも、一時期、自分たちの一方向性関数のために因数分解を使うことを考えたが、その方向には進まなかった。Levy, *Crypto*, p. 83.
43. Levy, *Crypto*, p. 98.
44. ある資料によれば、これはリヴェストが何かを考えるときの普通の習慣だったという。Levy, *Crypto*, p. 98. 横になったのは頭痛がしていたからだとする資料もある。Garfinkel, *PGP*, p. 74; Jim Gillogly and Paul Syverson, "Notes on Crypto '95 invited talks by Morris and Shamir," *Cipher: Electronic Newsletter of the Technical Committe on Security & Privacy, A Technical Committee of the Computer Society of the IEEE*. Electronic issue 9 (1995). 頭痛が酒のせいかどうかは明らかになっていない。
45. リヴェストがこの時点でポーリグとヘルマンの累乗暗号に関する成果を実際に見ていたことを示す証拠はない。独自に再考案した可能性も大いにある。
46. あらためて言うと 2048 ビットのこと。Benjamin Beurdouche et al., "A messy state of the union: Taming the composite state machines of TLS," in *2015 IEEE Symposium on Security and Privacy (SP)*, (Los Alamitos, CA: IEEE Computer Society, 2015).
47. 実は、$e = 17$ というのは実世界でもごくあたりまえにある選択である。小さいので暗号化が早いが、イブがそこにつけこめるほど小さくはない。それは素数なので、17 と $\phi(n)$ の最大公約数はたいて 1 となる。また、$17 = 2^4 + 1$ という特殊な形をしており、それによって、よく使われる計算手法を使えば累乗が容易になる。
48. Barbara Mikkelson and David Mikkelson, "Just the facts," snopes.com, 2008, http://www.snopes.com/radiotv/tv/dragnet.asp を参照〔往年の人気のラジオドラマ、ドラグネットに出てくる刑事の台詞、"Just the facts, ma'am"（事実だけをお願いします、奥さん）による〕。
49. 4 月 4 日の朝から、名前順に至る話は、Levy, *Crypto*, pp. 100–1.
50. Ronald L. Rivest, et al., "A method for obtaining digital signatures and public-key cryptosystems," technical Memo number MIT-LCS-TM-082, MIT, April 4, 1977.
51. R. L. Rivest, et al., "A method for obtaining digital signatures and public-key cryptosystems," *Communications of the Association for Computing Machinery* 21:2 (1978).
52. Ronald L. Rivest et al., "Cryptographic communications system and method," United States patent: 4405829, 1983, http://www.google.com/patents?vid=4405829.
53. Martin Gardner, "Mathematical games: A new kind of cipher that would take millions of years to break," *Scientific American* 237:2 (1977).〔ガードナー『数学ゲーム I』一松信訳、別冊日経サイエンス（2010、新装版）所収など〕
54. この推定は間違っていたらしい。リヴェストは 4 京回の演算が必要だろうと言うべきだった。Garfinkel, *PGP*, p. 115. Levy, *Crypto*, p. 104 は、「何億年」だったは

ずだと言う。Rivest, Shamir and Adleman, *Communications of the Association for Computing Machinery* に基づく私の概算では2万2500年となる。読者の見積もりにもばらつきがあるかもしれない。

55. Garfinkel, *PGP*, p. 78.
56. Stallings, *Cryptology and Security*, Section 17.2.
57. Stallings, *Cryptology and Security*, Section 17.2.
58. たとえば、Leonard Eugene Dickson, *Divisibility and Primality* (Providence, RI: AMS Chelsea Publishing, 1966, 1919年版の復刻), p. 426 を参照。
59. Gauss, *Disquisitiones arithmeticae*, Article 329.
60. Gauss, *Disquisitiones arithmeticae*, Article 334.
61. R. Solovay and V. Strassen, "A fast Monte-Carlo test for primality," *SIAM Journal on Computing* 6:1 (1977); この論文が同誌の編集者に最初に受理されたのは1974年6月12日。
62. 細かいことを言えば、必ず高速だが、間違うことがある確率的手順は「モンテカルロ法」と呼ばれ、必ず正しいが遅いこともあるものは「ラスベガス法」と呼ばれる。ソルヴェイ＝シュトラッセン検査はモンテカルロ法。
63. 標準的な用語法は、「偽証」と「証言」は反対語とするが、嘘の証言と本当の証言と言う方が正確かもしれない。合成数についてのフェルマー判定法にとっては1は必ず偽証になる。なぜかわかるだろうか。
64. Michael O. Rabin, "Probabilistic algorithm for testing primality," *Journal of Number Theory* 12:1 (1980).
65. Gary L. Miller, "Riemann's hypothesis and tests for primality," in *Proceedings of Seventh Annual ACM Symposium on Theory of Computing*, Association for Computing Machinery Special Interest Group on Algorithms and Computation Theory (New York: ACM, 1975).
66. レビン＝ミラー判定法は実際には説明しにくいものではないが、かなり大きな回り道をしなければならなくなる。調べてみたいなら、Joseph H. Silverman, *A Friendly Introduction to Number Theory*, 3d ed. (Englewood Cliffs, NJ: Prentice Hall, 2005), pp. 130–31 に、簡潔で読みやすい解説がある〔シルヴァーマン『はじめての数論』鈴木治郎訳、丸善出版（2014）〕。Coutinho, *Mathematics of Ciphers*, pp. 100–4 (Sections 6.3–6.4) にはもう少し詳しい話がある。
67. 最終的に発表された形のものは、Manindra Agrawal et al., "PRIMES is in P," *The Annals of Mathematics* 160:2 (2004) である。F. Bornemann, "PRIMES is in P: A breakthrough for 'everyman,' " *Notices of the AMS* 50:5 (2003) は、この話をきれいにまとめていて、数学は知らなくてもよい（この分野が専門ではない数学者のために書かれている）。この発見は多くの若い学生には大いに励ましと受け止められた。カヤルとサクセナは学部生のときにこの研究を始め、卒業後の最初の夏の間に飛躍をとげていた。
68. 実際には、この手順で最も時間を使う部分は素数かどうかを確かめるべき推測できない乱数を生成するところだろう。使うコンピュータがこの作業をどれだけうま

くやるかにもよるが、場合によっては1分もかかることがある。

69. 現代の因数分解手法についての優れた解説として、Carl Pomerance, "A tale of two sieves," *Notices of the American Mathematical Society* 43:12 (1996) を参照。この記事が書かれてからもいくつかの改良はあるが、基本的な考え方は2016年段階でも最先端にある。
70. Garfinkel, PGP, p. 113–15; Derek Atkins et al., "The magic words are Squeamish Ossifrage," in Josef Pieprzyk and Reihanah Safavi-Naini (eds). *Advances in Cryptology—ASIACRYPT '94*. (Berlin/Heidelberg: Springer-Verlag, 1995).
71. Thorsten, Kleinjung Kazumaro Aoki, Jens Franke, Arjen Lenstra, Emmanuel Thomé, Joppe Bos, Pierrick Gaudry, et al., "Factorization of a 768-bit RSA modulus," cryptology ePrint Archive number 2010/006, 2010. もっと大きな数も因数分解されているが、そちらは特殊な形をしたものだけである。
72. このアルゴリズムは、先に7・5節で見たレビン＝ミラーの素数判定法と密接に関係している。このアルゴリズムの初期の形のものは、Miller, "Riemann's hypothesis," にあるが、これは広く信じられているがまだ証明されていない予想に基づいている。私はこの現代版を考えたのが誰か知らないが、解説は Alfred J. Menezes et al., *Handbook of Applied Cryptography* (Boca Raton, FL: CRC, 1996), p. 287 (Section 8.2.2) にある。
73. ついでながら、これはポーリグ＝ヘルマン累乗暗号にも使える。
74. イブは他の平文ブロックも、それを正しく暗号化できるので、わかる。しかしそれは役に立ちそうにはない。
75. 暗号化を高速にするために小さな e を選ぶ人が多いのなら（本書7・4節）、解読を高速にするためにこれができるといいと思われるのではないか。
76. この 2019^{-1} は、3763を法として2019の乗法逆元と同じ。
77. RSAに対する攻撃の詳細については、Schneier, *Applied Cryptography*, pp. 471–74 に、さらにいくつかを加えてもう少し詳しくまとめたものがある。その中にはデジタル署名に関するものもいくつかある（本書8・4節参照）。Dan Boneh, "Twenty years of attacks on the RSA cryptosystem," *Notices of the AMS* 46:2 (1999) には多くの攻撃についての詳細がある。
78. M. E. Hellman, "An overview of public key cryptography," *IEEE Communications Magazine* 40:5 (2002). とはいえ、古い方の用語が確立してしまっているのでおそらく変わらないだろう。
79. Martin E. Hellman et al., "Cryptographic apparatus and method," United States Patent: 4200770, 1980, http://www.google.com/patents?vid=4200770.
80. Spiegel Staff, "Prying Eyes, Inside the NSA's war on Internet security," Spiegel Online (2014). および、とくに OTP VPN Exploitation Team, "Intro to the VPN exploitation process," http://www.spiegel.de/media/media-35515.pdf を参照。
81. 名称については David Adrian et al., "The logjam attack," (May 20, 2015). https://weakdh.org/ を参照。技術的解説や、NSAがこれを使っていると信じる詳しい根拠については、Adrian et al. *Imperfect Forward Secrecy* を参照。

82. もっと正確に言うと、768 ビット。
83. もっと正確に言うと、512 ビット。
84. 「エクスポート」とは、合衆国外に輸出（エクスポート）されるソフトウェアでは、鍵を小さくすることが求められていたことを指す。詳細については、Karthikeyan Bhargavan et al., "State Machine AttaCKs against TLS (SMACK TLS)," https://www.smacktls.com を参照。技術的詳細については、Beurdouche et al., *Messy State of the Union* を参照。
85. エリスについては、Levy, *Crypto*, pp. 313–19.
86. J. H. Ellis, "The history of non-secret encryption," *Cryptologia* 23:3 (1999).
87. J. H. Ellis, "The possibility of secure non-secret digital encryption," UK Communications Electronics Security Group, January 1970.
88. 実際には、エリスはコードブックよりも、たとえば平文の 100 ビットを暗号文の 100 ビットにするブロック暗号を考えていた。安全なブロックサイズに関するエリスの考え方は、明らかにファイステルの考えと似ていた。そのようなブロック暗号は頻度分析に強いが、ここではコードブックの方がイメージしやすいと考えた。
89. エリスが思いつくきっかけになった方式では、受信側が暗号化を担当するものだったことをお忘れなく。
90. Ellis, "Possibility".
91. Ellis, "History," p. 271.
92. Levy, *Crypto*, pp. 318–19.
93. コックスの話は、Levy, *Crypto*, pp. 319–22.
94. 整数とその性質の研究である数論。
95. Levy, *Crypto*, p. 320.
96. ごく小さな違いは、コックスが、エリスと同様、アリスがボブに公開鍵を尋ねることから始まる方式を論じていたことだった。しかしアリスがボブの公開鍵を得てしまえば、アリスはそれを使って何通でも好きなだけメッセージを暗号化できることを指摘した。
97. C. C. Cocks, "A Note on non-secret encryption," UK Communications Electronics Security Group, November 20, 1973.
98. ウィリアムソンの話は、Levy, *Crypto*, pp. 322-25. ウィリアムソンもコックスと同じ家に住んでいたが、GCHQ の敷地外で仕事について話すことは、書くことと同様、禁止されていた。
99. M. J. Williamson, "Non-secret encryption using a finite field," UK Communications Electronics Security Group, January 21, 1974.
100. Malcolm Williamson, "Thoughts on cheaper non-secret encryption," UK Communications Electronics Security Group, August 10, 1976.
101. Levy, *Crypto*, pp. 324–29.
102. Ellis, "History".
103. ウィリアムソンによれば、論文は「ある人物が退職するまで」公開できなかったという。Levy, *Crypto*, p. 329.

第8章　その他の公開鍵方式

1. Lewis Carroll, *The Hunting of the Snark: An Agony in Eight Fits* (London: Macmillan, 1876), Fit the First.〔キャロル『スナーク狩り』種村弘訳、角川書店（2014）など〕
2. いくつか落とし穴がある。スリーパス・プロトコルは、累乗が逆転できなければならないので、さらに制約があるし、解こうとしている問題に妥当な解がない場合にどうなるかを決める必要がある。この分野について少し知っている人々のために、数学的詳細が、K. Sakurai and H. Shizuya, "A structural comparison of the computational di culty of breaking discrete log cryptosystems," *Journal of Cryptology* 11:1 (1998) で明らかにされている。
3. Adi Shamir et al., "Mental poker," MIT, February 1, 1979.
4. A. Shamir et al., "Mental poker," in David A. Klarner (ed.), *The Mathematical Gardner* (Boston: Prindle, Weber & Schmidt; Belmont, CA: Wadsworth International, 1981). これは非専門家向けに書かれた非常に読みやすい論文だ。スリーパス・プロトコルは、Konheim, *Cryptography*, pp. 345–46 にも出ていて、こちらでは、シャミアの「未発表の研究」とされている。
5. J. L. Massey, "An introduction to contemporary cryptology," *Proceedings of the IEEE* 76:5 (1988).
6. J. Massey, "A new multiplicative algorithm over nite elds and its applicability in public-key cryptography," Presentation at EUROCRYPT '83 March 21–25, 1983.
7. James L. Massey and Jimmy K. Omura, "Method and apparatus for maintaining the privacy of digital messages conveyed by public transmission," United States Patent: 4567600 January 28, 1986, http://www.google.com/patents?vid=4567600.
8. Taher ElGamal, "A public key cryptosystem and a signature scheme based on discrete logarithms," In George Robert Blakley and David Chaum (eds)., *Advances in Cryptology: Proceedings of CRYPTO '84* (Santa Barbara, CA: Springer-Verlag, 1985).
9. 元の論文で "ElGamal" という綴りが使われ、この暗号を初めとする暗号方式の名称として標準になったが、タヘル・エルガマル自身は、今は小文字 g の方を使っている。
10. しかし先の７・８節の但書きを参照のこと。
11. 現実の世界では、p はこれよりはるかに大きいことを忘れないように。
12. このアイデアは何から何までエルガマルの独創なのではない。実際、ランダムなブラインドという考え方は、ある意味でワンタイム・パッドと同じ考え方だ。ブラインドをかけた暗号文に暗号のヒントをつけて送るという考え方は、1980 年代の初めに生まれたらしい。Ronald L. Rivest and Alan T. Sherman, "Randomized Encryption Techniques," in David Chaum, Ronald L. Rivest, and Alan T. Sherman (eds.), *Advances in Cryptology: Proceedings of CRYPTO' 82* (New York: Plenum Press, 1983) は、ブラインドとヒント方式とマケリース公開鍵方式など、確率的暗

号化の初期の歴史をきれいにまとめている。マケリース方式はランダムなブラインドを使うがヒントは使わない。その代わりにエラー訂正符号を使ってブラインドを除去する。リヴェストとシャーマンは、エルガマル方式に似たブラインドとヒント方式を、C. A. Asmuth and G. R. Blakley, "An efficient algorithm for constructing a cryptosystem which is harder to break than two other cryptosystems," *Computers & Mathematics with Applications* 7:6 (1981) によるとしている。こちらでは関連するアイデアを使って二つの暗号化方式の「合流」を構成する。しかし私が知るかぎり、これを公開鍵方式に組み込んだのは、エルガマルが最初だった。

13. エルガマルは乗算以外の他の演算も使えると言っているが、乗算が便利なのは、いずれにせよ乗算は累乗の一部としてしなければならないし、累乗に比べるとまあまあ速いからだ。ElGamal, "Public key cryptosystem".
14. PGP については、Jon Callas et al., "OpenPGP Message Format," IETF, November 2007; GPG については、People of the GnuPG Project, "GnuPG frequently asked questions," https://gnupg.org/faq/gnupg-faq.html. これらは、鍵合意がとくに適しているわけではないメールソフトである。つまり、これらのソフトでは、エルガマル暗号化が「ディフィー＝ヘルマン暗号化」と呼ばれているものの、ディフィー＝ヘルマンは標準的な選択肢になっていない。PGP 規格はディフィー＝ヘルマンを、「オープン PGP の実装で使うと有効だが、このアルゴリズムを実際に実装しないようにしている版もある」ものとして挙げている。
15. 実際にはもっと一般的な形があり、状況によってはそれが必要になるが、本書の目的にとってはこれでよい。
16. 結合則が成り立つ演算があり、単位元と逆元がある対象の集合を表す用語は「群」である。演算が可換でもあれば、「アーベル群」と呼ばれる。加法のある数、乗法のあるゼロでない数、加法のある n を法とする数、乗法のある n を法とし、n と互いに素となる数、楕円曲線は、すべてアーベル群の例となる。転字合成がある長さ n の転字も群となるが、アーベル群ではない。
17. 法が素数なので、その素数を法として 0 と合同になる数だけに逆元がない。
18. 係数と座標が有限体の元となる楕円曲線を考えることも可能で、それが便利になることもある。その場合も式はほとんど同じだが、まったく同じにはならない。本書ではこれについてはあまり考えない。
19. 因数分解問題もあるが、これは楕円曲線にうまく重なるものがないらしい。
20. Neal Koblitz, *Random Curves: Journeys of a Mathematician* (Berlin/Heidelberg Springer-Verlag, 2008), pp. 298–310.
21. 余談ながら、コブリッツは、自分が初めて暗号学に関する講義を行なったのはモスクワだったと回想している。楕円曲線暗号について話したわけではないが、公開鍵暗号を、核実験禁止条約の検証に応用することには触れている。
22. V. Miller, "Use of elliptic curves in cryptography," in Hugh C. Williams (ed.), *Advances in Cryptology-CRYPTO '85 Proceedings* (Berlin: Springer, 1986).
23. つまり 224 ビットか 225 ビット。Elaine Barker et al., "Recommendation for key management—Part 1: General (Revision 3)," NIST, July 2012.

24. 先の７・８節の但書きはここにはあてはまらないかもしれない。そこで触れた事前計算という技は、楕円曲線離散対数問題では使えないからだ。別の但書きについて、後の８・５節を参照。
25. これが G で生成される点の数より少ないと好都合だが、絶対そうでなければならないというわけではない。
26. 念を押すと、この共有された秘密情報は、実際には x 座標と y 座標で表される１点である。x 座標だけを使うのがごく一般的で、p を法とする数が得られる。
27. Joppe W. Bos et al., "Pollard rho on the PlayStation 3," in *SHARCS' 09 Workshop Record*, Virtual Application and Implementation Research Lab within ECRYPT II European Network of Excellence in Cryptography Lausanne, Switzerland: 2009. 有限体の場合の記録は 2113 個の元をもつ体についての計算である。この体の大きさは 113 ビットの数である。Erich Wenger and Paul Wolfger, "Harder, better, faster, stronger: elliptic curve discrete logarithm computations on FPGAs," *Journal of Cryptographic Engineering* (September 3, 2015).
28. Neal Koblitz, "Elliptic curve cryptosystems," *Mathematics of Computation* 48:177 (1987).
29. 送る平文を楕円曲線上の点として表す方法も見つけなければならないし、それは自明というわけではない。コブリッツはいくつかのアイデアを、Koblitz, "Elliptic curve cryptosystems," Section 3 で挙げている。
30. ただし、後の８・５節を参照。
31. Koblitz, "Elliptic curve cryptosystems" では、この点についてさらに述べられている。
32. あるいはその鍵を使って計算された MAC。
33. Diffie and Hellman, "Multiuser cryptographic techniques".
34. この前提は確率的暗号化方式については成り立つ可能性が大きく下がる。
35. Five Man Electrical Band, "Signs," Single. Lionel Records, 1971.
36. 偽造者フランクが σ を知らずに、v で検証したとき意味をなす英語のメッセージとなる署名をでっちあげられる可能性はきわめて低い。メッセージが文章以外のものになるのなら、アリスが無署名のメッセージもボブに送って比較できるようにするという場合の一つになるだろう。
37. ここで言うように、まず署名して、それから暗号化すべきか、それともまず暗号化して、それから署名すべきかについては、いくらか議論がある。どちらにもちゃんとした論拠がある。私は「ぞうのホートン原理」に従うことにする。これは「自分が署名したものが意図で、意図するものに署名せよ」という原則だ〔ぞうのホートンは、「僕は自分の言ったとおりのことを言っている」と発言している〕——つまり意図したことを暗号化したものにではない。Ferguson et al., *Cryptography Engineering*, pp. 96–97 and 102–4; Dr. Seuss, *Horton Hatches the Egg* (Random House, 1940).〔ドクター・スース『ぞうのホートンたまごをかえす』しらきしげる訳、偕成社（2008)〕
38. 証明書やインターネットでのその使われ方については、Simson Garfinkel, *Web*

Security, Privacy and Commerce, 2nd ed. (Sebastopol, CA: O'Reilly Media, 2002), pp. 160–93 を参照〔Garfinkel/Spafford『Web セキュリティ、プライバシー＆コマース』(上下) オライリー・ジャパン (2002)〕。
39. 2013 年にインターネットを調べたある調査では、証明書の 99% 以上が RSA を使っていることがわかった。Zakir Durumeric et al., "Analysis of the HTTPS certificate ecosystem," in *Proceedings of the 2013 Conference on Internet Measurement Conference*, Association for Computing Machinery Special Interest Groups on Data Communication and on Measurement and Evaluation (New York: ACM, 2013).
40. Garfinkel, Web Security, pp. 175–76.
41. 先の 2013 年の調査は、証明書のうち約 34% はシマンテック社所有数社によって発行されていることを明らかにした。全体の約 10% はヴェリサイン社そのものが発行していた。Durumeric et al., "Analysis of the HTTPS certificate ecosystem".
42. 正確に言えば、2015 年の段階で、インターネット・エクスプローラとファイアフォックスは RSA、デジタル署名アルゴリズム (DSA)、楕円曲線デジタル署名アルゴリズム (ECDSA) をサポートしている。クロームとサファリは DSA は外し、RSA と ECDSA のみをサポートしているらしい。Qualys SSL Labs, "User agent capabilities," 2015. https://www.ssllabs.com/ssltest/clients.html. このウェブサイトは利用者が使っているブラウザがどのアルゴリズムをサポートしているかを調べるオプションを提供している。
43. アリスとボブがコンピュータならなおさら、ボブは問題ないと見る可能性が高い。その場合、「ファイル X を送れ」の方が、「8 時に会いましょう」よりも可能性は高まる。
44. 暗号法での時計の使い方や濫用のもろもろについては、Ferguson et al., *Cryptography Engineering*, Chapter 16 を参照。
45. これはハッシュ関数、あるいはメッセージ要約関数の助けを借りて行なわれることが多い。こうした関数は誰でも鍵なしに簡単に計算でき、512 ビットといった一定サイズの値までの任意の長さのメッセージを必要とする。しかし与えられたハッシュ値あるいは同じハッシュ値の二つのメッセージからメッセージを取り出すのは難しい。ハッシュ関数は本書の範囲を超えるが、Barr, *Invitation to Cryptology*, Section 3.6 が優れた入門である。Stallings, *Cryptology and Security*, Chapter 11 はもっと奥まで踏み込んでいる。これは最近 NIST が催した、新しいハッシュ関数標準に関する、AES のときのようなコンペとその結果についての節もあり、新しくもある。Ferguson et al., *Cryptography Engineering*, Chapter 5 では、それほど詳しくはないがハッシュ関数の仕組みについて書かれていて、その使い方については詳しく書かれている。
46. ElGamal, "Public key cryptosystem".
47. DSA に対する初期の反応については、Schneier, *Applied Cryptography*, Section 20.1 を参照。
48. このグループは「fail0verflow」と名乗っていた。bushing, marcan and sven,

"Console hacking 2010: PS3 epic fail," slides from lecture presented at 27th Chaos Communication Congress, 2010, https://events.ccc.de/congress/2010/Fahrplan/events/4087.en.html.

49. 鍵を公開したハッカーはジョージ・ホッツ、通称「GeoHot」だった。Jonathan Fildes, "iPhone hacker publishes secret Sony PlayStation 3 key," BBC News Web site, 2011. http://www.bbc.co.uk/news/technology-12116051.
50. David Kravets, "Sony settles PlayStation hacking lawsuit," *Wired Magazine* Web site, http://www.wired.com/2011/04/sony-settles-ps3-lawsuit. 法的な資料は、Corynne McSherry, "Sony v. Hotz ends with a whimper, I mean a gag order," Electronic Frontier Foundation Deeplinks Blog, 2011, https://www.eff.org/deeplinks/2011/04/sony-v-hotz-ends-whimper-i-mean-gag-order で見られるかもしれない。ホッツはソニー製品に関する秘密情報をこれ以上知らせないことと、製品に対するハッキングを遠慮することに同意した。
51. エルガマル暗号の元の形のものは、イブが暗号文 R と C を得ていて、ボブを騙して、(たとえば) R と $2C$ をを解読させるようにしむければ、ボブが得る結果は $2P$ となり、そこからイブは容易に P を得られるということだった。しかしイブは私有鍵を得ることはない。
52. DHIES と ECIES が最初に記述されたのは、Mihir, Bellare and Phillip Rogaway, "Minimizing the use of random oracles in authenticated encryption schemes," in Yongfei Han, Tatsuaki Okamoto, and Sihan Quing (eds.), *Proceedings of the First International Conference on Information and Communication Security* (Berlin/Heidelberg: Springer-Verlag, 1997) でのことで、そのときは DLAES という名だった。ただし、楕円曲線について言及しているのを見つけるには、非常に細かく読む必要がある。この方式は、DHES や DHIES とも呼ばれるようになっていて、合同算術累乗離散対数型が DLIES と呼ばれることもある。Michel Abdalla et al., "The oracle Di e-Hellman assumptions and an analysis of DHIES," in David Naccache (ed.), *Topics in Cryptology-CT-RSA 2001* (Berlin/Heidelberg: Springer-Verlag, 2001) での言い方では、「それはまったく同じ方式である」。
53. 超楕円曲線についてさらに詳しいことは、Hoffstein et al., *Introduction to Mathematical Cryptography*, Section 8.10 を参照。
54. 対関数の概要については、Trappe and Washington, I*ntroduction to Cryptography*, Section 16.6 を、恐ろしいほどの詳細については、Hoffstein et al., Introduction to Mathematical Cryptography, Sections 6.8–6.10 を参照。
55. Hoffstein et al., I*ntroduction to Mathematical Cryptography*, Sections 6.10.1 およびそこにある参考文献を参照。
56. 詳細については、Trappe and Washington, *Introduction to Cryptography*, Section 16.6 または Hoffstein et al., I*ntroduction to Mathematical Cryptography*, Section 6.10.2 を参照。
57. NSA/CSS, "Cryptography Today," NSA/CSS Web site, https://www.nsa.gov/ia/programs/suitteb_cryptography/index.shtml.「とくに取扱いに注意を要する情

報」用の「スイートA」もあるらしい。用いられているアルゴリズム自体は機密扱いで、一般には入手できない。NSA/CSS, "Fact sheet NSA Suite B cryptography," NSA/CSS Web site, http://wayback.archive.org/web/20051125141648/http://www.nsa.gov/ia/industry/crypto_suite_b.cfm. この決定を、ケルクホフスの原理で考えたくなるかもしれない。

58. NSA/CSS, "Fact Sheet NSA Suite B Cryptography". 鍵合意に関する第二のアルゴリズム、楕円曲線 MQV は、2008 年にスイートから外された。
59. つまりハッシュ関数。
60. 当時、AES とハッシュ関数は、NIST がこの区分で全面的に支持するアルゴリズムとしてはこの二つだけで、鍵合意やデジタル署名のカテゴリの場合とは違っていた。AES は今も唯一の支持される対称暗号化アルゴリズムだが、別の支持されたハッシュ関数も追加されている。
61. NSA/CSS, "The case for elliptic curve cryptography," NSA/CSS Web site, http://wayback.archive.org/web/20131209051540/http://www.nsa.gov/business/programs/elliptic_curve.shtml.
62. Bruce Schneier, "Did NSA put a secret backdoor in new encryption standard?" *Wired Magazine* のウェブサイト, http://archive.wired.com/politics/security/commentary/securitymatters/2007/11/securitymatters_1115.
63. Dan Shumow and Niels Ferguson, "On the possibility of a back door in the NIST SP800-90 Dual EC PRNG," Slides from presentation at Rump Session of CRYPTO 2007, http://rump2007.cr.yp.to/15-shumow.pdf. そのような抜け道の存在は、2005 年にはもう疑われていたらしい。Matthew Green, "A few more notes on NSA random number generators," A Few Thoughts on Cryptographic Engineering Blog, http://blog.cryptographyengineering.com/2013/12/a-few-more-notes-on-nsa-random-number.html.
64. Nicole Perlroth, "Government announces steps to restore con dence on encryption standards," *New York Times* のウェブサイト, http://bits.blogs.nytimes.com/2013/09/10/government-announces-steps-to-restore-confidence-on-encryption-standards/.
65. "NIST removes cryptography algorithm from random number generator recommendations," NIST Tech Beat Blog, http://www.nist.gov/itl/csd/sp800-90-042114.cfm.
66. Bruce Schneier, "NSA surveillance: A guide to staying secure," The Guardian (2013). とくに楕円曲線を使うなら、このことは曲線と生成元を、悪意のある誰かが手を回しているかもしれない数表を参照するより自分で計算する理由になるかもしれない。
67. NSA/CSS, "Cryptography Today".
68. Lily Chen et al., Report on Post-Quantum Cryptography, NIST, April 2016.

第9章　暗号学の未来

1. シュレーディンガーのオリジナルでは、問題の形が少し違っているが、私はたとえ仮定の話でも死んだ猫の話はできない。あしからず。
2. 問題とアルゴリズムが最初に記述されたのは、D. Deutsch, "Quantum theory, the Church-Turing principle and the universal quantum computer," *Proceedings of the Royal Society of London. Series A, Mathematical and Physical Sciences* 400:1818 (1985).
3. ショアのアルゴリズムが最初に発表されたのは、P. W. Shor, "Algorithms for quantum computation: Discrete logarithms and factoring," in *Proceedings, 35th Annual Symposium on Foundations of Computer Science*, IEEE Computer Society Technical Committee on Mathematical Foundations of Computing (Los Alamitos, CA: IEEE, 1994). 関係する考え方の非常に整った非専門的解説は、Scott Aaronson, "Shor, I' ll do it," in Reed Cartwright and Bora Zivkovic (eds)., *The Open Laboratory: The Best Science Writing on Blogs* 2007 (Lulu.com, 2008).
4. ショアのアルゴリズムは、もともと簡単に因数分解できる偶数や、9のような素数の完全平方数には使えない。そうした数は、専用の手法を使って比較的素早く因数分解できる。
5. Lieven M. K. Vandersypen et al., "Experimental realization of Shor's quantum factoring algorithm using nuclear magnetic resonance," *Nature* 414:6866 (2001).
6. Enrique Martin-Lopez et al., "Experimental realisation of Shor's quantum factoring algorithm using qubit recycling," *Nature Photonics* 6:11 (2012).
7. Nanyang Xu et al., "Quantum factorization of 143 on a dipolar-coupling nuclear magnetic resonance system," *Physical Review Letters* 108:13 (2012). この断熱的量子計算と呼ばれるアルゴリズムがショアのアルゴリズムなみに速いかどうかは明らかではない。
8. Nikesh S. Dattani and Nathaniel Bryans, "Quantum factorization of 56153 with only 4 qubits," arXiv number 1411.6758, November 27, 2014. 著者の指摘のように、一般に「この分解は大きなRSAコード［ママ］を破れるようにはしてくれない」。
9. グローヴァーのアルゴリズムが最初に発表されたのは、Lov K. Grover, "A fast quantum mechanical algorithm for database search," in *Proceedings of the Twenty-eighth Annual ACM Symposium on Theory of Computing*, Association for Computing Machinery Special Interest Group on Algorithms and Computation Theory (New York: ACM, 1996). Graham P Collins, "Exhaustive searching is less tiring with a bit of quantum magic," *Physics Today* 50:10 (1997) は、この手法のきわめて読みやすい要約である。
10. NSA/CSS, Cryptography Today.
11. 量子化後暗号法についての少々専門的だが優れた概論については、Daniel J. Bernstein, "Introduction to post-quantum cryptography," in Daniel J. Bernstein, Johannes Buchmann, and Erik Dahmen (eds.), *Post-Quantum Cryptography* (Springer Berlin Heidelberg, 2009) を参照。
12. ただし、公開鍵暗号でのたいていのことと同じく、こちらも難しいかどうかが明

確にわかっているわけではない。

13. Hoffstein et al., *Introduction to Mathematical Cryptography*, Section 7.11.2. なお、この格子の次元の数は、同節で与えられた N の値について、$2N$ になる。

14. 明示的に格子に基づく暗号方式が最初に発表されたのは、1977 年、ミクローシュ・アイタイとシンシア・ドウォークによるらしい（Miklós Ajtai and Cynthia Dwork, "A Public-key cryptosystem with worst-case/average-case equivalence," in *Proceedings of the Twenty-ninth Annual ACM Symposium on Theory of Computing*, Association for Computing Machinery Special Interest Group on Algorithms and Computation Theory (New York; ACM, 1997)）. アイタイ＝ドウォーク方式は最短ベクトル問題の一種に基づいていて、今では安全だが実用的ではないと考えられている。私がここで述べる方式は、ほぼ同じ頃に考案されたもので、今では実行しやすいが安全ではないと考えられている。

15. L. Babai, "On Lovász' lattice reduction and the nearest lattice point problem," *Combinatorica* 6:1 (1986).

16. ボブが生成元をどうやって見つけるかの詳細は省く。簡単に答えれば、直角に近い角度の点の集合を求め、それを良い集合とし、それを使って悪い集合を計算するということだ。詳細については、GGH 暗号方式に関する参考文献（註 20）を参照。

17. イブは元の平文そのものではなくても、それにいささか近い数を復元できることが多いことを見る。それぞれの数にある情報が少なければ、イブが「いささか近い」情報から平文を推測するのが難しくなる。ここでの例は、各文字を二進数で符号化し、そのビットを一つずつ別々に扱えば、さらに安全になるだろう。さらに、頻度攻撃を避けるためにいくらか余分のランダムなビットも加えた方がよい。残念ながら、こうしたことによってメッセージは非常に長くなる。この結果は「メッセージ膨張」と呼ばれる。

18. James Agee and Walker Evans, *Let Us Now Praise Famous Men* (Boston: Houghton Mifflin, 1941) を参照。

19. これまで見てきたたいていの暗号方式とは違い、ボブの解読が元のメッセージと正確に一致しない可能性がわずかながらある。そうなったときは、おそらく意味をなさないだろうから、たいていすぐにわかる。これは先に７・５節で見た素数判定法の状況に似ている。偶然のエラーの可能性が非常に小さいかぎり、この方式は十分によくできている。

20. Oded Goldreich et al., "Public-key cryptosystems from lattice reduction problems," in Burton S. Kaliski Jr. (ed.), *Advances in Cryptology—CRYPTO '97* (Springer Berlin Heidelberg, 1997). この方式の詳細については、Hoffstein et al., *Introduction to Mathematical Cryptography*, Section 7.8 や、Daniele Micciancio and Oded Regev, "Lattice-based cryptography," in Daniel J. Bernstein, Johannes Buchmann, and Erik Dahmen (eds.), *Post-Quantum Cryptography* (Springer Berlin Heidelberg, 2009), Section 5 といったものもある。

21. Phong Nguyen, "Cryptanalysis of the Goldreich-Goldwasser-Halevi cryptosystem from CRYPTO '97," in Michael Wiener (ed.), *Advances in Cryptology—CRYPTO '*

99, (Springer Berlin Heidelberg, 1999).

22. たとえば、Micciancio and Regev, "Lattice-based cryptography," Section 5 を参照。
23. Ray A. Perlner and David A. Cooper, "Quantum resistant public key cryptography: A survey," in Kent Seamons, Neal McBurnett, and Tim Polk, (eds.), *Proceedings of the 8th Symposium on Identity and Trust on the Internet* (New York: ACM Press, 2009).
24. NTRU は最初、Jeffrey Hoffstein et al., "Public key cryptosystem method and apparatus," United States Patent: 6081597, 2000, http://www.google.com/patents/US6081597 および、Jeffrey Hoffstein et al., "NTRU: A ring-based public key cryptosystem," in Joe P. Buhler (ed.), *Algorithmic Number Theory* (Berlin/Heidelberg: Springer, 1998) で述べられた。格子の記述などの情報については、Hoffstein et al., *Introduction to Mathematical Cryptography*, Section 17.10, Micciancio and Regev, "Lattice-based cryptography," Section 5.2, or Trappe and Washington, *Introduction to Cryptography*, Section 17.4 を参照。
25. Trappe and Washington, *Introduction to Cryptography*, Section 17.4.
26. 1998 年 6 月 22 日付の私信。私はリード・カレッジでの学会で、カール・ポメランスと一緒のバンで懇親会に向かっていた。ホフスタインが通りを歩いて来るところにポメランスが窓から大声でこの質問をした。
27. GGH デジタル署名は GGH 暗号と同様、安全ではないことが示されている（Phong Q. Nguyen, and Oded Regev, "Learning a parallelepiped: Cryptanalysis of GGH and NTRU signatures," *Journal of Cryptology* 22:2 (2008)）. NTRU デジタル署名の初期バージョンも安全ではないことが示された。2014 年に最新版が提供され、これはまだ破られていない。考案者は、「安全だと見なされるまでには何年かの精査が必要だろう」と言っている（Hoffstein et al., *Introduction to Mathematical Cryptography*, Section 17.12.5）。
28. ウィースナーについては Levy, *Crypto*, pp. 332–38 を参照。論文はその後、Stephen Wiesner, "Conjugate coding," *SIGACT News* 15:1 (1983) として発表された。
29. ベネットの経歴については、Levy, *Crypto*, pp. 338–39 を、ベネットとブラサールの出会いについては、G. Brassard, "Brief history of quantum cryptography: A personal perspective," in *IEEE Information Theory Workshop on Theory and Practice in Information-Theoretic Security, 2005*, Piscataway, NJ: IEEE Information Theory Society in cooperation with the International Association for Cryptologic Research (IACR) を参照。
30. C. H. Bennett and G. Brassard, "Quantum cryptography: Public key distribution and coin tossing," in *Proceedings of the IEEE International Conference on Computers, Systems, and Signal Processing*, IEEE Computer Society, IEEE Circuits and Systems Society, Indian Institute of Science (Bangalore, India, 1984).
31. 人間に一個の光子が見えるということではない。

32. この例では、結果は少し良かった。
33. すぐ後で、イブには実は追加の問題があることを見るが、さしあたりそれは無視しよう。
34. あるいはただの回線ノイズかもしれないが、アリスとボブがそれを計算に入れる方法もある。場合によっては、イブがいくつかのビットを発見したとしても進めることができる。Samuel J. Lomonaco Jr., "A talk on quantum cryptography, or how Alice outwits Eve," in David Joyner (ed.), *Coding Theory and Cryptography: From Enigma and Geheimschreiber to Quantum Theory* (Berlin/Heidelberg; New York: Springer, 2000) はBB84、回線ノイズつきのBB84、他のいくつかのプロトコルについての優れた紹介である。この主題で使われる変わった形の表記についてもいくらか説明しているが、線形代数をいくらか知っている方がよい。Samuel J. Lomonaco Jr., "A quick glance at quantum cryptography," *Cryptologia* 23:1 (1999) は以前のバージョンで、深みや参考資料があるが、入門用ではない。
35. C. H. Bennett and G. Brassard, "The dawn of a new era for quantum cryptography: The experimental prototype is working!" *ACM SIGACT News* 20:4 (1989); Brassard, "Brief history".
36. Bennett and Brassard, "Dawn of a new era"; C. H. Bennett et al., "Experimental quantum cryptography," *Journal of Cryptology* 5:1 (1992); Brassard, "Brief history".
37. Boris Korzh et al., "Provably secure and practical quantum key distribution over 307 km of optical fibre," *Nature Photonics* 9:3 (2015). この方式はBB84ではなく、「コヒーレント片道プロトコル」(COW) というのを使っていた。Nicolas Gisin et al., "Towards practical and fast quantum cryptography," arXiv number quant-ph/0411022, November 3, 2004. 量子レベルの粒子を伝送するときの問題の一つに、通信回路が今のところ1回線ずつでなければならないことだ。信号を増幅したり方向を変えたりするどんな試みも、装置が依存している量子的特性をだめにしてしまう。研究者はそれを回避することを研究しているのだが。
38. Tobias Schmitt-Manderbach et al., "Experimental demonstration of free-space decoy-state quantum key distribution over 144 km," *Physical Review Letters* 98:1 (2007).
39. A. Poppe et al., "Practical quantum key distribution with polarization entangled photons," *Optics Express* 12:16 (2004). この方式はBB84を使っていなかったが、関連のある、E91と呼ばれるプロトコルを使っていた。これは最初、Artur K. Ekert, "Quantum cryptography based on Bell's theorem," *Physical Review Letters* 67:6 (1991) で発表された。E91についてのさほど専門的でない解説については、Artur Ekert, "Cracking codes, part II," *Plus Magazine* No. 35 (2005) を参照。
40. たとえば、Andrew Shields and Zhiliang Yuan, "Key to the quantum industry," *Physics World* 20:3 (2007) を参照。
41. アメリカについては、Shields and Yuan, "Key to the quantum industry," Richard J. Hughes et al., "Network-centric quantum communications with application to critical infrastructure protection," (May 1, 2013); オーストリアにつ

いては、Roland Pease, " 'Unbreakable' encryption unveiled," BBC News Web site, http://news.bbc.co.uk/2/hi/science/nature/7661311.stm; スイスについては、D. Stucki et al., "Long-term performance of the SwissQuantum quantum key distribution network in a field environment," *New Journal of Physics* 13:12 (2011); 日本については、M. Sasaki et al., "Field test of quantum key distribution in the Tokyo QKD Network," *Optics Express* 19:11 (2011); 中国については、Jian-Yu Wang et al., "Direct and full-scale experimental veri cations towards ground-satellite quantum key distribution," *Nature Photonics* 7:5 (2013).

42. Clay Dillow, "Unbreakable encryption comes to the U.S.," fortune.com, http://fortune.com/2013/10/14/unbreakable-encryption-comes-to-the-u-s/, これはバテル記念研究所の Don Hayford を引いている。
43. こうした技はたいてい数学的には最も興味深い。本書ではそれに集中したのはそのためだった。
44. この攻撃の名称は、Gilles Brassard et al., "Limitations on practical quantum cryptography," *Physical Review Letters* 85:6 (2000) でつけられている。そこではそれ以前のアイデアを修正したものとして述べられている。
45. 単独光子の場合には、イブには保存の仕掛けが使えない。光子を保存してもそれをそのままボブに送らなければならないからだ。
46. こうしたものの中で最も知られているものはSARG04と呼ばれる。最初に発表されたのは、Valerio Scarani et al., "Quantum cryptography protocols robust against photon number splitting attacks for weak laser pulse implementations," *Physical Review Letters* 92:5 (2004) だった。
47. Won-Young Hwang, "Quantum key distribution with high loss: Toward global secure communication," *Physical Review Letters* 91:5 (2003). 日本の量子ネットワークのリンクのうちいくつかは、何よりこの方法を使っている（Sasaki et al., "Field test of quantum key distribution"）。
48. Lars Lydersen et al., "Hacking commercial quantum cryptography systems by tailored bright illumination," *Nature Photonics* 4:10 (2010). 他の能動的攻撃を挙げると、タイムシフト攻撃と、フェーズ再マッピング攻撃などがある。タイムシフト攻撃は、検出装置によっては0よりも1のビットを記録しそこねやすいという可能性を利用する（Yi Zhao et al., "Quantum hacking: Experimental demonstration of time-shift attack against practical quantum-key-distribution systems," *Physical Review* A 78:4 (2008)）。フェーズ再マッピングは、アリスの装備が光子を受け取るだけでなく送出できるような方式を攻撃する（Feihu Xu et al., "Experimental demonstration of phase-remapping attack in a practical quantum key distribution system," *New Journal of Physics* 12:11 (2010)）。
49. Edgar Allen Poe, "A few words on secret writing," *Graham's Magazine* 19:1 (1841).

参考図書・資料案内

「まえがき」でも述べたとおり、本書は暗号法の特定の面についてのものであり、暗号法の分野を調べる道筋は他にもたくさんある。以下に入り口についていくつかの案を示す。それぞれの文献・資料に関する情報は、「参考文献」に記した。

暗号法の学問的な取り扱いを追いたいなら、立派な教科書がたくさんある。ここですべてを挙げることはできないが、私が気に入っているものをいくつか挙げておく。数学の水準が本書と同じくらいのものとしては、私はThomas Barr, *Invitation to Cryptology*が好きだ。少々古くなったが、学生とこれを使ってよかったし、練習問題もたくさんある。もう少し難しめのものとしては、私は数学、計算機科学専攻の上級生向けの授業で、Wade Trappe and Lawrence Washingtonによる*Introduction to Cryptography with Coding Theory*を使っている。これも優れた練習問題が多く、エラー訂正符号のような、本書が取り上げなかった話題も取り上げている。本当に数学的な方向に進みたいなら、Jeffrey Hoffstein, Hill Pipher and Joseph Silverman, *An Introduction to Mathematical Cryptography*を試してみるとよい。これは学部上級から大学院に入ったばかりの学生向けに書かれていて、公開鍵暗号法とデジタル署名に集中している。

実際に現代の暗号法を用いている実用面に関心があるなら、こちらも優れた教科書がある。私が使って良かったのは、スターリングスの『暗号とネットワークセキュリティ』だった。これは暗号法と数学を、現代コンピュータで使われているものに集中して取り上げていて、そうしたコンピュータを安全に保つために使われる具体的なハードウェアやソフトウェアについても述べている。教科書は必要なく、本書で取り上げた暗号法の方式がどのように自分のコンピュータで動作しているかを知りたいだけだとしても、この本はお薦めだ。しかし、実際どうすべきであり、どうすべきでないかを取り上げた便覧としては、Niels Ferguson, Bruce Schneier and Tadayoshi Kohno, *Cryptography Engineering*に勝るものはないだろう。この本の著者はこれを狭くて集中的としている。「何十もの選択肢を出すのではなく、一つの選択肢を提示して、それを正しく実装する方法を語る」(p. xxxviii)。

実用面についてのそれほど専門的ではない概論として、ブルース・シュナイアー『暗号の秘密とウソ』がある。シュナイアーは著名な暗号法研究者であり、私が好きな暗号についての著述家の一人でもあり、暗号の技術的な面から社会にとって実用的な面まであらゆることについて書いている。ここで署名をあげるのは2点だけだが、シュナイアーの書いたものはすべて薦める。『暗号の秘密とウソ』は、実業界の、デジタルの安全性が自分の事業にどう影響するかを理解したい人々に向けられているが、きわめて読みやすく、専門用語の泥沼をくぐらずに実用的な暗号学について理解

したいという人なら誰にでも薦められる。

プロの暗号家、つまり秘密を安全に保つシステムを考案したり破ったりすることを仕事とする人になりたいなら、シュナイアーの『暗号技術大全』を読むべきだろう。この本は今では少し古くなっているが、1996年までに知られていた重要な現代暗号すべてについて、数学的な（他の面でも）詳細を取り上げている。私が本書を書いているときにも貴重な資料だった。『大全』の後、扱う範囲が少し違い、少し新しいところも取り上げている、Alfred Menezes, Paul van Oorschot and Scott Vanstone, *Handbook of Applied Cryptograph* で補足するとよい。それから、Joan Daemen and Vincent Rijmen, *The Design of Rijndael: AES — The Advanced Encryption Standard* がある。二人はAESコンペの優勝者として、暗号をどう設計するかについて、人一倍よく知っていると言えるだろう。さらに良いのは、二人が暗号の背後にある詳細と動機の両方について、数学について行ける人々にとっては驚くほどはっきりと説明している。

暗号法の歴史に関心があるなら、デーヴィッド・カーンの『暗号戦争』は必読書だろう。初版が出たのは1967年で、その時点まで存在した暗号法の歴史の決定版と言える〔邦訳は抄訳〕。しかしその後二つのことがあった。まず、それまで機密扱いだった暗号法に関する史料、とくに第二次世界大戦での暗号法に関するものが機密指定を解除されたこと。第二に、コンピュータでの暗号法の利用が広まり、興味深い背景とともに新たな暗号が数多く開発されるようになったこと。1996年の第2版は、この展開についての短い章があるものの、もっと知りたいと思われるだろう。今では第二次世界大戦の暗号法に関する好著が多数ある。そのいくつかは「参考文献」に挙げた。とくにどれが好きというものはない。2001年までのコンピュータ用暗号法の展開については、スティーヴン・レヴィーの『暗号化』が良いと思う。残念なことに、この本が出たのはAESコンペの優勝者が発表される直前だった。私の考えでは、21世紀初頭の暗号法の歴史についての本当に優れたものはまだ書かれていない。それを待つ間のものとして、Craig Bauer, *Secret History: The Story of Cryptology* の後ろの方の章にある歴史的短編を薦める。この本は、暗号法史の専門家によって書かれた歴史と数学の入り交じったものだ。教科書、参考資料としても使えるし、おもしろそうなところを拾い読みしてもよい。

私が本書であまり述べなかったことの一つは、暗号法の社会的な意味、とくに個人のプライバシー保護での役割だった。専門家でない人々のためのデジタル技術やプライバシーに関する優れた入門書は、Hal Abelson, Ken Ladeen and Harry Lewis, *Blown to Bits: Your Life, Liberty, and Happiness After the Digital Explosion* だ。これは現代のプライバシーについて、暗号法も含めた多くの面を取り上げている。Whitfield Diffie and Susan Landau, *Privacy on the Line: The Politics of Wiretapping and Encryption* は、とくに通信技術に集中し、学術的な詳細にも立ち入っている。Landau, *Surveillance or Security? The Risks Posed by New Wiretapping Technologies* は、同じテーマの多くを取り上げ、内容をさらに新しくしている。私が本書を書いているときは、ブルース・シュナイアーが『超監視社会』を出したばかりだった。私はこの本をまだ読んでいないが、読むのを楽しみにしている。

私は現代の暗号法は急速に変化する分野であることを何度か述べた。当然のことながら、暗号学者も最新ニュースを広め、入手するために、ウェブにを大いに利用する。多くの人々がブログを書いているので、私が好きなものをいくつか挙げておく。ブルース・シュナイアーはほとんど毎日、*Schneier on Security,* https://www.schneier.com に記事を投稿している。シュナイアーの他の著述と同様、このブログも暗号法や、コンピュータの保護や、もっと広く安全性やプライバシーの問題にわたっている。記事の多くは新しい記事のリンクつきの短い抜粋だ。シュナイアーが自身の文章を投稿するときにはとくに読むに値する。

マシュー・グリーンは月に一度、*A Few Thoughts on Cryptographic Engineering,* http://blog.cryptographyengineering.com に投稿している。記事の多くは専門的な話だが、非常に読みやすく書かれている。非専門的な要約から始まって、詳細を説明しようとしていることが多い。マット・ブレイズは2013年まで、同様のブログ、*Matt Blaze's Exhaustive Search,* http://www.crypto.com/blog に書いていた。このブログは今は更新されていないようだが、保存された記事やブレイズのツイッターなどへのリンクは生きている。スティーヴ・ベロヴィンは月に1回程度、*SMBlog: Pseudo-Random Thoughts on Computers, Society, and Security,* https://www.cs.columbia.edu/~smb/blog に投稿している。こちらは専門的詳細に通じた論説と言えるだろう。最新のニュースが元になっていることも多いが、それを伝えるだけではない。ベロヴィンの記事にも他のブログへのリンクがあり、そこには暗号法とさほど関係のないものもあるが、暗号学に関心のある読者には興味深いと思われるかもしれない。

私自身も本書の内容を暗号法の新しい展開や歴史的発見で更新するためのブログを残しておく。その多くはすでに取り上げた資料から引くことになるが、読みたいと思われそうな新しい資料の推薦も投稿するつもりだ。このブログは本書用のウェブページ、http://press.princeton.edu/titles/10826.html を通じて閲覧できる。

最後に、暗号法における最新研究を技術的栄光すべてについて見たいなら、学術論文の前刷りが投稿され、フリーでダウンロードできる主要なネット上の場が二つある。一般的な方は arXiv, http://arxiv.org で、こちらには物理学（量子物理学を含む）、数学、計算機科学などの分野がある。Cryptology ePrint Archive, http://eprint.iarc.org/ は範囲が限られている。

参考文献

Aaronson, Scott. "Shor, I'll do it." In Reed Cartwright and Bora Zivkovic (eds.), *The Open Laboratory: The Best Science Writing on Blogs 2007*. Lulu.com, January 23, 2008, 197–202. Originally published on the blog "Shtetl-Optimized," http://scottaaronson.com/blog/?p=208, February 24, 2007.

ABC. "The Muppet Show: Sex and Violence." Television. March 19, 1975.

Abdalla, Michel, Mihir Bellare and Phillip Rogaway. "The oracle Diffie-Hellman assumptions and an analysis of DHIES." In David Naccache (ed.), *Topics in Cryptology-CT-RSA 2001*. Berlin/Heidelberg: Springer-Verlag, 2001, 143–58.

Abelson, Hal, Ken Ledeen, and Harry Lewis. *Blown to Bits: Your Life, Liberty, and Happiness After the Digital Explosion*. Upper Saddle River, NJ: Addison-Wesley Professional, 2008. http://www.bitsbook.com からダウンロードして閲覧可能。

Abu Nuwas, Al-Hasan ibn Hani al-Hakami. "Don't cry for Layla." Princeton Online Arabic Poetry Project. https://www.princeton.edu/~arabic/poetry/layla.swf.

Adrian, David, Karthikeyan Bhargavan, Zakir Durumeric, Pierrick Gaudry, Matthew Green, J. Alex Halderman, Nadia Heninger, et al. "Imperfect forward secrecy: How Diffie-Hellman fails in practice." In *22nd ACM Conference on Computer and Communications Security*. Association for Computing Machinery Special Interest Group on Security, Audit and Control. New York: ACM Press, October 2015, 5–17.

—. "The Logjam Attack." (May 20, 2015). https://weakdh.org/.

Agee, James, and Walker Evans. *Let Us Now Praise Famous Men*. Boston: Houghton Mifflin, 1941.

Agrawal, Manindra, Neeraj Kayal, and Nitin Saxena. "PRIMES is in P." *The Annals of Mathematics* 160:2 (September 2004),781–793. http://www.jstor.org/stable/3597229.

Ajtai, Miklós, and Cynthia Dwork. "A Public-key cryptosystem with worst-case/average-case equivalence." In *Proceedings of the Twenty-ninth Annual ACM Symposium on Theory of Computing. Association for Computing Machinery Special Interest Group on Algorithms and Computation Theory*. New York: ACM, 1997, 284–93.

Al-Kadi, Ibrahim A. "Origins of cryptology: The Arab contributions." *Cryptologia* 16 (1992), 97–126.

al Mutanabbi, Abu at-Tayyib Ahmad ibn al-Husayn. "al-Mutanabbi to Sayf al-Dawla." Princeton Online Arabic Poetry Project. https://www.princeton.edu/~arabic/

poetry/al_ mu_to_sayf.html.

Alvarez, Gonzalo, Dolores De La Guía, Fausto Montoya, and Alberto Peinado. "Akelarre: A new block cipher algorithm." In Stafford Tavares and Henk Meijer (eds.), *Proceedings of the SAC '96 Workshop*. Kingston, ON: Queen's University, August 1996, 1–14.

Anderson, Ross. "A5 (Was: HACKING DIGITAL PHONES)." Posted in uk.telecom (Usenet group). June 17, 1994. http://groups.google.com/group/uk.telecom/msg/ba76615fef32ba32.

—. "On Fibonacci keystream generators." *In Fast Software Encryption: Second International Workshop Leuven, Belgium, December 14–16, 1994 Proceedings*. Berlin/Heidelberg: Springer, 1995, 346–52. http://dx.doi.org/10.1007/3-540-60590-8_26.

André, Frédéric. "Hagelin C-36." http://fredandre.fr/c36.php?lang=en.〔翻訳時点では開けないが、freandre.fr を検索語として検索すると、アーカイブしたサイトが見つかる〕

Asmuth, C. A., and G. R. Blakley. "An efficient algorithm for constructing a cryptosystem which is harder to break than two other cryptosystems." *Computers & Mathematics with Applications* 7:6 (1981), 447–50. http://www.sciencedirect.com/science /article/B6TYJ-45DHSNX-17/2/8877c15616bb560298d056788b59a6.

Atkins, Derek, Michael Gra , Arjen K. Lenstra, and Paul C. Leyland. "The magic words are Squeamish Ossifrage." In A*dvances in Cryptology—ASIACRYPT '94*. Josef Pieprzyk and Reihanah Safavi-Naini (eds.). Berlin/Heidelberg: Springer-Verlag, 1995, 261–77.

Babai, L. "On Lovász' lattice reduction and the nearest lattice point problem." *Combinatorica* 6:1 (March 1986), 1–13.

Bacon, Francis. *Of The Advancement And Proficience Of Learning or the Partitions Of Sciences IX Bookes Written in Latin by the Most Eminent Illustrations & Famous Lord Francis Bacon Baron of Verulam Vicont St. Alban*. Oxford: Printed by Leon Lich eld, printer to the University, for Rob Young and Ed Forrest, 1640. 1605 年の *of the Proficience and Advancement of Learning* をラテン語訳した拡大版である *De augmentis scientarium* から、Gilbert Watts が英訳したもの。〔ベーコン『学問の進歩』服部英次郎、多田英次訳、岩波文庫（1974）〕

Barkan, Elad, and Eli Biham. "Conditional estimators: An effective attack on A5/1." In *Selected Areas in Cryptography*. Berlin/Heidelberg: Springer, 2006, 1–19. http://dx.doi.org/10.1007/11693383_1.

Barkan, Elad , Eli Biham, and Nathan Keller. "Instant ciphertext-only cryptanalysis of GSM encrypted communication." In *Advances in Cryptology—CRYPTO 2003*. Berlin/Heidelberg: Springer, 2003, 600–16. http://dx.doi.org/10.1007/978-3-540-45146-4_35.

Barker, Elaine, William Barker, William Burr, William Polk, and Miles Smid. "Recommendation for key management—Part 1: General (Revision 3)." NIST Special Publications Number 800-57, Part 1. NIST, July 2012. http://csrc.nist.gov/pub lications/nistpubs/800-57/sp800-57_part1_rev3_general.pdf.

Barker, Wayne G. Cryptanalysis of the Hagelin Cryptograph. Laguna Hills, CA: Aegean Park Press, June 1981.

Barr, Thomas H. Invitation to Cryptology. Englewood Cliffs, NJ: Prentice Hall, 2001.

Bauer, Craig P. *Secret History: The Story of Cryptology*. Boca Raton, FL: CRC Press, 2013.

Bauer, Friedrich. *Decrypted Secrets: Methods and Maxims of Cryptology*. 3rd, rev., updated ed. Berlin [u.a.]: Springer, 2002.

Bauer, Friedrich L. "An error in the history of rotor encryption devices." Cryptologia 23:3 (1999), 206–10. http://www.informaworld.com/10.1080/0161-119991887847.

Baum, L. Frank. *The Wonderful Wizard of Oz*. Chicago: George M. Hill, 1900. http://www.gutenberg.org/ebooks/55.〔ボーム『オズの魔法使い』諸訳あり〕

Beker, Henry, and Fred Piper. *Cipher Systems: The Protection of Communications*. New York: Wiley, 1982.

Bellare, Mihir, and Phillip Rogaway. "Minimizing the use of random oracles in authenticated encryption schemes." In Yongfei Han, Tatsuaki Okamoto, and Sihan Quing, (eds.), *Proceedings of the First International Conference on Information and Communication Security*. Berlin/Heidelberg: Springer,1997, 1–16.

Bellovin, Steven M. "Frank Miller: Inventor of the one-time pad." *Cryptologia* 35:3 (July 2011), 203–22. http://www.tandfonline.com/doi/abs/10.1080/01611194.2011.583711.

—. "Vernam, Mauborgne, and Friedman: The one-time pad and the index of coincidence." Columbia University Computer Science Technical Reports Number CUCS-014-14. Department of Computer Science, Columbia University. May 2014. http://dx.doi.org/ 10.7916/D8Z0369C.

Bennett, C. H., F. Bessette, G. Brassard, L. Salvail, and J. Smolin. "Experimental quantum cryptography." *Journal of Cryptology* 5:1 (1992), 3–28.

Bennett, C. H., and G. Brassard. "Quantum cryptography: Public key distribution and coin tossing." In *Proceedings of the IEEE International Conference on Computers, Systems, and Signal Processing*. IEEE Computer Society, IEEE Circuits and Systems Society, Indian Institute of Science. Bangalore, India, December 1984, 175–79.

—. "The dawn of a new era for quantum cryptography: The experimental prototype is working!" *ACM SIGACT News* 20:4 (1989), 78–80. http://portal.acm.org/citation.cfm?id=74087.

Bernstein, Daniel J. "Introduction to post-quantum cryptography." In Daniel J.

Bernstein, Johannes Buchmann, and Erik Dahmen (eds.), Post-Quantum Cryptography. Berlin Heidelberg: Springer, 2009, 1–14. http://link.springer.com/chapter/10.1007/978-3-540 -88702-7_1. また、http://pqcrypto.org/ でも閲覧可能。

Beurdouche, Benjamin, Karthikeyan Bhargavan, Antoine Delignat-Lavaud, Cedric Fournet, Markulf Kohlweiss, Alfredo Pironti, Pierre-Yves Strub, and Jean-Karim Zinzindohou. "A messy state of the union: Taming the composite state machines of TLS."In *2015 IEEE Symposium on Security and Privacy (SP)*. Los Alamitos, CA: IEEE Computer Society, May 2015, 535–52.

Bhargavan, Karthikeyan, Antoine Delignat-Lavaud, Cédric Fournet, Markulf Kohlweiss, Alfredo Pironti, Pierre-Yves Strub, Santiago Zanella-Béguelin, Jean-Karim Zinzindohoué, and Benjamin Beurdouche. "State Machine AttaCKs against TLS (SMACK TLS)." https://www.smacktls.com.

Biham, Eli. "How to make a di erence: Early history of di erential cryptanalysis." Slides from invited talk presented at Fast Software Encryption, 13th International Workshop. March 2006. http://www.cs.technion.ac.il/~biham/Reports/Slides/fse2006-history- dc.pdf.〔翻訳時点では開けない〕

Biham, Eli, and Adi Shamir. *Differential Cryptanalysis of the Data Encryption Standard*. New York: Springer, 1993.

Biryukov, Alex, and Eyal Kushilevitz. "From differential cryptanalysis to ciphertext-only attacks. " In Hugo Krawczyk (ed.), *Advances in Cryptology—CRYPTO '98*. Berlin/ Heidelberg: Springer, January 1998, 72–88.

Biryukov, Alex, Adi Shamir, and David Wagner. "Real time cryptanalysis of A5/1 on a PC." In *Fast Software Encryption: 7th International Workshop, FSE 2000 New York, NY, USA, April 10–12, 2000 Proceedings*. Berlin/Heidelberg: Springer, 2001, 37–44. http://dx.doi.org/10.1007/3-540-44706-7_1.

Boak, David G. "A history of U.S. communications security (Volume I)." National Security Agency. July 1973. http://www.nsa.gov/public_info/_les/cryptologic_histories /history_comsec.pdf.〔翻訳時点では開けないが、http://www.cryptomuseum.com/ crypto/usa/files/nsa_history_comsec_1.pdf で閲覧可能〕

Bogdanov, Andrey, Dmitry Khovratovich, and Christian Rechberger. "Biclique cryptanalysis of the full AES." In Dong Hoon Lee and Xiaoyun Wang (eds.), *Advances in Cryptology—ASIACRYPT 2011*. Berlin/Heidelberg: Springer 2011, 344–71. http://link.springer.com/chapter/10.1007/978-3-642-25385-0_19.

Boneh, Dan. "Twenty years of attacks on the RSA cryptosystem." Notices of the AMS 46:2 (February 1999), 203–13. http://www.ams.org/notices/199902/boneh.pdf.

Bornemann, F. "PRIMES is in P: A breakthrough for 'everyman.' " *Notices of the AMS* 50:5 (May 2003), 545–52. http://www.ams.org/notices/200305/fea-bornemann.pdf.

Bos, Joppe W., Marcelo E. Kaihara, and Peter L. Montgomery. "Pollard rho on the

PlayStation 3." In *SHARCS '09 Workshop Record*. Virtual Application and Implementation Research Lab within ECRYPT II European Network of Excellence in Cryptography, Lausanne, Switzerland: 2009, 35–50.

Brassard, G. "Brief history of quantum cryptography: A personal perspective." In IEEE Information Theory Workshop on Theory and Practice in Information-Theoretic Security, 2005. Piscataway, NJ: IEEE Information Theory Society in cooperation with the International Association for Cryptologic Research (IACR), 19–23.

Brassard, Gilles, Norbert Lütkenhaus, Tal Mor, and Barry C. Sanders. "Limitations on practical quantum cryptography." *Physical Review Letters* 85:6 (2000), 1330. http:// link.aps.org/doi/10.1103/PhysRevLett.85.1330.

Brown, Dan. *The Da Vinci Code*. 1st ed.. New York: Doubleday, 2003.〔ブラウン『ダ・ヴィンチ・コード』越前敏弥訳、角川文庫（上中下、2006)〕

Buonafalce, Augusto. "Bellaso's reciprocal ciphers." Cryptologia 30:1 (2006), 39. http:// www.informaworld.com/10.1080/01611190500383581.

bushing, marcan, and sven. "Console hacking 2010: PS3 epic fail." Slides from lecture presented at 27th Chaos Communication Congress, December 29, 2010. https:// events. ccc.de/congress/2010/Fahrplan/events/4087.en.html.

Callas, Jon, Lutz Donnerhacke, Hal Finney, David Shaw, and Rodney Thayer. OpenPGP Message Format. Request for Comments Number 4880. IETF. November 2007. https: //tools.ietf.org/html/rfc4880 (2015年7月28日閲覧).

Cannière, Christophe De, and Bart Preneel. "Trivium." In Matthew Robshaw and Olivier Billet (eds.), *New Stream Cipher Designs*. Berlin, New York: Springer, 2008, 244–266.

Carroll, Lewis. *Alice's Adventures in Wonderland*. London: Macmillan, 1865. http:// www.gutenberg.org/ebooks/11.〔キャロル『不思議の国のアリス』諸訳あり〕

—. *Through the Looking-Glass, and What Alice Found There*. London: Macmillan, 1871. http://www.gutenberg.org/ebooks/12.〔キャロル『鏡の国のアリス』諸訳あり〕

—. *The Hunting of the Snark: An Agony in Eight Fits*. London: Macmillan, 1876. http://www.gutenberg.org/ebooks/13.〔キャロル『スナーク狩り』種村弘訳、角川書店（2014）など〕

Chambers, W. "On random mappings and random permutations." In *Fast Software Encryption: Second International Workshop Leuven, Belgium, December 14–16, 1994 Proceedings*. Berlin/Heidelberg: Springer, 1995, 22–28. http://dx.doi. org/10.1007 /3-540-60590-8_3.

Chambers, W. G. and S. J. Shepherd. "Mutually clock-controlled cipher keystream generators." *Electronics Letters* 33:12 (1997), 1020–21.

Chen, Lily, Stephen Jordan, Yi-Kai Liu, Dustin Moody, Rene Peralta, Ray Perlner, and Daniel Smith-Tone. Report on Post-Quantum Cryptography. National Institute

of Standards and Technology Internal Report Number 8105. NIST, April 2016. http:// nvlpubs.nist.gov/nistpubs/ir/2016/NIST.IR.8105.pdf.

Cid, Carlos, and Ralf-Philipp Weinmann. "Block ciphers: Algebraic cryptanalysis and Gröbner bases." In Massimiliano Sala, Shojiro Sakata, Teo Mora, Carlo Traverso, and Ludovic Perret (eds.), *Gröbner Bases, Coding, and Cryptography.* Berlin/ Heidelberg: Springer, 2009, 307–27. http://link.springer.com/chapter/10.1007/978-3-540-93806-4 _17.

Clark, Ronald William. *The Man Who Broke Purple: The Life of Colonel William F. Friedman, Who Deciphered the Japanese Code in World War II.* Boston: Little Brown, 1977.

Cocks, C. C. "A Note on non-secret encryption. " UK Communications Electronics Security Group. November 20, 1973. http://www.cesg.gov.uk/publications/media / notense.pdf.〔翻訳時点ではこれは開けないが、https://www.gchq.gov.uk/sites/default/files/document_files/Cliff%20Cocks%20paper%2019731120.pdf にある〕

Collins, Graham P. "Exhaustive searching is less tiring with a bit of quantum magic." *Physics Today* 50:10 (1997), 19–21. http://dx.doi.org/10.1063/1.881969.

Coppersmith, D. "The Data Encryption Standard (DES) and its strength against attacks." *IBM Journal of Research and Development* 38:3 (1994), 243–50. http:// portal.acm.org/citation.cfm?id=185915.

Coutinho, S. C. The *Mathematics of Ciphers: Number Theory and RSA Cryptography.* Natick, MA: AK Peters, Ltd., 1998.〔コウニーチョ『暗号の数学的基礎』丸善出版（2012)〕

Daemen, Joan, and Vincent Rijmen. "AES proposal: Rijndael." NIST. September 1999. http://csrc.nist.gov/archive/aes/rijndael/Rijndael-ammended.pdf. SeriesAES proposals, Document version 2.

—. *The Design of Rijndael: AES—The Advanced Encryption Standard,* 1st ed. Berlin/Heidelberg; New York: Springer, 2002.

Dattani, Nikesh S., and Nathaniel Bryans. "Quantum factorization of 56153 with only 4 qubits." ArXiv Number 1411.6758. November 27, 2014. http://arxiv.org/abs/1411. 6758.

de Leeuw, Karl. "The Dutch invention of the rotor machine, 1915–1923." *Cryptologia* 27:1 (2003). 73. http://www.informaworld.com/10.1080/0161-110391891775.

Dettman, Alex, Wilhelm Fenner, Wilhelm Flicke, Kurt Friederichsohn, and Adolf Paschke. *Russian Cryptology During World War II.* Laguna Hills, CA: Aegean Park Press, 1999.

Deutsch, D. "Quantum theory, the Church-Turing principle and the universal quantum computer." *Proceedings of the Royal Society of London. Series A, Mathematical and Physical Sciences* 400:1818 (July 1985), 97–117. http://www.jstor.org/stable/2397601.

Dickson, Leonard Eugene. *Divisibility and Primality.* Reprint of 1919 edition.

Volume 1 of *History of the Theory of Numbers*. Providence, RI: AMS Chelsea Publishing, 1966.

Diffie, Whitfield. "The first ten years of public-key cryptography." *Proceedings of the IEEE* 76:5 (1988), 560–77.

Diffie, Whitfield, and Martin E. Hellman. "Multiuser cryptographic techniques." In Stanley Winkler (ed.), *Proceedings of the June 7–10, 1976, National Computer Conference and Exposition*. New York: ACM, 1976, 109–12.

Diffie, Whitfield, and Martin E. Hellman. "New directions in cryptography." *IEEE Transactions on Information Theory* 22:6 (1976), 644–54.

Diffie, Whitfield, and Susan Landau. *Privacy on the Line: The Politics of Wiretapping and Encryption*, updated and expanded edition. Cambridge, MA: MIT Press, 2010.

Dillow, Clay. "Unbreakable encryption comes to the U.S. " fortune.com. October 14, 2013. http://fortune.com/2013/10/14/unbreakable-encryption-comes-to-the-u-s/.

Durumeric, Zakir, James Kasten, Michael Baily, and J. Alex Halderman. "Analysis of the HTTPS certificate ecosystem." In *Proceedings of the 2013 Internet Measurement Conference*. Association for Computing Machinery Special Interest Groups on Data Communication and on Measurement and Evaluation. New York: ACM, October 2013, 291–304.

Dworkin, Morris. "Recommendation for block cipher modes of operation: Methods for format-preserving encryption." NIST Special Publications Number 800-38G Draft. NIST, July 2013. http://csrc.nist.gov/publications/drafts/800-38g/sp800_38g_draft.pdf.

Dworkin, Morris, and Ray Perlner. Analysis of VAES3 (FF2). Cryptology ePrint Archive Number 2015/306. 2015. http://eprint.iacr.org/2015/306. 少し短縮したものが http:// csrc.nist.gov/groups/ST/toolkit/BCM/documents/comments/800-38_Series-Drafts/FPE/analysis-of-VAES3.pdf にある。

ECRYPT Network of Excellence. "eSTREAM: TheeSTREAM stream cipher project." http://www.ecrypt.eu.org/stream/index.html.

—. "Call for stream cipher primitives, version 1.3" (April 12, 2005). http://www.ecrypt.eu.org/stream/call.

Ekert, Artur. "Cracking codes, part II." *Plus Magazine* No. 35 (May 2005). http://plus.maths.org/issue35/features/ekert/index.html.

Ekert, Artur K. "Quantum cryptography based on Bell's theorem." *Physical Review Letters* 67:6 (1991), 661–63. http://link.aps.org/doi/10.1103/PhysRevLett.67.661.

Electronic Frontier Foundation. "Frequently asked questions (FAQ) about the Electronic Frontier Foundation's 'DES cracker' machine." https://w2.eff.org/Privacy/Crypto /Crypto_misc/DESCracker/HTML/19980716_eff_des_faq.html.

ElGamal, Taher. "A public key cryptosystem and a signature scheme based on discrete logarithms." In George Robert Blakley and David Chaum (eds.), *Advances in Cryptology: Proceedings of CRYPTO '84*. Santa Barbara, CA: Springer-Verlag,

1985., 10–18.
Ellis, J. H. "The possibility of secure non-secret digital encryption." UK Communications Electronics Security Group. January 1970. http://web.archive.org/web/200610132039 32/www.cesg.gov.uk/site/publications/media/possnse.pdf.
—. "The history of non-secret encryption." Cryptologia 23:3 (1999), 267–73. http://www.informaworld.com/10.1080/0161-119991887919.
Ernst, Thomas. "The numerical-astrological ciphers in the third book of Trithemius' s Steganographia," *Cryptologia* 22:4 (1998), 318. http://www.informaworld.com/10.1080/0161-119891886957.
Euler, Leonhard. "Theoremata Arithmetica Nova Methodo Demonstrata," *Novificommentarii Academiae Scientiarum Petropolitanae* 8 (1763), 74–104. http://www.math.dartmouth.edu/~euler/pages/E271.html.
Falconer, John (J. F.). *Rules for Explaining and Decyphering All Manner of Secret Writing, Plain and Demonstrative with Exact Methods for Understanding Intimations by Signs, Gestures, or Speech...* 2nd ed. London: Printed for Dan. Brown ... and Sam. Manship..., 1692.
Feistel, Horst. "Cryptography and computer privacy," *Scientific American* 228:5 (May 1973), 15–23. http://www.apprendre-en-ligne.net/crypto/bibliotheque/feistel/index.html.
Ferguson, Niels, and Bruce Schneier. "Cryptanalysis of Akelarre. " In Carlisle Adams and Mike Just (eds.), *Proceedings of the SAC '97 Workshop*. Ottawa, ON: Carleton University, 1997, 201–12.
Ferguson, Niels, Bruce Schneier and Tadayoshi Kohno. *Cryptography Engineering: Design Principles and Practical Applications*. New York: Wiley, 2010. これはFerguson and Schneierによる*Practical Cryptography*の改訂版。
Fildes, Jonathan. "iPhone hacker publishes secret Sony PlayStation 3 Key." BBC News Web site, January 6, 2011. http://www.bbc.co.uk/news/technology-12116051.
Five Man Electrical Band. "Signs." Single. Lionel Records. May 1971.
Franksen, Ole Immanuel. "Babbage and cryptography. Or, the mystery of Admiral Beaufort's cipher." *Mathematics and Computers in Simulation* 35:4 (October 1993), 327–67. http://sciencedirect.com/science/article/B6V0T-45GMGDR-34/2/ba2cfbe86b d5e3c8f912778454feb549.
Friedman, William. *Advanced Military Cryptography*. Laguana Hills, CA: Aegean Park Press, 1976.
—. *Military Cryptanalysis. Part II, Simpler Varieties of Polyalphabetic Substitution Systems*. Cryptographic Series Number 40. Laguna Hills, CA: Aegean Park Press, 1984. http://www.nsa.gov/public_info/_files/military_cryptanalysis/mil_crypt_II.pdf〔翻訳時点でこれは開けないが、https://www.nsa.gov/news-features/declassified-documents/friedman-documents/assets/files/publications/

FOLDER_508/41784299082338.pdf がある〕. 初出は 1938 年。
—. *Military Cryptanalysis. Part III, Simpler Varieties of Aperiodic Substitution Systems.* Cryptographic Series Number 60. Laguna Hills, CA: Aegean Park Press, 1992. http://www.nsa.gov/public_info/_files/military_cryptanalysis/mil_crypt_III.pdf〔翻訳時点でこれは開けないが、https://archive.org/details/41784459082351 で見られる〕. 米軍事文書の複製。初出は 1939 年。1992 年 12 月機密指定解除。
—. Military Cryptanalysis. Part IV, Transposition and Fractionating Systems. Cryptographic Series Number 61. Laguna Hills, CA: Aegean Park Press, 1992. http://www.nsa.gov/public_info/_files/military_cryptanalysis/mil_crypt_IV.pdf〔翻訳時点でこれは開けないが、https://archive.org/details/41761079080022 で見られる〕. 米軍事文書の複製。初出は 1941 年。1992 年 12 月機密指定解除。
Gaddy, David W. "The first U.S. Government Manual on Cryptography." *Cryptologic Quarterly* 11:4 (1992). https://www.nsa.gov/public_info/_files/cryptologic_quarterly/ manual_on_cryptography.pdf〔翻訳時点でこれは開けないが、https://www.nsa.gov/news- features/declassified-documents/cryptologic-quarterly/assets/files/manual_on_cryptography.pdf で閲覧可能〕.
—. "Internal struggle: The Civil War." In *Masked Dispatches: Cryptograms and Cryptology in American History, 1775–1900*, 3rd ed. Fort George G. Meade, MD: National Security Agency Center for Cryptologic History, 2013, 88–103.
Gardner, Martin. "Mathematical games: A new kind of cipher that would take millions of years to break," *Scientific American* 237:2 (August 1977), 120–24.
Garfinkel, Simson. *PGP: Pretty Good Privacy*. Sebastopol, CA: O'Reilly Media, 1995.〔Garfinkel『PGP』ユニテック訳、オライリー・ジャパン／オーム社（1996)〕
—. *Web Security, Privacy and Commerce*, 2nd ed . Sebastopol, CA: O'Reilly Media, 2002. With Gene Spafford.〔Garfinkel/Spafford『Web セキュリティ、プライバシー&コマース』(上下) オライリー・ジャパン (2002)〕
Garis, Howard Roger. *Uncle Wiggily's Adventures*. New York: A. L. Burt, 1912. http://www.gutenberg.org/ebooks/15281.
Garliński, Józef. *The Enigma War: The Inside Story of the German Enigma Codes and How the Allies Broke Them*, hardcover 1st American ed. New York: Charles Scribners, 1980. Appendix by Tadeusz Lisicki.
Gauss, Carl Friedrich. *Disquisitiones arithmeticae*. New Haven and London: Yale University Press, 1966. Translated by Arthur A. Clarke, S.J.〔ガウス『ガウス整数論』足立恒雄, 杉浦光夫, 長岡亮介編、朝倉書店 (2003)〕
Gentry, Craig. "Fully homomorphic encryption using ideal lattices," in *Proceedings of the Forty-first Annual ACM Symposium on Theory of Computing*. Association for Computing Machinery Special Interest Group on Algorithms and Computation Theory. New York: ACM, 2009, 169–178.
—. "Computing arbitrary functions of encrypted data," *Communications of the ACM* 53:3 (March 2010), 97.

Gillogly, Jim, and Paul Syverson. "Notes on Crypto '95 invited talks by Morris and Shamir," Cipher: Electronic Newsletter of the Technical Committe on Security & Privacy, A Technical Committee of the Computer Society of the IEEE. Electronic issue 9 (September 18, 1995). http://www.ieee-security.org/Cipher/ConfReports/conf-rep-Crypto95.html.

Gisin, Nicolas, et al. "Towards practical and fast quantum cryptography," ArXiv Number quant-ph/0411022. November 3, 2004. http://arxiv.org/abs/quant-ph/0411022.

Givierge, M. *Cours de cryptographie*. Paris: Berger-Levrault, 1925.

Goldreich, Oded, Shafi Goldwasser, and Shai Halevi. "Public-key cryptosystems from lattice reduction problems." In Burton S. Kaliski Jr. (ed.), *Advances in Cryptology—CRYPTO '97*. Berlin/Heidelberg: Springer,1997, 112–31.

Golic, Jovan Dj. "Cryptanalysis of alleged A5 stream cipher." In Walter Fumy (ed.), *Advances in Cryptology—EUROCRYPT '97: Proceedings of the 16th Annual International Conference on the Theory and Application of Cryptographic Techniques*. Konstanz, Germany: Springer-Verlag, 1997, 239–55.

Golomb, Solomon. *Shift Register Sequences*, rev. ed . Laguna Hills, CA: Aegean Park Press, 1982.

Green, Matthew. "A few more notes on NSA random number generators," A Few Thoughts on Cryptographic Engineering Blog. December 28, 2013. http://blog.cryptographyengineering.com/2013/12/a-few-more-notes-on-nsa-random-number.html.

Grover, Lov K. "A fast quantum mechanical algorithm for database search." In *Proceedings of the Twenty-eighth Annual ACM Symposium on Theory of Computing*. Association for Computing Machinery Special Interest Group on Algorithms and Computation Theory. New York: ACM, 1996, 212–19.

GSM Association. "GSMA statement on media reports relating to the breaking of GSM encryption." Press release (December 30, 2009). http://gsmworld.com/newsroom/press-releases/2009/4490.htm.〔翻訳時点でこれは開けないが、http://www.gsma.com/newsroom /press-release/gsma-statement-on-media-reports-relating-to-the-breaking-of-gsm-encryption/ で閲覧可能〕

Hall, W. J. "The Gromark cipher (Part 1)." *The Cryptogram* 35:2 (April 1969), 25.

Hamer, David H., Geoff Sullivan, and Frode Weierud. "Enigma variations: An extended family of machines." *Cryptologia* 22:3 (1998), 211–29.

Hawking, Stephen W. *A Brief History of Time: From the Big Bang to Black Holes*. Toronto; New York: Bantam, 1988.〔ホーキング『ホーキング、宇宙を語る』林一訳、ハヤカワ文庫 NF（1995)〕

Hellman, M. E. "An overview of public key cryptography," *IEEE Communications Magazine* 40:5 (2002), 42–49. http://ieeexplore.ieee.org/xpls/abs_all.jsp?arnumber=1006971.

Hellman, Martin. "Oral history interview by Jeffrey R. Yost." Number OH 375. Charles Babbage Institute, University of Minnesota, Minneapolis (November 22, 2004). http:// purl.umn.edu/107353.

Hellman, Martin E., Bailey W. Diffie, and Ralph C. Merkle. "Cryptographic apparatus and method." United States Patent: 4200770 (April 29, 1980). http://www. google.com/patents?vid=4200770.

Hellman, M. E. and S. C. Pohlig. "Exponentiation cryptographic apparatus and method." United States Patent: 4424414 (January 1984). http://www.google.com/patents ?vid=4424414.

Hill, Lester S. "Cryptography in an algebraic alphabet." *The American Mathematical Monthly* 36:6 (1929), 306–12. http://www.jstor.org/stable/2298294.

Hitt, Parker. *Manual for the Solution of Military Ciphers.* Fort Leavenworth, KS: Press of the Army Service Schools, 1916.

Hoffstein, Jeffrey, Jill Pipher, and Joseph H. Silverman. "NTRU: A ring-based public key cryptosystem." In Joe P. Buhler (ed.), Algorithmic Number Theory. Berlin/Heidelberg: Springer, June 1998, 267–88.

—. "Public key cryptosystem method and apparatus." United States Patent: 6081597 (June 27, 2000). http://www.google.com/patents/US6081597. Priority date August 19, 1996.

—. *An Introduction to Mathematical Cryptography*, 2nd ed . New York: Springer, 2014. http://dx.doi.org/10.1007/978-1-4939-1711-2.

Hughes, Richard J., Jane E. Nordholt, Kevin P. McCabe, Raymond T. Newell, Charles G. Peterson, and Rolando D. Somma. "Network-centric quantum communications with application to critical infrastructure protection." ArXiv Number 1305.0305 (May 1, 2013). http://arxiv.org/abs/1305.0305.

Hwang, Won-Young. "Quantum key distribution with high loss: Toward global secure communication." *Physical Review Letters* 91:5 (2003), 057901. http://link.aps.org/doi /10.1103/PhysRevLett.91.057901.

Ivory, James. "Demonstration of a theorem respecting prime numbers." *New Series of The Mathematical Respository* VolumeI, Part II (1806), 6–8.

Johnson, Thomas R. *American Cryptology During the Cold War, 1945–1989; Book I: The Struggle for Centralization, 1945–1960.* Volume 5 of *United States Cryptologic History Series VI, The NSA Period, 1952–Present.* Fort George G. Meade, MD: Center for Cryptologic History, National Security Agency, 1995. http://www.nsa.gov/public_info/_files/cryptologic_histories/cold_war_i.pdf.〔翻訳時点でこれは開けないが、https://www.nsa.gov/news-features/declassified-documents/cryptologic-histories/assets/files/cold_war_i.pdf で閲覧できる〕

—. American Cryptology During the Cold War, 1945–1989; Book III: Retrenchment and Reform, 1972–1980. Volume 5 of United States Cryptologic History Series VI, The NSA Period, 1952–Present. Fort George G Meade, MD: Center for

Cryptologic History, National Security Agency, 1995. http://www.nsa.gov/public_info/_files /cryptologic_histories/cold_war_iii.pdf〔翻訳時点でこれは開けないが、https://www.nsa.gov/news-features/declassified-documents/cryptologic-histories/assets/files/cold_war_iiii.pdf で閲覧できる〕. 編集のしかたが異なる版が http://www.cryptome.org/0001/nsa-meyer.htm で閲覧可能。

Kahn, David. "In m emoriam: Georges-Jean Painvin." *Cryptologia* 6:2 (1982), 120. http://www.informaworld.com/10.1080/0161-118291856939.

—. "Two Soviet spy ciphers." In *Kahn on Codes: Secrets of the New Cryptology*. New York: Macmillan, 1984, 146–64. 初出は1960年9月3日のアメリカ暗号学会年会の発表で、研究論文として発表され、後に Central Intelligence Agency journal に掲載された。

—. *Seizing the Enigma: The Race to Break the German U-Boats Codes, 1939-1943,* 1st ed. Boston: Houghton Mifflin, March 1991.

—. *The Codebreakers: The Story of Secret Writing,* rev. ed. New York: Scribner, 1996.〔カーン『暗号戦争』秦郁彦／関野英夫訳、ハヤカワ文庫 NF（1972、初版の部分訳）〕

Kaliski, B. S., and Yiqun Lisa Yin. "On the security of the RC5 encryption algorithm." Technical Report Number TR-602, Version 1.0. RSA Laboratories (September 1998). ftp://ftp.rsasecurity.com/pub/rsalabs/rc5/rc5-report.pdf.

Kelly, Thomas. "The myth of the skytale." *Cryptologia* 22 (1998), 244–60.

Kerckhoffs, Auguste. "La cryptographie militaire, I." *Journal des sciences militaires* IX (1883), 5–38.

Kim, Kwangjo, Tsutomu Matsumoto, and Hideki Imai. "A recursive construction method of S-boxes satisfying strict avalanche criterion," in Alfred Menezes and Scott A. Vanstone (eds.), *CRYPTO '90: Proceedings of the 10th Annual International Cryptology Conference on Advances in Cryptology*. Berlin/Heidelberg, New York: Springer, 1991, 564–74.

Kipling, Rudyard. The Jungle Book. 1894. http://www.gutenberg.org/ebooks/236.〔キプリング『ジャングル・ブック』諸訳あり〕

—. Just So Stories. 1902. http://www.gutenberg.org/ebooks/2781.〔キプリング『ゾウの鼻が長いわけ』平澤朋子訳、岩波少年文庫（2014）など〕

Klein, Melville. *Securing Record Communications: The TSEC/KW-26*. Fort George G. Meade, MD: Center for Cryptologic History, National Security Agency, 2003. http://www.nsa.gov/about/_files/cryptologic_heritage/publications/misc/tsec_kw26.pdf〔翻訳時点では開けない〕.

Kleinjung, Thorsten. "Discrete Logarithms in GF(p)—768 bits." 2016年6月16日、NMBRTHRY のメーリングリストに投稿されたメール。https:// listserv.nodak.edu/cgi-bin/wa.exe? A2=NMBRTHRY;a0c66b63.1606.

Kleinjung, Thorsten, Kazumaro Aoki, Jens Franke, Arjen Lenstra, Emmanuel Thomé, Joppe Bos, Pierrick Gaudry, et al. "Factorization of a 768-bit RSA

modulus." Cryptology ePrint Archive Number 2010/006. 2010. http://eprint.iacr.org/2010/006.

Knudsen, Lars R., and Vincent Rijmen. "Ciphertext-only attack on Akelarre." Cryptologia 24:2 (2000), 135–47. http://www.tandfonline.com/doi/abs/10.1080/016111900089842 38.

Koblitz, Neal. "Elliptic curve cryptosystems." Mathematics of Computation 48:177 (1987), 203–9. http://www.ams.org/journals/mcom/1987-48-177/S0025-5718-1987-0866109 -5/.

—. *Random Curves: Journeys of a Mathematician*. Berlin/Heidelberg: Springer, 2008.

Konheim, Alan G. *Cryptography, A Primer*. New York: Wiley, 1981.

—. Computer Security and Cryptography. Hoboken, NJ: Wiley-Interscience, 2007.

Korzh, Boris, Charles Ci Wen Lim, Raphael Houlmann, Nicolas Gisin, Ming Jun Li, Daniel Nolan, Bruno Sanguinetti, Rob Thew, and Hugo Zbinden. "Provably secure and practical quantum key distribution over 307 km of optical fibre." *Nature Photonics* 9:3 (March 2015), 163–68.

Kotel'nikova, Natal'ya V. "Vladimir Aleksandrovich Kotel'nikov: The life's journey of a scientist." Physics-Uspekhi 49:7 (2006), 727–36. http://www.iop.org/EJ/abstract/1063- 7869/49/7/A05.

Kravets, David. "Sony settles PlayStation hacking lawsuit." *Wired Magazine* Web site, April 11, 2011. http://www.wired.com/2011/04/sony-settles-ps3-lawsuit/.

Kruh, Louis, and C. A. Deavours. "The Typex Cryptograph." *Cryptologia* 7:2 (1983), 145. http://www.informaworld.com/10.1080/0161-118391857874.

Kullback, Solomon. *Statistical Methods in Cryptanalysis*. Laguna Hills, CA: Aegean Park Press, 1976. Originally published in 1938.

Landau, Susan. "Communications security for the twenty-first century: The Advanced Encryption Standard." *Notices of the AMS* 47:4 (April 2000), 450–59.

—. "Standing the test of time: The Data Encryption Standard." *Notices of the AMS* 47:3 (March 2000), 341–49.

—. *Surveillance or Security? The Risks Posed by New Wiretapping Technologies*. Cambridge, MA: MIT Press, 2011.

Lange, André, and Émile-Arthur Soudart. *Treatise on Cryptography* (Washington, DC : U.S. Government Printing O ce,1940). Laguna Hills, CA: Aegean Park Press Reprint.

Levy, Steven. *Crypto: How The Code Rebels Beat The Government—Saving Privacy In The Digital Age*. 1st paperback ed. New York: Penguin (Non-Classics), January 2002.〔レビー『暗号化』斉藤隆央訳、紀伊國屋書店（2002）〕

Lewand, Robert Edward. *Cryptological Mathematics*. Washington, DC: The Mathematical Association of America (December 2000).

Lidl, R., and H. Niederreiter. *Introduction to Finite Fields*. Cambridge, UK: Cambridge University Press, 1986.

Lomonaco, Samuel J. Jr. "A quick glance at quantum cryptography." *Cryptologia* 23:1 (1999), 1–41. http://www.informaworld.com/10.1080/0161-119991887739.

—. "A talk on quantum cryptography, or how Alice outwits Eve." In David Joyner (ed.), *Coding Theory and Cryptography: From Enigma and Geheimschreiber to Quantum Theory*. Berlin/Heidelberg; New York: Springer, January 2000, 144–74. 改訂版が http://arxiv.org/abs/quant-ph/0102016 で閲覧可能。

Lydersen, Lars, Carlos Wiechers, Christo er Wittmann, Dominique Elser, Johannes Skaar, and Vadim Makarov. "Hacking commercial quantum cryptography systems by tailored bright illumination," *Nature Photonics* 4:10 (October 2010), 686–689. http://dx.doi.org/10.1038/nphoton.2010.214.

Madryga, W. E. "A high performance encryption algorithm." In James H. Finch and E. Graham Dougall (eds.), *Proceedings of 2nd IFIP International Conference on Computer Security: a Global Challenge*. Amsterdam: North-Holland, 1984, 557–69.

Mahoney, Michael. *The Mathematical Career of Pierre de Fermat (1601–1665)*. Princeton, NJ: Princeton University Press, 1973.

Marks, Leo. *Between Silk and Cyanide: A Codemaker's War, 1941–1945*. 1st US ed. New York: Free Press, June 1999.

Martin-Lopez, Enrique, Anthony Laing, Thomas Lawson, Roberto Alvarez, Xiao-Qi Zhou, and Jeremy L. O'Brien. "Experimental realisation of Shor's quantum factoring algorithm using qubit recycling." *Nature Photonics* 6:11 (November 2012), 773–76. http://www.nature.com/nphoton/journal/v6/n11/full/nphoton.2012.259.html.

Massey, J. "A new multiplicative algorithm over finite fields and its applicability in public-key cryptography." Presentation at EUROCRYPT '83 (March 21–25, 1983).

Massey, J. L. "An introduction to contemporary cryptology." *Proceedings of the IEEE* 76:5 (1988), 533–49.

Massey, James L., and Jimmy K. Omura. "Method and apparatus for maintaining the privacy of digital messages conveyed by public transmission." United States Patent: 4567600 (January 28, 1986). http://www.google.com/patents?vid=4567600.

McSherry, Corynne. "Sony v. Hotz ends with a whimper, I mean a gag order." Electronic Frontier Foundation Deeplinks Blog (April 12, 2011). https://www.eff.org/deeplinks/2011/04/sony-v-hotz-ends-whimper-i-mean-gag-order.

Mendelsohn, C. J. "Blaise de Vigenère and the 'Chiffre Carré.' " *Proceedings of the American Philosophical Society* 82:2 (1940), 103–29.

Menezes, Alfred J., Paul C. van Oorschot, and Scott A. Vanstone. *Handbook of Applied Cryptography*. Boca Raton, FL: CRC, October 1996. 全文が http://www.cacr.math.uwaterloo.ca/hac/ で閲覧可能。

Merkle, Ralph. "CS 244 project proposal" (Fall 1974). http://merkle.com/1974/CS244ProjectProposal.pdf.

—. "Secure communications over insecure channels." *Communications of the*

Association for Computing Machinery 21:4 (April 1978), 294–99.
Micciancio, Daniele, and Oded Regev. "Lattice-based cryptography." In Daniel J. Bernstein, Johannes Buchmann, and Erik Dahmen (eds.), *Post-Quantum Cryptography Springer* Berlin/Heidelberg, 2009 , 147–91. http://link.springer.com/chapter/10.1007/978-3-540-88702-7_5.
Mikkelson, Barbara, and David Mikkelson. "Just the facts." snopes.com (December 13, 2008). http://www.snopes.com/radiotv/tv/dragnet.asp.
Miller, Gary L. "Riemann's hypothesis and tests for primality." In *Proceedings of Seventh Annual ACM Symposium on Theory of Computing*. Association for Computing Machinery Special Interest Group on Algorithms and Computation Theory. New York: ACM, 1975, 234–39.
Miller, V. "Use of elliptic curves in cryptography." In Hugh C. Williams (ed.), *Advances in Cryptology–CRYPTO '85 Proceedings*. Berlin: Springer, 1986, 417–26.
Milne, A. A. *Winnie-the-Pooh*. Reissue ed. New York: Puffin, August 1992. 〔ミルン『クマのプーさん』石井桃子訳、岩波少年文庫（2006）など〕
Molotkov, Sergei N. "Quantum cryptography and V A Kotel'nikov's one-time key and sampling theorems." *Physics-Uspekhi* 49:7 (2006), 750–61. http://www.iop.org/EJ /abstract/1063-7869/49/7/A09.
Monty Python. "Decomposing composers." Monty Python's Contractual Obligation Album. Charisma Records. 1980.
Morris, Robert. "The Hagelin cipher machine (M-209): Reconstruction of the internal settings." *Cryptologia* 2:3 (1978), 267. http://www.informaworld.com/10.1080/0161-117891853126.
NBS. "Guidelines for implementing and using the NBS Data Encryption Standard." Federal Information Processing Standards Number 74. NBS. April 1981. https://www.thc.org/root/docs/cryptography/fips74.html.
Neal, Dave. "AES encryption is cracked." *The Inquirer* (August 17, 2011). http://www.theinquirer.net/inquirer/news/2102435/aes-encryption-cracked.
Nechvatal, James, Elaine Barker, Lawrence Bassham, William Burr, Morris Dworkin, James Foti, and Edward Roback. Report on the development of the Advanced Encryption Standard (AES). NIST (October 2000). http:// csrc.nist.gov/archive/aes/round2/r2report.pdf.
Nguyen, Phong. "Cryptanalysis of the Goldreich-Goldwasser-Halevi cryptosystem from Crypto '97." In Michael Wiener (ed.), *Advances in Cryptology—CRYPTO ' 99*, Berlin/Heidelberg: Springer, August 1999, 288–304.
Nguyen, Phong Q , and Oded Regev. "Learning a parallelepiped: Cryptanalysis of GGH and NTRU signatures." *Journal of Cryptology* 22:2 (November 2008), 139–60.
NIST. "Computer data authentication." Federal Information Processing Standards Number 113 (May 1985). http://csrc.nist.gov/publications/fips/fips113/fips113.html.

—. "Announcing request for candidate algorithm nominations for the Advanced Encryption Standard (AES)." Federal Register 62:177 (September 1997), 48051–58. http://csrc.nist.gov/archive/aes/pre-round1/aes_9709.htm.

—. "Announcing the Advanced Encryption Standard (AES)." Federal Information Processing Standards Number 197 (November 2001). http://csrc.nist.gov/publications/fips/fips197/fips-197.pdf.

—. "NIST removes cryptography algorithm from random number generator recommendations." NIST Tech Beat Blog (April 21, 2014). http://www.nist.gov/itl/csd/sp800-90-042114.cfm.

NIST Computer Security Division. "Computer Security Resource Center: Current modes." http://csrc.nist.gov/groups/ST/toolkit/BCM/current_modes.html.

NSA. "GSM classification guide " (September 20, 2006). https:// s3.amazonaws.com/s3.documentcloud.org/documents/888710/gsm-classification-guide-20-sept-2006.pdf.

—. "Summer mathematics, R21, and the Director's Summer Program." *The EDGE: National Information Assurance Research Laboratory (NIARL) Science, Technology, and Personnel Highlights*. September 2008. http://www.spiegel.de/media/media- 35550.pdf.

NSA/CSS. "Fact sheet NSA Suite B cryptography." NSA/CSS Web site. http://wayback. archive.org/web/20051125141648/http://www.nsa.gov/ia/industry/crypto_suite_b .cfm. 2005 年 11 月 25 日、*Internet Archive* によって http://www.nsa.gov/ia/ industry/crypto_suite_b.cfm よりアーカイブされたもの。

—. "The case for elliptic curve cryptography." NSA/CSS Web site (January 15, 2009). http://wayback.archive.org/web/20131209051540/http://www.nsa.gov/business/programs/elliptic_curve.shtml. 2013 年 12 月 9 日、*Internet Archive* によって、http://www.nsa.gov/business/programs/elliptic_curve.shtml からアーカイブされたもの。

—."Cryptography today." NSA/CSS Website (August 19, 2015). https://www.nsa.gov/ia/programs/suiteb_cryptography/index.shtml. 〔翻訳時点では開けない〕

NSA Research Directorate Staff. "Securing the cloud with homomorphic encryption." *The Next Wave* 20:3 (2014). https://www.nsa.gov/research/tnw/tnw203/articles/pdfs /TNW203_article5.pdf. 〔翻訳時点では開けないが、https://classes.soe.ucsc.edu/cmps122/Fall15/content/TNW203_article5.pdf で閲覧可能〕

OTP VPN Exploitation Team. "Intro to the VPN exploitation process." (September 13, 2010). http://www.spiegel.de/media/media-35515.pdf.

Paget, Chris, and Karsten Nohl. "GSM: SRSLY?" Slides from lecture presented at 26th Chaos Communication Congress (December 27, 2009). http://events.ccc.de/congress/2009/Fahrplan/events/3654.en.html.

Pease, Roland. "'Unbreakable' encryption unveiled." BBC News Web site (October 9, 2008). http://news.bbc.co.uk/2/hi/science/nature/7661311.stm.

People of the GnuPG Project. "GnuPG frequently asked questions." October 23, 2014.

https://gnupg.org/faq/gnupg-faq.html.

Perlner, Ray A., and David A. Cooper. "Quantum resistant public key cryptography: A survey." In Kent Seamons, Neal McBurnett, and Tim Polk(eds.), *Proceedings of the 8th Symposium on Identity and Trust on the Internet.* New York: ACM Press, 2009, 85–93.

Perlroth, Nicole. "Government announces steps to restore con dence on encryption standards." New York Times Web site (September 10, 2013). http://bits.blogs.nytimes.com/2013/09/10/government-announces-steps-to-restore-confidence-on-encryption-standards/.

Plutarch. *Plutarch's Lives.* London; New York: W. Heinemann; Macmillan, 1914. http://penelope.uchicago.edu/Thayer/E/Roman/Texts/Plutarch/Lives. Translated by Bernadotte Perrin.〔プルタルコス『英雄伝』ちくま学芸文庫（上中下、1996）〕

Poe, Edgar Allen. "A few words on secret writing." *Graham's Magazine* 19:1 (July 1841), 33–38.

Pohlig, S. and M. Hellman. "An improved algorithm for computing logarithms over GF(p) and its cryptographic significance (corresp.)" *IEEE Transactions on Information Theory* 24 (1978), 106–10.

Polybius. *The Histories.* Cambridge, MA: Harvard University Press, 1922–1927. http://penelope.uchicago.edu/Thayer/E/Roman/Texts/Polybius. Translated by W. R. Paton.〔ポリュビオス『歴史』、城江良和訳、京都大学出版会（全４巻 2004 ～ 2013）、参照されている部分は第３巻所収〕

Pomerance, Carl. "A tale of two sieves." Notices of the American Mathematical Society. 43:12 (December 1996), 1473–85. http://www.ams.org/notices/199612/pomerance.pdf.

Poppe, A., A. Fedrizzi, R. Ursin, H. Böhm, T. Lorünser, O. Maurhardt, M. Peev, et al. "Practical quantum key distribution with polarization entangled photons." Optics Express 12:16 (2004), 3865–71. http://www.opticsexpress.org/abstract.cfm?URI=oe-12-16-3865.

Proc, Jerry. "Hagelin C-362." http://www.jproc.ca/crypto/c362.html.

Qualys SSL Labs. "User agent capabilities." 2015. https://www.ssllabs.com/ ssltest/clients.html.

Rabin, Michael O. "Probabilistic algorithm for testing primality." *Journal of Number Theory* 12:1 (February 1980), 128–38. http://dx.doi.org/10.1016/0022-314X(80)90084-0.

Reeds, Jim. "Solved: The ciphers in Book III of Trithemius's Steganographia." *Cryptologia* 22:4 (1998), 291. http://www.informaworld.com/10.1080/0161-119891886948.

Reinke, Edgar C. "Classical cryptography." *The Classical Journal* 58:3 (December 1962),

113–21. http://www.jstor.org/stable/3295135.

Reuvers, Paul, and Marc Simons. "Fialka" (May 26, 2015). http://www.cryptomuseum.com/crypto/fialka/.

Rijmen, Vincent. "The Rijndael page." http://www.ktana.eu/html/theRijndaelPage.htm. 元は http://www.esat.kuleuven.ac.be/~rijmen/rijndael.

Rivest, R. L., A. Shamir and L. Adleman. "A method for obtaining digital signatures and public-key cryptosystems." *Communications of the Association for Computing Machinery* 21:2 (1978), 120–26.

Rivest, Ronald L. "The RC5 Encryption Algorithm." In Bart Preneel (ed.), *Fast Software Encryption*. Berlin/Heidelberg: Springer, January 1995, 86–96.

Rivest, Ronald L., Len Adleman, and Michael L. Dertouzos. "On data banks and privacy homomorphisms." In Richard A. DeMillo, David P. Dobkin, Anita K. Jones, and Richard J. Lipton (eds.), *Foundations of Secure Computation*. New York: Academic Press, 1978, 165–79. https://people.csail.mit.edu/rivest/pubs/RAD78.pdf.

Rivest, Ronald L., M.J.B. Robshaw, Ray Sidney, and Yigun Lisa Yin. "The RC6TM block cipher." NIST. August 1998. ftp://cs.usu.edu.ru/crypto/RC6/rc6v11.pdf, series AES Proposals. Version 1.1. 〔https://people.csail.mit.edu/rivest/pubs/RRSY98.pdf〕

Rivest, Ronald L., Adi Shamir, and Leonard M. Adleman. "Cryptographic communications system and method." United States patent: 4405829. September 20, 1983. http://www.google.com/patents?vid=4405829.

—. "A method for obtaining digital signatures and public-key cryptosystems." Technical Memo Number MIT-LCS-TM-082. MIT. April 4, 1977. http://publications.csail. mit.edu/lcs/specpub.php?id=81.

Rivest, Ronald L., and Alan T. Sherman. "Randomized Encryption Techniques." In David Chaum, Ronald L. Rivest, and Alan T. Sherman (eds.), *Advances in Cryptology: Proceedings of CRYPTO '82*. New York: Plenum Press, 1983, 145–63.

Robshaw, Matthew, and Olivier Billet (eds.). *New Stream Cipher Designs: The eSTREAM Finalists*. Berlin; New York: Springer, 2008.

Sachkov, Vladimir N. "V A Kotel'nikov and encrypted communications in our country." *Physics-Uspekhi* 49:7 (2006), 748–50. http://www.iop.org/EJ/abstract/1063-7869/49/7/A08.

Sakurai, K., and H. Shizuya. "A structural comparison of the computational difficulty of breaking discrete log cryptosystems." *Journal of Cryptology* 11:1 (1998), 29–43. http://www.springerlink.com/content/ykxnr0e24p80h9x3/.

Sasaki, M., M. Fujiwara, H. Ishizuka, W. Klaus, K. Wakui, M. Takeoka, S. Miki, et al. "Field test of quantum key distribution in the Tokyo QKD Network." *Optics Express* 19:11 (May 2011), 10387. https://www.opticsinfobase.org/oe/fulltext.cfm?uri=oe-19- 11-10387&id=213840. 〔https://www.osapublishing.org/oe/fulltext.cfm?uri=oe-19-11- 10387&id=213840〕

Scarani, Valerio, Antonio Acín, Grégoire Ribordy, and Nicolas Gisin. "Quantum cryptography protocols robust against photon number splitting attacks for weak laser pulse implementations." *Physical Review Letters* 92:5 (February 6, 2004), 057901. http://link.aps.org/doi/10.1103/PhysRevLett.92.057901.

Schmitt-Manderbach, Tobias, Henning Weier, Martin Fürst, Rupert Ursin, Felix Tiefenbacher, Thomas Scheidl, Josep Perdigues, et al. "Experimental demonstration of free-space decoy-state quantum key distribution over 144 km." *Physical Review Letters* 98:1 (January 2007), 010504. http://link.aps.org/doi/10.1103/PhysRevLett.98.010504.

Schneier, Bruce. *Applied Cryptography: Protocols, Algorithms and Source Code in C.* 2d ed. New York: Wiley, 1996.〔シュナイアー『暗号技術大全』安達真弓ほか訳、ソフトバンクパブリッシング（2003)〕

—. *Data and Goliath: The Hidden Battles to Collect Your Data and Control Your World.* New York: Norton, 2015.〔シュナイアー『超監視社会』池村千秋訳、草思社（2016)〕

—. "Did NSA put a secret backdoor in new encryption standard?" *Wired Magazine* Web site. November 15, 2007. http://archive.wired.com/politics/security/commentary/securitymatters/2007/11/securitymatters_1115.

—. "NSA surveillance: A guide to staying secure." *The Guardian* (September 9, 2013). http://www.theguardian.com/world/2013/sep/05/nsa-how-to-remain-secure-surveillance.

—. Secrets and Lies: Digital Security in a Networked World. New York: Wiley, 2011.

Seuss, *Dr. Horton Hatches the Egg.* New York: Random House, 1940.〔ドクター・スース『ぞうのホートンたまごをかえす』しらきしげる訳、偕成社（2008)〕

Shakespeare, William. *Julius Caesar.* 1599. http://www.gutenberg.org/ebooks/2263.〔シェイクスピア『ジュリアス・シーザー』諸訳あり〕

Shamir, A., R. L. Rivest, and L. M. Adleman. "Mental poker." In David A. Klarner (ed.), *The Mathematical Gardner.* Boston: Prindle, Weber & Schmidt; Belmont, CA: Wadsworth International, 1981, 37–43.

Shamir, Adi, Ronald L. Rivest and Leonard M. Adelman. "Mental poker." Technical Memo Number MIT-LCS-TM-125. MIT. February 1, 1979. http://publications.csail.mit.edu/lcs/specpub.php?id=124.

Shannon, C. E. "Communication theory of secrecy systems." *Bell System Technical Journal* 28:4 (1949), 656–715.

Shields, Andrew, and Zhiliang Yuan. "Key to the quantum industry." *Physics World* 20:3 (March 1, 2007), 24–29. http://physicsworld.com/cws/article/print/27161.〔要登録〕

Shor, P. W. "Algorithms for quantum computation: Discrete logarithms and factoring." In *Proceedings, 35th Annual Symposium on Foundations of Computer Science.* IEEE Computer Society Technical Committee on Mathematical

Foundations of Computing. Los Alamitos, CA: IEEE, 1994, 124–134.

Shumow, Dan, and Niels Ferguson. "On the possibility of a back door in the NIST SP800-90 Dual EC PRNG." Slides from presentation at Rump Session of CRYPTO 2007. August 21, 2007. http://rump2007.cr.yp.to/15-shumow.pdf.

Silverman, Joseph H. A Friendly Introduction to Number Theory. 3d ed. Englewood Cli s, NJ: Prentice Hall, 2005.〔シルヴァーマン『はじめての数論』鈴木治郎訳、丸善出版（2014）〕

Solovay, R., and V. Strassen. "A fast Monte-Carlo test for primality." *SIAM Journal on Computing* 6:1 (March 1977), 84–85. http://link.aip.org/link/?SMJ/6/84/1.〔翻訳時点では開けない〕

Soltani, Ashkan, and Craig Timberg. "T-Mobile quietly hardens part of its U.S. cellular network against snooping." *The Washington Post* (October 22, 2014). https://www.washingtonpost.com/blogs/the-switch/wp/2014/10/22/t-mobile-quietly-hardens-part-of-its-u-s-cellular-network-against-snooping/.

Spiegel Staff. "Prying eyes: Inside the NSA's war on Internet security." *Spiegel Online* (December 28 2014). http://www.spiegel.de/international/germany/inside-the-nsa -s-war-on-internet-security-a-1010361.html.『シュピーゲル』紙のドイツ語サイトからの英訳。

Stallings, William. *Cryptography and Network Security: Principles and Practice*. 6th ed. Boston: Pearson, 2014.〔スターリングス『暗号とネットワークセキュリティ』石橋啓一郎、三川荘子、福田剛士訳、ピアソン・エデュケーション（2001）、原書第二版までの訳〕

Stevenson, Frank A. "[A51] Cracks beginning to show in A5/1..." 2010年5月1日、A51メーリングリストに投稿されたメール。http://lists.lists.reflextor.com/pipermail/a51/2010-May/000605.html.〔翻訳時点では開けない〕

Stevenson, Robert Louis. *Treasure Island*. London: Cassell, 1883. http://www.gutenberg. org/ebooks/120.〔スティーヴンソン『宝島』諸訳あり〕

Strachey, Edward. "The soldier's duty." *The Contemporary Review* XVI (February 1871), 480–85.

Stucki, D., M. Legré, F. Buntschu, B. Clausen, N. Felber, N. Gisin, L. Henzen, et al. "Long-term performance of the SwissQuantum quantum key distribution network in a field environment." *New Journal of Physics* 13:12 (December 2011), 123001. http://iopscience.iop.org/1367-2630/13/12/123001.

Suetonius. The Divine Augustus. New York: R. Worthington, 1883. http://www.fordham.edu/halsall/ancient/suetonius-augustus.html. Translated by Alexander Thomson.〔スエトニウス『ローマ皇帝伝』国原吉之助訳、岩波文庫（1986）上巻所収〕

—. De Vita Caesarum, Divus Iulius (The Lives of the Caesars, The Dei ed Julius). Cambridge, MA: Harvard University Press, 1920. http://www.fordham.edu/halsall/ancient/suetonius-julius.html. Translated by J. C. Rolfe.〔スエトニウス『ローマ

皇帝伝』国原吉之助訳、岩波文庫（1986）上巻所収〕

Timberg, Craig, and Ashkan Soltani. "By cracking cellphone code, NSA has ability to decode private conversations." *The Washington Post* (December 13, 2013). http:// www.washingtonpost.com/business/technology/by-cracking-cellphone-code -nsa-has-capacity-for-decoding-private-conversations/2013/12/13/e119b598-612f -11e3-bf45-61f69f54fc5f_story.html.

Trappe, Wade, and Lawrence C. Washington. *Introduction to Cryptography with Coding Theory*. 2nd ed. Upper Saddle River, NJ: Prentice Hall, 2005.

Twain, Mark. *The Adventures of Tom Sawyer. 1876*. http://www.gutenberg.org/ ebooks/74.〔トウェイン『トム・ソーヤーの冒険』諸訳あり〕

van der Meulen, Michael. "The road to German diplomatic ciphers—1919 to 1945." Cryptologia 22:2 (1998), 141–66. http://www.informaworld.com/10.1080/0161 -119891886858.

Vandersypen, Lieven M. K., Matthias Ste en, Gregory Breyta, Costantino S. Yannoni, Mark H. Sherwood and Isaac L. Chuang. "Experimental realization of Shor's quantum factoring algorithm using nuclear magnetic resonance." *Nature* 414:6866 (December 20, 2001), 883–87. http://dx.doi.org/10.1038/414883a.

Vansize, William V. "A new page-printing telegraph." *Transactions of the American Institute of Electrical Engineers* 18 (1902), 7–44.

Vernam, Gilbert. "Secret signaling system." United States Patent: 1310719. July 1919. http://www.google.com/patents?vid=1310719.

Vigenère, Blaise de. Traicté des Chiffres, ou Secrètes Manières d'Escrire (Treatise on Ciphers, or Secret Methods of Writing). Paris: A. L'Angelier, 1586. http:// gallica.bnf .fr/ark:/12148/bpt6k1040608n.

Wang, Jian-Yu, Bin Yang, Sheng-Kai Liao, Liang Zhang, Qi Shen, Xiao-Fang Hu, Jin-Cai Wu, et al. "Direct and full-scale experimental verifications towards ground-satellite quantum key distribution." *Nature Photonics* 7:5 (April 21, 2013), 387–93.

Weber, Arnd (ed.). "Secure communications over insecure channels (1974), by Ralph Merkle, with an interview from the year 1995." (January 16, 2002), http://www. itas. kit.edu/pub/m/2002/mewe02a.htm.

Weisner, Louis, and Lester Hill. "Message protector." United States Patent: 1845947. February 16, 1932. http://www.google.com/patents?vid=1845947.

Wenger, Erich, and Paul Wolfger. "Harder, better, faster, stronger: elliptic curve discrete logarithm computations on FPGAs." *Journal of Cryptographic Engineering* (September 3, 2015), 1–11.

Wiesner, Stephen. "Conjugate coding." *SIGACT News* 15:1 (1983), 78–88. http:// portal.acm.org/citation.cfm?id=1008920.

Williamson, M. J. "Non-secret encryption using a finite field." UK Communications Electronics Security Group. January 21, 1974. http://www.cesg.gov.uk/publications /media/secenc.pdf (2011 年 1 月 2 日閲覧).〔翻訳時点でこれは開けないが、

https://www.gchq.gov.uk/sites/default/files/document_files/nonsecret_encryption_finite_field_0.pdf で同タイトルの記事を閲覧可能〕

Williamson, Malcolm. "Thoughts on cheaper non-secret encryption." UK Communications Electronics Security Group. August 10, 1976. http://web.archive.org/web/20070107090748/http://www.cesg.gov.uk/site/publications/media/cheapnse.pdf.

Xu, Feihu, Bing Qi, and Hoi-Kwong Lo. "Experimental demonstration of phase-remapping attack in a practical quantum key distribution system." *New Journal of Physics* 12:11 (2010), 113026. http://iopscience.iop.org/1367-2630/12/11/113026.

Xu, Nanyang, Jing Zhu, Dawei Lu, Xianyi Zhou, Xinhua Peng, and Jiangfeng Du. "Quantum factorization of 143 on a dipolar-coupling nuclear magnetic resonance system." *Physical Review Letters* 108:13 (March 30, 2012), 130501. http://link.aps.org /doi/10.1103/PhysRevLett.108.130501.

Zhao, Yi, Chi-Hang Fred Fung, Bing Qi, Christine Chen, and Hoi-Kwong Lo. "Quantum hacking: Experimental demonstration of time-shift attack against practical quantum-key-distribution systems." *Physical Review* A 78:4 (October 2008), 042333. http://link.aps.org/doi/10.1103/PhysRevA.78.042333.

Zumbrägel, Jens. "Discrete logarithms in GF(2^9234)." E-mail sent to the NMBRTHRY mailing list. January 31, 2014. https://listserv.nodak.edu/cgi-bin/wa.exe?A2= NMBRTHRY;9aa2b043.1401.

記号のリスト

註—— C, P, k のように、頻出するので最初の数例しか挙げなかったものもある。

A	様々な手順で使うアリスの公開情報　318, 366, 391, 404
B	様々な手順で使うボブの公開情報　316, 366, 372, 375, 391, 394
C	暗号文を表す数　34
$C_1, C_2, \ldots$	多字換字暗号で暗号文文字を表す数　42
G	楕円曲線上に多数の天を生成する点　391, 394
M	署名されるメッセージを表す数　399
P	平文を表す数　34
P, Q, R	楕円曲線上の点　378
$P_1, P_2, \ldots$	多字換字暗号で平文文字を表す数　42
R	エルガマル暗号化で使うヒント　372, 375, 394
S	メッセージに対するデジタル署名を表す数　399
$\phi(n)$	オイラーのϕ関数　292
σ	デジタル署名で使う私有署名　399
a	様々な手順で使うアリスの秘匿情報　318, 366, 391, 404
b	様々な手順で使うボブの秘匿情報　318, 366, 372, 375, 391
d	様々な暗号で使う解読指数　276, 327
e	様々な暗号で使う暗号化指数　276, 327
f	素数を法とする楕円曲線上の点の数　395
g	素数を法とする生成元　317, 353, 372, 375, 404
k	対象鍵暗号で使う鍵　17, 28, 34
$k_1, k_2, \ldots$	多字換字暗号での鍵の部分部分を表す数　42
m	別の対象鍵暗号で使う別の鍵　47
n	合成数の法となる数　292, 327
p	素数　281, 317, 327, 353, 372, 375, 393, 404
q	別の素数　327
r	エルガマル暗号化で使うランダムなノンス　372, 375, 394
v	デジタル署名で使う公開検証鍵　399